AutoCAD 2016 中文版

机械设计 从入门到精通

实战案例版

智能制造技术联盟 编著

机械工业出版社

CHINA MACHINE PRESS

前　　言

■ 本书编写目的

由于 AutoCAD 强大的功能和深厚的设计底蕴，编者力图开发一套全方位讲述 AutoCAD 在各个行业实际应用的书籍。就每本书而言，不求事无巨细地将 AutoCAD 的知识点全面讲解清楚，而是针对本专业或本行业的具体需要，以 AutoCAD 大体知识脉络为线索，以实例为"抓手"，帮助读者掌握利用 AutoCAD 进行本行业工程设计的基本技能和技巧。2015 年 5 月，Autodesk 公司发布了 AutoCAD 的最新版本 AutoCAD 2016。

■ 本书内容安排

本书全面地讲解了使用 AutoCAD 进行机械图纸设计的方法和技巧，从简单的绘图命令到机械设计的专业知识，全部收罗其中。

篇　名	内　容　安　排
第一篇　设计基础篇 （第 1 章～第 10 章）	包括机械设计的基础知识、AutoCAD 2016 入门、精确绘制图形与图形约束、绘制基本的机械图形、绘制复杂的机械图形、编辑二维图形、图块与设计中心的应用、图层的使用和管理、创建文字和表格，以及尺寸标注等
第二篇　二维案例篇 （第 11 章～第 14 章）	讲解了二维机械零件图、轴测图和装配图的基本知识和绘制方法，包括弹簧、箱体、轴、齿轮、阀盖、螺钉和螺母等各类机械零件类型
第三篇　AutoCAD 三维篇 （第 15 章～第 16 章）	讲解了使用 AutoCAD 进行三维机械零件设计的方法，包括螺纹、齿轮、轴类、盘盖和支架等常见的三维零件模型
第四篇　综合实战篇 （第 17 章～第 20 章）	讲解了如何从零开始设计一台减速器。圆柱齿轮减速器的设计是各个大学机械设计相关专业课程设计中最常用的工程案例。因此本书在最后用了大量篇幅对此进行详细讲解，具有很高的实用价值

■ 本书写作特色

总的来说，本书具有以下几个特色。

结合行业，符合实际	本书紧密贴合机械行业，在内容上做到了有的放矢。先从机械设计中的基本知识讲起，再讲解 AutoCAD 中各种机械零部件的画法和对应的技术要求、加工方法，以及材料的选择，让读者在学习 AutoCAD 绘图的同时，还能掌握一定的、可用于真正工作的机械设计技能
案例丰富，操作性强	AutoCAD 的各个常用命令在本书中都有对应的案例，而且操作过程十分精简，通俗易懂，即使是初学 AutoCAD 的读者也能很快上手
内容全面，不拘一格	与市面上的其他 AutoCAD 类书籍不同，本书内容囊括机械设计、AutoCAD 绘图技法和三维建模等三大块，并且在最后的设计实战篇中将三者结合起来，使读者达到融会贯通的目的
80 多个实战案例 绘图技能快速提升	本书的每个案例都经过作者精挑细选，具有典型性和实用性，具有重要的参考价值，读者可以边做边学，从新手快速成长为 AutoCAD 机械绘图高手
高清视频讲解 学习效率轻松翻倍	本书配套光盘中收录了全书 80 多个实例长达 500 分钟的高清语音视频教学文件，使读者可以在家享受专家课堂式的讲解，成倍地提高学习兴趣和效率

■ 本书创建团队

本书由智能制造技术联盟策划并负责编写，该联盟由多位 CAD/CAM/CAE 技术研究人员、大学教授和工程技术专家等一线工作者组成，其成员包括：张小雪、何辉、邹国庆、姚义琴、江涛、李雨旦、邬清华、向慧芳、袁圣超、陈萍、张范、李佳颖、邱凡铭、谢帆、周娟娟、张静玲、王晓飞、王国胜、张智、席海燕、宋丽娟、黄玉香、董栋、董智斌、刘静、王疆、杨枭、李梦瑶、黄聪聪、毕绘婷、李红术等人。

由于时间仓促、作者水平有限，书中不足之处在所难免，欢迎广大读者批评指正。

目　　录

第三篇 AutoCAD 三维篇

第四篇　综合实战篇

第一篇
设计基础篇

第1章

机械设计的基础知识

本章要点

- ● 机械设计的流程
- ● 机械设计的表达方式
- ● 机械设计图的绘制步骤
- ● 机械制图的标准
- ● 机械制图的表达方法
- ● 基本的机械加工工艺介绍
- ● 常用的机械加工材料介绍

所谓机械设计（Machine Design），就是根据使用要求对机械的工作原理、结构、运动方式、力和能量的传递方式、各个零件的材料和形状尺寸，以及润滑方法等进行构思、分析和计算，并将其转化为具体的描述，以作为制造依据的工作过程。

本章将大致介绍机械设计的流程，以及一些机械制图的规范和标准，使读者能够快速掌握机械设计的基础知识。

1.1 机械设计的流程

机械设计的流程总体来说可以分为以下 5 个阶段。

1．市场调研阶段

根据用户订货、市场需要和新科研成果制定设计任务。机械设计是一项与现实生活紧密联系的工作，因此在最开始，也会受到市场行为影响。经济学中的经典理论是"需求和供给"，而对于机械设计来说，便可以说成是"有需求才有设计"。

2．初步设计阶段

该阶段包括确定机械的工作原理和基本结构形式，进行运动设计、结构设计并绘制初步总图，以及初步审查。机械设计不是一项简单的工作，但是它的目的却很单一，那就是解决某一现实问题。因此本阶段的工作重点便是从原理上解释设计方案"如何解决问题"。一般来说，在本阶段应绘制出机械原理图，如图 1-1 所示。

3．技术设计阶段

该阶段包括修改设计（根据初步评审意见）、绘制全部零部件和新的总图，以及第二次审查。当第二阶段的机械原理图通过评审之后，就可以绘制总的装配图和部分主要的零件图，如图 1-2 所示。

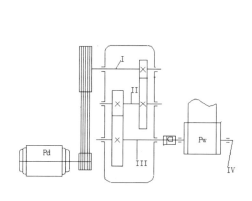

图 1-1　机械原理图

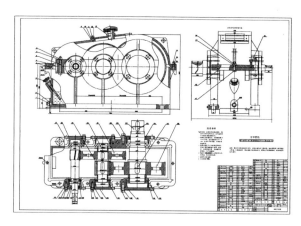

图 1-2　装配图

> **提示：** 机械原理图是由各种机械零部件的简略图组合而成的，主要用来表达机械的运行原理。其中，液压系统的原理图应用最为广泛。

4．绘制工作图

该阶段包括最后的修改（根据二次评审意见）、绘制全部工作图（零件图、部件装配图和总装配图等，如图 1-3 所示）和制定全部技术文件（零件表、易损件清单和使用说明等，如图 1-4 所示）。简而言之，这个阶段的工作就是将设计图转换为生产用图，然后编制工艺，下发车间进行生产的过程。

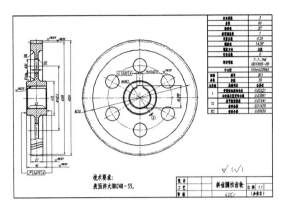

图 1-3　零件图　　　　　　　　　　　　　　图 1-4　明细表

5．定型设计

对于某些设计任务比较简单（如简单机械的新型设计、一般机械的继承设计或变型设计等）的机械设计可省去初步设计程序，直接进入第 4 阶段绘制工作图。对于一般的机械制造企业来说，大部分工作都属于定型设计，因为其产品均有成熟的标准和设计经验，如生产液压缸、减速器等机械的企业。

1.2　机械设计的表达方式

如前所述，机械设计是一项复杂的工作，设计的内容和形式也有很多种，但无论是其中的哪一种，机械设计体现在图纸上的结果都只有两个，即装配图和零件图。

1.2.1　装配图

装配图是表达机器或部件的图样，主要表达机构的工作原理和装配关系。在机械设计过程中，装配图的绘制通常在零件图之前，主要用于机器或部件的装配、调试、安装及维修等场合，是生产中过程一种重要的技术文件。

在产品或部件的设计过程中，一般是先画出装配图，然后再根据装配图进行零件设计，画出零件图；在产品或部件的制造过程中，先根据零件图进行零件加工和检验，再依据装配图所制定的装配工艺规程将零件装配成机器或部件；在产品或部件的使用、维护及维修过程中，也经常需要通过装配图来了解产品或部件的工作原理及构造。

一般情况下，设计或制作一个产品都需要用到装配图，一张完整的装配图应该包括以下几项内容。

1．一组视图

一组视图能正确、完整、清晰地表达产品或部件的工作原理、各组成零件间的相互位置和装配关系，以及主要零件的结构形状。

画装配图时，部件大多按工作位置放置。主视图方向应选择反映部件主要装配关系及工作原理的方位，主视图的表达方法多采用剖视的方法；其他视图的选择以进一步准确、完整、简便地表达各零件间的结构形状及装配关系为原则，因此多采用局部剖视图、拆去某些零件后的视图或断面图等表达方法。

装配图的视图表达方法和零件图基本相同，在装配图中也可以使用各种视图、剖视图和断面图等表达方法。但装配图的侧重点是将装配图的结构、工作原理和零件图的装配关系正确、清晰地表达清楚。由于表达的侧重点不同，国家标准对装配图的画法又做了一些规定。

❑ 装配图的规定画法

在实际绘图过程中，国家标准对装配图的绘制方法进行了一些总结性的规定。

➤ 相邻两个零件的接触表面和配合表面只画出一条轮廓线，不接触的表面和非配合表面应画两条轮廓线，如图 1-5 所示。如果距离太近，可以按比例放大并画出。

➤ 相邻两个零件的剖面线，倾斜方向应尽量相反，当不能使其相反时，则剖面线的间距不应该相等，或者使剖面线相互错开，如图 1-6 所示的机座与轴承、机座与端盖、轴承与端盖。

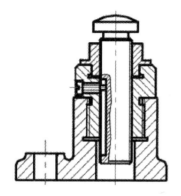

图 1-5 接触表面和不接触表面的画法

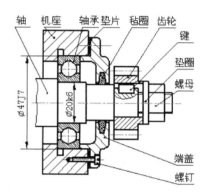

图 1-6 相邻零件的剖切面的画法

➤ 同一装配图中的同一零件的剖面方向和间隔都应一致。

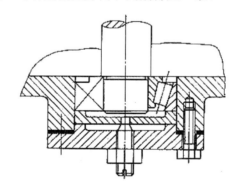

图 1-7 宽度小于或等于 2mm 的剖切面的画法

➤ 在装配图中，对于紧固件及轴、球、手柄、键、连杆等实心零件，若沿纵向剖切且剖切平面通过对其对称平面或轴线时，这些零件均按不剖切绘制，如需表明零件的凹槽、键槽和销孔等结构，可用局部剖视表示。

➤ 在装配图中，宽度小于或等于 2mm 的窄剖面区域可全部涂黑表示，如图 1-7 所示。

❑ 装配图的特殊画法

➤ 拆卸画法：在装配图的某一视图中，为表达一些重要零件的内、外部形状，可假想拆去一个或几个零件后绘制该视图。如图 1-8 所示的轴承装配图中，俯视图的右半部为拆去轴承盖、螺栓等零件后画出的。

- ➢ 假想画法：在装配图中，为了表达与本部件存在装配关系但又不属于本部件的相邻零部件时，可用双点画线画出相邻零部件的部分轮廓，当需要表达运动零件的运动范围或极限位置时，也可用双点画线画出该零件在极限位置处的轮廓。
- ➢ 单独表达某个零件的画法：在装配图中，当某个零件的主要结构在其他视图中未能表示清楚，而该零件的形状对部件的工作原理和装配关系的理解起着十分重要的作用时，可单独画出该零件的某一视图。如图 1-9 所示为转子油泵的 B 向视图。
- ➢ 简化画法：在装配图中，对于若干相同的零部件组，可详细地画出一组，其余只需用点画线表示其位置即可；零件的工艺结构，如倒角、圆角、退刀槽、拔模斜度和滚花等均可不必画出。

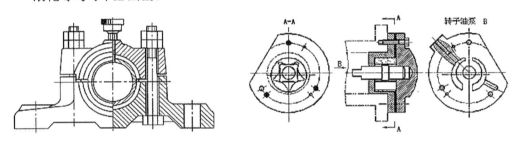

图 1-8　拆卸画法　　　　　　　　图 1-9　单独表示画法

2．必要的尺寸

装配图的尺寸标注和零件图不同，零件图要清楚地标注所有尺寸，确保能准确无误地绘制出零件图，而装配图上只需标注出机械或部件的性能、安装、运输，以及与装配有关的尺寸，具体包括以下几种尺寸类型。

- ➢ 特性尺寸：表示装配体的性能、规格或特征的尺寸，它常常是设计或选择使用装配体的依据。
- ➢ 装配尺寸：是指装配体各零件间装配关系的尺寸，包括配合尺寸和相对位置尺寸。
- ➢ 安装尺寸：表示装配体安装时所需要的尺寸。
- ➢ 外形尺寸：装配体的外形轮廓尺寸（如总长、总宽和总高等）是指装配体在包装、运输及安装时所需的尺寸。
- ➢ 其他重要尺寸：是经计算或选定的不能包括在上述几类尺寸中的重要尺寸，如运动零件的极限位置尺寸。

3．技术要求

装配图中的技术要求就是采用文字或符号来说明机器或部件的性能、装配、检验、使用和外观等方面的要求。技术要求一般注写在明细表的上方或图纸下部的空白处，如果内容很多，也可另外编写成技术文件来作为图纸的附件，如图 1-10 所示。

技术要求的内容应简明扼要，通俗易懂。技术要求的条文应编写顺序号，仅有一条时不编写顺序号。装配图技术要求的内容如下。

- ➢ 装配体装配后所达到的性能要求。
- ➢ 装配图装配过程中应注意到的事项及特殊加工要求。

> 检验和实验方面的要求。
> 使用要求。

4. 零部件序号、标题栏和明细栏

按国家标准规定的格式绘制标题栏和明细栏，并按一定格式将零部件进行编号，填写标题栏和明细栏。

□ 零部件序号

零部件序号是由圆点、指引线、水平线或圆（细实线），以及数字等组成的，序号写在水平线上侧或小圆内，如图 1-11 所示。

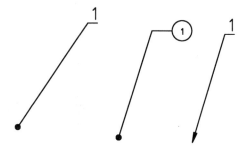

图 1-10 技术要求　　　　　　　图 1-11 零件序号的标注类型

在机械制图中，序号的标注形式有多种，序号的排列也需要遵循一定的原则，这些原则总结如下。

> 在装配图中所有的零部件都必须编写序号。
> 装配图中一个部件可以只编写一个序号；同一装配图中相同的零部件只编写一次。
> 装配图中零部件的序号要与明细栏中的序号一致。
> 序号字体应与尺寸标注一致，字高一般比尺寸标注的字高大 1～2 号。
> 同一装配图中的零件序号类型应一致。
> 装配图中的每个零件都必须编写序号，相同零件只需编写一个序号。
> 指引线应从零件可见轮廓内引出，零件太薄或太小时建议用箭头指向，如图 1-12 所示。
> 如果是一组紧固件或装配关系清晰的零件组，可采用公共指引线，如图 1-13 所示。
> 指引线应避免彼此相交，也不用过长。若指引线必须经过剖面线，应避免引出线与剖面线平行。必要时可以画成折线，但是只能折一次。
> 序号应按水平或垂直方向排列整齐，并按顺时针或逆时针方向顺序编号。

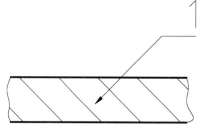

图 1-12 箭头标注序号

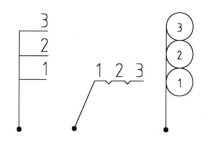

图 1-13 公共指引线标注序号

❏ 标题栏和明细栏

为了方便装配时零件的查找和图样的管理，必须对零件编号，列出零件的明细栏。明细栏是装配体中所有零件的目录，一般绘制在标题栏上方，可以和标题栏相连在一起，也可以单独画出。明细栏序号按零件编号从下到上列出，以方便修改。明细栏中的竖直轮廓线用粗实线绘出，水平轮廓线用细实线绘出。

图1-14所示是明细栏的常用形式和尺寸。

图 1-14　装配图明细栏

总的来说，装配图是表达设计思想及技术交流的工具，也是指导生产的基本技术文件。因此，无论是在设计机器还是测绘机器时，必须画出装配图。

1.2.2　零件图

零件图是指装配图中各个零部件的详细图纸。零件图是制造和检验零件的主要依据，也是设计部门提交给生产部门的重要技术文件，还是进行技术交流的重要资料。本节主要介绍零件图的相关知识。

零件图是生产中指导制造和检验该零件的主要图样，它不仅仅是把零件的内、外结构、形状和大小表达清楚，还需要对零件的材料、加工、检验和测量提出必要的技术要求。零件图必须包含制造和检验零件的全部技术资料。因此，一张完整的零件图一般应包括图形、尺寸、技术要求和标题栏等几项内容，如图1-15所示。

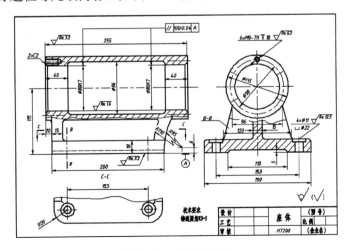

图 1-15　座体零件图

1．完善的图形

零件图中的图形要求能正确、完整、清晰、简便地表达出零件内外的形状，其中包括机件的各种表达方法，如三视图、剖视图、断面图、局部放大图和简化画法等。

2．详细的尺寸

零件图中应正确、完整、清晰、合理地标注出制造零件所需的全部尺寸。与装配图只需添加若干必要的尺寸不同，零件图中的尺寸必须非常详细，而且毫无遗漏，因为零件图是直接用于加工生产的，任何尺寸的缺失都将导致无法正常加工。因此，在一般的机械设计过程中，设计师出具零件图之后，还需要由其他 1～2 位人员进行检查，目的就是为了防止出现尺寸有误的现象。

其实，零件图中的尺寸都可以分为定位尺寸和定形尺寸两大类，只要在绘图或者审图的过程中，按这两类尺寸进行标注或者检查，就可以很容易做到万无一失。

❏ 定位尺寸

定位尺寸即表示"在哪？"，用来标记该零件或结构特征处于大结构中的具体位置。如在长方体上挖一个圆柱孔时，该孔中心轴与长方体边界的距离就是定位尺寸，如图 1-16 所示。

❏ 定形尺寸

定形尺寸即表示"多大？"，用来说明该零件中某一结构特征形状的具体大小。如前文中那个圆柱孔的直径尺寸就是定形尺寸，如图 1-17 所示。

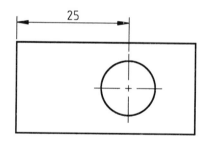

图 1-16　定位尺寸

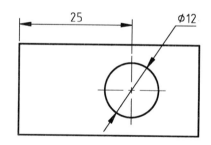

图 1-17　定形尺寸

3．技术要求

零件图中必须用规定的代号、数字、字母和文字注解说明制造和检验零件时在技术指标上应达到的要求。如表面粗糙度、尺寸公差、形位公差、材料和热处理、检验方法，以及其他特殊要求等。技术要求的文字一般注写在零件图中的图纸空白处。

4．标题栏

零件图中的标题栏应配置在图框的右下角。它一般由更改区、签字区、其他区、名称及代号区组成。填写的内容主要有零件的名称、材料、数量、比例、图样代号，以及设计、审核、批准者的姓名和日期等。标题栏的尺寸和格式已经标准化，可参见有关标准，如图 1-18 所示为常见的零件图标题栏的形式与尺寸。

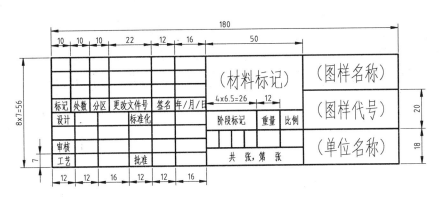

图 1-18 零件图标题栏

1.3 机械设计图的绘制步骤

前面的小节已经介绍了机械设计中的两种主要图纸，本节主要介绍机械设计图的绘制步骤。在机械制图中，不同的零件，其绘制的方法不尽相同，但是它们的绘制步骤却是一致的，基本上可以分为绘制零部件的图形、尺寸标注、标注表面粗糙度、标注形位公差和填写技术要求这5步，分别介绍如下。

1.3.1 绘制零部件的图形

绘制零部件的图形就是选择机械设计的表达方案，而表达方案的选择，应首先考虑看图方便。根据零件的结构特点，选用适当的表示方法。由于零件的结构形状是多种多样的，所以在画图前，应对零件进行结构形状分析，结合零件的工作位置和加工位置，选择最能反映零件形状特征的视图作为主视图，并选好其他视图，以确定最佳的表达方案。

选择表达方案的原则是在完整、清晰地表示零件形状的前提下，力求制图简便。

1. 零件分析

零件分析是认识零件的过程，也是确定零件表达方案的前提。零件的结构形状以其工作位置或加工位置不同，因此视图选择也就不同。因此，在选择视图之前，应首先对零件进行形体分析和结构分析，并了解零件的制作和加工情况，以便确切地表达零件的结构形状，反映零件的设计和工艺要求。

2. 主视图的选择

主视图是表达零件形状最重要的视图，其选择是否合理将直接影响其他视图的选择和看图是否方便，其至影响到画图时图幅的合理利用。一般来说，零件主视图的选择应满足"合理位置"和"形状特征"两个基本原则。

❑ 合理位置原则

所谓合理位置，通常是指零件的加工位置和工作位置。

加工位置是零件在加工时所处的位置。主视图应尽量表示零件在机床上加工时所处的位置，这样在加工时才可以直接进行图物对照，便于识图和测量尺寸，可减少差错。如轴套类零件的加工，大部分工序是在车床或磨床上进行的，因此通常要按加工位置（即轴线水平放置）画出其主视图，如图 1-19 所示。

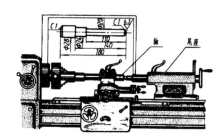

图 1-19 轴类零件的加工位置

工作位置是零件在装配体中所处的位置。零件主视图的放置应尽量与零件在机器或部件中的工作位置一致，这样便于根据装配关系来考虑零件的形状及有关尺寸，便于校对。

❑ 形状特征原则

确定了零件的安放位置后，还要确定主视图的投影方向。形状特征原则就是将最能反映零件形状特征的方向作为主视图的投影方向，即主视图要较多地反映零件各部分的形状及它们之间的相对位置，以满足表达零件清晰的要求。图 1-20 所示是确定机床尾架主视图投影方向的比较。由图可知，图 1-20a 的表达效果显然比图 1-20b 的表达效果好很多。

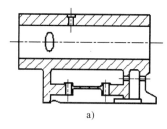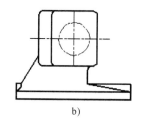

a)   b)

图 1-20 确定合理的主视图投影方向

3．选择其他视图

一般来讲，仅用一个主视图是不能完整地反映零件的结构形状的，必须选择其他视图，包括剖视、断面、局部放大图和简化画法等各种表达方法。主视图确定后，对其表达未尽的部分，再选择其他视图予以完善表达。具体选用时，应注意以下几点。

➢ 根据零件的复杂程度及内、外结构形状，全面地考虑还应需要的其他视图，使每个所选视图应具有独立存在的意义及明确的表达重点，注意避免不必要的细节重复，在明确表达零件的前提下，使视图数量为最少。

➢ 优先考虑采用基本视图，当有内部结构时应尽量在基本视图上作剖视；对尚未表达清楚的局部结构和倾斜的部分结构，可增加必要的局部（剖）视图和局部放大图；有关的视图应尽量保持直接投影关系，配置在相关视图附近。

➢ 按照视图所表达的零件形状要正确、完整、清晰、简便的要求，需进一步综合、比较、调整、完善，选出最佳的表达方案。

1.3.2 尺寸标注

图形绘制完毕后，就可以进行尺寸标注了。尺寸标注是一项极为重要、严肃的工作，必须严格遵守国家的相关标准和规范，了解尺寸标注的规则、组成元素及标注方法。

1．尺寸标注的组成

一个完整的尺寸一般由标注文字、尺寸线、箭头（尺寸线的终端）和尺寸界线等部分组成，对于圆的标注，还应有圆心标记和中心线，如图 1-21 所示。

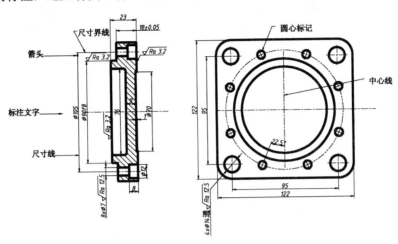

图 1-21　尺寸标注组成示意图

下面介绍尺寸标注的几个组成部分。

- ➢ 标注文字：用于表达测量值的字符。文字可以包含前缀、后缀和公差。
- ➢ 尺寸线：用于指示标注的方向和范围。标注角度时，尺寸线是一段圆弧。
- ➢ 箭头：显示在尺寸线的两端，也称为终止符号。
- ➢ 尺寸界线：也称为投影线，从部件延伸到尺寸线。
- ➢ 圆心标记：是标记圆或圆弧中心的小十字。
- ➢ 中心线：是用来标记圆或圆弧中心的点画线。

在 AutoCAD 中，通常将标注线独立设置为标注层，这样可以使所有标注线统一在一个图层里面。

2．尺寸标注的基本规则

在进行尺寸标注时，应遵循以下几个基本规则。

- ➢ 零件的真实大小应以图样上所标注的尺寸数值为依据，与图样的大小及绘图的准确度无关。
- ➢ 当图样中的尺寸以毫米（mm）为单位时，不需要标注计量单位的代号或名称；若采用其他单位，必须标明相应的计量单位的代号或名称。
- ➢ 图样中所标注的尺寸应为该图样所示机件的最后完工尺寸，否则应该另行说明。
- ➢ 零件的每个尺寸一般只标注一次，并使其反应在该特征最清晰的位置上。

3．极限与配合尺寸

零件的实际加工尺寸是不可能与设计尺寸绝对一致的，因此在设计时应允许零件尺寸有一个变动范围，尺寸在该范围内变动时，相互结合的零件之间能形成一定的关系，并能满足使用要求，这就是"极限与配合"。

要了解极限与配合，就必须先了解极限与配合的含义及一些术语，在机械制图中极限配合术语如图 1-22 和图 1-23 所示。

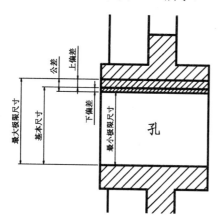

图 1-22　孔的极限配合术语

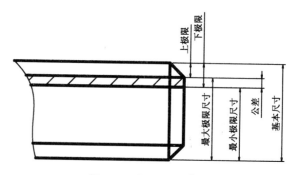

图 1-23　轴的极限配合术语

> 基本尺寸：设计时所确定的尺寸。
> 实际尺寸：成品零件，通过测量所得到的尺寸。
> 极限尺寸：允许零件实际尺寸变化的极限值，极限尺寸包括最小极限尺寸和最大极限尺寸。
> 极限偏差：极限尺寸与基本尺寸的差值，它包括上偏差和下偏差，极限偏差既可以为正，也可以为负，还可以为零。
> 尺寸公差：允许尺寸的变动量，尺寸公差等于最大极限尺寸减去最小极限尺寸的绝对值。

1.3.3　标注表面粗糙度

在加工零件时，由于零件表面的塑形变形、机床精度等因素的影响，加工表面不可能绝对平整，零件表面总存在较小间距和峰谷组成的微观几何形状特征，该特征即称为表面粗糙度，如图 1-24 所示。

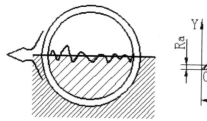
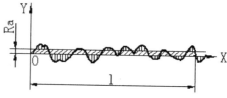

图 1-24　表面粗糙度

表面粗糙度是由设计人员根据具体的设计要求进行标注的，因此零件上各个面的表面粗糙度也可能不同。比如，液压缸缸筒内壁和外壁的粗糙度要求就显著不同，因为内壁与活塞密封件之间有运动副，所以表面要求很高，因此内壁要求精加工；而外壁不与任何零部件接触，没有任何表面要求，甚至不需要加工。两者的差异体现在图纸与实物上如图 1-25 所示。

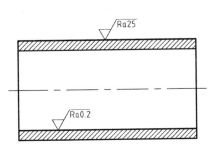

图 1-25 不同粗糙度的表面情况

1．表面粗糙度值的确定

对于设计人员来说，需要考虑零件与其他零件的配合关系，因此需要着重留意各个配合面的粗糙度。各种配合精度相适应的表面粗糙度值可参考表 1-1 与表 1-2。

表 1-1　与配合精度相适应的最低表面粗糙度值（轴类）

配合类别	轴径（mm）											
	1～3	3～6	6～10	10～18	18～30	30～50	50～80	80～120	120～180	180～260	260～360	360～500
h5、n5、m5、k5、j5、g5	0.1	0.2	0.2	0.2	0.2	0.4	0.4	0.4	0.4	0.4	0.8	0.8
s7	0.4	0.4	0.4	0.8	0.8	0.8	0.8	1.6	1.6	1.6	1.6	1.6
h6、r6、n6、m6、k6	0.2	0.2	0.2	0.4	0.4	0.4	0.4	0.8	0.8	0.8	1.6	1.6
f7	0.4	0.4	0.4	0.8	0.8	0.8	0.8	1.6	1.6	1.6	1.6	1.6
e8	0.4	0.8	0.8	0.8	0.8	0.8	1.6	1.6	1.6	1.6	1.6	1.6
d8	0.8	0.8	0.8	0.8	0.8	1.6	1.6	1.6	1.6	1.6	1.6	1.6
h7、n7、m7、k7、j7	0.2	0.4	0.4	0.4	0.8	0.8	0.8	1.6	1.6	1.6	1.6	1.6
h8、h9	0.8	0.8	0.8	1.6	1.6	1.6	1.6	3.2	3.2	3.2	6.3	6.3
d9、d10	0.8	1.6	1.6	1.6	1.6	3.2	3.2	3.2	3.2	3.2	6.3	6.3
h10	1.6	1.6	1.6	1.6	3.2	3.2	3.2	3.2	6.3	6.3	6.3	6.3
h11	1.6	1.6	1.6	1.6	3.2	3.2	3.2	3.2	6.3	6.3	6.3	6.3

表 1-2　与配合精度相适应的最低表面粗糙度值（孔类）

配合类别	孔径（mm）											
	1～3	3～6	6～10	10～18	18～30	30～50	50～80	80～120	120～180	180～260	260～360	360～500
H6、N6、M6、K6、J6、G6	0.2	0.2	0.2	0.4	0.4	0.4	0.4	0.4	0.8	0.8	0.8	0.8
H7、N7、M7、K7、J7、G7	0.4	0.4	0.4	0.8	0.8	0.8	0.8	1.6	1.6	1.6	1.6	1.6
F8	0.4	0.8	0.8	0.8	0.8	0.8	1.6	1.6	1.6	1.6	1.6	3.2
E8	0.8	0.8	0.8	0.8	1.6	1.6	1.6	1.6	3.2	3.2	3.2	3.2
D8	0.8	0.8	0.8	1.6	1.6	1.6	1.6	1.6	3.2	3.2	3.2	3.2
H8、N8、M8、K8、J8	0.4	0.8	0.8	0.8	0.8	1.6	1.6	1.6	3.2	3.2	3.2	3.2

（续）

配合类别	孔径（mm）											
	1～3	3～6	6～10	10～18	18～30	30～50	50～80	80～120	120～180	180～260	260～360	360～500
H9	0.8	0.8	0.8	0.8	1.6	1.6	1.6	1.6	3.2	3.2	3.2	3.2
F9	0.8	0.8	1.6	1.6	1.6	1.3	3.2	3.2	3.2	3.2	6.3	6.3
D9、D10	0.8	1.6	1.6	1.6	1.6	1.6	3.2	3.2	3.2	6.3	6.3	6.3
H10	1.6	1.6	1.6	1.6	3.2	3.2	3.2	3.2	6.3	6.3	6.3	6.3
H11	1.6	1.6	1.6	3.2	3.2	3.2	3.2	3.2	6.3	6.3	6.3	6.3

而对于工艺编制人员来说，不同的加工方法，所能达到的表面粗糙度也不一样。因此工艺人员需要仔细审图，查看所标明的各个表面粗糙度数值，然后再安排合理的加工工序，编制对应的工艺文件。不同级别的粗糙度与加工方法的选择可参考表 1-3。

表 1-3 表面粗糙度的参数值与相应的加工方法

级别与代号 Ra um	表面状况	加工方法	适 用 范 围
100	除净毛口	铸造、锻、热轧、冷轧、冲压切断	不加工的平滑表面。如砂型铸造、冷铸、压力铸造、轧材、锻压、热压及各种型锻的表面
50,25	明显可见刀痕	粗车、镗、刨、钻	工序间加工时所得到的粗糙表面，亦即预先经过机械加工，如粗车、粗铣等的零件表面
12.5	微见刀痕	粗车、刨、铣、钻	
6.3	可见加工痕迹	车、镗、刨、钻、铣、锉、磨、粗铰、铣齿	不重要零件的非配合表面，如支柱、轴、外壳、衬套和盖等表面；紧固零件的自由表面，不要求定心及配合特性的表面，如用钻头钻的螺栓孔等的表面；固定支撑表面，如与螺栓头相接触的表面，键的非结合表面
3.2	微见加工痕迹	车、镗、刨、铣、刮 1～2 点/cm²、拉、磨、锉、滚压、铣齿	和其他零件连接而不是配合表面，如外壳凸耳、扳手的支撑表面；要求有定心及配合特性的固定支撑表面，如定心的轴肩、槽等的表面；不重要的紧固螺纹表面
1.6	看不清加工痕迹	车、镗、刨、铣、铰、拉、磨、滚压、刮 1～2 点/cm²、铣齿	要求不精确的定心及配合特性的固定支撑表面，如衬套、轴承和定位销的压入孔；不要求定心及配合特性的活动支撑面，如活动关节、花键连接和传动螺纹工作面等；重要零部件的配合表面，如导向件等
0.8	可辨加工痕迹的方向	车、镗、拉、磨、立铣、刮 3～10 点/cm²、滚压	要求保证定心及配合特性的表面，如锥形销和圆柱销表面，安装滚动轴承的孔，滚动轴承的轴颈等；不要求保证定心及配合特性的活动支撑表面，如高精度的活动球状接头的表面、支撑垫圈和磨削的轮齿等
0.4	微辨加工痕迹的方向	铰、磨、镗、拉、刮 3～10 点/cm²、滚压	要求能长期保持所规定的配合特性的轴和孔的配合表面，如导柱、导套的工作表面等；要求保证定心及配合特性的表面，如精密球轴承的压入座、轴瓦的工作表面和机床顶尖表面等；工作时承受反复应力的重要零件表面，在不破坏配合特性下工作要保证耐久性和疲劳强度所要求的表面，如曲轴和凸轮轴的工作表面
0.2	不可辨加工痕迹的方向	布轮磨、研磨、纴磨、超级加工	工作时承受反复应力的重要零件表面，保证零件的疲劳强度、防腐性和耐久性，并在工作时不破坏配合特性的表面，如轴颈表面、活塞和柱塞表面等；IT5、IT6 公差等级配合的表面；圆锥定心表面、摩擦表面等

（续）

级别与代号 Ra um	表面状况	加工方法	适 用 范 围
0.1	暗光泽面	超级加工	工作时承受较大反复应力的重要零件表面,保证零件的疲劳强度、防腐性,以及在活动接头工作中的耐久性表面,如活塞销表面、液压传动用的孔的表面; 保证精确定心的圆锥表面
0.05	亮光泽面	超级加工	精密仪器及附件的摩擦面、量具工作面等
0.025	镜状光泽面		
0.012	雾状镜面		

2. 图形符号及其含义

在我国的机械制图国家标准中规定了如表 1-4 所示的 9 种粗糙度符号。绘制表面粗糙度一般使用带有属性的块的方法来创建。

表 1-4   9 种表面粗糙度符号及其含义

符 号	意 义
√	基本符号,表示用任何方法获得表面粗糙
√	表示用去除材料的方法获得参数规定的表面粗糙度
√	表示用不去除材料的方法获得表面粗糙度
√ √ √	可在横线上标注有关参数或指定获得表面粗糙度的方法说明
√ √ √	表示所有表面具有相同的表面粗糙度要求

3. 图形符号的画法及尺寸

图形符号的画法如图 1-26 所示,表 1-5 列出了图形符号的尺寸。

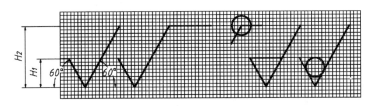

图 1-26   图形符号的画法

表 1-5   图形符号的尺寸（mm）

数字与字母的高度 h	2.5	3.5	5	7	10	14	20
高度 H_1	3.5	5	7	10	14	20	28
高度 H_2（最小值）	7.5	10.5	15	21	30	42	60

 提示： H_2 取决于标注内容。

4．图形符号在图纸上的标注方法

表面结构要求对每个表面一般只标注一次，并尽可能标注在相应的尺寸及其公差的同一视图上。除非另有说明，所标注的表面结构要求是对完工零件表面的要求。

为了表示表面结构的要求，除了标注表面结构参数和数值外，必要时应标注补充要求，包括传输带、取样长度、加工工艺、表面纹理及方向，以及加工余量等。这些要求在图形符号中的注写位置如图 1-27 所示。

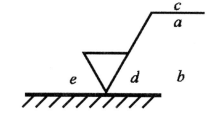

图 1-27　各要求在粗糙度符号中的位置

> 位置 a：注写第一表面位置要求，为默认位置，必填。
> 位置 b：注写第二表面位置要求，可省略。
> 位置 c：注写加工方法，如"车""铣"和"磨"等，可省略。
> 位置 d：注写纹理方向，如"="、"x"和"m"等，可省略。
> 位置 e：注写加工余量，可省略。

当在图样某个视图上构成封闭轮廓的各表面有相同的表面结构要求时，可在完整图形符号上添加一个圆圈，标注在图样中工件的封闭轮廓线上，如图 1-28 所示。

表面结构的注写和读取方向与尺寸的注写和读取方向一致。表面结构要求可标注在轮廓线上，其符号应从材料外指向并接触表面，如图 1-29 所示。

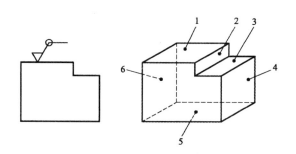

图 1-28　封闭轮廓的标注

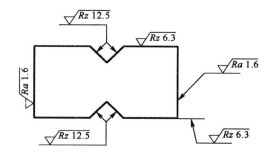

图 1-29　常规图形标注

必要时，表面结构也可用带箭头或黑点的指引线引出标注，如图 1-30 所示。在不引起误解的前提下，表面结构要求可以标注在给定的尺寸线上，如图 1-31 所示。

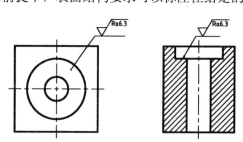

图 1-30　引出线标注粗糙度

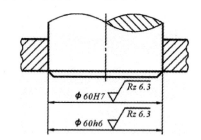

图 1-31　标注在尺寸线上

另外，还可以根据情况标注在形位公差框格的上方，如图 1-32 和图 1-33 所示。

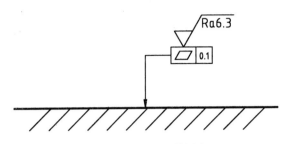

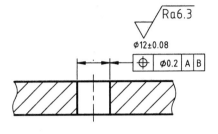

图 1-32　标注在形位公差框上（1）　　　　图 1-33　标注在形位公差框上（2）

　　如果标注的是棱柱，而且每个棱柱表面有不同的表面要求，则应分别单独标注，如图 1-34 所示。

　　如果在工件的多数（包括全部）表面有相同的表面结构要求时，则其表面结构要求可统一标注在图样的标题栏附近。此时，表面结构要求的符号后面应有：在圆括号内给出无任何其他标注的基本符号，如图 1-35 所示。该方法即相当于以前的"其余"标注。

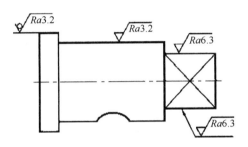

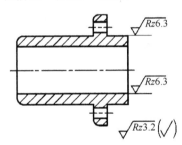

图 1-34　不同棱柱表面的标注方法　　　　　图 1-35　"其余"标注方法

1.3.4　标注几何公差

　　几何公差包括形状公差和位置公差。任何零件都是由点、线、面构成的，这些点、线、面称为要素。机械加工后零件的实际要素相对于理想要素总有误差，包括形状误差和位置误差。这类误差影响机械产品的功能，设计时应规定相应的公差并按规定的标准符号标注在图样上。

1．形状公差

　　形状公差包括以下 6 种。

　　❑ 圆柱度

　　圆柱度的符号为 圆柱度 ，是限制实际圆柱面对理想圆柱面变动量的一项指标。它控制了圆柱体横截面和轴截面内的各项形状误差，如圆度、素线直线度和轴线直线度等。圆柱度是圆柱体各项形状误差的综合指标。

　　❑ 平面度

　　平面度的符号为 平面度 ，是限制实际平面对理想平面变动量的一项指标。它是针对平面发生不平而提出的要求，将被测实际表面与理想平面进行比较，两者之间的线值距离即为平面度公差值。

　　❑ 圆度

　　圆度的符号为 圆度 ，是限制实际圆对理想圆变动量的一项指标。它是对具有圆柱面（包括圆锥面、球面）的零件，在一正截面（与轴线垂直的面）内的圆形轮廓要求。

❑ 直线度

直线度的符号为 ▬，是限制实际直线对理想直线变动量的一项指标。它是针对直线发生不直而提出的要求，表示被测特征的素线（如果公差前带 ϕ，则表示是被测圆柱的轴线）应该在公差范围内。

❑ 面轮廓度

面轮廓度的符号为 ◠，是限制实际曲面对理想曲面变动量的一项指标。它是对曲面的形状精度要求，理想曲面与实际曲面的线值距离即为面轮廓度的公差带。

❑ 线轮廓度

线轮廓度的符号为 ◠，是限制实际曲线对理想曲线变动量的一项指标。它是指对非圆曲线的形状精度要求，理想曲线与实际曲线的线值距离即为线轮廓度的公差带。

2．位置公差

位置公差包括以下 8 种。

❑ 位置度

位置度的符号为 ⊕，用来控制被测实际要素相对于其理想位置的变动量，其理想位置由基准和理论正确尺寸确定。

❑ 同轴度

同轴度的符号为 ◎，用来控制理论上应该同轴的被测轴线与基准轴线的不同轴程度。

❑ 对称度

对称度的符号为 ▬，用来控制理论上要求共面的被测要素（中心平面、中心线或轴线）与基准要素（中心平面、中心线或轴线）的不重合程度。

❑ 平行度

平行度的符号为 ∥，用来控制零件上被测要素（平面或直线）相对于基准要素（平面或直线）的方向偏离 0°的要求，即要求被测要素对基准等距。

❑ 垂直度

垂直度的符号为 ⊥，用来控制零件上被测要素（平面或直线）相对于基准要素（平面或直线）的方向偏离 90°的要求，即要求被测要素对基准呈 90°角。

❑ 倾斜度

倾斜度的符号为 ∠，用来控制零件上被测要素（平面或直线）相对于基准要素（平面或直线）的方向偏离某一给定角度（0°～90°）的程度，即要求被测要素对基准成一定的角度（除 90°外）。

❑ 圆跳动

圆跳动的符号为 ↗，圆跳动是被测实际要素绕基准轴线做无轴向移动、回转一周时，由位置固定的指示器在给定方向上测得的最大与最小读数之差。

❑ 全跳动

全跳动的符号为 ↗↗，全跳动是被测实际要素绕基准轴线做无轴向移动的连续回转，同时指示器沿理想素线连续移动，由指示器在给定方向上测得的最大与最小读数之差。

3．形位公差的组成

形位公差应按国家标准 GB/T1182 规定的方法，在图样上按要求进行正确的标注。形位公差的框格如图 1-36 所示，从框格的左边起，第一格填写形位公差特征项目的符号，第二格填写形位公差值，第三格及往后填写基准的字母。被测要素为单一要素时，框格只有两格，只标注前两项内容。

由图 1-36 可知，形位公差框格有以下 4 个要素。

❏ 基准字母

基准字母即对应图中的基准符号，基准字母用英文大写字母表示。为了不引起误解，国家标准 GB/T1182 规定基准字母禁用下列 9 个字母：E、I、J、M、O/T、P、L、R、F，且基准字母一般不许与图样中任何向视图的字母相同。

新国标的基准符号如图 1-37 所示，用一个大写字母标注在基准方格内，方框的边长为 2 倍字高，然后与一个涂黑的或者空白的正三角形相连表示基准，涂黑的或者空白的正三角形的含义相同。

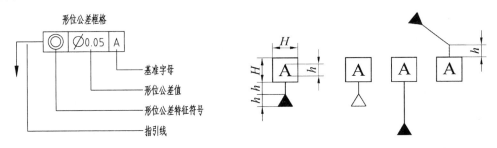

图 1-36　形位公差框格　　　　　　　图 1-37　基准符号的画法

当基准要素为中心要素时，基准符号的连线与尺寸线对齐，如图 1-38 所示；当基准要素为轮廓要素时，基准符号的连线与尺寸线应明显错开，三角形底线应靠近基准要素的轮廓线或它的延长线上，基准三角形也可放置在该轮廓面引出线的水平线上，如图 1-39 所示。

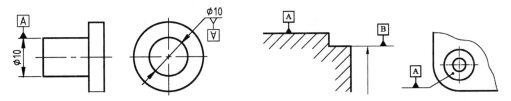

图 1-38　中心要素为基准要素的标注方法　　　图 1-39　轮廓要素为基准要素的标注方法

❏ 形位公差值

形位公差值的表示方法有 3 种："t""ϕt""$S\phi t$"。当被测要素为轮廓要素或中心平面，或者被测要素的检测方向一定时，标注"t"，例如平面度、圆度、圆柱度、圆跳动和全跳动公差值的标注；当被测要素为轴线或圆心等中心要素且检测方向为径向任意角度时，公差带的形状为圆柱或圆形，标注"ϕt"，例如同轴度公差值的标注；当被测要素为球心且检测方向为径向任意角度时，公差带为球形，标注"$S\phi t$"，例如球心位置度公差值的标注。其他视具体情况而定。

❏ 形位公差特征符号

该符号可根据前文所述根据具体情况在 AutoCAD 中选取。

❏ 指引线

指引线的弯折点最多为两个，靠近框格的那一段指引线一定要垂直于框格的一条边。指引线箭头的方向应是公差带的宽度方向或直径方向。当被测要素为轮廓要素时，指引线的箭头应与尺寸线明显错开（大于 3mm），指引线的箭头置于要素的轮廓线上或轮廓线的延长线上。当指引线的箭头指向实际表面时，箭头可置于带点的参考线上，该点指在实际表面上。当被测要素为中心要素时，指引线的箭头应与尺寸线对齐。

4．形位公差的标注方法

当被测要素为轮廓要素时，指引线的箭头应指在该要素的轮廓线或其引出线上，并应明显地与尺寸线错开（应与尺寸线至少错开 3mm），如图 1-40 所示。

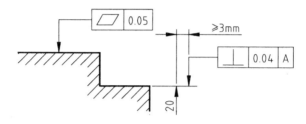

图 1-40　轮廓要素的标注

当被测要素为中心要素时，指引线的箭头应与被测要素的尺寸线对齐，当箭头与尺寸线的箭头重叠时，可代替尺寸线箭头，指引线的箭头不允许直接指向中心线，如图 1-41 所示。

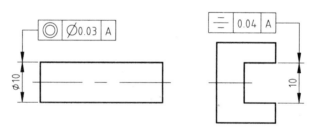

图 1-41　中心要素的标注

当被测要素为圆锥体的轴线时，指引线的箭头应与圆锥体直径尺寸线（大端或小端）对齐，必要时也可在圆锥体内画出空白的尺寸线，并将指引线的箭头与该空白的尺寸线对齐。如圆锥体采用角度尺寸标注，则指引线的箭头应对着该角度的尺寸线。

当多个被测要素有相同的形位公差（单项或多项）要求时，可以在从框格引出的指引线上绘制多个指示箭头，并分别与被测要素相连，如图 1-42 所示。用同一公差带控制几个被测要素时，应在公差框格上注明"共面"或"共线"，如图 1-43 所示。

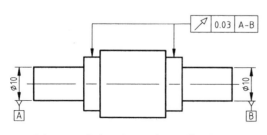

图 1-42　多个要素同要求时的简化标注

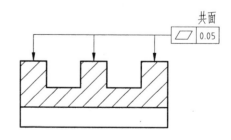

图 1-43　多处要素用同一公差带时的标注

当同一个被测要素有多项形位公差要求，并且其标注方法一致时，可以将这些框格绘制在一起，并引用一根指引线，如图1-44所示。

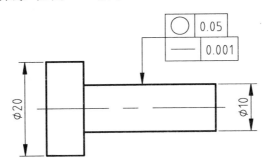

图1-44 同一要素多项要求的简化标注

1.3.5 填写技术要求

尺寸、粗糙度与形位公差标注完毕后，就可以在图纸的空白处填写技术要求。图纸的技术要求一般包括以下几项内容。

- ➤ 零件的表面结构要求。
- ➤ 零件热处理和表面修饰的说明，如热处理的温度范围，表面是否渗氮或者镀铬等。
- ➤ 如果零件的材料特殊，也可以在技术要求中详细写明。
- ➤ 关于特殊加工的检验及实验的说明，如果是装配图，则可以写明装配顺序和装配后的使用方法。
- ➤ 各种细节的补充，如倒角、倒圆等。
- ➤ 各种在图纸上不能表达出来的设计意图，均可在技术要求中提及。

1.4 机械制图的标准

在机械制图中，绘图前需要根据国家标准或企业要求进行一些必要的设置，制定统一的绘图标注，如图幅、比例、字体、图纸线性和尺寸标注等。为了提高绘图效率，也可将设置好的绘图标准保存为样板文件，避免每次绘图时重复工作。

1.4.1 图纸幅图及格式

图幅是指图纸页面的大小，图幅大小和图框有严格的规定，详见 GB/T 14689 与 GB/T 10609。主要有 A0、A1、A2、A3 和 A4 多种规格，同一图幅大小还可分为横式幅面和立式幅面两种，以短边作为垂直边的称为横式，以短边作为水平边的称为立式。一般 A0～A3 图纸适宜横式使用，必要时，也可以立式使用。

1. 图框格式

机械制图的图框格式分为留装订边和不留装订边两种类型，分别如图1-45和图1-46所示。同一产品的图样只能采用一种样式，并均应画出图框线和标题栏。图框线用粗实线绘制，一般情况下，标题栏位于图纸右下角，也允许位于图纸右上角。

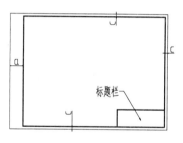

图 1-45　留装订边的图框

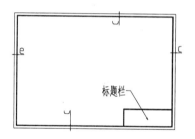

图 1-46　不留装订边的图框

2．图幅大小

在机械制图国家标准中，对图幅大小做了统一规定，各图幅的规格如表 1-6 所示。

表 1-6　图幅国家标准（单位：mm）

幅面代号	A0	A1	A2	A3	A4
B×L	841×1189	594×841	420×594	297×420	210×297
a	25				
c	10			5	
e	20		10		

提示：a 表示留给装订一边的空余宽度；c 表示其他 3 条边的空余宽度；e 表示无装订边的空余宽度。

1.4.2　比例

比例是指机械制图中图形与实物相应要素的尺寸之比。例如，比例为 1：1，表示实物与图样相应的尺寸相等；比例大于 1，则表示实物的大小比图样的大小要小，称为放大比例；比例小于 1，则表示实物的大小比图样的大小要大，称为缩小比例。

表 1-7 所示为国家标准（GB/T 14690）规定的制图比例种类和系列。

表 1-7　比例的种类与系列

比例种类	比　例	
	优先选取的比例	允许选取的比例
原比例	1：1	1：1
放大比例	5：1　　　2：1 $5×10^n$：1　$2×10^n$：1　$1×10^n$：1	4：1　　　2.5：1 $4×10^n$：1　$2.5×10^n$：1
缩小比例	1：2　　　1：5　　　1：10 $1：2×10^n$　$1：5×10^n$　$1：1×10^n$	1：1.5　1：2.5　　　　1：3 1：4　　$1：1.5×10^n$　$1：2.5×10^n$ $1：3×10^n$　$1：4×10^n$

机械制图中常用的 3 种比例为 2：1、1：1 和 1：2。比例的标注符号应以"："表示，标注方法如 1：1、1：100 等。比例一般应标注在标题栏的比例栏内，局部视图或者剖视图也需要在视图名称的下方或者右侧标注比例，如图 1-47 所示。

$$\frac{1}{1:10} \qquad \frac{B}{1:2} \qquad \frac{A-A}{5:1}$$

图 1-47 比例的另行标注

1.4.3 字体

文字是机械制图中必不可少的要素，因此国家标准对字体也做了相应的规定，详见 GB/T 14691。对机械图样中书写的汉字、字母、数字的字体及号（字高）规定如下。

- ➤ 图样中书写的字体必须做到：字体端正、笔画清楚、排列整齐、间隔均匀。汉字应写成长仿宋体，并应采用国家正式公布推行的简化字。
- ➤ 字体的号数，即字体的高度（单位为毫米），分为 20、14、10、7、5、3.5、2.5 共 7 种，字体的宽度约等于字体高度的 2/3。
- ➤ 斜体字字头向右倾斜，与水平线约成 75°角。
- ➤ 用做指数、分数、极限偏差和注脚等的数字及字母，一般采用小一号字体。

图 1-48 所示为机械制图的字体示例。

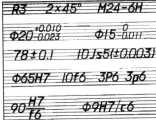

图 1-48 字体的应用示例

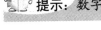 **提示**：数字及字母的笔画宽度约为字体高度的 1/10；汉字字高不宜采用 2.5。

1.4.4 图线标准

在机械制图中，不同线性和线宽的图形表示不同的含义，因此不同对象的图层应设置有不同的线型样式。

在机械制图国家标准（GB/T 4457.4）中，对机械图形中使用的各种图层的名称、线型、线宽及在图形中的格式都做了相关规定，如表 1-8 所示。

表 1-8 图线的形式和作用

图线名称	图 线	线 宽	绘制主要图形
粗实线	——	b	可见轮廓线
细实线	——	约 b/3	剖面线、尺寸线、尺寸界线、引出线、弯折线、牙底线、齿根线、辅助线和过渡线等
细点画线	— · — · —	约 b/3	中心线、轴线和齿轮节线等
虚线	— — — —	约 b/3	不可见轮廓线、不可见过渡线
波浪线	∿	约 b/3	断裂处的边界线、剖视和视图的分界线
粗点画线	▬ · ▬ · ▬	b	有特殊要求的线或者表面的表示线
双点画线	— ·· — ·· —	约 b/3	相邻辅助零件的轮廓线、极限位置的轮廓线和假象投影轮廓线

1.4.5 尺寸标注格式

在机械制图国家标准（GB/T 4458.4—2003）中，对尺寸标注的基本规则、尺寸线、尺寸界线、标注尺寸的符号、简化标注，以及尺寸的公差与配合标注等，都有详细的规定，尺寸标注要素的规定如下。

1. 尺寸线和尺寸界限

➤ 尺寸线和尺寸界线均以细实线画出。

➤ 线型尺寸的尺寸线应平行于表示其长度或距离的线段。

➤ 图形的轮廓线、中心线或它们的延长线，可以用做尺寸界线，但是不能用做尺寸线，如图 1-49 所示。

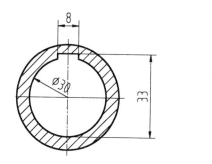

图 1-49　尺寸线和尺寸界线

➤ 尺寸界线一般应与尺寸线垂直。当尺寸界线过于贴近轮廓线时，允许将其倾斜画出，在光滑过渡处，需用细实线将其轮廓线延长，从其交点引出尺寸界线。

2. 尺寸线终端

尺寸线终端有箭头、细斜线和点等多种形式。机械制图中使用较多的是箭头和斜线，如图 1-50 所示。箭头适用于各类图形的标注，斜线一般只适用于建筑或者室内尺寸标注，箭头尖端与尺寸界线接触，不得超出或者离开。当然，图形也可以使用其他尺寸终端形式，但是同一图样中只能采用一种尺寸终端形式。

图 1-50　尺寸终端的几种形式

3. 尺寸数字的规定

线型尺寸的数字一般标注在尺寸线的上方或者尺寸线中断处。同一图样内尺寸数字的字号大小应一致，位置不够可引出标注。当尺寸线呈竖直方向时，尺寸数字在尺寸的左侧，字头朝左；当尺寸线为其余方向时，字头需朝上，如图 1-51 所示。尺寸数字不可被任何线通过。当尺寸数字不可避免被图线通过时，必须把图线断开，如图 1-52 所示的中心线。

尺寸数字前的符号用来区分不同类型的尺寸，如表 1-9 所示。

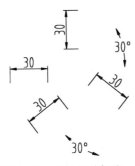

图 1-51 线性尺寸标注

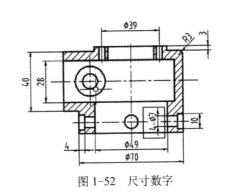

图 1-52 尺寸数字

表 1-9 尺寸标注常见前缀符号的含义

φ	R	S	t	□	±	×	<	-
直径	半径	球面	板状零件厚度	正方形	正负偏差	参数分隔符	斜度	连字符

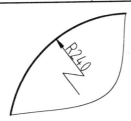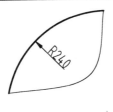

图 1-53 圆弧半径过大时的标注方法

4. 直径及半径尺寸的标注

直径尺寸的数字前应加前缀"φ",半径尺寸的数字前加前缀"R",其尺寸线应通过圆弧的圆心。当圆弧的半径过大时,可以使用如图 1-53 所示的两种圆弧标注方法。

5. 弦长及弧长尺寸的标注

➤ 弦长和弧长的尺寸界限应平行于该弦或者弧的垂直平分线,当弧度较大时,可沿径向引出尺寸界限。

➤ 弦长的尺寸线为直线,弧长的尺寸线为圆弧,在弧长的尺寸线上方必须用细实线画出"⌒"弧度符号,如图 1-54 所示。

□ 球面尺寸的标注

标注球面的直径和半径时,应在符号"φ"和"R"前再加前缀"S",如图 1-55 所示。

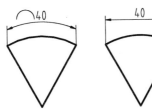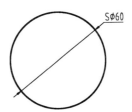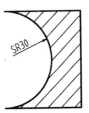

图 1-54 弧长和弦长的标注　　　图 1-55 球面标注方法

6. 正方形结构尺寸的标注

对于正截面为正方形的结构,可在正方形边长尺寸之前加前缀"□"或以"边长×边长"的形式进行标注，如图 1-56 所示。

7. 角度尺寸标注

➤ 角度尺寸的尺寸界限应沿径向引出，尺寸线为圆弧，圆心是该角的顶点，尺寸线的终端为箭头。

➤ 角度尺寸值一律写成水平方向，一般注写在尺寸线的中断处，角度尺寸标注如图 1-57 所示。

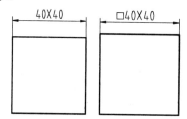

图 1-56　正方形的标注方法

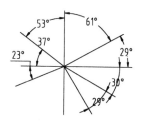

图 1-57　角度尺寸的标注

其他结构的标注请参考国家相关标准。

1.5　机械制图的表达方法

本节主要介绍视图、剖视图、断面图和放大图的表达方法。

1.5.1　视图及投影方法

　　机械工程图样是用一组视图，并采用适当的投影方法表示机械零件的内外结构形状。视图是按正投影法即机件向投影面投影得到的图形，视图的绘制必须符合投影规律。

　　机件向投影面投影时，观察者、机件与投影面三者间有两种相对位置：机件位于投影面和观察者之间时称为第一角投影法；投影面位于机件与观察者之间时称为第三角投影法。我国国家标准规定采用第一角投影法。

1. 基本视图

　　三视图是机械图样中最基本的图形，它是将物体放在三投影面体系中，分别向 3 个投影面做投射所得到的图形，即主视图、俯视图和左视图，如图 1-58 所示。

　　将三投影面体系展开在一个平面内，三视图之间满足三等关系，即"主俯视图长对正、主左视图高平齐、俯左视图宽相等"，如图 1-59 所示，三等关系这个重要的特性是绘图和读图的依据。

图 1-58　三视图形成原理示意图

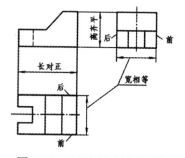

图 1-59　三视图之间的投影规律

当机件的结构十分复杂时，使用三视图来表达机件就十分困难。国家标准规定，在原有的 3 个投影面上增加 3 个投影面，使得这 6 个投影面形成一个正六面体，它们分别是：右视图、主视图、左视图、后视图、仰视图、俯视图，如图 1-60 所示。

- 主视图：由前向后投影的是主视图。
- 俯视图：由上向下投影的是俯视图。
- 左视图：由左向右投影的是左视图。
- 右视图：由右向左投影的是右视图。
- 仰视图：由下向上投影的是仰视图。
- 后视图：由后向前投影的是后视图。

各视图展开后都要遵循"长对正、高平齐、宽相等"的投影原则。

2．向视图

有时为了便于合理地布置基本视图，可以采用向视图。

向视图是可自由配置的视图，它的标注方法为：在向视图的上方注写"X"（X 为大写的英文字母，如"A"、"B"、"C"等），并在相应视图的附近用箭头指明投影方向，并注写相同的字母，如图 1-61 所示。

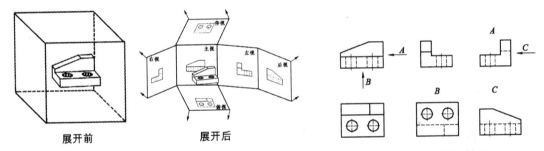

展开前　　　　展开后

图 1-60　6 个投影面及展开示意图　　　　图 1-61　向视图示意图

3．局部视图

当采用一定数量的基本视图后，机件上仍有部分结构形状尚未表达清楚，而又没有必要再画出完整的其他的基本视图时，可采用局部视图来表达。

局部视图是将机件的某一部分向基本投影面投影得到的视图。局部视图是不完整的基本视图，利用局部视图可以减少基本视图的数量，使表达简洁，重点突出。

局部视图一般用于以下两种情况。

- 用于表达机件的局部形状。如图 1-62 所示，画局部视图时，一般可按向视图（指定某个方向对机件进行投影）的配置形式配置。当局部视图按基本视图的配置形式配置时，可省略标注。
- 用于节省绘图时间和图幅，对称的零件视图可只画 1/2 或 1/4，并在对称中心线画出两条与其垂直的平行细直线，如图 1-63 所示。

画局部视图时应注意以下几点。

- 在相应的视图上用带字母的箭头指明所表示的投影部位和投影方向，并在局部视图上方用相同的字母标明"X"。

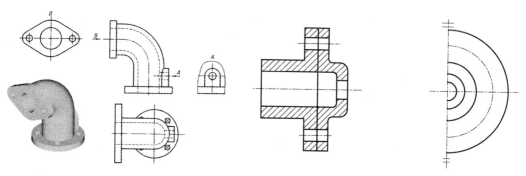

图 1-62　向视图配置的局部视图　　　　　图 1-63　对称零件的局部视图

- 局部视图尽量画在有关视图的附近，并直接保持投影联系。也可以画在图纸内的其他地方。当表示投影方向的箭头标在不同的视图上时，同一部位的局部视图的图形方向可能不同。
- 局部视图的范围用波浪线表示。当所表示的图形结构完整、且外轮廓线又封闭时，则波浪线可省略。

4．斜视图

将机件向不平行于任何基本投影面的投影面进行投影，所得到的视图称为斜视图。斜视图适合于表达机件上的斜表面的实形。图 1-64 所示是一个弯板形机件，它的倾斜部分在俯视图和左视图上的投影都不是实形。此时就可以另外加一个平行于该倾斜部分的投影面，在该投影面上则可以画出倾斜部分的实形投影，如 "A" 向所示。

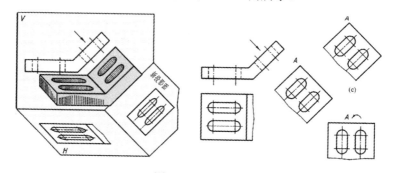

图 1-64　斜视图

斜视图的标注方法与局部视图相似，并且应尽可能配置在与基本视图直接保持投影联系的位置，也可以平移到图纸内的适当地方。为了画图方便，也可以旋转。此时应在该斜视图上方画出旋转符号，表示该斜视图名称的大写拉丁字面靠近旋转符号的箭头端，如图 1-64 所示。也允许将旋转角度标注在字母之后。旋转符号为带有箭头的半圆，半圆的线宽等于字体笔画的宽度，半圆的半径等于字体高度，箭头表示旋转方向。

画斜视图时增设的投影面只垂直于一个基本投影面，因此，机件上原来平行于基本投影面的一些结构，在斜视图中最好以波浪线为界而省略不画，以避免出现失真的投影。

1.5.2　剖视图

在机械绘图中，三视图可基本表达机件外形，对于简单的内部结构可用虚线表示。但当零件的内部结构较复杂时，视图的虚线也将增多，要清晰地表达机件内部的形状和结构，必须采用剖视图的画法。

1．剖视图的概念

用剖切平面剖开机件，将处在观察者和剖切平面之间的部分移去，而将其与部分向投影面投射所得的图形称为剖视图，简称剖视，如图1-65所示。

剖视图将机件剖开，使得内部原来不可见的孔、槽变为可见，虚线也变成了可见线。由此解决了内部虚线过多的问题。

2．剖视图的画法

剖视图的画法应遵循以下几个原则。

➢ 画剖视图时，要选择适当的剖切位置，使剖切图平面尽量通过较多的内部结构（孔、槽等）的轴线或对称平面，并平行于选定的投影面。

➢ 内外轮廓要完整。机件剖开后，处在剖切平面之后的所有可见轮廓线都应完整画出，不得遗漏。

➢ 要画剖面符号。在剖视图中，凡是被剖切的部分应画上剖面符号。金属材料的剖面符号应画成与水平方向成45°角的互相平行、间隔均匀的细实线，同一机件各个视图的剖面符号应相同。但是如果图形的主要轮廓与水平方向成45°角或接近45°角时，该图剖面线应画成与水平方向成30°或60°角，其倾斜方向仍应与其他视图的剖面线一致。

3．剖视图的分类

为了用较少的图形完整清晰地表达机械结构，就必须使每个图形能较多地表达机件的形状。在同一个视图中将普通视图与剖视图结合使用，能够最大限度地表达更多结构。按剖切范围的大小，剖视图可分为全剖视图、半剖视图和局部剖视图。按剖切面的种类和数量，剖视图可分为阶梯剖视图、旋转剖视图、斜剖视图和复合剖视图。

❑ 全剖视图的绘制

用剖切平面将机件全部剖开后进行投影所得到的剖视图称为全剖视图，如图1-66所示。全剖视图一般用于表达外部形状比较简单而内部结构比较复杂的机件。

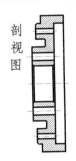
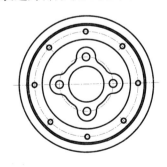

图1-65　剖视图

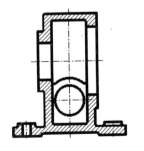

图1-66　全剖视图

提示： 当剖切平面通过机件对称平面，且全剖视图按投影关系配置，中间又无其他视图隔开时，可以省略剖切符号标注，否则必须按规定方法标注。

❑ 半剖视图的绘制

当物体具有对称平面时，向垂直对称平面的投影面上所得的图形，可以以对称中心线为界，一半画成剖视图，另一半画成普通视图，这种剖视图称为半剖视图，如图 1-67 所示。

半剖视图既充分地表达了机件的内部结构，又保留了机件的外部形状，具有内外兼顾的特点。但半剖视图只适宜于表达对称的或基本对称的机件。当机件的俯视图前后对称时，也可以使用半剖视图表示。

❑ 局部剖视图的绘制

用剖切平面局部剖开机件所得的剖视图称为局部剖视图，如图 1-68 所示。局部剖视图一般使用波浪线或双折线分界来表示剖切的范围。

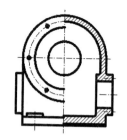
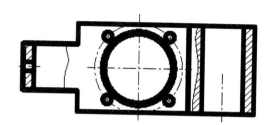

图 1-67　半剖视图　　　　　　　　图 1-68　局部剖视图

局部剖视图是一种比较灵活的表达方法，剖切范围根据实际需要决定。但使用时要考虑到看图方便，剖切不要过于零碎。它常用于下列两种情况。

➢ 机件只有局部内部结构要表达，而又不便或不宜采用全部剖视图时。

➢ 不对称机件需要同时表达其内、外形状时，宜采用局部剖视图。

1.5.3　断面图

假想用剖切平面将机件在某处切断，只画出切断面形状的投影并画上规定的剖面符号的图形称为断面图。断面一般用于表达机件的某部分的断面形状，如轴、孔和槽等结构。

提示： 注意区分断面图与剖视图，断面图仅需画出机件断面的图形，而剖视图则要画出剖切平面以后所有部分的投影。

为了得到断面结构的实体图形，剖切平面一般应垂直于机件的轴线或该处的轮廓线。断面图分为移出断面图和重合断面图两种。

1. 移出断面图

移出断面图的轮廓线用粗实线绘制，画在视图的外面，尽量放置在剖切位置的延长线上，一般情况下只需画出断面的形状，但是，当剖切平面通过回转曲面形成的孔或凹槽时，此孔或凹槽按剖视图画，或当断面为不闭合图形时，要将图形画成闭合的图形。

完整的剖面标记由 3 部分组成。粗短线表示剖切位置，箭头表示投影方向，拉丁字母表示断面图名称。当移出断面图放置在剖切位置的延长线上时，可省略字母；当图形对称（向左或向右投影得到的图形完全相同）时，可省略箭头；当移出断面图配置在剖切位置的延长线上，且图形对称时，可不加任何标记，如图 1-69 所示。

提示：移出断面图也可以画在视图的中断处，此时若剖面图形对称，可不加任何标记；若剖面图形不对称，要标注剖切位置和投影方向。

2. 重合断面图

剖切后将断面图形重叠在视图上，这样得到的剖面图称为重合断面图。

重合断面图的轮廓线要用细实线绘制，而且当断面图的轮廓线和视图的轮廓线重合时，视图的轮廓线应连续画出，不应间断。当重合断面图形不对称时，要标注投影方向和断面位置标记，如图 1-70 所示。

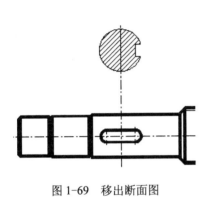

图 1-69 移出断面图

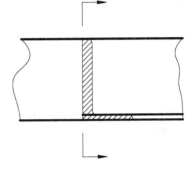

图 1-70 重合断面图

1.5.4 放大图

当物体的某些细小结构在视图上表示不清楚或不便标注尺寸时，可以用大于原图形的绘图比例在图纸上的其他位置绘制该部分图形，这种图形称为局部放大图，如图 1-71 所示。

局部放大图可以画成视图、剖视或断面图，它与被放大部分的表达形式无关。画图时，在原图上用细实线圆圈出被放大部分，尽量将局部放大图配置在被放大图样部分的附近，在放大图上方注明放大图的比例。若图中有多处要进行局部放大时，还要用罗马数字作为放大图的编号。

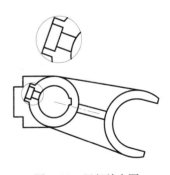

图 1-71 局部放大图

1.6 基本的机械加工工艺介绍

机械设计的最终目的，就是要制作出能满足设计要求的机器。而机械的加工工艺无疑是制造环节中重要的组成部分。机械加工是指通过一种机械设备对工件的外形尺寸或性能进行改变的过程，目前最常见的机械加工手段有车、铣、刨、磨、钻和加工中心等。作为一个设计人员，无须了解各种加工手段的工作原理，但是必须掌握各种加工手段的加工范围，以及它们所能达到的加工精度，分别介绍如下。

1.6.1 车

车即车削加工，主要在车床上用车刀对旋转的工件进行切削加工，如图 1-72 所示。在车床上还可用钻头、扩孔钻、铰刀、丝锥、板牙和滚花工具等进行相应的加工。车削加工是机械制造和修配工厂中使用最广的一类机床加工。

图 1-72　车削加工示例

1. 加工范围

车床主要用于加工轴、杆、盘、套和其他具有回转表面的工件，如图 1-73 所示。它是主要的回转表面加工方法，也能进行一定的水平表面加工，如车端面，如图 1-74 所示。

车削加工的成型范围要根据具体的车床型号而定，既有加工范围为 $\phi 200 \times 750 mm$ 的小型车床，也有 $\phi 1000 \times 5000 mm$ 的大型车床，因此在进行设计工作时，一定要熟悉车间内各车床的加工范围。

图 1-73　车削加工件

图 1-74　端面车削

2. 加工精度

车削加工精度一般为 IT8～IT7，表面粗糙度在 12.5～1.6μm 之间。数控精车时，精度可达 IT6～IT5，粗糙度粗糙度可达 0.4～0.1。总的来说，车削的生产率较高，切削过程比较平稳，刀具也比较简单。

1.6.2　铣

铣即铣削加工，是一种在铣床上使用旋转的多刃刀具切削工件的加工方法，属于高精度的加工，如图 1-75 所示。与车床"刀具固定，工件运转"的情况不同，铣床是"刀具运转，工件固定"。

图 1-75 铣削加工示例

1. 加工范围

铣床主要用于加工定位块、箱体等具有水平表面的工件，如图 1-76 所示。普通铣削一般能加工平面或槽面等，用成形铣刀也可以加工出特定的曲面，如铣削齿轮等，如图 1-77 所示。

铣削加工的成型范围与车床类似，也要根据具体的铣床型号而定。

图 1-76 铣削加工件

图 1-77 铣齿轮

2. 加工精度

铣削的加工精度一般可达 IT8～IT7，表面粗糙度为 6.3～0.8μm，数控铣床能达到更高的精度。

1.6.3 镗

镗即镗削加工，是一种用刀具扩大孔或其他圆形轮廓的内径切削工艺，如图 1-78 所示。所用刀具通常为单刃镗刀（称为镗杆），某些情况下可以与铣刀和钻刀混用。

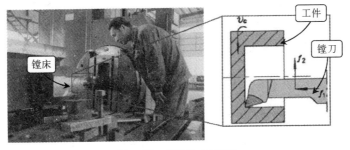

图 1-78 镗削加工示例

1. 加工范围

镗削一般应用在零件从半粗加工到精加工的阶段，可以用来加工大直径的孔与深尺寸的内孔，而且加工精度也一般比车床和钻床的要高。典型的深孔镗加工零件如工程机械上的液压缸缸筒与军事国防上的枪筒、炮筒等，如图 1-79 所示。

图 1-79　镗削加工件

2. 加工精度

镗削加工的精度范围与车削类似。但使用新型刀具的深孔镗，集镗削、滚压加工于一体，可以使加工精度达到 IT6 以上，工件表面粗糙度达 0.4～0.8μm。

1.6.4　磨

磨即磨削加工，是指用磨料和磨石磨除工件上多余材料的加工方法，如图 1-80 所示。磨削加工是应用较为广泛的切削加工方法之一。

1. 加工范围

磨削用于加工各种工件的内外圆柱面、圆锥面和平面，以及螺纹、齿轮和花键等特殊、复杂的成形表面。磨削加工与车、铣等常规加工不同的是，磨削不能大范围地除去零件的材料，只能加工掉 0.1～1mm 或更小尺寸的材料，因此属于精加工的一种。

图 1-80　磨削加工示例

2. 加工精度

磨削通常用于半精加工和精加工，精度可达 IT8～IT5 甚至更高，一般磨削的表面粗糙度为 1.25～0.16μm，精密磨削为 0.16～0.04μm，超精密磨削为 Ra0.04～0.01μm，镜面磨削可达 0.01μm 以下，属于超级加工。

1.6.5 钻

钻即钻孔加工，是指用钻头在实体材料上加工出孔的操作，如图 1-81 所示。钻孔是机械加工中最常见、也是最容易掌握的一种。

图 1-81 钻孔加工示例

1. 加工范围

在加工过程中，各种零件的孔加工，除去一部分由车、镗和铣等机床完成外，很大一部分是由钳工利用钻床和钻孔工具（钻头、扩孔钻和铰刀等）完成的，如沉头孔、螺纹孔和销钉孔等，总的来说形式比较单一。

2. 加工精度

钻孔加工时，由于钻头结构上存在的缺点，会影响到加工质量，因此加工精度一般在 IT10 级以下，表面粗糙度为 12.5μm 左右，属于粗加工。

1.6.6 加工中心

加工中心是在普通机床（一般是铣床）的基础上发展起来的一种自动加工设备，两者的加工工艺基本相同，结构也有些相似。加工中心与普通机床的最大区别就是自带刀库，可以运行各种加工方式，如车、铣和钻等，如图 1-82 所示。

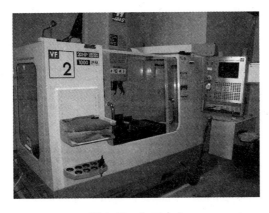

图 1-82 加工中心

1．加工范围

加工中心是机械加工中的一大突破，零件加工的适应性强、灵活性好。加工中心能加工轮廓形状特别复杂或难以控制尺寸的零件，如模具类零件、壳体类零件等；也可以加工普通机床无法加工或很难加工的零件，如用数学模型描述的复杂曲线零件，以及三维空间曲面类零件等。图 1-83 所示即为德国 hyper 五轴加工中心制做出来的全金属头盔。

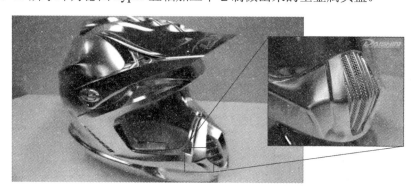

图 1-83　数控中心加工的曲面零件

2．加工精度

加工中心的精度很高，而且加工质量稳定可靠。一般数控装置的脉冲当量为 0.001mm，高精度的数控系统可达 0.1μm。此外，由于是计算机控制的数控系统，从本质上避免了人员的操作失误，因此在理论上其精度是所有加工中最高的。

1.7　常用的机械加工材料介绍

对于机械设计工作来说，除了要了解加工工艺之外，还有必要了解制造机械零部件所用的各种材料。这些材料在加工、力学性能、外观和稳定性方面均有不同的表现，简单介绍如下。

1.7.1　钢

钢是对含碳量质量百分比介于 0.02%～2.06% 之间的铁碳合金的统称，一般只含碳元素的钢称之为碳素钢。钢是机械行业中应用最多的一种材料，下面介绍两种代表性的钢材。

1．45 钢

45 钢是指含碳量质量百分比在 0.45% 左右的钢材，属于优质碳素结构钢，是最常用的中碳调质钢。45 钢的综合力学性能良好，但淬透性低，水淬时易生裂纹。小型件宜采用调质处理，大型件宜采用正火处理。

该钢种性能中庸，但价格便宜，因此是最常见的机械设计用材料。被广泛用于制造轴、杆、活塞、齿轮、齿条、涡轮和蜗杆等受复杂应力，但总的来说要求不高的主要运动件。

2．Q235

Q235 是指屈服强度为 235MPa 的钢材，又被称为 A3 钢，是用途最广泛的钢材。Q235的含碳量适中，综合性能较好，强度、塑性和焊接等性能得到了较好配合。

在生活中随处可见 Q235 的身影，比如建筑工地上的螺纹钢，步行天桥的铁板，以及常见的铁丝、铁索等，均是 Q235 材质的。

1.7.2 铸铁

铸铁是指含碳量在 2.06%以上的铁碳合金。工业用铸铁一般含碳量为 2.5%～3.5%，其中还含有 1%～3%的硅，以及锰、磷和硫等元素。下面介绍常用的两种铸铁。

1. HT150

HT150 是灰铸铁的一种，HT 即"灰铁"两个汉字拼音的开头字母，150 是指该材料在 ϕ30mm 试样时的最小抗拉强度值为 150MPa。

HT150 具有良好的铸造性能、良好的减振性、良好的耐磨性能、良好的切削加工性能，以及低的缺口敏感性。在机械设计工作中广泛用于各种外形结构铸件，如机座、支架、箱体、刀架、床身、轴承座、工作台、带轮、端盖、泵体、阀体、管路、飞轮和电机座等。

2. QT450-10

QT450-10 是球墨铸铁的一种，QT 即"球铁"两个汉字拼音的开头字母。

球墨铸铁是指碳以球状石墨的形态存在，其机械性能远胜于灰铸铁而接近于钢，它具有优良的铸造、切削加工和耐磨性能，有一定的弹性，广泛用于制造曲轴、齿轮和活塞等高级铸件及多种机械零件。

1.7.3 合金钢

在钢里加入除铁、碳以外的其他合金元素，就称为合金钢。合金钢的种类很多，相较于碳素钢来说，基本上有着高强度、高韧性、耐磨、耐腐蚀、耐低温、耐高温和无磁性等特殊性能。

1. 40Cr

40Cr 是机械行业中使用最广泛的合金钢之一。调质处理后具有良好的综合力学性能、良好的低温冲击韧性和低的缺口敏感性。该钢的淬透性良好，油冷时可得到较高的疲劳强度，水冷时复杂形状的零件易产生裂纹，冷弯塑性中等，回火或调质后切削加工性好，但焊接性不好，易产生裂纹。

40Cr 的价格也相对便宜，因此应用十分广泛，调质处理后用于制造中速、中载的零件，如机床齿轮、轴、蜗杆、花键轴和顶针套等；调质并高频表面淬火后用于制造表面高硬度、耐磨的零件，如齿轮、轴、主轴、曲轴、心轴、套筒、销子、连杆、螺钉螺母和进气阀等；经淬火及中温回火后用于制造重载、中速冲击的零件，如油泵转子、滑块、齿轮、主轴和套环等；经淬火及低温回火后用于制造重载、低冲击、耐磨的零件，如蜗杆、主轴、轴和套环等；碳氮共渗处理后用于制造尺寸较大、低温冲击韧度较高的传动零件，如轴、齿轮等。

2. 65Mn

65Mn 是一种常见的弹簧钢，热处理及冷拔硬化后，强度较高，具有一定的韧性和塑性，但淬透性差，主要用于较小尺寸的弹簧，如调压调速弹簧、测力弹簧、一般机械上的圆、方螺旋弹簧，或者拉成钢丝作为小型机械上的弹簧等。

1.7.4 有色金属

有色金属通常是指除去铁（有时也除去锰和铬）和铁基合金以外的所有金属。有色金属可分为重金属（如铜、铅、锌）、轻金属（如铝、镁）、贵金属（如金、银、铂）及稀有金属（如钨、钼、锗、锂、镧、铀）。这里只介绍两种在机械设计中常用的有色金属。

1. 铜

铜具有很好的延展性与切削性能，而且具有不俗的耐磨性，因此在机械设计工作中经常被制成铜套等耐磨件。但是在具体的工作中很少用到纯铜，一般选用的都是铜合金，如黄铜、青铜和白铜等，因此铜对应的牌号有很多种，用途也不一样，请自行翻阅有关标准。

2. 铝

与铜一样，铝也具有很好的延展性，在潮湿空气中还能形成一层防止金属腐蚀的氧化膜，因此稳定性也不错。除此之外，铝还有一个不同于其他机械材料的最大优点，那就是质地轻盈。因此铝常用于飞机、汽车、火车和船舶等制造工业，例如，一架超音速飞机约由70%的铝及其铝合金构成。船舶建造中也大量使用铝，一艘大型客船的用铝量常达几千吨。

第 **2** 章

AutoCAD 2016 入门

AutoCAD 是 Autodesk 公司开发的一款绘图软件，也是目前市场上使用率极高的一款辅助设计软件，被广泛应用于建筑、机械、电子、服装、化工及室内装潢等工程设计领域。它可以帮助用户更轻松地实现数据设计、图形绘制等多项功能，从而极大地提高了设计人员的工作效率，并成为广大工程技术人员必备的工具。

本章首先介绍 AutoCAD 2016 的基本功能、启动与退出、图形文件管理，以及绘图环境等基本知识，为后面章节的深入学习奠定了坚实的基础。

2.1 了解 AutoCAD 2016

AutoCAD 作为一款通用的计算机辅助设计软件，它可以帮助用户在统一的环境下灵活地完成概念和细节设计，并创作、管理和分享设计作品，适用于广大普通用户。AutoCAD 是目前世界上应用最广的 CAD 软件之一，市场占有率居世界第一。AutoCAD 软件具有以下几个特点。

- ➢ 具有完善的图形绘制功能。
- ➢ 具有强大的图形编辑功能。
- ➢ 可以采用多种方式进行二次开发或用户定制。
- ➢ 可以进行多种图形格式的转换，具有较强的数据交换能力。
- ➢ 支持多种硬件设备。
- ➢ 支持多种操作平台。
- ➢ 具有通用性、易用性，适用于各类用户。

与以往版本相比，AutoCAD 2016 增添了许多强大的功能，借助视觉增强功能（例如线淡入）可更清晰地查看设计中的细节。可读性也得到增强，曲线显示更完美，而不是由直线段拼接而成。使用命令预览功能可让用户在提交命令前就能看到结果，最大程度地减少了撤销操作的次数。能更加轻松地移动和复制大型选择集。

2.1.1 启动与退出 AutoCAD 2016

要使用 AutoCAD 绘制和编辑图形，首先必须启动该软件。下面介绍启动与退出 AutoCAD 2016 的方法。

1. 启动 AutoCAD 2016

启动 AutoCAD 有以下几种方法。

- ➢ 桌面：双击桌面上的快捷图标 。
- ➢ 双击已经存在的 AutoCAD 2016 图形文件(*.dwg 格式)。
- ➢ 【开始】菜单：单击【开始】按钮，在【开始】菜单中选择【程序】| Autodesk | AutoCAD 2016-简体中文 |AutoCAD 2016-简体中文命令，如图 2-1 所示。

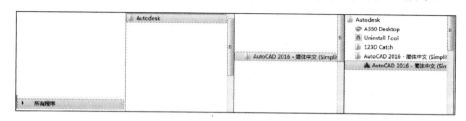

图 2-1 使用【开始】菜单打开 AutoCAD 2016

2. 退出 AutoCAD 2016

退出 AutoCAD 有以下几种方法。

- ➢ 软件窗口：单击窗口右上角的【关闭】按钮 。

> 菜单栏：选择【文件】|【退出】命令。
> 快捷键：按【Alt+F4】或【Ctrl+Q】组合键。
> 命令行：在命令行中输入 QUIT/EXIT 命令并按【Enter】键。
> 【应用程序菜单】按钮：单击窗口左上角的【应用程序菜单】按钮，在展开的菜单中选择【关闭】命令，如图 2-2 所示。

提示： 若在退出 AutoCAD 2016 之前未进行文件的保存，系统会弹出如图 2-3 所示的提示对话框，提示用户在退出软件之前是否保存当前绘图文件。单击【是】按钮，可以进行文件的保存；单击【否】按钮，将不对之前的操作进行保存而退出；单击【取消】按钮，将返回操作界面，不执行退出软件的操作。

图 2-2　利用【应用程序菜单】关闭软件

图 2-3　退出提示对话框

2.1.2　AutoCAD 2016 工作空间

中文版 AutoCAD 2016 为用户提供了【草图与注释】【三维基础】和【三维建模】3 种工作空间。不同的空间显示的绘图和编辑命令也不同，例如在【三维建模】空间下，可以方便地进行以三维建模为主的绘图操作。

AutoCAD 2016 的 3 种工作空间可以相互切换。切换工作空间的操作方法有以下几种。

> 快速访问工具栏：单击快速访问工具栏中的【切换工作空间】下拉按钮
> 【草图与注释】，在打开的下拉列表框中选择工作空间，如图 2-4 所示。
> 状态栏：单击状态栏右侧的【切换工作空间】按钮，在打开的下拉菜单中进行选择，如图 2-5 所示。

图 2-4　通过下拉列表框切换工作空间

图 2-5　通过状态栏切换工作空间

> 工具栏：在【工作空间】工具栏的【工作空间控制】下拉列表框中进行选择，如图 2-6 所示。
> 菜单栏：选择【工具】|【工作空间】命令，在子菜单中进行选择，如图 2-7 所示。

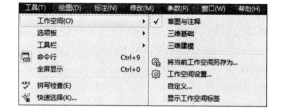

图 2-6　通过工具栏切换工作空间　　　　图 2-7　通过菜单栏切换工作空间

1．草图与注释工作空间

AutoCAD 2016 默认的工作空间为【草图与注释】。其界面主要由【应用程序菜单】按钮、快速访问工具栏、功能区选项卡、绘图区、命令行窗口和状态栏等元素组成。在该空间中，可以方便地使用【默认】选项卡中的【绘图】【修改】【图层】【标注】【文字】及【表格】等面板绘制和编辑二维图形，如图 2-8 所示。

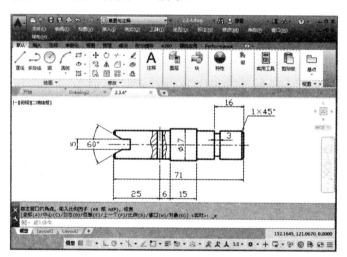

图 2-8　【草图与注释】工作空间

2．三维基础工作空间

在【三维基础】工作空间中能非常简单方便地创建基本的三维模型，其功能区提供了各种常用的三维建模、布尔运算及三维编辑工具按钮。【三维基础】工作空间界面如图 2-9 所示。

3．三维建模工作空间

【三维建模】工作空间界面与【草图与注释】工作空间界面较相似，但侧重的命令不同。其功能区选项卡中集中了实体、曲面和网格的多种建模和编辑命令，以及视觉样式、渲染等模型显示工具，为绘制和观察三维图形、附加材质、创建动画，以及设置光源等操作提供了非常便利的环境，如图 2-10 所示。

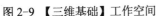

图 2-9 【三维基础】工作空间

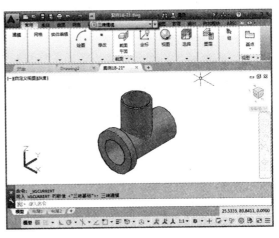

图 2-10 【三维建模】工作空间

2.1.3 AutoCAD 2016 工作界面

启动 AutoCAD 2016 后，默认的界面为【草图与注释】工作空间，在前边介绍的 3 种工作空间中，以【草图与注释】工作空间最为常用，因此本书主要以【草图与注释】工作空间讲解 AutoCAD 的各种操作。该空间界面包括应用程序菜单按钮、快速访问工具栏、标题栏、菜单栏、工具栏、十字光标、绘图区、坐标系、命令行、标签栏、状态栏及文本窗口等，如图 2-11 所示。

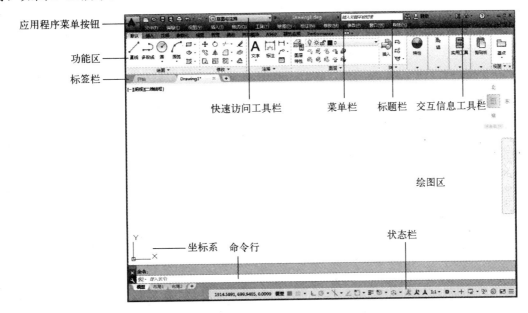

图 2-11 AutoCAD 2016 默认的工作界面

下面将对 AutoCAD 工作界面中的各元素进行详细介绍。

1.【应用程序菜单】按钮

【应用程序菜单】按钮▲位于窗口的左上角，单击该按钮，可以展开 AutoCAD 2016 管理图形文件的命令，如图 2-12 所示，用于新建、打开、保存、打印、输出及发布文件等。

2．功能区

功能区位于绘图窗口的上方，由许多面板组成，这些面板被组织到依任务进行标记的选项卡中。功能区面板包含的很多工具和控件与工具栏和对话框中的相同。

默认的【草图和注释】工作空间的功能区中共有 11 个选项卡：默认、插入、注释、参数化、视图、管理、输出、附加模块、A360、精选应用和 Performance。每个选项卡中包含若干个面板，每个面板中又包含许多用图标表示的命令按钮，如图 2-13 所示。

图 2-12　应用程序菜单

图 2-13　功能区选项卡

功能区主要选项卡的作用如下。

> 默认：用于二维图形的绘制和修改，以及标注等，包含绘图、修改、图层、注释、块、特性、实用工具和剪贴板等面板。

> 插入：用于各类数据的插入和编辑。包含块、块定义、参照、输入、点云、数据、链接和提取等面板。

> 注释：用于各类文字的标注，以及各类表格和注释的制作，包含文字、标注、引线、表格、标记和注释缩放等面板。

> 参数化：用于参数化绘图，包括各类图形的约束和标注的设置，以及参数化函数的设置，包含几何、标注和管理等面板。

> 视图：用于二维及三维制图视角的设置和图纸集的管理等。包含二维导航、视图、坐标、视觉样式、视口、选项板和窗口等面板。

> 管理：包含动作录制器、自定义设置、应用程序和 CAD 标准等面板。用于动作的录制、CAD 界面的设置和 CAD 的二次开发，以及 CAD 配置等。

> 输出：用于打印、各类数据的输出等操作。包含打印和输出为 DWF/PDF 面板。

3．标签栏

文件标签栏位于绘图窗口上方，每个打开的图形文件都会在标签栏中显示一个标签，单击文件标签即可快速切换至相应的图形文件窗口，如图 2-14 所示。

单击标签上的██按钮，可以关闭该文件；单击标签栏右侧的██按钮，可以快速新建文件；右击标签栏空白处，会弹出快捷菜单（见图 2-15），利用该快捷菜单可以选择【新建】、【打开】、【全部保存】和【全部关闭】命令。

图 2-14 标签栏 图 2-15 快捷菜单

4. 快速访问工具栏

快速访问工具栏位于标题栏的左侧，它提供了常用的快捷按钮，可以给用户提供更多的方便。默认的快速访问工具栏由 7 个快捷按钮组成，依次为【新建】【打开】【保存】【另存为】【打印】【放弃】和【重做】，如图 2-16 所示。

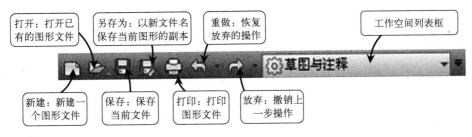

图 2-16 快速访问工具栏

AutoCAD 2016 提供了自定义快速访问工具栏的功能，可以在快速访问工具栏中增加或删除命令按钮。单击快速访问工具栏后面的展开箭头，如图 2-17 所示，在展开的菜单中选中某一命令，即可将该命令按钮添加到快速访问工具栏中。选择【更多命令】命令，还可以添加更多的其他命令按钮。

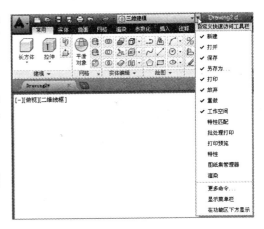

5. 菜单栏

在 AutoCAD 2016 中，菜单栏在任何工作空间都不会默认显示。单击【工作空间】下拉按钮，系统弹出【自定义快速访问工具栏】下拉菜单，选择其中的【显示菜单栏】命令，系统就会在快速访问工具栏的下侧显示菜单栏。菜单栏默认共

图 2-17 自定义快速访问工具栏

有 13 个菜单项，几乎包含了 AutoCAD 的所有绘图和编辑命令。单击菜单项或按下【Alt】键+菜单项中带下画线的字母（例如按【Alt+O】组合钮），即可打开对应的下拉菜单。

6. 标题栏

标题栏位于 AutoCAD 窗口的顶部，如图 2-18 所示，它显示了系统正在运行的应用程序和用户正打开的图形文件的信息。第一次启动 AutoCAD 时，标题栏中显示的是 AutoCAD 启动时创建并打开的图形文件名，名称为 Drawing1.dwg，可以在保存文件时对其进行重命名操作。

图 2-18 标题栏

7. 绘图区

图形窗口是屏幕上的一大片空白区域，是用户进行绘图的主要工作区域，如图 2-19 所示。图形窗口的绘图区域实际上是无限大的，用户可以通过【缩放】【平移】等命令来观察绘图区的图形。有时为了增大绘图空间，可以根据需要关闭其他界面元素，例如工具栏和选项板等。

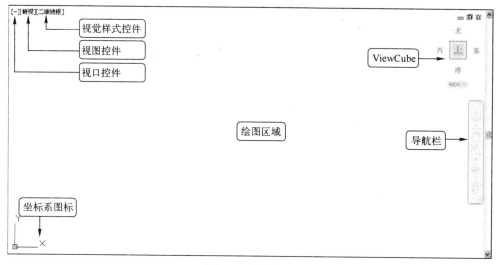

图 2-19　绘图区

图形窗口左上角有 3 个快捷功能控件，可以快速修改图形的视图方向和视觉样式，如图 2-20 所示。

图 2-20　快捷功能控件菜单

在图形窗口左下角有一个坐标系图标，以方便绘图人员了解当前的视图方向及视觉样式。此外，绘图区还会显示一个十字光标，其交点为光标在当前坐标系中的位置。移动鼠标时，光标的位置也会相应地改变。

绘图区右上角同样也有 3 个按钮：【最小化】按钮 ▭、【最大化】按钮 ▣ 和【关闭】按钮 ☒，在 AutoCAD 中同时打开多个文件时，可通过这些按钮来切换和关闭图形文件。

8. 命令行

命令行窗口位于绘图窗口的底部，用于接收输入的命令，并显示 AutoCAD 提示信息。在 AutoCAD 2016 中，命令行可以拖动为浮动窗口，如图 2-21 所示。

图 2-21　命令行浮动窗口

提示：将光标移至命令行窗口的上边缘，按住鼠标左键向上拖动，即可增加命令窗口的高度。

AutoCAD 文本窗口是记录 AutoCAD 命令的窗口，是放大的命令行窗口。执行 TEXTSCR 命令或按【F2】键，可打开文本窗口，如图 2-22 所示，记录了文档进行的所有编辑操作。

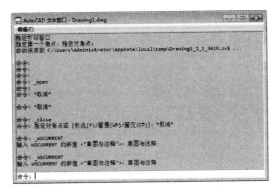

图 2-22　AutoCAD 文本窗口

9．状态栏

状态栏用来显示 AutoCAD 当前的状态，如对象捕捉、极轴追踪等命令的工作状态。同时，AutoCAD 2016 将之前的模型布局标签栏和状态栏合并在一起，并且取消显示当前光标位置，如图 2-23 所示。

图 2-23　状态栏

在状态栏的空白位置右击，系统弹出快捷菜单，如图 2-24 所示。选择【绘图标准设置】命令，将弹出【绘图标准】对话框，如图 2-25 所示，可以设置绘图的投影类型和着色效果。

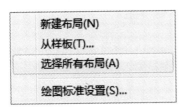

图 2-24　状态栏右键快捷菜单

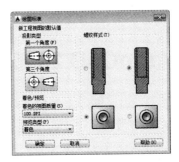

图 2-25　【绘图标准】对话框

状态栏中各按钮的含义如下。

➢ 推断约束 ：该按钮用于创建和编辑几何图形时推断几何约束。

➢ 捕捉模式 ：该按钮用于开启或者关闭捕捉。捕捉模式可以使光标能够很容易地抓取到每一个栅格上的点。

➢ 栅格显示 ：该按钮用于开启或者关闭栅格的显示。栅格即图幅的显示范围。

> ➢ 正交模式 ⌐：该按钮用于开启或者关闭正交模式。正交即光标只能走 X 轴或者 Y 轴方向，不能画斜线。

> ➢ 极轴追踪 ◷：该按钮用于开启或者关闭极轴追踪模式。用于捕捉和绘制与起点水平线成一定角度的线段。

> ➢ 二维对象捕捉 ⊡：该按钮用于开启或者关闭对象捕捉。对象捕捉能使光标在接近某些特殊点的时候自动指引到那些特殊的点。

> ➢ 三维对象捕捉 ⬡：该按钮用于开启或者关闭三维对象捕捉。对象捕捉能使光标在接近三维对象某些特殊点的时候自动指引到那些特殊的点。

> ➢ 对象捕捉追踪 ∠：该按钮用于开启或者关闭对象捕捉追踪。该功能和对象捕捉功能一起使用，用于追踪捕捉点在线性方向上与其他对象的特殊点的交点。

> ➢ 允许/禁止动态 UCS ⬚：用于切换允许和禁止 UCS（用户坐标系）。

> ➢ 动态输入 ⁺：动态输入的开始和关闭。

> ➢ 线宽 ≣：该按钮用于控制线框的显示。

> ➢ 透明度 ▦：该按钮用于控制图形透明显示。

> ➢ 快捷特性 ▫：控制【快捷特性】选项板的禁用或者开启。

> ➢ 选择循环 ▨：开启该按钮后，可以在重叠对象上显示选择对象。

> ➢ 注释监视器 ＋：开启该按钮后，一旦发生模型文档编辑或更新事件，注释监视器会自动显示。

> ➢ 模型 ▣：用于模型与图纸之间的转换。

> ➢ 注释比例 ⚟ 1:1 ▾：可通过此按钮调整注释对象的缩放比例。

> ➢ 注释可见性 ⚟：单击该按钮，可选择仅显示当前比例的注释或是显示所有比例的注释。

> ➢ 切换工作空间 ✿ ▾：切换绘图空间，可通过此按钮切换 AutoCAD 2016 的工作空间。

> ➢ 全屏显示 ▣：AutoCAD 2016 的全屏显示或者退出。

> ➢ 自定义 ≡：单击该按钮，可以对当前状态栏中的按钮进行添加或删除，以方便管理。

2.2　AutoCAD 2016 图形文件管理

　　AutoCAD 2016 图形文件的基本操作主要包括【新建】图形文件、【打开】图形文件和【保存】图形文件等。

2.2.1　新建图形文件

　　在绘图前，应该首先创建一个新的图形文件。在 AutoCAD 2016 中，有以下几种创建新文件的方法。

> ➢ 快速访问工具栏：单击快速访问工具栏或【标准】工具栏中的【新建】按钮 ▭。
> ➢ 标签栏：单击标签栏上的 ▦ 按钮。
> ➢ 快捷键：按【Ctrl+N】组合键。
> ➢ 命令行：QNEW。

> 菜单栏：选择【文件】|【新建】命令。

执行上述任一操作，系统弹出如图 2-26 所示的【选择样板】对话框，用户可以在该对话框中选择不同的绘图样板，当用户选择好绘图样板时，系统会在对话框的右上角显示预览，然后单击【打开】按钮，即可创建一个新图形文件，也可以在【打开】按钮的下拉菜单中选择其他的打开方式。

2.2.2 打开图形文件

AutoCAD 文件的打开方式有很多种，下面介绍常见的几种。

> 快速访问工具栏：单击快速访问工具栏或【标准】工具栏中的【打开】按钮 📂。
> 标签栏：在标签栏空白位置右击，在弹出的快捷菜单中选择【打开】命令。
> 快捷键：按【Ctrl+O】组合键。
> 命令行：OPEN。
> 菜单栏：选择【文件】|【打开】命令。

执行以上操作都会弹出如图 2-27 所示的【选择文件】对话框，该对话框用于选择已有的 AutoCAD 图形，单击【打开】按钮后的下拉按钮，在打开的下拉菜单中可以选择不同的打开方式。

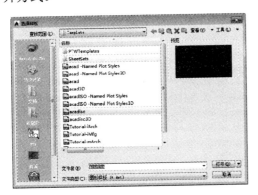

图 2-26 【选择样板】对话框

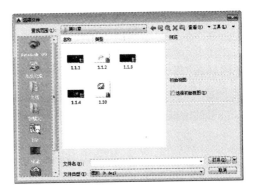

图 2-27 【选择文件】对话框

2.2.3 保存图形文件

保存文件是文件操作中最重要的一项工作。没有保存的文件信息一般存在于计算机的内存中，当计算机死机、断电或程序发生错误时，内存中的信息将会丢失。保存的作用是将内存中的文件信息写入磁盘，写入磁盘的信息不会因为断电、关机或死机而丢失。在 AutoCAD 中，可以使用多种方式将所绘图形存入磁盘。

常用的保存图形方法有以下 4 种。

> 快速访问工具栏：单击快速访问工具栏中的【保存】按钮 💾。
> 快捷键：按【Ctrl+ S】组合键。
> 命令行：SAVE。
> 菜单栏：选择【文件】|【保存】命令。

执行上述任一操作，都可以对图形文件进行保存。若当前的图形文件已经命名保存过，则按此名称保存文件。如果当前图形文件尚未保存过，则会弹出如图 2-28 所示的【图形另存为】对话框，用于保存已经创建但尚未命名保存过的图形文件。

也可以通过下面的方式直接打开【图形另存为】对话框，对图形进行重命名保存。

➢ 快速访问工具栏：单击快速访问工具栏中的【另存为】按钮。

➢ 快捷键：按【Ctrl+Shift+S】组合键。

➢ 命令行：QSAVE。

➢ 菜单栏：选择【文件】|【另存为】命令。

在【图形另存为】对话框中，【保存于】下拉列表框用于设置图形文件保存的路径；【文件名】

图 2-28 【图形另存为】对话框

文本框用于输入新的文件名称；【文件类型】下拉列表框用于选择文件保存的格式。其中 *.dwg 是 AutoCAD 图形文件，*.dwt 是 AutoCAD 样板文件，这两种格式最为常用。

除了以上两种保存方法外，还有一种比较好的保存文件的方法，即定时保存图形文件，可以免去随时手动保存的麻烦。设置定时保存后，系统会在一定的时间间隔内自动保存当前文件，避免意外情况导致文件丢失。

在命令行中输入 OP 并按【Enter】键，系统弹出【选项】对话框，如图 2-29 所示。选择【打开和保存】选项卡，在【文件安全措施】选项组中选择【自动保存】复选框，根据需要在下面的文本框中输入合适的间隔时间和保存方式，如图 2-30 所示。单击【确定】按钮，关闭对话框，定时保存设置即可生效。

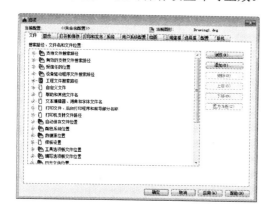

图 2-29 【选项】对话框

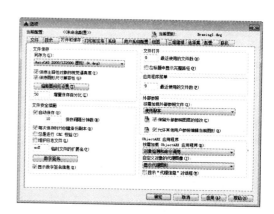

图 2-30 设置定时保存文件

提示：定时保存的时间间隔不宜设置得过短，否则会影响软件的正常使用；也不宜设置得过长，否则不利于实时保存，一般设置在 10 分钟左右较为合适。AutoCAD 自动保存的临时文件扩展名为.sv$，如需恢复，只需将其改为.dwg 即可。

2.2.4　关闭图形文件

为了避免同时打开过多的图形文件，需要关闭不再使用的文件，关闭图形文件的方法有以下几种。

- ➢ 文件窗口：单击文件窗口上的【关闭】按钮▣。注意不是软件窗口的【关闭】按钮，否则会退出软件。
- ➢ 标签栏：单击文件标签栏上的【关闭】按钮，如图 2-31 所示。
- ➢ 快捷键：按【Ctrl+F4】组合键。
- ➢ 命令行：在命令行中输入 CLOSE 并按【Enter】键。
- ➢ 菜单栏：选择【文件】|【关闭】命令。

执行该命令后，如果当前图形文件没有保存，系统将弹出如图 2-32 所示的对话框。在该提示对话框框中，需要保存修改时，则单击【是】按钮，否则单击【否】按钮，单击【取消】按钮，则取消关闭操作。

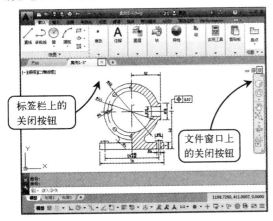

图 2-31　通过【关闭】按钮关闭文件

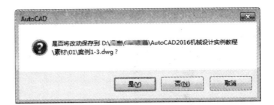

图 2-32　系统提示对话框

2.3　AutoCAD 2016 绘图环境

在使用 AutoCAD 2016 前，经常需要对绘图环境的某些参数进行设置，使其更符合自己的使用习惯，从而提高绘图效率。一般新建绘图文件后，绘图单位和绘图界限都采用默认设置，此时可根据需要或者行业规定进行自定义设置。

2.3.1　设置工作空间

工作空间就是绘图的操作界面。在 AutoCAD 中，不但可以选择系统默认的工作空间，还可以根据个人喜好自定义工作空间，具体步骤如下。

步骤 1　启动 AutoCAD 2016 软件。

步骤 2　单击快速访问工具栏中的【工作空间】下拉按钮，在打开的下拉列表框中选择【草图与注释】工作空间。

步骤 3　选择【工具】|【工具栏】|AutoCAD 命令，在子菜单中选择【多重引线】命

令，打开【多重引线】工具栏。重复上述操作，分别打开【标注】和【文字】工具栏，如图 2-33 所示。

步骤 4 将鼠标指针移到工具栏头部位置，拖动工具栏到绘图区左侧，如图 2-34 所示。

步骤 5 单击状态栏中的【锁定】按钮，在弹出的快捷菜单中选择【全部】|【锁定】命令，锁定窗口元素的位置。

图 2-33 打开工具栏

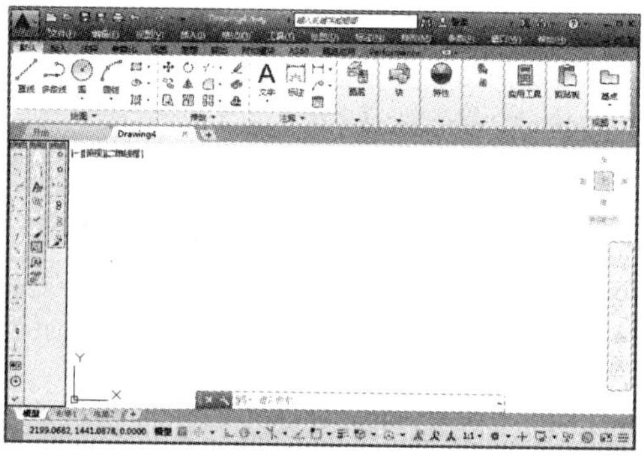

图 2-34 调整工具栏的位置

步骤 6 单击【工作空间】下拉按钮，在打开的下拉列表框中选择【将当前工作空间另存为】选项，如图 2-35 所示，弹出【保存工作空间】对话框，在该对话框中输入自定义的空间名称为"我的工作空间 1"，如图 2-36 所示。单击【保存】按钮，完成工作空间的保存。

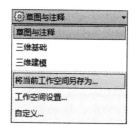

图 2-35 保存工作空间

图 2-36 【保存工作空间】对话框

步骤 7 在【工作空间】下拉列表框中选择【工作空间设置】选项，弹出【工作空间设置】对话框。

步骤 8 在【我的工作空间】下拉列表框中选择【我的工作空间 1】复选框，如图 2-37 所示。若选择【自动保存工作空间修改】单选按钮，则可以在切换工作空间时自动保存工作空间的修改。

2.3.2 绘图界限的设置

绘图界限是在绘图空间中假想的一个绘图区域，用可见栅格进行标示。图形界限相当于图纸的大小，一般根据国家标准关于图幅尺寸的规定设置。当打开图形界限边界检验功能时，一旦绘制的图形超出了绘图界限，系统将发出提示，

图 2-37 【工作空间设置】对话框

并不允许绘制超出图形界限范围的点。

可以使用以下两种方式调用图形界限命令。

➤ 命令行：输入 LIMITS。

➤ 菜单栏：选择【格式】|【图形界限】命令。

下面以设置 A3 大小图形界限为例，介绍绘图界限的设置方法，具体操作步骤如下。

步骤 1 单击快速访问工具栏中的【新建】按钮 □，新建图形文件。在命令行中输入 LIMITS 并按【Enter】键，设置图形界限，命令行操作过程如下。

命令: LIMITS✓　　　　　　　　　　　　//调用【图形界限】命令

重新设置模型空间界限：

指定左下角点或[开(ON)/关(OFF)]<0.000,0.000>:✓　　//按空格键或者【Enter】键，默认坐标原点为图

形界限的左下角点。此时若选择 ON 选项，则绘图时图形不能超出图形界限，若超出系统不予绘出，选择

OFF 选项，则准予超出界限图形

　　指定右上角点:420.000, 297.000✓　　　　　　//输入图纸长度和宽度值，按【Enter】键确定,再按

【Esc】键退出，完成图形界限设置

步骤 2 再双击鼠标滚轮，使图形界限最大化显示在绘图区域中，然后单击状态栏中的【栅格显示】按钮 ▦，即可直观地观察到图形界限范围。

步骤 3 结束上述操作后，显示超出界限的栅格。此时可在状态栏的【栅格显示】按钮 ▦ 上右击，在弹出的快捷菜单中选择【设置】命令，弹出如图 2-38 所示的【草图设置】对话框，取消选择"显示超出界限的栅格"复选框。单击【确定】按钮退出，结果如图 2-39 所示。

图 2-38 【草图设置】对话框

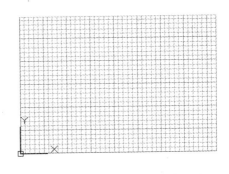

图 2-39 取消超出界限栅格显示

2.3.3 绘图单位的设置

在绘制图形前，一般需要先设置绘图单位，比如将绘图比例设置为 1:1，则所有图形的尺寸都会按照实际绘制尺寸来标出。设置绘图单位，主要包括长度和角度的类型、精度和起始方向等内容。

设置图形单位主要有以下两种方法。

➤ 菜单栏：选择【格式】|【单位】命令。

➤ 命令行：输入 UNITS/UN。

➤ 执行上述任一命令后，系统将弹出如图 2-40 所示的【图形单位】对话框。该对话框

中各选项的含义如下。

- 【长度】：用于选择长度单位的类型和精确度。
- 【角度】：用于选择角度单位的类型和精确度。
- 【顺时针】复选框：用于设置旋转方向。如选择此复选框，则表示按顺时针旋转的角度为正方向，未选中则表示按逆时针旋转的角度为正方向。
- 【插入时的缩放单位】：用于选择插入图块时的单位，也是当前绘图环境的尺寸单位。
- 【方向】按钮：用于设置角度方向。单击该按钮，将弹出如图 2-41 所示的【方向控制】对话框，在其中可以设置基准角度，即设置 0 度角。

图 2-40 【图形单位】对话框

图 2-41 【方向控制】对话框

2.3.4 设置十字光标大小

在 AutoCAD 中，十字光标随着鼠标的移动而变换位置，十字光标代表当前点的坐标，为了满足绘图的需要，有时需要对光标的大小进行设置。

选择【工具】|【选项】命令，弹出如图 2-42 所示的【选项】对话框，在【显示】选项卡中，拖动【十字光标大小】选项组中的滑块可以设置十字光标的大小。

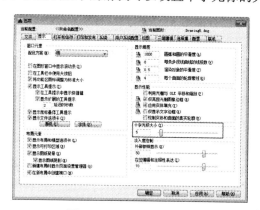

图 2-42 【选项】对话框

2.3.5 设置绘图区颜色

用户在绘制图形的过程中，为了使读图和绘图效果更清楚，就需要对绘图区的颜色进行设置，具体步骤如下。

步骤 1 选择【工具】|【选项】命令，弹出【选项】对话框，单击【显示】选项卡中的【颜色】按钮，弹出如图 2-43 所示的【图形窗口颜色】对话框。

步骤 2 在【上下文】列表框中选择【二维模型空间】选项，然后在右上方的【颜色】下拉列表框中选择【白】选项，如图 2-44 所示。单击【图形窗口颜色】对话框中的【应用并关闭】按钮，绘图区背景即变为白色。

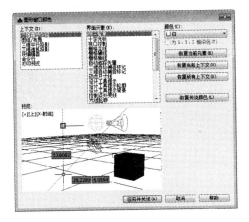

图 2-43 【图形窗口颜色】对话框

图 2-44 【颜色】下拉列表框

提示：AutoCAD 默认的绘图区颜色为黑色，单击【恢复传统颜色】按钮，系统将自动恢复到默认颜色。

2.3.6 设置鼠标右键功能

为了更快速、高效地绘制图形，可以对鼠标右键功能进行设置。

执行 OP 命令，在弹出的【选项】对话框中选择【用户系统配置】选项卡，单击【自定义右键单击】按钮，弹出【自定义右键单击】对话框，如图 2-45 所示。在该对话框中，可以设置在各种工作模式下右击的快捷功能，设定后单击【应用并关闭】按钮即可。

图 2-45 【自定义右键单击】对话框

第 3 章

精确绘制图形与图形约束

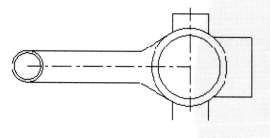

在使用 AutoCAD 软件绘图时，利用鼠标定位虽然方便快捷，但并不能快速而准确地定位图形，甚至有可能会产生很多偏差，精度不高。为此，AutoCAD 提供了一些绘图辅助工具，如捕捉、栅格、正交和极轴追踪等。利用这些辅助工具，可以在不输入坐标的情况下精确绘制图形，提高绘图速度。

由于对象捕捉与追踪会在各种绘图过程中大量应用，因此本章不会提供太多相关的操作案例，而在"第二篇 二维案例篇"这类操作性篇章中使用很频繁，读者可留心查看。在本章中，还详细介绍了图形约束的知识，以及相关操作案例。

3.1　图形精确定位

AutoCAD 中图形的精确定位包含两个方面，一是点的精确定位，通过栅格和捕捉功能保证；二是直线的水平定位和竖直定位，通过正交模式保证。

3.1.1　正交模式

在绘图过程中，使用【正交】功能便可以将鼠标限制在水平或者垂直轴向上，同时也限制在当前的栅格旋转角度内。使用【正交】功能就如同使用了直尺绘图，使绘制的线条自动处于水平和垂直方向，在绘制水平和垂直方向的直线段时十分有用，如图 3-1 所示。

打开或关闭正交开关的方法如下。

> 快捷键：按【F8】键，可以切换正交开、关模式。
> 状态栏：单击【正交】按钮，若亮显则为开启。

正交开关打开后，系统将限定直线为水平或竖直，如图 3-2 所示。更方便的是，由于【正交】功能已经限制了直线方向，所以要绘制一定长度的直线时，只需直接输入长度值，而无须输入完整的相对坐标。

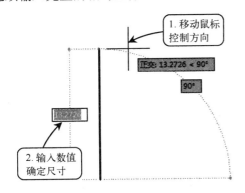

图 3-1　开启【正交】功能

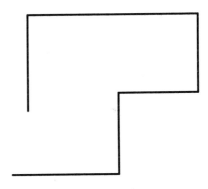

图 3-2　【正交】模式下绘制的直线

> **提示：** 如需在 AutoCAD 中绘制绝对水平或者绝对垂直的直线，利用正交功能便可以有效地提高绘图速度。而如果需要绘制非水平、垂直的直线时，可以关闭正交功能，启用极轴追踪的方式绘制。正交功能与极轴追踪不能同时启用。

3.1.2　极轴追踪

【极轴追踪】功能实际上是极坐标的一个应用。使用极轴追踪绘制直线时，捕捉到一定的极轴方向即确定了极角，然后输入直线的长度即确定了极半径，因此和正交绘制直线一样，极轴追踪绘制直线一般使用长度输入确定直线的第二点，代替坐标输入。【极轴追踪】功能可以用来绘制带角度的直线，如图 3-3 所示。

极轴可以用来绘制带角度的直线，包括水平的 0°、180°与垂直的 90°、270°等，因此某些情况下可以代替【正交】功能。【极轴追踪】绘制的图形如图 3-4 所示。

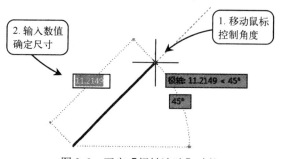

图 3-3　开启【极轴追踪】功能

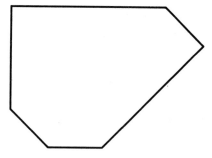

图 3-4　【极轴追踪】模式下绘制的直线

【极轴追踪】功能的开、关切换有以下两种方法。

➢ 快捷键：按【F10】键，可以切换开、关状态。

➢ 状态栏：单击状态栏上的【极轴追踪】按钮 ⌖，若亮显则为开启。

将鼠标移动到状态栏上的【极轴追踪】按钮上并右击，弹出快捷菜单，如图 3-5 所示，其中的数值便为启用【极轴追踪】时的捕捉角度。在弹出的快捷菜单中选择【正在追踪设置】命令，系统弹出【草图设置】对话框，在【极轴追踪】选项卡中可设置极轴追踪的开关和其他角度值的增量角等，如图 3-6 所示。

图 3-5　选择【正在追踪设置】命令

图 3-6　【极轴追踪】选项卡

3.1.3　绝对坐标与相对坐标输入

在 AutoCAD 中，常见的绘图手法是用鼠标在绘图区中单击指定起点，然后再使用鼠标单击另外一处指定终点。这种使用鼠标直接绘图的方法虽然方便，但不能精确定位，因此还可以在命令行中以输入坐标值的方式来定义图形的位置。该种绘图方式称为坐标输入方式，坐标输入方式又可以分为绝对坐标、相对坐标和相对极坐标 3 种方式。

1．绝对坐标

绝对坐标以笛卡儿坐标系的原点（0，0，0）为基点定位，用户可以通过输入（x，y，z）坐标的方式来定义一个点的位置（在二维制图中，可自动省略 z 轴坐标，只需考虑 x 轴和 y 轴）。

如图 3-7 所示的图中，O 点为 AutoCAD 的坐标原点，坐

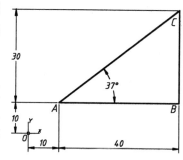

图 3-7　坐标图

标即（0，0），因此 A 点的绝对坐标为（10，10），B 点的绝对坐标为（50，10），C 点的绝对坐标为（50，40）。

因此，如果在命令行中输入"10，10"，即可在绘图区中指定 A 点，其余的点也可以按此方法依次输入。该图形在命令行中的输入方法如下。

命令：L LINE	//调用【直线】命令
指定第一个点：10,10✓	//输入 A 点的绝对坐标
指定下一点或 [放弃(U)]：50,10✓	//输入 B 点的绝对坐标
指定下一点或 [放弃(U)]：50,40✓	//输入 C 点的绝对坐标
指定下一点或 [闭合(C)/放弃(U)]：c✓	//闭合图形

2．相对坐标

相对坐标可以以上一点为坐标原点来确定下一点的位置。输入相对于上一点坐标（x，y）增量为（△x，△y）的坐标时，输入格式为（@△x，△y）。其中，【@】字符的作用是指定相对于上一个点的偏移量。

因此，在图 3-7 中，B 点相对于 A 点的相对坐标为（@40，0），C 点相对于 B 点的相对坐标为（@0，30）。以相对坐标方式绘制该图形时，命令行操作如下。

命令：L LINE	//调用【直线】命令
指定第一个点：10,10✓	//输入 A 点的绝对坐标
指定下一点或 [放弃(U)]：@40,0✓	//输入 B 点相对于上一个点（A 点）的相对坐标
指定下一点或 [放弃(U)]：@0,30✓	//输入 C 点相对于上一个点（B 点）的相对坐标
指定下一点或 [闭合(C)/放弃(U)]：c✓	//闭合图形

3．相对极坐标

相对极坐标同相对坐标一样，也是以上一点为参考基点，通过输入极轴增量和角度值来定义下一个点的位置，其输入格式为"@距离<角度"。

在图 3-7 中，如果指定了 A 点，就可以通过输入相对极坐标的方式确定 C 点（由勾股定理可知 AC 长度为 50），C 点相对于 A 点的相对极坐标为（@50<37），命令行操作方式如下。

命令：_line	//调用【直线】命令
指定第一个点：10,10✓	//输入 A 点的绝对坐标
指定下一点或 [放弃(U)]：@50<37✓	//输入 C 点相对于上一个点（A 点）的相对极坐标
指定下一点或 [放弃(U)]：@30<-90✓	//输入 B 点相对于上一个点（C 点）的相对极坐标
指定下一点或 [闭合(C)/放弃(U)]：c✓	//闭合图形

3.1.4 栅格显示

栅格的作用如同传统纸面制图中使用的坐标纸，按照相等的间距在屏幕上设置栅格点，绘图时可以通过栅格数量来确定距离，从而达到精确绘图的目的。栅格不是图形的一部分，打印时不会被输出。AutoCAD 中的栅格显示如图 3-8 所示。

控制栅格是否显示的方法如下。

➢ 快捷键：按【F7】键，可以在开、关状态之间切换。

➢ 状态栏：单击状态栏上【栅格】按钮。

选择【工具】|【绘图设置】命令，在弹出的【草图设置】对话框中选择【捕捉和栅格】选项卡，如图 3-9 所示。选择或取消选择【启用栅格】复选框，可以控制显示或隐藏栅格。在【栅格间距】选项组中，可以设置栅格点在 X 轴方向（水平）和 Y 轴方向（垂直）上的距离。此外，在命令行输入 GRID 并按【Enter】键，也可以控制栅格的间距和栅格的显示。

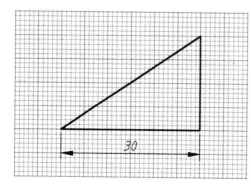

图 3-8　栅格模式

图 3-9　【捕捉和栅格】选项卡

显示栅格之后，可开启【捕捉模式】，【捕捉模式】可以控制鼠标只能定位到栅格的交点位置。打开和关闭【捕捉模式】的方法如下。

> 快捷键：按【F9】键，可以在开、关状态之间切换。
> 状态栏：单击状态栏中的【捕捉模式】按钮 ，若亮显则为开启。

3.2　对象捕捉与追踪

前面章节已经讲过，输入点的位置参数有以下两种方法。

> 用键盘输入点的空间坐标（绝对坐标和相对坐标）。
> 用鼠标在屏幕上单击，直接确定坐标。

第一种方法可以定量地输入点的位置参数。而第二种方法是凭借自己的肉眼观察在屏幕上单击，不能精确定位。尤其是在大视图比例的情况下，计算机屏幕上的微小差别代表了实际情况的巨大差距。因此，AutoCAD 为了弥补该缺陷，提供了【对象捕捉】功能。在对象捕捉开关打开的情况下，将鼠标移动到某些特征点（如直线端点、圆心、两直线交点和垂足等）附近时，系统能够自动捕捉到这些点的位置。

对象捕捉生效需要具备两个条件。

> 对象捕捉必须打开。
> 必须是在命令行提示输入点的位置时，例如画直线时提示输入端点，复制时提示输入基点等。

如果命令行并没有提示输入点的位置，例如"命令："提示待输入状态，或者删除命令中提示选择对象时，对象捕捉就不会生效。因此，对象捕捉实际上是通过捕捉特征点的位置来代替命令行输入特征点的坐标。

3.2.1　开启对象捕捉

开启和关闭对象捕捉有以下 4 种方法。

- ➤ 菜单栏：选择【工具】|【草图设置】命令，弹出【草图设置】对话框。选择【对象捕捉】选项卡，选择或取消选择【启用对象捕捉】复选框，也可以打开或关闭对象捕捉，但这种操作太烦琐，实际工作中一般不使用。
- ➤ 命令行：在命令行输入 OSNAP 并按【Enter】键，弹出【草图设置】对话框。其他操作与在菜单栏中开启的操作相同。
- ➤ 快捷键：按【F3】键，可以在开、关状态之间切换。
- ➤ 状态栏：单击状态栏中的【对象捕捉】按钮，若亮显则为开启。

3.2.2　对象捕捉设置

在使用对象捕捉之前，需要设置捕捉的特殊点类型，根据绘图的需要设置捕捉对象，这样能够快速准确地定位目标点。右击状态栏上的【对象捕捉】按钮，如图 3-10 所示，在弹出的快捷菜单中选择【对象捕捉设置】命令，系统弹出【草图设置】对话框，选择【对象捕捉】选项卡，如图 3-11 所示。

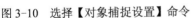

图 3-10　选择【对象捕捉设置】命令

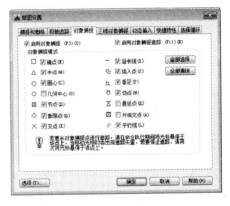

图 3-11　【对象捕捉】选项卡

该对话框共列出了 14 种对象捕捉点和对应的捕捉标记，选中的选项即是要捕捉的特殊点。各对象捕捉点的含义如下。

- ➤ 端点：捕捉直线或是曲线的端点。
- ➤ 中点：捕捉直线或是弧段的中心点。
- ➤ 圆心：捕捉圆、椭圆或弧的中心点。
- ➤ 几何中心：捕捉多段线、二维多段线和二维样条曲线的几何中心点。
- ➤ 节点：捕捉用"点"命令绘制的点对象。
- ➤ 象限点：捕捉位于圆、椭圆或是弧段上 0°、~90°、180° 和 270° 处的点。
- ➤ 交点：捕捉两条直线或是弧段的交点。
- ➤ 延长线：捕捉直线延长线路径上的点。
- ➤ 插入点：捕捉图块、标注对象或外部参照的插入点。

> ➢ 垂足：捕捉从已知点到已知直线的垂线的垂足。
> ➢ 切点：捕捉圆、弧段及其他曲线的切点。
> ➢ 最近点：捕捉位于直线、弧段、椭圆或样条曲线上，而且距离鼠标最近的特征点。
> ➢ 外观交点：在三维视图中，从某个角度观察两个对象可能相交，但实际并不一定相交，可以使用【外观交点】功能捕捉对象在外观上相交的点。
> ➢ 平行线：选定路径上的一点，使通过该点的直线与已知直线平行。

启用【对象捕捉】功能之后，在绘图过程中，当鼠标靠近这些被启用的捕捉特殊点后，将自动对其进行捕捉，效果如图 3-12 所示。这里需要注意的是，在【对象捕捉】选项卡中，各捕捉特殊点前面的形状符号，如□、△和○等，便是在绘图区捕捉时显示的对应形状。

3.2.3 临时捕捉

临时捕捉是一种一次性的捕捉模式，这种捕捉模式不是自动的，当用户需要临时捕捉某个特征点时，需要在捕捉之前手动设置需要捕捉的特征点，然后进行对象捕捉。这种捕捉不能反复使用，再次使用时需重新选择捕捉类型。

在命令行提示输入点的坐标时，如果要使用临时捕捉模式，按住【Shift】键并右击，系统弹出快捷菜单，显示捕捉命令，如图 3-13 所示，可以在其中选择需要的捕捉类型。

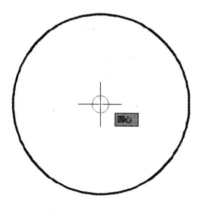

图 3-12　捕捉至圆心

图 3-13　捕捉命令

3.2.4 对象捕捉追踪

对象捕捉追踪是以捕捉的特殊点为基准，向水平、垂直成一定的极轴追踪角度引出追踪线。对象捕捉追踪最重要的特点是可以同时保持多个特殊点的追踪线，由此可确定更为特殊的位置。

【对象捕捉追踪】功能的开、关切换有以下两种方法。

> ➢ 快捷键：按【F11】键，可以切换开、关状态。
> ➢ 状态栏：单击状态栏上的【对象捕捉追踪】按钮∠。

启用【对象捕捉追踪】后，如需在命令中指定点，就可以使用鼠标沿基于其他对象捕捉点的对齐路径进行追踪，图 3-14 所示即为中点捕捉追踪效果；而如需在矩形中心绘制一个圆，就可以利用对象捕捉追踪，先由水平边线中点引出竖直追踪线，然后由竖直边线中点引出水平追踪线，两条追踪线的交点即为矩形中心，如图3-15所示。

【对象捕捉追踪】应与【对象捕捉】功能配合使用，并且在使用【对象捕捉追踪】功能之前，需要先设置对象捕捉模式。

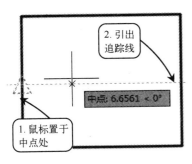

图3-14　中点捕捉追踪

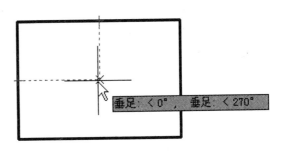

图3-15　两条对象捕捉追踪线

3.2.5　案例——通过捕捉与追踪绘制简易图形

本案例所绘制的图形如图3-16所示，通过对该图形的绘制，可以加深读者对于AutoCAD中捕捉与追踪的理解。具体绘制步骤如下。

步骤 1 打开"第03章\3.2.5 通过捕捉与追踪绘制插座图形.dwg"素材文件，如图3-17所示。

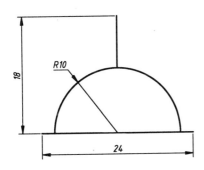

图3-16　图形最终文件

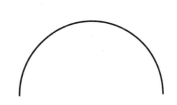

图3-17　素材文件

步骤 2 右击状态栏上的【对象捕捉】按钮□，在弹出的快捷菜单中选择【对象捕捉设置】命令，系统弹出【草图设置】对话框，选择【对象捕捉】选项卡，然后选择其中的【启用对象捕捉】、【启用对象捕捉追踪】和【圆心】复选框，如图3-18所示。

步骤 3 单击【绘图】面板中的【直线】按钮⌒，当命令行中提示"指定第一点"时，移动鼠标捕捉至圆弧的圆心，然后单击将其指定为第一个点，如图3-19所示。

步骤 4 将鼠标向左移动，引出水平追踪线，然后在动态输入框中输入12，再按空格键，即可确定直线的第一个点，如图3-20所示。

步骤 5 此时将鼠标向右移动，引出水平追踪线，在动态输入框中输入24，按空格键，即可绘制出直线，如图3-21所示。

图 3-18　设置捕捉模式

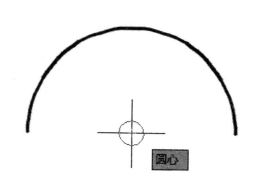

图 3-19　捕捉圆心

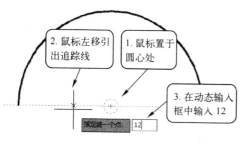

图 3-20　指定直线的起点

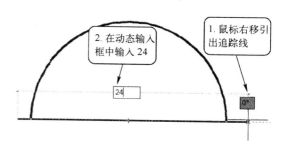

图 3-21　指定直线的终点

提示：单击状态栏上的【动态输入】按钮，即可控制绘图时的动态输入框显示与否。快捷键为【F12】。

步骤 6 单击【绘图】面板中的【直线】按钮，当命令行中提示"指定第一点"时，移动鼠标捕捉至圆弧的圆心，然后向上移动引出垂直追踪线，在动态输入框中输入 10，按空格键，确定直线的起点，如图 3-22 所示。

步骤 7 再将鼠标沿着垂直追踪线向上移动，在动态输入框中输入 8，按空格键，即可绘制出垂直的直线，如图 3-23 所示。

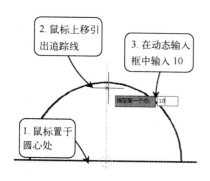

图 3-22　指定直线的起点

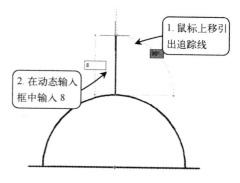

图 3-23　指定直线的终点

3.3　对象约束

常用的对象约束有几何约束和尺寸约束两种。其中几何约束用于控制对象的位置关系，尺寸约束用于控制对象的距离、长度、角度和半径值。

3.3.1　建立几何约束

几何约束用来约束图形对象之间的位置关系。几何约束类型包括重合、共线、平行、垂直、同心、相切、相等、对称、水平和竖直等。在执行【几何约束】命令时，先选择基准约束对象，再选择需要被约束的对象，这样可使基准对象保持不变。

1. 重合约束

重合约束用于约束两点使其重合，或约束一个点使其位于曲线（或曲线的延长线）上。可以使对象上的约束点与某个对象重合，也可以使其与另一对象上的约束点重合，如图 3-24 所示。

调用【重合】约束命令的常用方法有以下几种。

➢ 面板：在【参数化】选项卡中，单击【几何】面板上的【重合】按钮。

➢ 菜单栏：选择【参数】|【几何约束】|【重合】命令。

➢ 命令行：GCCOINCIDENT。

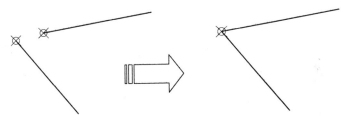

图 3-24　重合约束

2. 垂直约束

垂直约束使选定的直线彼此垂直，垂直约束应用在两个直线对象之间，如图 3-25 所示。

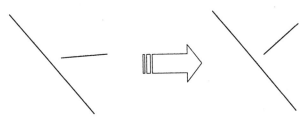

图 3-25　垂直约束

调用【垂直】约束命令的常用方法有以下几种。

➢ 面板：在【参数化】选项卡中，单击【几何】面板上的【垂直】按钮。

➢ 菜单栏：选择【参数】|【几何约束】|【垂直】命令。

➢ 命令行：GCPERPENDICULAR。

3. 共线约束

共线约束是控制两条或多条直线到同一直线方向，如图 3-26 所示。

调用【共线】约束命令的常用方法有以下几种。

➢ 面板：在【参数化】选项卡中，单击【几何】面板上的【共线】按钮。

➢ 菜单栏：选择【参数】|【几何约束】|【共线】命令。

➢ 命令行：GEOMCONSTRAINT。

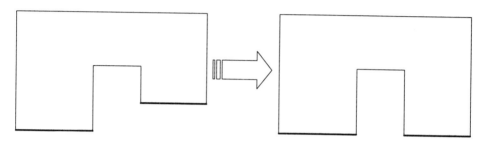

图 3-26　共线约束

4. 相等约束

相等约束是将选定圆弧和圆约束到半径相等，或将选定直线约束到长度相等，如图 3-27 所示。

调用【相等】约束命令的常用方法有以下几种。

➢ 面板：在【参数化】选项卡中，单击【几何】面板上的【相等】按钮。

➢ 菜单栏：选择【参数】|【几何约束】|【相等】命令。

➢ 命令行：GCEQUAL。

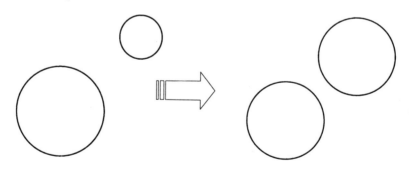

图 3-27　相等约束

5. 同心约束

同心约束是将两个圆弧、圆或椭圆约束到同一个中心点，效果相当于为圆弧和另一圆弧的圆心添加重合约束，如图 3-28 所示。

调用【同心】约束命令的常用方法有以下几种。

➢ 面板：在【参数化】选项卡中，单击【几何】面板上的【同心】按钮。

➢ 菜单栏：选择【参数】|【几何约束】|【同心】命令。

➢ 命令行：GCCONCENTRIC。

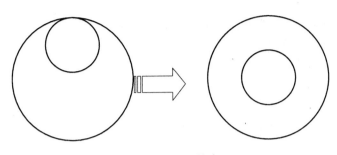

图 3-28　同心约束

6．竖直约束

竖直约束是使直线或点与当前坐标系的 Y 轴平行，如图 3-29 所示。

调用【竖直】约束命令的常用方法有以下几种。

➤ 面板：在【参数化】选项卡中，单击【几何】面板上的【竖直】按钮 ∜。

➤ 菜单栏：选择【参数】|【几何约束】|【竖直】命令。

➤ 命令行：　GCVERTICAL。

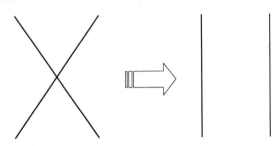

图 3-29　竖直约束

7．水平约束

水平约束是使直线或点与当前坐标系的 X 轴平行，如图 3-30 所示。

调用【水平】约束命令的常用方法有以下几种。

➤ 面板：在【参数化】选项卡中，单击【几何】面板上的【水平】按钮 ☰。

➤ 菜单栏：选择【参数】|【几何约束】|【水平】命令。

➤ 命令行：　GCHORIZONTAL。

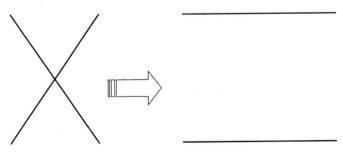

图 3-30　水平约束

8．平行约束

平行约束的作用是控制两条直线彼此平行，如图 3-31 所示。

调用【平行】约束命令的常用方法有以下几种。

➢ 面板：在【参数化】选项卡中，单击【几何】面板上的【平行】按钮 //。

➢ 菜单栏：选择【参数】|【几何约束】|【平行】命令。

➢ 命令行：GCPARALLEL。

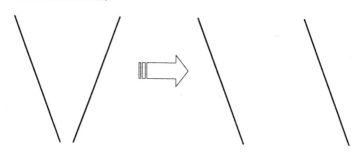

图 3-31　平行约束

9．相切约束

相切约束是使直线和圆弧、圆弧和圆弧处于相切的位置，但单独的相切约束不能控制切点的精确位置，如图 3-32 所示。

调用【相切】约束命令的常用方法有以下几种。

➢ 面板：在【参数化】选项卡中，单击【几何】面板上的【相切】按钮 ◔。

➢ 菜单栏：选择【参数】|【几何约束】|【相切】命令。

➢ 命令行：GCTANGENT。

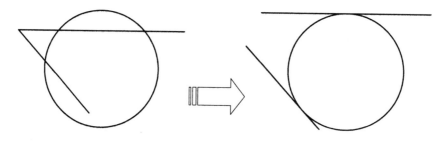

图 3-32　相切约束

10．对称约束

对称约束是使选定的两个对象相对于选定直线对称，如图 3-33 所示。

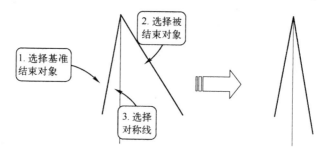

图 3-33　对称约束

调用【对称】约束命令的常用方法有以下几种。

➤ 面板：在【参数化】选项卡中，单击【几何】面板上的【对称】按钮⁅⁆。

➤ 菜单栏：选择【参数】|【几何约束】|【对称】命令。

➤ 命令行：GCSYMMETRIC。

11．平滑约束

平滑约束是控制样条曲线与其他样条曲线、直线、圆弧或多段线保持连续性，如图 3-34 所示。

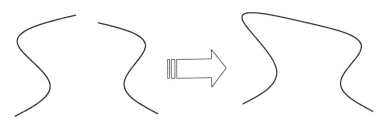

图 3-34 平滑约束

调用【平滑】约束命令的常用方法有以下几种。

➤ 面板：在【参数化】选项卡中，单击【几何】面板上的【平滑】按钮。

➤ 菜单栏：选择【参数】|【几何约束】|【平滑】命令。

➤ 命令行：GCSMOOTH。

12．固定约束

在添加约束之前，为了防止某些对象产生不必要的移动，可以添加固定约束。添加固定约束之后，该对象将保持不变。

调用【固定】约束命令的常用方法有以下几种。

➤ 面板：在【参数化】选项卡中，单击【几何】面板上的【固定】按钮🔒。

➤ 菜单栏：选择【参数】|【几何约束】|【固定】命令。

➤ 命令行：GCFIX。

3.3.2 案例——几何约束连杆

连杆连接着活塞和曲轴，并将活塞所受作用力传给曲轴，将活塞的往复运动转变为曲轴的旋转运动，是发动机中的重要零件，如图 3-35 所示。

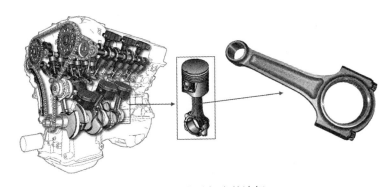

图 3-35 发动机上的连杆

连杆的大孔端连接着曲轴，小孔端连接活塞，结构上既可以做成整体式，也可以做成分体式，在传统加工工艺中，连杆的材料一般采用 45 钢、40Cr 或 40MnB 等调质钢，获得很高的硬度与强度，以适应长期的受力环境。连杆的加工工艺很复杂，超出了本书的介绍范围，读者有兴趣的话可以查阅相关设计手册，在此只介绍通过几何约束调整连杆图形的方法，具体步骤如下。

步骤 1 打开"第 3 章\3.3.2 几何约束连杆.dwg"素材文件，如图 3-36 所示。

步骤 2 在【参数化】选项卡中，单击【几何】面板上的【重合】按钮，先选择圆 C1 的圆心，如图 3-37 所示。

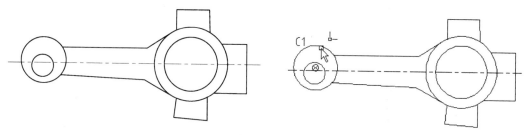

图 3-36 素材文件   图 3-37 选择圆心

步骤 3 然后选择中心线的端点，如图 3-38 所示，为两者添加重合约束，效果如图 3-39 所示。

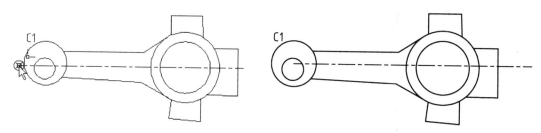

图 3-38 选择中心线端点   图 3-39 重合约束的效果

步骤 4 用同样的方法，为其他圆和中心线添加重合或同心约束，效果如图 3-40 所示。

步骤 5 选中中心线，编辑夹点，修改其长度，如图 3-41 所示。

步骤 6 单击【几何】面板上的【水平】按钮，选择中心线，为其添加水平约束。

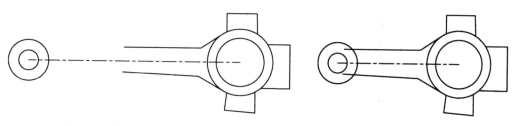

图 3-40 其他圆的重合约束效果   图 3-41 调整中心线长度

步骤 7 单击【几何】面板上的【平行】按钮，选择水平中心线为第一个对象，选择线 L1 为第二个对象，为两者添加平行约束，如图 3-42 所示。

步骤 8 单击【几何】面板上的【对称】按钮，选择 L1 为第一个对象，选择 L2 为第二个对象，选择中心线为对称线，对称约束的效果如图 3-43 所示。

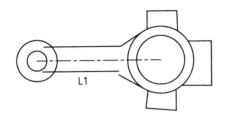

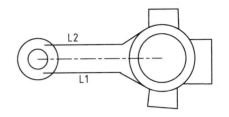

图 3-42　L1 与中心线的平行约束　　　　图 3-43　L1 和 L2 的对称约束

步骤 9 单击【几何】面板上的【重合】按钮，选择直线 L2 的左端点为第一个对象，然后在命令行选择【对象】选项，选择圆 C1 作为第二个对象，为两者添加重合约束，如图 3-44 所示。

步骤 10 用同样的方法为直线 L1 的左端点和圆 C1 添加重合约束，如图 3-45 所示。

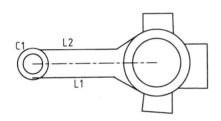

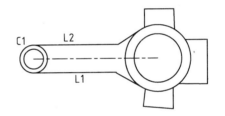

图 3-44　L2 端点与圆的重合约束　　　　图 3-45　L1 端点与圆的重合约束

步骤 11 单击【几何】面板上的【竖直】按钮，为直线 L3、L4、L5、L6 和 L7 添加竖直约束，如图 3-46 所示。

步骤 12 单击【几何】面板上的【水平】按钮，为直线 L8、L9、L10 和 L11 添加水平约束，如图 3-47 所示。

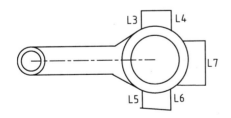

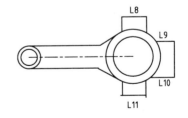

图 3-46　为直线添加竖直约束　　　　图 3-47　为直线添加水平约束

步骤 13 单击【几何】面板上的【对称】按钮，选择直线 L9 和 L10 为两个对称对象，选择水平中心线为对称直线，添加对称约束的结果如图 3-48 所示。

步骤 14 用同样的方法，为 L8 和 L11 两条直线关于水平直线添加对称约束，如图 3-49 所示。

步骤 15 单击【几何】面板上的【共线】按钮，选择 L3 和 L5 为约束对象。

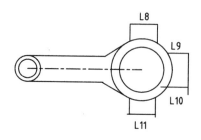

图 3-48　为 L9 和 L10 添加对称约束　　　　图 3-49　为 L8 和 L11 添加对称约束

步骤 16 重复【共线】约束命令，选择 L4 和 L6 为共线对象，约束效果如图 3-50 所示。

步骤 17 绘制一条经过右侧圆心的竖直中心线，如图 3-51 所示。

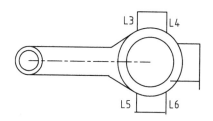

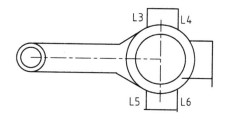

图 3-50　为直线添加共线约束　　　　　　　图 3-51　绘制竖直中心线

步骤 18 单击【几何】面板上的【对称】按钮，选择 L3 和 L4 为约束对象，选择竖直中心线为对称线，对称约束的结果如图 3-52 所示。

步骤 19 单击【几何】面板上的【相等】按钮，选择 L1 和 L2 为约束对象，约束的效果如图 3-53 所示。

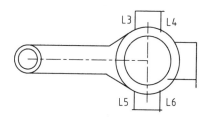

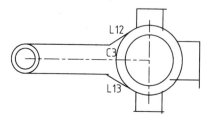

图 3-52　为 L3 和 L4 添加对称约束　　　　图 3-53　为 L1 和 L2 添加相等约束

步骤 20 单击【几何】面板上的【相切】按钮，选择 L12 和圆 C3 为约束对象，添加相切约束。用同样的方法为直线 L13 和圆 C3 添加相切约束，如图 3-54 所示。

步骤 21 为各端点添加重合约束，连杆的最终效果如图 3-55 所示。

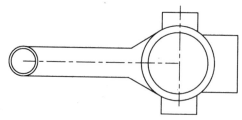

图 3-54　为直线和圆添加相切约束　　　　图 3-55　为各端点添加重合约束

3.3.3 尺寸约束

尺寸约束用于控制二维对象的大小、角度，以及两点之间的距离，改变尺寸约束将驱动对象发生相应的变化。尺寸约束的类型包括对齐约束、水平约束、竖直约束、半径约束、直径约束和角度约束等。

尺寸约束分为两种：动态约束和注释性约束。

➢ 动态约束：标注外观由固定的预定义标注样式决定，不能修改也不能打印。缩放过程中约束保持一样大小。

➢ 注释性约束：标注外观由当前标注样式控制，可以修改也可以打印。缩放过程中约束会发生变化。

默认情况下添加的尺寸约束是动态约束，如果要修改为注释性约束，有以下两种方法。

➢ 设置系统变量 CCONSTRAINTFORM，其值为 0 代表动态约束；将其改为 1，则表示注释性约束。

➢ 在【参数化】选项卡中，展开【标注】滑出面板，单击【注释性约束模式】按钮，切换到注释性约束，如图 3-56 所示。

1. 竖直尺寸约束

竖直尺寸约束用于约束两点之间的竖直距离，如图 3-57 所示。

调用【竖直】尺寸约束的常用方法有以下几种。

➢ 面板：在【参数化】选项卡中，单击【标注】面板上的【竖直】按钮。

➢ 菜单栏：选择【参数】|【标注约束】|【竖直】命令。

➢ 命令行： DCVERTICAL。

图 3-56　切换到注释性约束模式

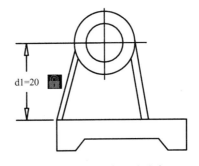

图 3-57　竖直尺寸约束

2. 水平尺寸约束

水平尺寸约束用于约束两点之间的水平距离，如图 3-58 所示。

调用【水平】尺寸约束命令的常用方法有以下几种。

➢ 面板：在【参数化】选项卡中，单击【标注】面板中的【水平】按钮。

➢ 菜单栏：选择【参数】|【标注约束】|【水平】命令。

➢ 命令行： DCHORIZONTAL。

3．对齐尺寸约束

对齐尺寸约束用于约束两点或两条直线之间的距离，可以约束水平距离、竖直尺寸或倾斜尺寸，如图 3-59 所示。

调用【对齐】尺寸约束的常用方法有以下几种。

➢ 面板：在【参数化】选项卡中，单击【标注】面板上的【对齐】按钮 ⚙。

➢ 菜单栏：选择【参数】|【标注约束】|【对齐】命令。

➢ 命令行： DCALIGNED。

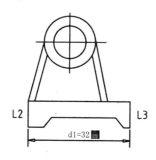

图 3-58 水平尺寸约束

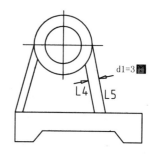

图 3-59 对齐尺寸约束

4．半径约束

半径约束用于约束圆或圆弧的半径尺寸，如图 3-60 所示。

调用【半径】约束命令的常用方法有以下几种。

➢ 面板：在【参数化】选项卡中，单击【标注】面板上的【半径】按钮 ⚙。

➢ 菜单栏：选择【参数】|【标注约束】|【半径】命令。

➢ 命令行： DCRADIUS。

5．直径约束

直径约束用于约束圆或圆弧的直径尺寸，如图 3-61 所示。

调用【直径】约束命令的常用方法有以下几种。

➢ 面板：在【参数化】选项卡中，单击【标注】面板上的【直径】按钮 ⚙。

➢ 菜单栏：选择【参数】|【标注约束】|【直径】命令。

➢ 命令行： DCDIAMETER。

6．角度约束

角度约束用于约束直线之间的角度或圆弧的包含角，如图 3-62 所示。

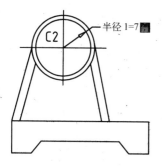

图 3-60 半径尺寸约束

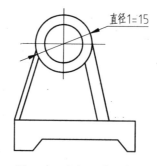

图 3-61 直径尺寸约束

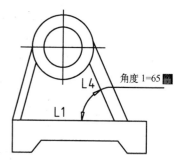

图 3-62 角度约束

调用【角度】约束命令的常用方法有以下几种。

➢ 面板：在【参数化】选项卡中，单击【标注】面板上的【角度】按钮。

➢ 菜单栏：选择【参数】|【标注约束】|【角度】命令。

➢ 命令行： DCDIAMETER。

3.3.4 编辑约束

编辑约束分为编辑几何约束和编辑尺寸约束。

1．编辑几何约束

在参数化绘图中添加几何约束后，对象旁边会出现约束图标。将鼠标移动到图形对象或图标上，此时相关的对象及图标将亮显，然后即可对添加到图形中的几何约束进行显示、隐藏及删除等操作。

❑ 显示全部几何约束

如果需要将图形中所有的几何约束图标都显示出来，有以下两种方法。

➢ 面板：在【参数化】选项卡中，单击【几何】面板上的【全部显示】按钮。

➢ 菜单栏：选择【参数】|【约束栏】|【全部显示】命令。

❑ 全部隐藏几何约束

如果需要将图形中所有的几何约束图标都隐藏，有以下3种方法。

➢ 面板：在【参数化】选项卡中，单击【几何】面板上的【全部隐藏】按钮。

➢ 菜单栏：选择【参数】|【约束栏】|【全部隐藏】命令。

➢ 快捷菜单：在任意一个约束图标上右击，弹出快捷菜单，如图 3-63 所示，选择【隐藏所有约束】命令。

❑ 隐藏几何约束

在如图 3-63 所示的快捷菜单中选择【隐藏】命令，可以单独隐藏该约束。

❑ 删除几何约束

在如图 3-63 所示的快捷菜单中选择【删除】命令，可以删除该约束。

❑ 约束设置

在如图 3-63 所示的快捷菜单中选择【约束栏设置】命令，系统将弹出【约束设置】对话框，如图 3-64 所示。在该对话框中可以设置约束栏图标的显示类型和约束栏图标的透明度。

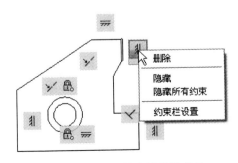

图 3-63　约束图标的右键快捷菜单

图 3-64　【约束设置】对话框

2．编辑尺寸约束

编辑尺寸约束主要是修改尺寸的约束数值、变量名称等。

编辑尺寸约束有以下几种方法。

➢ 双击尺寸约束或利用 **DDEDIT** 命令编辑约束的值、变量名称或表达式。

➢ 选中约束并右击，利用快捷菜单中的命令编辑约束。

➢ 选中尺寸约束，拖动与其关联的三角形关键点改变约束的值，同时改变图形对象。

上述方法适用于编辑单独或少量约束，如果需要同时修改多个约束，一般使用参数管理器。选择【参数化】|【参数管理器】命令，打开【参数管理器】选项板，如图 3-65 所示。在该选项板中列出了所有的尺寸约束，修改表达式的参数即可改变对应的约束尺寸。

选择【参数化】|【约束设置】命令，弹出【约束设置】对话框，在【标注】选项卡中可以设置尺寸约束的格式，如图 3-66 所示。

图 3-65 【参数管理器】选项板

图 3-66 【标注】选项卡

3.4 上机实训

使用本章所学的捕捉与追踪知识，绘制如图 3-67 所示的斜二测正方体。

斜二测图是一种三维模型的轴测投影表示方法，也是建立三维视觉的基本功。斜二测图的特征是与基本视图成 45°的夹角，因此在绘制轴测图的过程中需要使用一定角度的极轴追踪。

具体的绘制步骤提示如下。

步骤 1 可以开启【正交】模式，先绘制一个正方形。

步骤 2 开启【对象捕捉追踪】功能和【对象捕捉】功能。

步骤 3 右击状态栏上的【极轴追踪】按钮，在弹出的快捷菜单中设置极轴追踪增量角为 45°。

步骤 4 以正方形的各个角点为起点，绘制 45°角的直线。

步骤 5 重复【直线】命令，以 180°水平连接绘制的直线。

步骤 6 完成绘制。

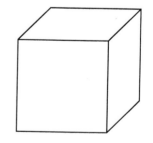

图 3-67 斜二测正方体

3.5 辅助绘图锦囊

捕捉对于 AutoCAD 绘图来说非常重要，尤其是为绘制精度要求较高的机械图样时，目标捕捉是精确定点的最佳工具。Autodesk 公司对此也是非常重视，每次版本升级，目标捕捉的功能都有很大提高。切忌用光标线直接定点，这样的点不可能很准确。

除了之前介绍的方法外，还可以使用键盘上的【Tab】键来帮助用户进行捕捉。

当需要捕捉一个物体上的点时，只要将鼠标靠近某个或某些物体，不断地按【Tab】键，这个或这些物体的某些特殊点（如直线的端点、中间点、垂直点、与物体的交点、圆的四分圆点、中心点、切点、垂直点和交点等）就会轮换显示出来，选择需要的点并单击，即可捕捉这些点，如图 3-68 所示。

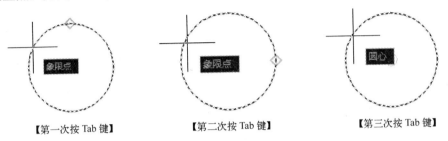

图 3-68　按【Tab】键切换捕捉点

注意当鼠标靠近两个物体的交点附近时，不断地按【Tab】键，这两个物体的特殊点将先后轮换显示出来（其所属物体会变为虚线），如图 3-69 所示。这对于在图形局部较为复杂时捕捉点很有用。

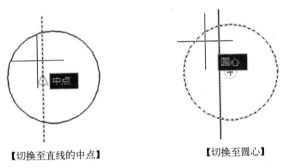

图 3-69　按【Tab】键在不同对象的特征点中切换

第 **4** 章

绘制基本的机械图形

任何复杂的图形都可以分解成多个基本的二维图形，这些图形包括点、直线、圆、多边形和圆弧等，AutoCAD 2016 为用户提供了丰富的绘图功能，用户可以非常轻松地绘制这些图形。通过本章的学习，用户将会对基本机械图形的绘制方法有一个全面的了解和认识，并能熟练使用常用的绘图命令。

4.1 绘制点

点是所有图形中最基本的图形对象，可以用来作为捕捉和偏移对象的参考点。在 AutoCAD 2016 中，可以通过单点、多点、定数等分和定距等分 4 种方法创建点对象。

4.1.1 点在机械设计上的应用

点在机械设计工作中的应用不多，一般起辅助作用。在绘制一些数学曲线时可以先绘制出若干坐标点，然后再用样条曲线连线，另外，点也可以用于捕捉零部件的运动轨迹，还可以设置不同的点样式来得到不同的图形效果，如标尺等，如图 4-1 所示。

4.1.2 设置点样式

从理论上来讲，点是没有长度和大小的图形对象。在 AutoCAD 中，系统默认情况下绘制的点显示为一个小圆点，在屏幕中很难看清，因此可以为点设置显示样式，使其清晰可见。

执行【点样式】命令的方法有以下几种。

➤ 菜单栏：选择【格式】|【点样式】命令。

➤ 命令行：DDPTYPE。

执行该命令后，将弹出如图 4-2 所示的【点样式】对话框，可以在其中设置点的显示样式和大小。

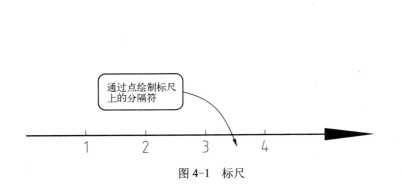

图 4-1 标尺

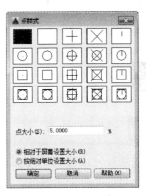

图 4-2 【点样式】对话框

4.1.3 绘制点

在 AutoCAD 2016 中，点的绘制有【单点】和【多点】两个命令。

1. 单点

绘制单点就是执行一次命令只能指定一个点。执行【单点】命令有以下几种方法。

➤ 菜单栏：选择【绘图】|【点】|【单点】命令。

➤ 命令行：PONIT 或 PO。

设置好点样式之后，选择【绘图】|【点】|【单点】命令，根据命令行提示，在绘图区的任意位置单击，即完成单点的绘制，结果如图 4-3 所示。命令行操作如下。

```
命令: _point
当前点模式：PDMODE=33  PDSIZE=0.0000
指定点:                                            //选择任意坐标作为点的位置
```

2. 多点

绘制多点就是指执行一次命令后可以连续指定多个点，直到按【Esc】键结束命令。执行【多点】命令有以下几种方法。

> 面板：单击【绘图】面板中的【多点】按钮 ⋅ 。
> 菜单栏：选择【绘图】|【点】|【多点】命令。

设置好点样式之后，单击【绘图】面板中的【多点】按钮 ⋅ ，根据命令行提示，在绘图区的任意 6 个位置单击，按【Esc】键退出，即可完成多点的绘制，结果如图 4-4 所示。命令行操作如下。

```
命令: _point
当前点模式：PDMODE=33  PDSIZE=0.0000              //在任意 6 个位置单击
指定点: *取消*                                    //按【Esc】键取消多点绘制
```

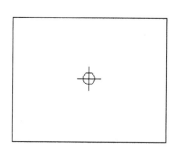

图 4-3　绘制单点效果

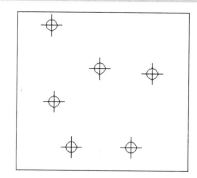

图 4-4　绘制多点效果

4.1.4　绘制等分点

绘制等分点是将指定的对象以一定的数量或距离进行等分，在等分的位置生成点对象，被等分的对象可以是直线、圆、圆弧和多段线等实体。

点的等分有两种方式：定数等分和定距等分。

1. 定数等分

定数等分是将对象按指定的数量分为等长的多段，在等分位置生成点。执行【定数等分】命令的方法有以下几种。

> 面板：单击【绘图】面板中的【定数等分】按钮 。
> 菜单栏：选择【绘图】|【点】|【定数等分】命令。
> 命令行：DIVIDE 或 DIV。

设置好点样式之后，执行【定数等分】命令，命令行操作过程如下，效果如图 4-5 所示，对象被平分为相等的数段。

```
命令: DIVIDE✓                                     //执行定数等分命令
选择要定数等分的对象:                             //选择直线或圆弧
```

输入线段数目或 [块(B)]: 5✓	//输入要等分的段数
	//按【Esc】键退出

2. 定距等分

定距等分是将对象分为长度为定值的多段，在等分位置生成点。执行【定距等分】命令的方法有以下几种。

➢ 面板：单击【绘图】面板中的【定距等分】按钮 。

➢ 菜单栏：选择【绘图】|【点】|【定距等分】命令。

➢ 命令行：在命令行中输入 MEASURE 或 ME 并按【Enter】键。

设置好点样式之后，执行【定数等分】命令，命令行操作过程如下，效果如图 4-6 所示，对象按指定距离分为若干段，可能会有除不尽的余数部分，如图 4-6 中最右侧的 5。

命令: ME✓	//执行定距等分命令
选择要定数等分的对象:	//选择直线或圆弧
输入线段数目或 [块(B)]: 10✓	//输入等分的距离
	//按【Esc】键退出

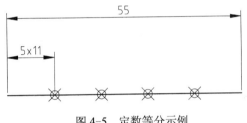

图 4-5 定数等分示例

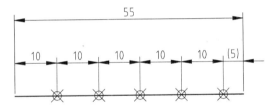

图 4-6 定距等分示例

4.1.5 案例——绘制摆线轨迹

摆线是一个圆沿一条直线缓慢地滚动，圆上的一个固定点所经过的轨迹如图 4-7 所示。摆线是数学上的经典曲线，也是机械设计中的重要轮廓造型曲线，广泛应用于各类减速器当中，如摆线针轮减速器，其中的传动轮轮廓便是一种摆线，如图 4-8 所示。

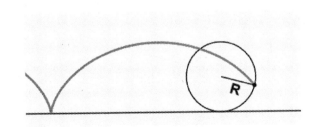

图 4-7 摆线

图 4-8 外轮廓为摆线的传动轮

摆线在 AutoCAD 中的创建方法可以通过绘制点来完成，具体步骤如下。

启动 AutoCAD 2016，打开"第 04 章\4.1.5 绘制摆线.dwg"文件，素材文件内含有一个表格，表格中包含摆线的曲线方程和特征点坐标，如图 4-9 所示。

设置点样式。选择【格式】|【点样式】命令，在弹出的【点样式】对话框中选择点样式

为⊠，如图 4-10 所示。

摆线方程式：x=R×(t-sint),y=R×(1-cost)				
R	t	x=r×(t-sint)	y=r×(1-cost)	坐标 (x,y)
R=10	0	0	0	(0,0)
	$\frac{1}{4}\pi$	0.8	2.9	(0.8,2.9)
	$\frac{1}{2}\pi$	5.7	10	(5.7,10)
	$\frac{3}{4}\pi$	16.5	17.1	(16.5,17.1)
	π	31.4	20	(31.4,20)
	$\frac{5}{4}\pi$	46.3	17.1	(46.3,17.1)
	$\frac{3}{2}\pi$	57.1	10	(57.1,10)
	$\frac{7}{4}\pi$	62	2.9	(62,2.9)
	2π	62.8	0	(62.8,0)

图 4-9　素材

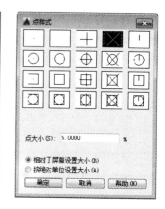

图 4-10　设置点样式

绘制各特征点。单击【绘图】面板中的【多点】按钮 ，然后在命令行中按表格中的"坐标"栏输入坐标值，所绘制的 9 个特征点如图 4-11 所示，命令行操作如下。

```
命令：_point
当前点模式：PDMODE=3  PDSIZE=0.0000
指定点：0,0↙                          //输入第一个点的坐标
指定点：0.8, 2.9↙                     //输入第二个点的坐标
指定点：5.7, 10↙                      //输入第三个点的坐标
指定点：16.5, 17.1↙                   //输入第四个点的坐标
指定点：31.4, 20↙                     //输入第五个点的坐标
指定点：46.3, 17.1↙                   //输入第六个点的坐标
指定点：57.1, 10↙                     //输入第七个点的坐标
指定点：62, 2.9↙                      //输入第八个点的坐标
指定点：62.8, 0↙                      //输入第九个点的坐标
指定点：*取消*                        //按【Esc】键取消多点绘制
```

用样条曲线进行连接。单击【绘图】面板中的【样条曲线拟合】按钮 ，启用样条曲线命令，然后依次连接绘制的 9 个特征点即可，如图 4-12 所示。

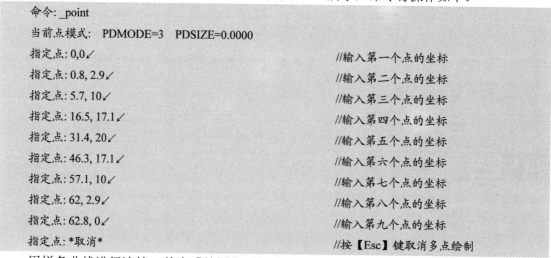

图 4-11　所绘制的 9 个特征点

图 4-12　用样条曲线连接

4.2　绘制直线

直线是图形中一类基本的图形对象，在 AutoCAD 中，根据用途的不同，可以将线分类

为直线、射线、构造线、多线和多线段。不同的直线对象具有不同的特性，下面进行详细讲解。

4.2.1　直线在机械设计上的应用

直线是应用最多的设计图形，大部分的零件外形轮廓都会用直线表示（尤其是剖面图），除此之外，还有中心线、剖面线等辅助线条。另外，在机械原理图中，直线还可以用来表示连杆、固定臂等，用以绘制机构的运动简图，如图4-13所示。

4.2.2　直线

直线是绘图中最常用的图形对象，只要指定了起点和终点，就可绘制出一条直线。执行【直线】命令的方法有以下几种。

> ➤ 面板：单击【绘图】面板中的【直线】按钮▱。
> ➤ 菜单栏：选择【绘图】|【直线】命令。
> ➤ 命令行：LINE 或 L。

单击【绘图】面板中的【直线】按钮▱，可以连续绘制多条相连直线，输入数值可以绘制指定长度的直线，如需绘制如图4-14所示的图形，则命令行操作如下。

命令：_line	//单击【直线】按钮▱
指定第一个点：	//指定第一个点
指定下一点或 [放弃(U)]: 30✓	//光标向右移动，引出水平追踪线，输入底边长度30
指定下一点或 [放弃(U)]: 20✓	//光标向上移动，引出垂直追踪线，输入侧边长度20
指定下一点或 [闭合(C)/放弃(U)]: 25✓	//光标向左移动，引出水平追踪线，输入顶边长度25
指定下一点或 [闭合(C)/放弃(U)]: c ✓	//输入C，闭合图形，结果如图4-14所示

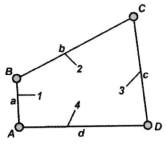

图4-13　连杆机构

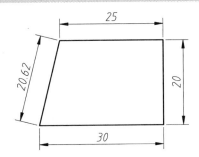

图4-14　用直线绘制的图形

> 🐼 提示：在绘制直线的过程中，如需准确地绘制水平直线和垂直直线，可以单击状态栏中的【正交】按钮▱，以打开正交模式进行绘制。

4.2.3　构造线

构造线是两端无限延伸的直线，没有起点和终点，主要用于绘制辅助线和修剪边界。在绘制具体的零件图或装配图时，可以先创建两条互相垂直的构造线作为中心线。构造线只需指定两个点，即可确定位置和方向。执行【构造线】命令的方法有以下几种。

- ➤ 面板：单击【绘图】面板中的【构造线】按钮。
- ➤ 菜单栏：选择【绘图】|【构造线】命令。
- ➤ 命令行：XLINE 或 XL。

执行该命令后命令行提示如下。

> 命令：_xline 指定点或[水平(H)/垂直(V)/角度(A)/二等分(B)/偏移(O)]:

选择【水平】或【垂直】选项，可以绘制水平和垂直的构造线，如图 4-15 所示；选择【角度】选项，可以绘制具有一定倾斜角度的构造线，如图 4-16 所示。

选择【二等分】选项，可以绘制两条相交直线的角平分线，如图 4-17 所示。绘制角平分线时，使用捕捉功能依次拾取顶点 O、起点 A 和端点 B 即可。

选择【偏移】选项，可以由已有直线偏移出平行线。该选项的功能类似于【偏移】命令。通过输入偏移距离和选择要偏移的直线，来绘制与该直线平行的构造线。

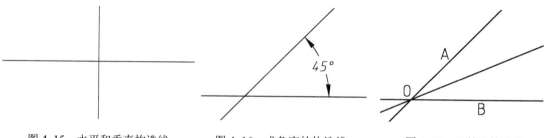

图 4-15　水平和垂直构造线　　　　图 4-16　成角度的构造线　　　　图 4-17　二等分构造线

4.2.4　案例——绘制粗糙度符号

关于粗糙度，在本书 1.3.3 节已经进行了详细讲解，因此本节便介绍它的绘制方法，以对应字高为 3.5 的粗糙度符号为例，具体步骤如下。

单击【绘图】面板中的【构造线】按钮，绘制 60° 倾斜角的构造线，如图 4-18 所示。命令行操作过程如下。

> 命令：_xline　　　　　　　　　　　　　　　　　　//执行【构造线】命令
> 指定点或 [水平(H)/垂直(V)/角度(A)/二等分(B)/偏移(O)]: A↙//选择【角度】选项
> 输入构造线的角度 (0) 或 [参照(R)]: 60↙　　　　　//输入构造线的角度
> 指定通过点：　　　　　　　　　　　　　　　　　　//在绘图区任意一点单击确定通过点
> 指定通过点：*取消*　　　　　　　　　　　　　　　//按【Esc】键退出【构造线】命令

按空格或【Enter】键重复【构造线】命令，绘制第二条构造线，如图 4-19 所示。命令行操作过程如下。

> 命令：XLINE
> 指定点或 [水平(H)/垂直(V)/角度(A)/二等分(B)/偏移(O)]: A↙　　//选择【角度】选项
> 输入构造线的角度 (0) 或 [参照(R)]: R↙　　　　　　　　//使用参照角度
> 选择直线对象：　　　　　　　　　　　　　　　　　　//选择上一条构造线作为参照对象
> 输入构造线的角度 <0>: 60 ↙　　　　　　　　　　　//输入构造线角度
> 指定通过点：　　　　　　　　　　　　　　　　　　//任意单击一点确定通过点

指定通过点：　　　　　　　　　　　　　　　　　　　//按【Esc】键退出命令

图4-18　绘制第一条构造线

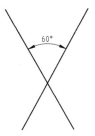

图4-19　绘制第二条构造线

重复【构造线】命令，绘制水平的构造线，如图4-20所示。命令行操作过程如下。

命令：_xline
指定点或 [水平(H)/垂直(V)/角度(A)/二等分(B)/偏移(O)]：H　　//选择【水平】选项
指定通过点：　　　　　　　　　　　　　　　//选择两条构造线的交点作为通过点
指定通过点：*取消*　　　　　　　　　　　　//按【Esc】键退出【构造线】命令

重复【构造线】命令，绘制与水平构造线平行的第一条构造线，如图 4-21 所示。命令行操作过程如下。

命令：_xline
指定点或 [水平(H)/垂直(V)/角度(A)/二等分(B)/偏移(O)]：O　✓　　　//选择【偏移】选项
指定偏移距离或 [通过(T)] <150.0000>：5✓　//输入偏移距离（距离值见1.3.3节中的第3小节）
选择直线对象：　　　　　　　　　　　　//选择第一条水平构造线
指定向哪侧偏移：　　　　　　　　　　　//在所选构造线上侧单击

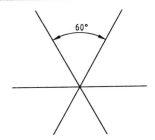

图4-20　绘制水平构造线

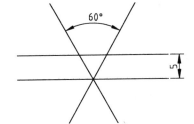

图4-21　绘制第一条平行构造线

重复【构造线】命令，绘制与水平构造线平行的第二条构造线，如图 4-22 所示。命令行操作如下。

命令：_xline
指定点或 [水平(H)/垂直(V)/角度(A)/二等分(B)/偏移(O)]：O　✓　　　//选择【偏移】选项
指定偏移距离或 [通过(T)] <150.0000>：10.5✓　//输入偏移距离（距离值见1.3.3节中的第3小节）
选择直线对象：　　　　　　　　　　　　　//选择第一条水平构造线
指定向哪侧偏移：　　　　　　　　　　　　//在所选构造线上侧单击

单击【直线】按钮，用直线依次连接交点 A、B、C、D、E，然后删除多余的构造线，结果如图4-23所示。

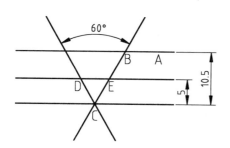

图 4-22 绘制第二条平行构造线

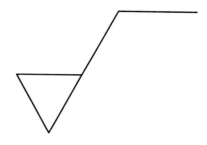

图 4-23 粗糙度符号

 提示：A 点是在构造线上任意选取的一点。

4.3 绘制圆类图形

在 AutoCAD 中，圆、圆弧、椭圆、椭圆弧和圆环都属于圆类图形，其绘制方法相对于直线对象较复杂，下面分别对其进行讲解。

4.3.1 圆在机械设计上的应用

圆在机械设计上，除了用来表示各种回转体的剖面视图或者左视图（右视图）之外，还可以用来表示孔、洞和放大图的引出图框。此外，圆的一些衍生图形，如圆弧、椭圆弧等，可以用来绘制倒圆角、流线造型等细节。

4.3.2 圆

圆也是绘图中最常用的图形对象，执行【圆】命令的方法有以下几种。

➤ 面板：单击【绘图】面板中的【圆】按钮◎。

➤ 菜单栏：选择【绘图】|【圆】命令，然后在子菜单中选择一种绘圆方法。

➤ 命令行： CIRCLE 或 C。

在【绘图】|【圆】命令中提供了 6 种绘制圆的命令，各命令的含义如下。

➤ 圆心、半径（R）：用圆心和半径方式绘制圆，如图 4-24 所示。

➤ 圆心、直径（D）：用圆心和直径方式绘制圆，如图 4-25 所示。

➤ 两点（2P）：通过直径的两个端点绘制圆，系统会提示指定圆直径的第一端点和第二端点，如图 4-26 所示。

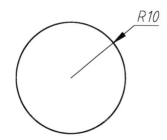

图 4-24 圆心、半径方式画圆

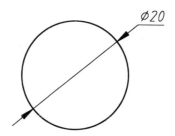

图 4-25 圆心、直径方式画圆

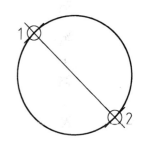

图 4-26 两点画圆

➤ 三点（3P）：通过圆上的 3 个点绘制圆，系统会提示指定圆直径的第一点、第二点和第三点，如图 4-27 所示。

➤ 相切、相切、半径（T）：通过圆与其他两个对象的切点和半径值来绘制圆。系统会提示指定圆的第一切点和第二切点，以及圆的半径，如图 4-28 所示。

➤ 相切、相切、相切（A）：通过 3 条切线绘制圆，如图 4-29 所示。

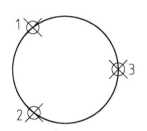 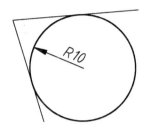 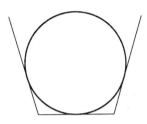

图 4-27　三点画圆　　　图 4-28　相切、相切、半径画圆　　　图 4-29　相切、相切、相切画圆

4.3.3　圆弧

圆弧即圆的一部分，在机械制图中，经常需要用圆弧来光滑连接已知直线和圆弧。执行【圆弧】命令的方法有以下几种。

➤ 面板：单击【绘图】面板中的【圆弧】按钮 。

➤ 菜单栏：选择【绘图】|【圆弧】命令，然后在子菜单中选择一种绘制方法。

➤ 命令行：ARC 或 A。

在【绘图】|【圆弧】命令中提供了 11 种绘制圆弧的命令，各命令的含义如下。

➤ 三点（P）：通过指定圆弧上的 3 个点绘制圆弧，需要指定圆弧的起点、通过的第二个点和端点，如图 4-30 所示。

➤ 起点、圆心、端点（S）：通过指定圆弧的起点、圆心和端点绘制圆弧，如图 4-31 所示。

➤ 起点、圆心、角度（T）：通过指定圆弧的起点、圆心和包含角度绘制圆弧。执行此命令时会出现"指定包含角"的提示信息，在输入角时，如果当前环境设置逆时针方向为角度正方向，且输入正的角度值，则绘制的圆弧是从起点绕圆心沿逆时针方向绘制，反之则沿顺时针方向绘制。

➤ 起点、圆心、长度（A）：通过指定圆弧的起点、圆心和弧长绘制圆弧，如图 4-32 所示。另外，在命令行提示的"指定弧长"提示信息下，如果所输入的值为负，则该值的绝对值将作为对应整圆的空缺部分的圆弧的弧长。

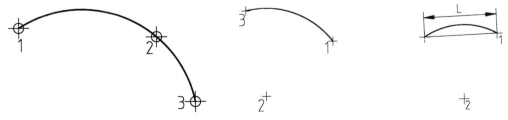

图 4-30　三点画弧　　　图 4-31　起点、圆心、端点画弧　　图 4-32　起点、圆心、长度画弧

> ➤ 起点、端点、角度（N）：通过指定圆弧的起点、端点和包含角度绘制圆弧。
> ➤ 起点、端点、方向（D）：通过指定圆弧的起点、端点和圆弧的起点切向绘制圆弧，如图 4-33 所示。命令执行过程中会出现"指定圆弧的起点切向"提示信息，此时拖动鼠标动态地确定圆弧在起始点处的切线方向和水平方向的夹角。拖动鼠标时，AutoCAD 会在当前光标与圆弧起始点之间形成一条线，即为圆弧在起始点处的切线。确定切线方向后，单击拾取键即可得到相应的圆弧。
> ➤ 起点、端点、半径（R）：通过指定圆弧的起点、端点和圆弧半径绘制圆弧，如图 4-34 所示。
> ➤ 圆心、起点、端点（C）：以圆弧的圆心、起点和端点方式绘制圆弧。
> ➤ 圆心、起点、角度（E）：以圆弧的圆心、起点和圆心角方式绘制圆弧，如图 4-35 所示。
> ➤ 圆心、起点、长度（L）：以圆弧的圆心、起点和弧长方式绘制圆弧。
> ➤ 继续（O）：绘制其他直线与非封闭曲线后，选择【绘图】|【圆弧】|【继续】命令，系统将自动以刚才绘制的对象的终点作为即将绘制的圆弧的起点。

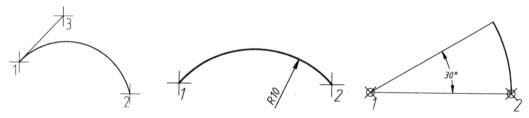

图 4-33　起点、端点、方向画弧　　图 4-34　起点、端点、半径画弧　　图 4-35　圆心、起点、角度画弧

4.3.4　圆环

　　圆环是由同一圆心、不同直径的两个同心圆组成的，控制圆环的参数是圆心、内直径和外直径。执行【圆环】命令的方法有以下几种。

> ➤ 菜单栏：选择【绘图】|【圆环】命令。
> ➤ 命令行：在命令行中输入 DONUT 或 DO 并按【Enter】键。

　　默认情况下，所绘制的圆环为填充的实心图形。如果在绘制圆环之前，在命令行中输入 FILL，则可以控制圆环和圆的填充可见性。执行 FILL 命令后，命令行提示如下。

命令：FILL✓

输入模式[开(ON)]|[关(OFF)]<开>：　　　　　　　　　　//选择填充开、关

　　选择【开（ON）】模式，表示填充绘制的圆环和圆，如图 4-36 所示。

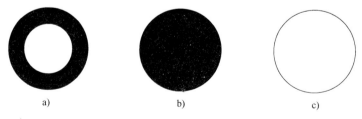

a)　　　　　　　　　　　b)　　　　　　　　　　　c)

图 4-36　填充的圆环

a) 内外直径不相等　b) 内直径为 0　c) 内外直径相等

选择【关（OFF）】模式，表示绘制的圆环和圆不予填充，如图 4-37 所示。

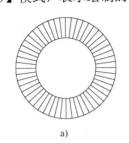 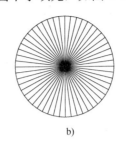

a)   b)

图 4-37　不填充的圆环

a) 内外直径不相等　b) 内直径为 0

4.3.5　椭圆与椭圆弧

椭圆和椭圆弧图形在建筑绘图中经常出现，在机械绘图中可以用来表示轴测图中的圆，也可以用做一般倒圆角无法体现的美观过渡线。

1．椭圆

椭圆是特殊样式的圆，是指平面上到定点的距离与到定直线间距离之比为常数的所有点的集合。执行【椭圆】命令的方法有以下几种。

➢ 面板：单击【绘图】面板中的【椭圆】按钮 ◉ 。

➢ 菜单栏：选择【绘图】|【椭圆】命令，然后在子菜单中选择一种绘制方法。

➢ 命令行：ELLIPSE 或 EL。

在【绘图】|【椭圆】命令中提供了两种绘制椭圆的命令。各子命令的含义如下。

➢ 圆心（C）：通过指定椭圆的中心点、一条轴的一个端点及另一条轴的半轴长度来绘制椭圆。

➢ 轴、端点（E）：通过指定椭圆一条轴的两个端点及另一条轴的半轴长度来绘制椭圆。

2．椭圆弧

椭圆弧是椭圆的一部分。绘制椭圆弧需要确定的参数有：椭圆弧所在椭圆的两条轴，以及椭圆弧的起点和终点的角度。执行【椭圆弧】命令的方法有以下两种。

➢ 面板：单击【绘图】面板中的【椭圆弧】按钮 ◎ 。

➢ 菜单栏：选择【绘图】|【椭圆】|【椭圆弧】命令。

4.3.6　案例——绘制连接片主视图

连接片是电子行业中常见的零件，如图 4-38 所示。一般用于电子、计算机仪器接地端点，一端焊于接地线，另一端用螺丝锁于机壳。由于连接片外形简单，数量较大，因此它的主要制作方法便是冲压。

连接片的零件图一般只有一个主视图，然后再标明厚度即可，如图 4-39 所示。

由零件图可知，连接片的中间轮廓部分是用一段椭圆弧连接两段 R30 的圆弧得到的，而 R30 圆弧可以通过倒圆角获得，因此本案例的关键就在于绘制椭圆弧。具体操作步骤如下。

图 4-38　连接片

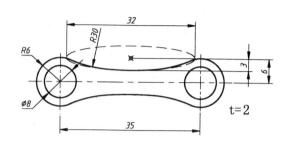

图 4-39　连接片零件图

　　启动 AutoCAD 2016，打开"第 04 章\4.3.6 绘制连接片主视图.dwg"文件，素材文件内已经绘制好了中心线，如图 4-40 所示。

　　单击【绘图】面板中的【圆】按钮◎，以中心线的两个交点为圆心，绘制两个直径分别为 8 和 12 的圆，如图 4-41 所示。

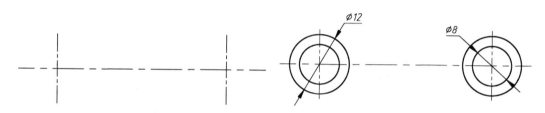

图 4-40　素材文件　　　　　　　　　　　　　　　　　图 4-41　绘制左侧的圆

　　单击【绘图】面板中的【直线】按钮╱，以水平中心线的中点为起点，向上绘制一条长度为 6 的线段，如图 4-42 所示，命令行操作如下。

命令: _line	//单击【直线】按钮╱
指定第一个点:	//指定水平中心线的中点
指定下一点或 [放弃(U)]: 6✓	//鼠标光标向上移动，引出追踪线确保垂直，输入长度 6
指定下一点或 [闭合(C)/放弃(U)]:*取消*	//按【Esc】键退出【直线】命令

　　单击【绘图】面板中的【椭圆】按钮◎，以中心点的方式绘制椭圆，选择所绘制直线的上端点为圆心，然后绘制一个长半轴长度为 16、短半轴长度为 3 的椭圆，如图 4-43 所示，命令行操作如下。

命令: _ellipse	
指定椭圆的轴端点或 [圆弧(A)/中心点(C)]: _c	//以中心点的方式绘制椭圆
指定椭圆的中心点:	//指定直线的上端点
指定轴的端点: 16✓	//鼠标光标向左（或右）移动，引出水平追踪线，输入长度 16
指定另一条半轴长度或 [旋转(R)]: 3✓	//鼠标光标向上（或下）移动，引出垂直追踪线，输入长度 3

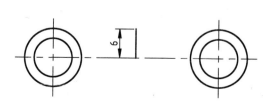

图 4-42　绘制辅助直线

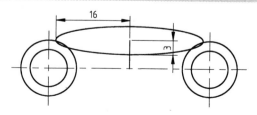

图 4-43　绘制椭圆

单击【修改】面板中的【修剪】按钮，启用命令后再按空格或者【Enter】键，然后依次选取外侧要删除的 3 段椭圆，最终剩下所需的一段椭圆弧，如图 4-44 所示。

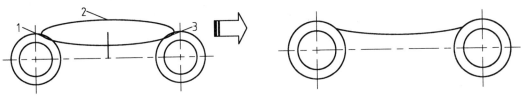

图 4-44　修剪图形

> 提示：关于【修剪】命令的使用，在本书第 6 章的 6.2.2 节有详细介绍。

倒圆角。单击【修改】面板中的【圆角】按钮，输入圆角半径为 30，然后依次选取左侧 ϕ12 的圆和椭圆弧，结果如图 4-45 所示，命令行操作如下。

```
命令: _fillet
当前设置: 模式 = 修剪, 半径 = 0.0000
选择第一个对象或 [放弃(U)/多段线(P)/半径(R)/修剪(T)/多个(M)]: r 指定圆角半径 <0.0000>: 30↙
                                                        //输入圆角半径值
选择第一个对象或 [放弃(U)/多段线(P)/半径(R)/修剪(T)/多个(M)]:     //选择左侧 $\phi$12 的圆
选择第二个对象, 或按住 Shift 键选择对象以应用角点或 [半径(R)]:     //选择椭圆弧
```

按同样的方法对右侧进行倒圆角，结果如图 4-46 所示。

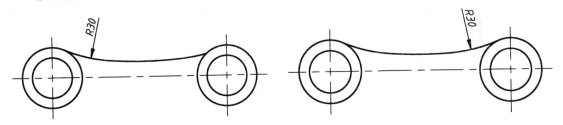

图 4-45　左侧倒圆角　　　　　　　　　　　图 4-46　右侧倒圆角

按同样的方法绘制下半部分轮廓，然后修剪掉多余线段，即可完成连接片的绘制，如图 4-47 所示。

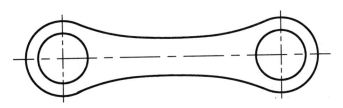

图 4-47　最终图形

> 提示：也可以使用【镜像】工具一次性画出对侧的椭圆轮廓，【镜像】的使用在本书第 6 章的 6.3.3 节有详细介绍。

4.4 绘制多边形对象

在 AutoCAD 中，多边形图形包括矩形、正多边形等，是绘图过程中使用较多的一类图形。

4.4.1 多边形图形在机械设计上的应用

多边形在机械设计工作中的应用十分广泛，多见于装配时所用到的手工零部件，常见的有四角头螺栓、六角头螺栓、梅花扳手、四角扳手和六角扳手（最常用，又称之为艾伦扳手）等，如图 4-48 所示。多边形的作用就在于增加受力接触面，保证零部件受力充分且不易损坏。

图 4-48　艾伦扳手与其他多边形零部件

4.4.2 绘制矩形

矩形就是通常所说的长方形，是通过输入矩形的任意两个对角点位置确定的。在 AutoCAD 2016 中，绘制矩形可以为其设置倒角、圆角，以及宽度和厚度值。

要启动绘制矩形命令，有以下几种方法。

➢ 面板：单击【绘图】面板中的【矩形】按钮 ▭。
➢ 菜单栏：选择【绘图】|【矩形】命令。
➢ 命令行：RECTANG 或 REC。

执行该命令后，命令行操作如下。

指定第一个角点或 [倒角(C)/标高(E)/圆角(F)/厚度(T)/宽度(W)]:

其中各选项的含义如下。

➢ 倒角（C）：绘制一个带倒角的矩形。
➢ 标高（E）：矩形的高度。默认情况下，矩形在 x、y 平面内。该选项一般用于三维绘图。
➢ 圆角（F）：绘制带圆角的矩形。
➢ 厚度（T）：矩形的厚度，该选项一般用于三维绘图。
➢ 宽度（W）：定义矩形的宽度。

图 4-49 所示为各种样式的矩形效果。

图 4-49　各种样式的矩形效果

4.4.3　绘制正多边形

正多边形是由 3 条或 3 条以上长度相等的线段首尾相接形成的闭合图形。其边数范围在 3～1024 之间。图 4-50 所示为各种正多边形效果。

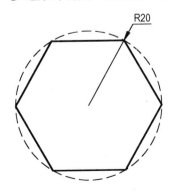

图 4-50　各种正多边形效果

要启动绘制正多形命令，有以下几种方法。

- 面板：单击【绘图】面板中的【多边形】按钮▱。
- 菜单栏：选择【绘图】|【多边形】命令。
- 命令行：POLYGON 或 POL。

执行该命令并指定正多边形的边数后，命令行将出现如下提示。

指定正多边形的中心点或 [边(E)]:

其中各选项的含义如下。

- 中心点：通过指定正多边形中心点的方式来绘制正多边形。选择该选项后，会提示【输入选项 [内接于圆（I）/外切于圆（C）] <I>:】的信息，内接于圆表示以指定正多边形内接圆半径的方式来绘制正多边形，如图 4-51 所示；外切于圆表示以指定正多边形外切圆半径的方式来绘制正多边形，如图 4-52 所示。

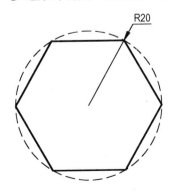

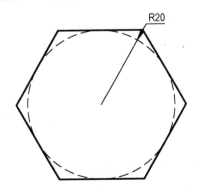

图 4-51　内接于圆画正多边形　　　　图 4-52　外切于圆画正多边形

> 边：通过指定多边形边的方式来绘制正多边形。该方式将通过边的数量和长度确定正多边形。

4.4.4 案例——绘制外六角扳手

外六角扳手如图 4-53 所示，是一种用来装卸外六角螺钉的手工工具，不同规格的螺钉对应不同大小的扳手，具体可以翻阅 GB/T 5782。本案例将绘制适用于 M10 螺钉的外六角扳手，尺寸如图 4-54 所示。这种扳手结构简单，只需在一块薄铁板上冲压加工，就可以快速获得大量的制成品。

图 4-53　外六角扳手

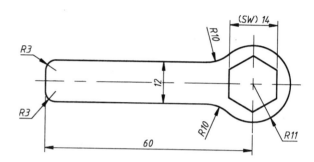

图 4-54　M10 螺钉用外六角扳手

图中的"（SW）14"即表示螺钉的对边宽度为 14，是扳手的主要规格参数。具体操作步骤如下。

步骤 1 启动 AutoCAD 2016，打开"第 04 章\4.4.3 绘制外六角扳手.dwg"文件，素材文件内已经绘制好了中心线，如图 4-55 所示。

步骤 2 绘制正多边形。单击【绘图】面板中的【正多边形】按钮。在中心线的交点处绘制正六边形，外切圆的半径为 7，结果如图 4-56 所示。命令行操作如下。

```
命令: _polygon
输入侧面数 <4>: 6↙
指定正多边形的中心点或 [边(E)]:                    //指定中心线交点为中心点
输入选项 [内接于圆(I)/外切于圆(C)] <I>: C↙          //选择外切圆类型
指定圆的半径: 7↙
```

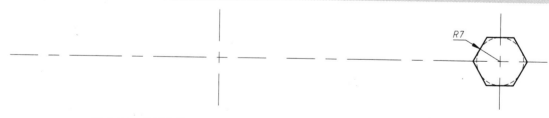

图 4-55　素材文件　　　　　　　　　　　　图 4-56　创建正六边形

单击【修改】面板中的【旋转】按钮，将正六边形旋转 90°，如图 4-57 所示，命令行操作如下。

```
命令: _rotate
```

UCS 当前的正角方向：　ANGDIR=逆时针　ANGBASE=0	
选择对象：找到 1 个	
选择对象：✓	//选择正六边形
指定基点：	//指定中心线交点为基点
指定旋转角度，或 [复制(C)/参照(R)] <270>：90✓	//输入旋转角度

单击【绘图】面板中的【圆】按钮⊘，以中心线的交点为圆心，绘制一个半径为 11 的圆，如图 4-58 所示。

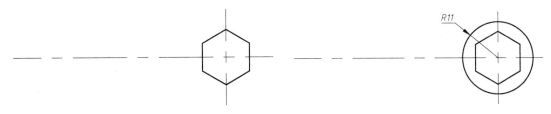

图 4-57　旋转图形　　　　　　　　　　图 4-58　绘制圆

绘制矩形。以中心线交点为起始对角点，相对坐标（@-60，12）为终端对角点，绘制一个矩形，如图 4-59 所示。命令行操作如下。

命令：_rectang	
指定第一个角点或 [倒角(C)/标高(E)/圆角(F)/厚度(T)/宽度(W)]：	//选择中心线交点
指定另一个角点或 [面积(A)/尺寸(D)/旋转(R)]：@-60,12✓	//输入另一角点的相对坐标

单击【修改】面板中的【移动】按钮✥，将矩形向下移动 6 个单位，如图 4-60 所示，命令行操作过程如下。

命令：_move	
选择对象：找到 1 个	//选择矩形
选择对象：✓	//按【Enter】键结束选择
指定基点或 [位移(D)] <位移>：	//任意指定一点为基点
指定第二个点或 <使用第一个点作为位移>：6✓	//鼠标光标向下移动，引出追踪线确保垂直，输入长度6

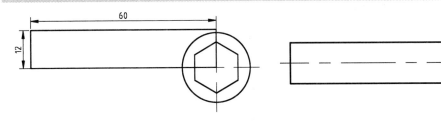

图 4-59　绘制矩形　　　　　　　　　　图 4-60　移动矩形

单击【修改】面板中的【修剪】按钮，启用命令后再按空格或者【Enter】键，将多余线条全部修剪掉，如图 4-61 所示。

单击【修改】面板中的【圆角】按钮，对图形进行倒圆角操作，最终效果如图 4-62 所示。

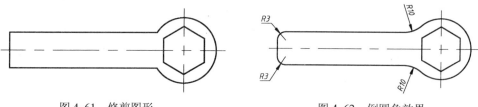

图 4-61　修剪图形　　　　　　　　　　　　图 4-62　倒圆角效果

4.5　上机实训

使用本章所学的捕捉与追踪知识，绘制如图 4-63 所示的吊钩图形。

具体的绘制步骤提示如下。

步骤 1 绘制间距为 38、90、20 的水平中心线，并绘制一条垂直中心线。

步骤 2 绘制吊钩上方的矩形。

步骤 3 将垂直中心线偏移 9，以中心线的交点为圆心，绘制半径分别为 R20 和 R48 的两个圆。

步骤 4 使用倒圆角命令创建半径为 R40 和 R60 的圆弧。

步骤 5 使用【直线】命令连接吊钩末端与圆弧。

步骤 6 将半径为 R20 的圆向外偏移 40 个绘图单位，创建辅助圆。

步骤 7 执行【圆】命令，以刚偏移的圆和最下端的水平中心线的交点为圆心，绘制半径为 40 的圆。

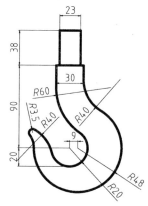

图 4-63　吊钩图形

步骤 8 重复执行【偏移】命令，设置偏移距离为 23，将半径为 48 的圆向外偏移复制。

步骤 9 单击【绘图】面板中的【相切、相切、相切】按钮，绘制各过渡圆弧。

步骤 10 执行【修剪】命令，对各图线进行修剪，并删除多余的图线，图形即绘制完成。

4.6　辅助绘图锦囊

前面已经介绍了扳手的绘制方法，但是作为机械设计人员，除了要掌握绘制方法之外，还必须了解它的使用方法。外六角所用的开口扳手主要用来装卸外六角螺钉、螺栓或者螺母，而六角螺母对应比较准确，因为螺栓存在普通六角头和小六角头。

一般的扳手在开口端均写有数字，该数字便是扳手的型号，不同的型号对应不同大小的螺栓或螺母。值得注意的是，扳手上的数字并不等于所适用的螺栓或螺母规格，具体对应关系如表 4-1 所示。

表 4-1　外六角螺钉、六角螺母与扳手规格的对应关系

外六角螺钉、六角螺母与扳手规格的对应关系											
螺钉/螺母	M4	M5	M6	M8	M10	M12	M14-M16	M18-M20	M22-M24	M27-M30	M36	M42
扳手规格	S3	S4	S5	S6	S8	S10	S12	S14	S17	S19	S24	S27

第 5 章

绘制复杂的机械图形

本章主要讲解多段线、样条曲线、多线和图案填充等复杂图形对象的绘制方法。这些对象一般用于复杂图形边界的绘制和填充。

5.1 多段线

多段线是由等宽或不等宽的多段直线或圆弧构成的复杂图形对象，这些线段构成的图形成为一个整体，单击时会选择整个图形，不能进行选择性编辑。

5.1.1 绘制多段线

相比于直线，多段线可以直接通过设置起点与端点的宽度来设置线宽。如果两端宽度一致，则为具有一定宽度的直线，如图 5-1 所示；如果两端宽度不一样，则为带锥度的直线，而一端宽度为 0 的话，就可以绘制出箭头标识，如图 5-2 所示。某些情况下，多段线可以代替直线绘制一些简单的外形轮廓，如对现有轮廓进行抄图。除此之外，其最大的作用就是绘制一些箭头标识。

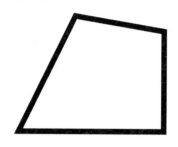

图 5-1 首尾宽度一致的多段线

图 5-2 右端宽度为 0 的多段线

1．执行方式

执行【多线段】命令的方法有以下几种。

➢ 面板：单击【绘图】面板中的【多段线】按钮 ⊃。

➢ 菜单栏：选择【格式】|【多段线】命令。

➢ 命令行：PLINE 或 PL。

2．操作步骤

执行【多段线】命令之后，先选择多段线起点，命令行提示如下。

```
命令: _pline
指定起点:
当前线宽为 0.0000
指定下一个点或 [圆弧(A)/半宽(H)/长度(L)/放弃(U)/宽度(W)]:
```

3．选项说明

命令行中各选项的含义如下。

➢ 圆弧（A）：选择该选项，将以绘制圆弧的方式绘制多段线。

➢ 半宽（H）：选择该选项，将指定多段线的半宽值，AutoCAD 将提示用户输入多段线的起点宽度和终点宽度。常用此选项绘制箭头。

➢ 长度（L）：选择该选项，将定义下一条多段线的长度。

➢ 放弃（U）：选择该选项，将取消上一次绘制的一段多段线。

> 宽度（W）：选择该选项，可以设置多段线宽度值。建筑制图中常用此选项来绘制具有一定宽度的地平线等元素。

5.1.2 编辑多段线

多段线绘制完成以后，可以根据不同的需要进行编辑，除了可以使用修剪的方式编辑多段线外，还可以使用多段线编辑命令进行编辑。执行编辑多段线命令的方法有以下几种。

> 菜单栏：选择【修改】|【对象】|【多段线】命令。
> 命令行：在命令行中输入 PEDIT 或 PE 并按【Enter】键。

执行该命令后命令行提示如下。

> 命令: PEDIT 选择多段线或 [多条(M)]:

选择多线段后，命令行提示如下。

> 输入选项 [闭合()/合并(J)/宽度(W)/编辑顶点(E)/拟合(F)/样条曲线(S)/非曲线化(D)/线型生成(L)/反转(R)/放弃(U)]:

其中各选项的含义如下。

> 闭合（C）：可以将原多段线通过修改的方式闭合起来。选择该选项后，命令将自动变为【打开(O)】，如果再执行【打开】命令又会切换回来。
> 合并（J）：可以将多段线与其他直线合并成一个整体。注意，"其他直线"必须是要与多段线首或尾相连接的直线。此选项在绘图过程中的应用相当广泛。
> 宽度（W）：可以将多线段的各部分线宽设置为所输入的宽度（无论原线宽为多少）。
> 编辑顶点（E）：通过在屏幕上绘制"×"来标记多段线的第一个顶点。如果已指定此顶点的切线方向，则在此方向上绘制箭头。
> 拟合（F）：创建连接每一对顶点的平滑圆弧曲线。曲线经过多段线的所有顶点并使用任何指定的切线方向。
> 样条曲线（S）：将选定多段线的顶点用做样条曲线拟合多段线的控制点或边框。除非原始多段线闭合，否则曲线经过第一个和最后一个控制点。
> 非曲线化（D）：删除圆弧拟合或样条曲线拟合多段线插入的其他顶点，并拉直多段线的所有线段。
> 线型生成（L）：生成通过多段线顶点的连续图案的线型。此选项关闭时，将生成始末顶点处为虚线的线型。

5.1.3 案例——绘制箭头标识

在 AutoCAD 机械制图中，箭头的绘制和使用是非常频繁的，在机械设计图纸里的标注和说明等都离不开箭头的使用。但是箭头并不是随意绘制的，也有一些简单的尺寸要求，如图 5-3 所示。因此，本节将介绍箭头标识的绘制方法，具体步骤如下。

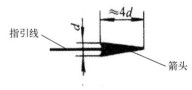

图 5-3 箭头标识

步骤 1 新建空白文档。

步骤 2 绘制指引线。单击【绘图】面板中的【多段线】按钮，在绘图区的任意处单击作为起点，然后设置宽度值。指引线的起点和终点宽度值需一致，命令行操作过程如下。

```
命令: _pline
指定起点:
当前线宽为 0.0000
指定下一个点或 [圆弧(A)/半宽(H)/长度(L)/放弃(U)/宽度(W)]: W↙      //选择【宽度】选项
指定起点宽度 <0.0000>: 2↙                        //输入起点宽度
指定端点宽度 <2.0000>: ↙                          //输入端点宽度，直接按【Enter】键，表示与起点一致
```

步骤 3 光标向右移动，引出追踪线确保水平，输入指引线的长度，绘制好的指引线如图 5-4 所示，命令行操作过程如下。

```
指定下一个点或 [圆弧(A)/半宽(H)/长度(L)/放弃(U)/宽度(W)]: 30       //输入指引线长度
```

步骤 4 设置箭头起点宽度。命令行提示指定下一点，这时可以设置箭头的起点宽度，命令行操作过程如下。

```
指定下一点或 [圆弧(A)/闭合(C)/半宽(H)/长度(L)/放弃(U)/宽度(W)]: W↙      //选择【宽度】选项
指定起点宽度 <2.0000>: 8↙                            //输入箭头起点宽度
指定端点宽度 <8.0000>: 0↙                            //输入箭头端点宽度
```

步骤 5 光标向右移动，引出追踪线确保水平，输入箭头的长度（为起点宽度的 4 倍），绘制好的箭头如图 5-5 所示，命令行操作过程如下。

```
指定下一点或 [圆弧(A)/闭合(C)/半宽(H)/长度(L)/放弃(U)/宽度(W)]: 32↙      //输入箭头长度
指定下一点或 [圆弧(A)/闭合(C)/半宽(H)/长度(L)/放弃(U)/宽度(W)]: ↙        //完成多段线的绘制
```

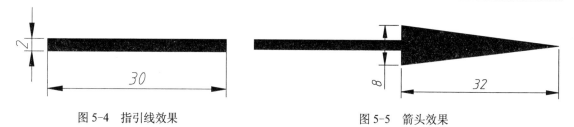

图 5-4 指引线效果　　　　　　　　　　　　图 5-5 箭头效果

5.2 样条曲线

所谓样条曲线，是指给定一组控制点而得到一条曲线，曲线的大致形状由这些点控制。在机械绘图中，样条曲线通常用来表示分段面的部分，也可用来表示某些工艺品的轮廓线或剖切线。

5.2.1 样条曲线在机械设计上的应用

随着科技的进步，加工手段也越来越丰富，让产品的外观得到了很大的改善。现在的产品已经不再局限于圆或直线构成的简单造型，更多的是各种曲线和曲面构建的复杂造型，如图 5-6 所示。大到汽车，小到手机，曲面可谓无处不在，而这些曲面造型的基础便是样条曲线，因此在当前的设计工作中，样条曲线可以说是用得最多的一种图形。

图 5-6　各种曲面产品

5.2.2　绘制样条曲线

执行【样条曲线】命令的方法有以下几种。

➢ 面板：在【绘图】面板中单击【样条曲线】按钮。

➢ 菜单栏：选择【绘图】|【样条曲线】命令。

➢ 命令行：SPLINE 或 SPL。

执行该命令之后，依次在绘图区单击指定样条曲线的通过点，任意指定两个点后，命令行将出现如下提示。

指定第一个点或 [方式(M)/节点(K)/对象(O)]:

命令行中各选项的含义如下。

➢ 方式（M）：通过该选项决定样条曲线的创建方式，分为"拟合"与"控制点"两种。

➢ 节点（K）：通过该选项决定样条曲线节点参数化的运算方式，分为"弦""平方根"与"统一"3 种方式。

➢ 对象（O）：将样条曲线拟合多段线转换为等价的样条曲线。样条曲线拟合多段线是指使用 PEDIT 命令中的【样条曲线】选项，将普通多线段转换成样条曲线的对象。

当样条曲线的控制点达到要求之后，按【Enter】键即可完成该样条曲线的创建。

5.2.3　编辑样条曲线

绘制的样条曲线很难立即达到形状要求，可以利用样条曲线编辑命令对其进行编辑，修改样条曲线的形状。选择【修改】|【对象】|【样条曲线】命令，在绘图区选择要编辑的样条曲线，命令行提示如下。

输入选项[闭合(C)/合并(J)/拟合数据(F)/编辑顶点(E)/转换为多线段(P)/反转(R)/放弃(U)/退出(X)]:<退出>

命令行中部分选项的含义如下。

1．闭合（C）

选择该选项，可以将样条曲线封闭，封闭前后的效果分别如图 5-7 和图 5-8 所示。

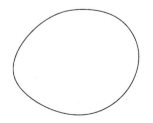

图 5-7　封闭前的样条曲线　　　　　　　图 5-8　封闭后的样条曲线

2．拟合数据（F）

【拟合数据（F）】选项用于修改样条曲线所通过的主要控制点。选择该选项后，样条曲线上的各控制点将会被激活，命令行中会出现进一步的提示信息。

输入拟合数据选项[添加(A)/闭合(C)/删除(D)/扭折(K)/移动(M)/清理(P)/切线(T)/公差(L)/退出(X)]:<退出>:

各选项的含义如下。

➢ 添加（A）：为样条曲线添加新的控制点。

➢ 删除（D）：删除样条曲线中的控制点。

➢ 移动（M）：移动控制点在图形中的位置，按【Enter】键可以依次选取各点。

➢ 清理（P）：从图形数据库中清除样条曲线的拟合数据。

➢ 切线（T）：修改样条曲线在起点和端点的切线方向。

➢ 公差（L）：重新设置拟合公差的值。

3．编辑顶点（E）

选择该选项，样条曲线上将出现控制顶点，如图 5-9 所示。命令行提示如下。

图 5-9　样条曲线的顶点

输入顶点编辑选项 [添加(A)/删除(D)/提高阶数(E)/移动(M)/权值(W)/退出(X)] <退出>:

通过命令行选项，可以对样条曲线进行添加、删除和移动顶点等操作，从而修改样条曲线的形状。

5.2.4　案例——绘制手柄

手柄是一种为方便工人操作机械而制造的简单配件，常见于各种机床的操作部分，如图 5-10 所示。手柄一般由钢件或塑件车削而成，由于手柄会被操作者直接握在手中，因此对于外形有一定的要求，需要满足人体工程学，使其符合人的手感，所以一般使用样条曲线来绘制它的轮廓。

图 5-10　手柄

本案例绘制的手柄图形如图 5-11 所示，具体的绘制步骤如下。

步骤 1 启动 AutoCAD 2016，打开"第 05 章\5.2.4 绘制手柄.dwg"文件，素材文件内已经绘制好了中心线与各通过点（在没有设置点样式之前很难观察到），如图 5-12 所示。

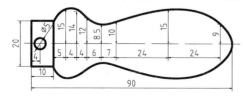

图 5-11　案例手柄

图 5-12　素材图形

步骤 2 设置点样式。选择【格式】|【点样式】命令，弹出【点样式】对话框，在其中设置点样式，如图 5-13 所示。

步骤 3 定位样条曲线的通过点。单击【修改】面板中的【偏移】按钮，将中心线偏移，并在偏移线交点绘制点，结果如图 5-14 所示。

图 5-13 【点样式】对话框

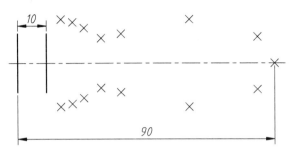

图 5-14 绘制样条曲线的通过点

步骤 4 绘制样条曲线。单击【绘图】面板中的【样条曲线】按钮，以左上角辅助点为起点，按顺时针方向依次连接各辅助点，结果如图 5-15 所示。

步骤 5 闭合样条曲线。在命令行中输入 C 并按【Enter】键，闭合样条曲线，结果如图 5-16 所示。

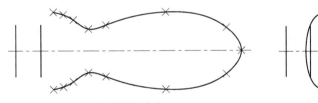

图 5-15 绘制样条曲线

图 5-16 闭合样条曲线

步骤 6 绘制圆和外轮廓线。分别单击【绘图】面板中的【直线】和【圆】按钮，绘制直径为 4 的圆，如图 5-17 所示。

步骤 7 修剪整理图形。单击【修改】面板中的【修剪】按钮，修剪多余的样条曲线，并删除辅助点，结果如图 5-18 所示。

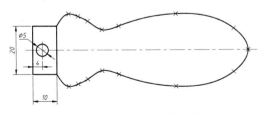

图 5-17 绘制圆和外轮廓线

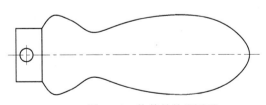

图 5-18 修剪并整理图形

5.3 多线

多线是由一系列相互平行的直线组成的组合图形，其组合范围为 1～16 条平行线，每一条直线都称为多线的一个元素。

5.3.1 多线在机械设计上的应用

在工程设计中，多线的应用非常广泛，如建筑平面图中绘制墙体、规划设计中绘制道路，以及管道工程设计中绘制管道剖面等。而在机械设计上，多线的应用并不是很多，通常可以用来绘制各种键槽。由于多线特有的特征形式可以一次性将键槽形状绘制出来，因此相较于直线、圆弧等常规绘图方法，有一定的便捷性。

5.3.2 绘制多线

多线是一种由多条平行线组成的图形元素，平行线的数目及平行线之间的宽度都可以调整。执行【多线】命令的方法有以下几种。

➢ 菜单栏：选择【绘图】|【多线】命令。

➢ 命令行： MLINE 或 ML。

多线的绘制方法与直线相似，不同的是多线由多条线性相同的平行线组成。绘制的每一条多线都是一个完整的整体，不能对其进行偏移、延伸和修剪等编辑操作，只能将其分解为多条直线后才能编辑。

执行【多线】命令之后，命令行提示如下。

指定起点或 [对正(J)/比例(S)/样式(ST)]:

命令行中各选项的含义介绍如下。

➢ 对正（J）：设置绘制多线时相对于输入点的偏移位置。该选项有【上】、【无】和【下】3 个选项，【上】表示多线顶端的线随着光标移动；【无】表示多线的中心线随着光标移动；【下】表示多线底端的线随着光标移动，如图 5-19 所示。

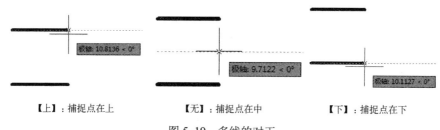

【上】：捕捉点在上　　　　　【无】：捕捉点在中　　　　　【下】：捕捉点在下

图 5-19　多线的对正

➢ 比例（S）：设置多线样式中多线的宽度比例，可以快速定义多线的间隔宽度，如图 5-20 所示。

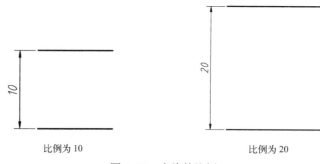

比例为 10　　　　　　　　　　比例为 20

图 5-20　多线的比例

> 样式（ST）：设置绘制多线时使用的样式，默认的多线样式为 STANDARD，选择该
选项后，可以在提示信息"输入多线样式"或"？"后面输入已定义的样式名。输
入"？"则会列出当前图形中所有的多线样式。

5.3.3 定义多线样式

系统默认的多线样式称为 STANDARD 样式，它由两条平行线组成，并且平行线的间距
是定值。如果要绘制不同规格和样式的多线，需要设置多线的样式。执行【多线样式】命令
的方法有以下几种。

> 菜单栏：选择【格式】|【多线样式】命令。

> 命令行： MLSTYLE。

选择【格式】|【多线样式】命令，弹出【多线样式】对话框，在其中可以新建、修改或
者加载多线样式，如图 5-21 所示。单击【新建】按钮，弹出【创建新的多线样式】对话
框，然后定义新多线样式的名称（如"平键"），如图 5-22 所示。

图 5-21 【多线样式】对话框　　　　图 5-22 【创建新的多线样式】对话框

单击【继续】按钮，弹出【新建多线样式：平键】对话框，可以在其中设置多线的各种
特性，如图 5-23 所示。

图 5-23 【新建多线样式：平键】对话框

【新建多线样式】对话框中各选项的含义如下。

> ➢ 封口：设置多线的平行线段之间两端封口的样式。各封口样式如图 5-24～图 5-26 所示。
>
> ➢ 填充：设置封闭的多线内的填充颜色，选择【无】选项，表示使用透明颜色填充。
>
> ➢ 显示连接：显示或隐藏每条多线段顶点处的连接。
>
> ➢ 图元：构成多线的元素，通过单击【添加】按钮可以添加多线的构成元素，也可以通过单击【删除】按钮删除这些元素。
>
> ➢ 偏移：设置多线元素从中线的偏移值，值为正表示向上偏移，值为负表示向下偏移。
>
> ➢ 颜色：设置组成多线元素的直线线条颜色。
>
> ➢ 线型：设置组成多线元素的直线线条线型。

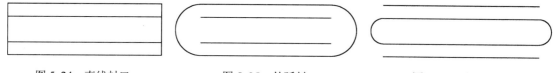

图 5-24　直线封口　　　　　　图 5-25　外弧封口　　　　　　图 5-26　内弧封口

5.3.4　编辑多线

多线绘制完成以后，可以根据不同的需要进行编辑，除了可以使用【修剪】命令编辑多线外，还可以使用多线编辑命令进行编辑。执行多线编辑命令的方法有以下两种。

> ➢ 菜单栏：选择【修改】|【对象】|【多线】命令。
>
> ➢ 命令行：在命令行中输入 MLEDIT 并按【Enter】键。

执行多线编辑命令之后，系统弹出【多线编辑工具】对话框，如图 5-27 所示。该对话框中共有 4 列 12 种多线编辑工具：第一列用于编辑交叉的多线，第二列用于编辑 T 形相接的多线，第三列用于编辑角点和顶点，第四列用于编辑多线的中断或接合。单击选择一种编辑方式，然后选择要编辑的多线即可。

5.3.5　案例——绘制 A 型平键

平键是依靠两个侧面作为工作面，靠键与键槽侧面的挤压来传递转矩的键，它广泛应用于各种承受应力的连接处，如轴与齿轮的连接，如图 5-28 所示。

图 5-27　【多线编辑工具】对话框

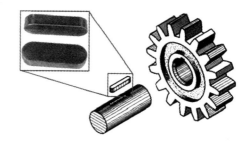

图 5-28　键链接

普通平键（GB/T 1096）可以分为 3 种结构形式，如图 5-29 所示（倒角或倒圆未画），A 型为圆头普通平键，B 型为方头普通平键，C 型为单圆头普通平键。

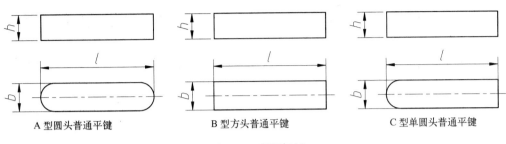

图 5-29 普通平键

普通平键均可以直接采购到成品，无须另行加工。键的代号为："键的形式 键宽 b×键高 h×键长 L"，如"键 B 8×7×25"，即表示"B 型方头普通平键，8mm 宽、7mm 高、25mm 长"。而 A 型平键一般可以省去"A"不写，如"16×12×76"，即表示 A 型平键，如图 5-30 所示，本案例便绘制该 A 型平键。

步骤 1 新建空白文档。

步骤 2 设置多线样式。选择【格式】|【多线样式】命令，弹出【多线样式】对话框。

步骤 3 新建多线样式。单击【新建】按钮，弹出【创建新的多线样式】对话框，在【新样式名】文本框中输入"A 型平键"，如图 5-31 所示。

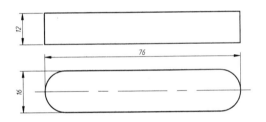

图 5-30 代号为"16×12×76"的平键

图 5-31 创建"A 型平键"样式

步骤 4 设置多线端点封口样式。单击【继续】按钮，弹出【新建多线样式：A 型平键】对话框，然后在【封口】选项组中选择【外弧】的【起点】和【端点】复选框，如图 5-32 所示。

步骤 5 设置多线宽度。在【图元】选项组中选择 0.5 的线型样式，在【偏移】文本框中输入 8；再选择-0.5 的线型样式，修改偏移值为-8，结果如图 5-33 所示。

图 5-32 设置平键多线端点封口样式

图 5-33 设置平键宽度

步骤 6 设置当前多线样式。单击【确定】按钮，返回【多线样式】对话框，在【样式】列表框中选择【A 型平键】样式，单击【置为当前】按钮，将该样式设置为当前，如图 5-34 所示。

步骤 7 绘制 A 型平键。选择【绘图】|【多线】命令，绘制平键，如图 5-35 所示。命令行操作如下。

图 5-34　将【A 型平键】样式置为当前

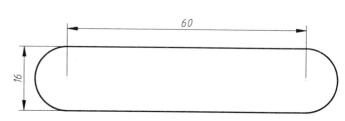

图 5-35　绘制的 A 型平键

命令:_mline	
当前设置: 对正 = 上，比例 = 20.00，样式 = A 型平键	
指定起点或 [对正(J)/比例(S)/样式(ST)]: S✓	//选择【比例】选项
输入多线比例 <20.00>: 1✓	//按 1:1 绘制多线
当前设置: 对正 = 上，比例 = 1.00，样式 = A 型平键	
指定起点或 [对正(J)/比例(S)/样式(ST)]: J✓	//选择【对正】选项
输入对正类型 [上(T)/无(Z)/下(B)] <上>: Z✓	//按正中线绘制多线
当前设置: 对正 = 无，比例 = 1.00，样式 = A 型平键	
指定起点或 [对正(J)/比例(S)/样式(ST)]:	//在绘图区任意指定一点
指定下一点: 60✓	//光标水平移动，输入长度 60
指定下一点或 [放弃(U)]: ✓	//结束绘制

步骤 8 按投影方法补画另一视图，即可完成 A 型平键的绘制。

5.4　图案填充

图案填充是指用某种图案充满图样中指定的区域，可以使用预定义的填充图案、使用当前的线型定义简单的直线图案，或者创建更加复杂的填充图案。也可以创建渐变色填充，渐变色填充是在一种颜色的不同灰度之间或两种颜色之间使用过渡，可用于增强演示图形的效果，使其呈现出光在对象上的反射效果。

5.4.1　图案填充在机械设计上的应用

图案填充在机械设计上可以用来表示各种剖视图与断面图，因此应用非常广泛，而渐变填充却几乎不怎么使用。图案填充在机械绘图中的表示法可以参阅 GB/T 17453，部分内容摘录如下。

1．剖面线

剖面线由 GB/T 4457.4 所指定的细实线绘制，而且与剖面或者断面外面轮廓成对称或相宜的角度（参考角度为 45°），如图 5-36 所示，填充线与轮廓的夹角均为 45°。

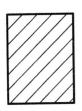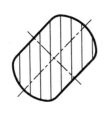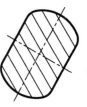

图 5-36　剖面线与图形轮廓的关系示例

2．相邻零部件的图案填充

同一个零件相隔的剖面或断面应使用相同的剖面线，相邻零件的剖面线应该用方向不同或间距不同的剖面线表示，如图 5-37 所示。剖面线的间距应与剖面尺寸的比例相一致，应与 GB/T 17450 所给出的最小间距要求一致。

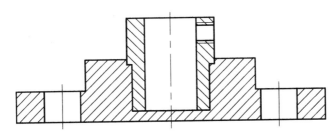

图 5-37　相邻零部件的剖面线表示

3．阶梯剖的图案填充

有些情况下，零件上的特征位于同一轴线上，这样在绘制剖面图的时候就需要用到阶梯剖的方法，而阶梯剖的剖面线则应该平行并列绘制，遵守同一零件、相同剖面线的原则，如图 5-38 所示。

4．大面积剖切的图案填充

在大面积剖切的情况下，剖面线可以局限于一个区域，在这个区域内可使用沿周线的等长剖面线表示，从而不需要全部填充，如图 5-39 所示。

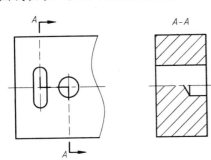

图 5-38　同一零件偏移的切面与断面剖视图

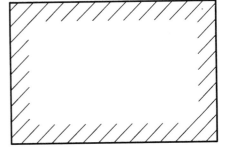

图 5-39　大面积的剖视图

5．狭小剖面的图案填充

在机械的装配体上，经常需要用到 O 型圈、垫圈等密封件，这些密封件截面尺寸并不大，因此在装配图上可以算做是狭小剖面，而狭小剖面可以用完全的黑色来表示，如图 5-40

所示，黑色范围可以用来表示其实际的形状。

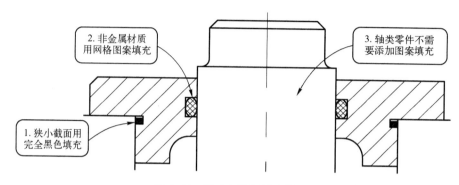

图 5-40　狭小剖面的图案填充

此外，还有一些经验规定，如轴类零件（包括各种杆件）不需添加图案填充；而橡胶等非金属材料的制成品，在具有较大截面的时候，便选用交叉网格的图案作为填充，如图 5-40 所示。

5.4.2　创建图案填充

图案填充的操作在【图案填充和渐变色】对话框中进行，打开该对话框的方法有以下几种。

- ➢ 面板：单击【绘图】面板中的【图案填充】按钮。
- ➢ 菜单栏：选择【绘图】|【图案填充】命令。
- ➢ 命令行：BHATCH 或 BH 或 H。

执行该命令后，系统会显示【图案填充创建】选项卡，如图 5-41 所示。通过该选项卡可以设置图形的填充方案。

图 5-41　【图案填充创建】选项卡

再在命令行中选择设置选项，即可打开【图案填充和渐变色】对话框，如图 5-42 所示。该对话框分为【图案填充】和【渐变色】两种填充方案，下面进行详细介绍。

1．图案填充

图案填充是在某一区域填充均匀的纹理图案。

❏ 【类型和图案】选项组

该选项组用于设置图案填充的方式和图案样式，单击其右侧的下拉按钮，可以在打开的下拉列表框中选择填充类型和样式。

- ➢ 类型：其下拉列表框中包括【预定义】【用户定义】和【自定义】3 种图案类型。
- ➢ 图案：选择【预定义】选项，可激活该选项，除了可以在下拉列表框中选择相应的图案外，还可以单击按钮，弹出【填充图案选项板】对话框，然后设置相应的图案样式，如图 5-43 所示。

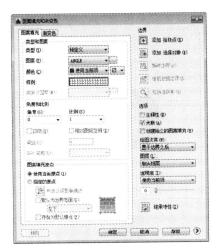

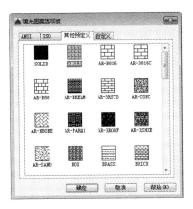

图 5-42 【图案填充和渐变色 】对话框　　　　图 5-43 【填充图案选项板】对话框

❑ 【角度和比例】选项组

该选项组用于设置图案填充的填充角度、比例或者图案间距等参数。

➢ 角度：设置填充图案的角度，默认情况下填充角度为 0。

➢ 比例：设置填充图案的比例值，填充比例越大，则图案越稀疏。

➢ 间距：设置填充直线之间的距离，当选择【用户定义】填充图案类型时可用。

➢ ISO 笔宽：主要针对用户选择【预定义】填充图案类型，同时又选择了 ISO 预定义图案时，可以通过改变笔宽值来改变填充效果。

❑ 【图案填充原点】选项组

【使用当前原点】单选按钮用于设置填充图案生成的起始位置，因为有许多图案填充时，需要对齐填充边界上的某一个点。选择【使用当前原点】单选按钮，将默认使用当前 UCS 的原点（0，0）作为图案填充的原点。选择【指定的原点】单选按钮，则可自定义图案填充原点。

❑ 边界

【边界】选项组主要用于指定图案填充的边界，也可以通过对边界的删除或重新创建等操作直接改变区域填充的效果。

➢ 拾取点：单击此按钮将切换至绘图区，在需要填充的区域内任意一点单击，系统自动判断填充边界。

➢ 选择对象：单击此按钮将切换到绘图区，选择一个封闭区域的边界线，边界以内的区域将作为填充区域。

2. 渐变色填充

渐变色填充分为单色和双色对图案进行填充。

在【图案填充和渐变色】对话框中选择【渐变色】选项卡，或选择【绘图】|【渐变色】命令，此时的对话框如图 5-44 所示。通过该选项卡可以在指定对象上创建具有渐变色彩的填充图案。渐变色填充在两种颜色之间或者一种颜色的不同灰度之间使用过渡。渐变色填充

的效果如图 5-45 所示。

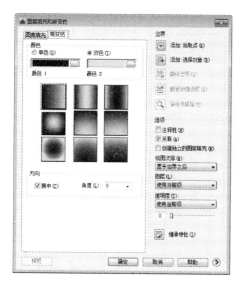

图 5-44 【渐变色】选项卡

图 5-45 渐变色填充效果

5.4.3 编辑图案填充

在为图形填充了图案后，如果对填充效果不满意，可以通过编辑图案填充命令对其进行编辑。可修改填充比例、旋转角度和填充图案等。

执行编辑图案填充命令的方法有以下两种。

> 菜单栏：选择【修改】|【对象】|【图案填充】命令。
> 命令行：HATCHEDIT 或 HE。
> 直接单击要编辑的图案填充。

执行该命令后，先选择图案填充对象，系统将弹出【图案填充编辑】对话框，按照创建填充图案的方法可以重新设置图案填充参数。

5.4.4 案例——填充剖面线

利用本节所学的图案填充知识填充图案，填充图案时要注意判断零件的类型。

步骤 1 启动 AutoCAD 2016，打开"第 05 章\5.4.4 填充剖面线.dwg"文件，素材文件如图 5-46 所示，图形中有从 A~M 共 13 块区域。

步骤 2 分析图形。D 与 I 区域从外观上便可以分析出是密封件，因此代表的是同一个物体，可以用同一种网格图案进行填充；B 与 L 区域也可以判断为垫圈之类的密封件，而且由于截面狭小，因此可以使用全黑色进行填充。

步骤 3 填充 D 与 I 区域。单击【绘图】面板中的【图案填充】按钮，打开【图案填充创建】选项卡，在图案面板中选择【ANSI37】网格线图案，设置填充比例为 0.5，然后分别在 D 与 I 区域内任意单击一点，按【Enter】键完成选择，即可创建填充，效果如图 5-47 所示。

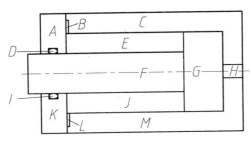

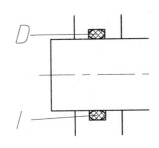

图 5-46 素材文件　　　　　　　　图 5-47 填充 D 与 I 区域

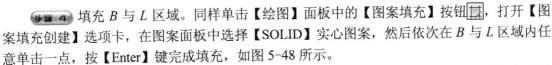

步骤 4 填充 B 与 L 区域。同样单击【绘图】面板中的【图案填充】按钮▦，打开【图案填充创建】选项卡，在图案面板中选择【SOLID】实心图案，然后依次在 B 与 L 区域内任意单击一点，按【Enter】键完成填充，如图 5-48 所示。

步骤 5 分析图形。A 与 K 区域、C 与 M 区域，均包裹着密封件，由此可以判断为零件体，可以用斜线填充。不过可知 A 与 K 来自相同的零件，C 与 M 来自相同的零件，但彼此却不同，因此在剖面线上要予以区分。

步骤 6 填充 A 与 K 区域。按之前的方法打开【图案填充创建】选项卡，在图案面板中选择【ANSI31】斜线图案，设置填充比例为 1，然后依次在 A 与 K 区域内任意单击一点，按【Enter】键完成填充，如图 5-49 所示。

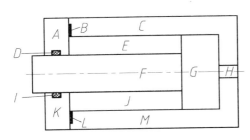

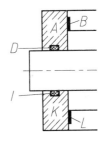

图 5-48 填充 B 与 L 区域　　　　　　图 5-49 填充 A 与 K 区域

步骤 7 填充 C 与 M 区域。方法同上，同样选择【ANSI31】斜线图案，设置填充比例为 1，不同的是设置填充角度为 90°，填充效果如图 5-50 所示。

步骤 8 分析图形。至此，还剩下 E、F、G、H、J 共 5 块区域没有填充，容易看出 F 与 G 属于同一个轴类零件，而轴类零件不需要添加剖面线，因此 F 与 G 无须填充；E、J 区域应为油液空腔，也不需要填充；H 区域为进油口，属于通孔，自然也不需要添加剖面线。

步骤 9 删除多余文字，最终的填充图案效果如图 5-51 所示。

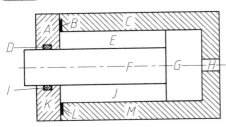

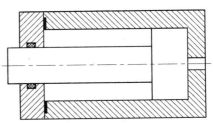

图 5-50 填充 C 与 M 区域　　　　　　图 5-51 最终的填充图案效果

5.5 上机实训

使用本章所学的知识，绘制如图 5-52 所示的轴承图形，并填充剖面线。

深沟球轴承是最具代表性的滚动轴承，用途广泛。适用于高转速甚至极高转速的运行，而且非常耐用，无须经常维护。该类轴承摩擦系数小，极限转速高，结构简单，制造成本低，易达到较高制造精度。尺寸范围与形式变化多样，可应用在精密仪表、低噪音电机、汽车、摩托车及一般机械等行业，是机械工业中使用最为广泛的一类轴承。主要承受径向负荷，也可承受一定量的轴向负荷。

具体的绘制步骤提示如下。

步骤 1 绘制水平、垂直的中心线。

步骤 2 以中心线交点为圆心，绘制φ50、φ70、φ75、φ90 的同心圆。

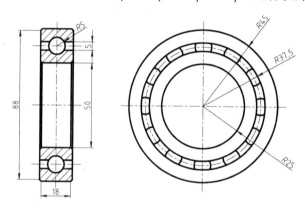

图 5-52　轴承

步骤 3 绘制 φ72.5 的中心线，并以中心线交点为圆心，绘制φ10 的圆。

步骤 4 阵列创建滚珠。

步骤 5 绘制左视图。

步骤 6 填充剖面线，完成绘制。

5.6 辅助绘图锦囊

对于机械制图来说，填充的使用非常频繁，因此也出现了相当一部分的使用问题，这些问题的常见症状及解决方法介绍如下。

1. 图案填充找不到范围

在使用【图案填充】命令，常常碰到找不到线段封闭范围的情况，尤其是当文件本身比较大的时候。此时可以采用 Layiso（图层隔离）命令让欲填充的范围线所在的层"孤立"或"冻结"，再用【图案填充】命令就可以快速找到所需的填充范围。

2. 图案填充时说对象不封闭

如果图形不封闭，就会出现这种情况，系统会弹出"边界定义错误"对话框，如图 5-53

所示。而且在图纸中会用红色圆圈标示出没有封闭的区域，如图 5-54 所示。

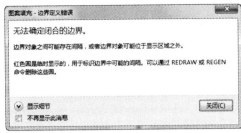

图 5-53 "边界定义错误"对话框 图 5-54 用红色圆圈圈出未封闭区域

这时可以在命令行中输入 Hpgaptol，即可输入一个新的数值，用以指定图案填充时可忽略的最小间隙，小于输入数值的间隙都不会影响填充效果，结果如图 5-55 所示。

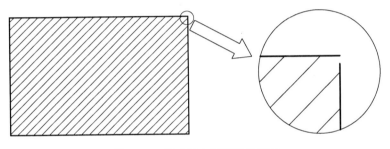

图 5-55 忽略微小间隙进行填充

第 6 章

编辑二维图形

本章要点

- 选择图形
- 修改图形
- 复制图形
- 改变图形大小及位置
- 通过夹点编辑图形
- 上机实训
- 辅助绘图锦囊

　　AutoCAD 中提供了一系列如删除、复制、镜像和偏移等操作命令，可以方便快捷地修改图形的大小、方向、位置和形状。在实际工作中，编辑命令的使用比绘图命令还要频繁，因此本章便结合实际，对各种编辑命令进行着重讲解，并为各个命令提供了操作性的案例，以便加深读者的理解。

6.1 选择图形

在 AutoCAD 中，大多数编辑命令可以先选择对象，再执行命令，也可以先执行命令，再选择对象。两者的选择方式相同，不同的是执行命令后选择的对象呈虚线显示，如图 6-1 所示。在不执行命令的情况下选取对象后，被选中的对象上会出现一些小正方形，在 AutoCAD 中称之为夹点，如图 6-2 所示。

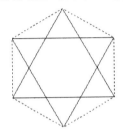
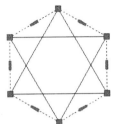

图 6-1　先执行命令再选择对象　　　　图 6-2　无命令执行时选择对象

在 AutoCAD 2016 中，有点选、框选、围选和栏选等多种选择方法。在命令行中输入 SELECT 并按【Enter】键，然后输入 "?"，命令行提示如下。

命令: SELECT✓

选择对象: ?

需要点或 窗口(W)/上一个(L)/窗交(C)/框(BOX)/全部(ALL)/栏选(F)/圈围(WP)/圈交(CP)/编组(G)/添加(A)/删除(R)/多个(M)/前一个(P)/放弃(U)/自动(AU)/单个(SI)/子对象(SU)/对象(O)

命令行中提供了各种选择方式。执行 SELECT 命令后，在命令行输入对应的字母并按【Enter】键，即可使用该选择方式。

6.1.1 点选图形对象

点选对象是逐一选择多个对象的方式，其方法为：将光标移动到要选取的对象上，然后单击即可，如图 6-3 所示。选择一个对象之后，可以继续选择其他的对象，所选的多个对象称为一个选择集，如图 6-4 所示。如果要取消选择集中的某些对象，可以在按住【Shift】键的同时单击要取消选择的对象。

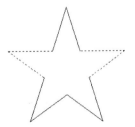

图 6-3　选择单个对象　　　　图 6-4　选择多个对象

6.1.2 窗口与窗交

窗选对象是通过拖动生成一个矩形区域（长按鼠标左键则生成套索区域），将区域内的对象加以选择。根据拖动方向的不同，窗选又分为窗口选择和窗交选择。

1．窗口选择对象

窗口选择对象是按住鼠标左键向右上方或右下方拖动，此时绘图区将会出现一个实线的矩形框，如图 6-5 所示。释放鼠标后，完全处于矩形范围内的对象将被选中。图 6-6 所示的虚线部分为被选择的对象。

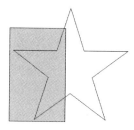

图 6-5　窗口选择对象

图 6-6　窗口选择后的效果

2．窗交选择对象

窗交选择是按住鼠标左键向左上方或左下方拖动，此时绘图区将出现一个虚线的矩形框，如图 6-7 所示。释放鼠标后，部分或完全在矩形内的对象都将被选中。图 6-8 所示的虚线部分为被选择的对象。

图 6-7　窗交选择对象

图 6-8　窗交选择后的效果

6.1.3　圈围与圈交

围选对象是根据需要自行绘制不规则的选择范围，包括圈围和圈交两种方法。

1．圈围对象

圈围是一种多边形窗口选择方法，与窗口选择对象的方法类似，不同的是圈围方法可以构造任意形状的多边形，如图 6-9 所示。完全包含在多边形区域内的对象才能被选中。图 6-10 所示的虚线部分为被选择的部分。

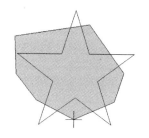

图 6-9　圈围选择对象

图 6-10　圈围选择后的效果

在命令行中输入 SELECT 并按【Enter】键，再输入 WP 并按【Enter】键，即可进入圈围选择模式。

2．圈交对象

圈交是一种多边形窗交选择方法，与窗交选择对象的方法类似，不同的是圈交使用多边形边界框选图形，如图 6-11 所示。部分或全部处于多边形范围内的图形都将被选中。图 6-12 所示的虚线部分为被选择的部分。

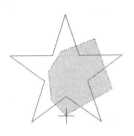

图 6-11　圈交选择对象　　　　　图 6-12　圈交选择后的效果

在命令行中输入 SELECT 并按【Enter】键，再输入 CP 并按【Enter】键，即可进入圈交选择模式。

6.1.4　栏选图形对象

栏选图形即在选择图形时拖出任意折线，如图 6-13 所示。凡是与折线相交的图形对象均被选中。图 6-14 所示的虚线部分为被选中的部分。使用该方式选择连续性对象非常方便，但栏选线不能封闭与相交。

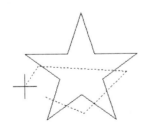

图 6-13　栏选选择对象　　　　　图 6-14　栏选选择后的效果

在命令行中输入 SELECT 并按【Enter】键，再输入 F 并按【Enter】键，即可进入栏选模式。

6.1.5　其他选择方式

SELECT 命令还有其他几种选项，对应不同的选择方式。执行 SELECT 命令后，在命令行输入对应字母并按【Enter】键，即可进入该选择模式。

➢ 上一个（L）：选择该项可以选中最近一次绘制的对象。

➢ 全部（ALL）：选择该项可以选中绘图区内的所有对象。

➢ 自动（AU）：该选项方式相当于多个选择和框选方式的结合。

6.1.6 快速选择图形对象

快速选择可以根据对象的图层、线型、颜色和图案填充等特性选择对象，从而可以准确快速地从复杂的图形中选择满足某种特性的图形对象。

选择【工具】|【快速选择】命令，弹出【快速选择】对话框，如图 6-15 所示。用户可以根据要求设置选择范围，单击【确定】按钮，即可完成选择操作。

如要选择图 6-16 中的圆弧，除了手动选择的方法外，就可以利用快速选择工具来进行选取。选择【工具】|【快速选择】命令，弹出【快速选择】对话框，在【对象类型】下拉列表框中选择【圆弧】选项，单击【确定】按钮，选择结果如图 6-17 所示。

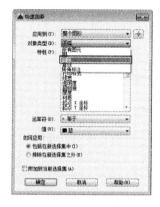

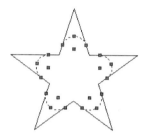

图 6-15 【快速选择】对话框   图 6-16 示例图形   图 6-17 快速选择后的结果

6.1.7 案例 ——完善间歇轮图形

间歇轮又称槽轮，常被用来将主动件的连续转动转换成从动件的带有停歇的单向周期性转动。一般用于转速不是很高的自动机械、轻工机械或仪器仪表中，如电影放映机的送片机构中就有间歇轮，如图 6-18 所示。

本案例采用不同的方式选择要修剪的对象，修剪如图 6-19 所示的间歇轮。

步骤 1 启动 AutoCAD 2016，打开"第 06 章\6.1.7 完善间歇轮图形.dwg"文件，素材如图 6-19 所示。

步骤 2 点选图形。单击【修改】面板中的【修剪】按钮，修剪 R9 的圆，如图 6-20 所示。命令行操作如下。

```
命令:_trim
当前设置:投影=UCS，边=无
选择剪切边...
选择对象或 <全部选择>: 找到 1 个                    //选择 R26.5 的圆
选择对象:
选择要修剪的对象，或按住 Shift 键选择要延伸的对象，或
[栏选(F)/窗交(C)/投影(P)/边(E)/删除(R)/放弃(U)]:      //单击 R9 的圆在 R26.5 圆外的部分
选择要修剪的对象，或按住 Shift 键选择要延伸的对象，或
```

[栏选(F)/窗交(C)/投影(P)/边(E)/删除(R)/放弃(U)]: //继续单击其他 R9 的圆

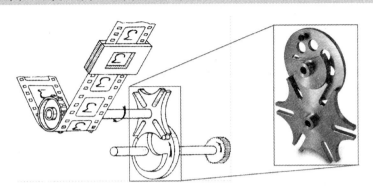

图 6-18 间歇轮

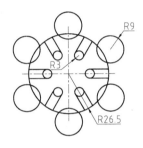

图 6-19 素材图形

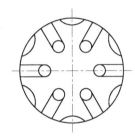

图 6-20 修剪对象

步骤 3 窗交选择对象。按住鼠标左键由右下向左上框选所有图形对象，如图 6-21 所示，然后按住【Shift】键取消选择 R26.5 的圆。

步骤 4 修剪图形。单击【修改】面板中的【修剪】按钮，修剪 R26.5 的圆弧，结果如图 6-22 所示。

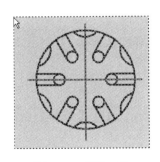

图 6-21 框选对象

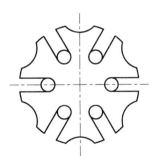

图 6-22 修剪结果

步骤 5 快速选择对象。选择【工具】|【快速选择】命令，在弹出的对话框中设置【对象类型】为【直线】，【特性】为【图层】，【值】为 0，如图 6-23 所示。单击【确定】按钮，选择结果如图 6-24 所示。

步骤 6 修剪图形。单击【修改】面板中的【修剪】按钮，依次单击 R3 的圆，修剪结果如图 6-25 所示。

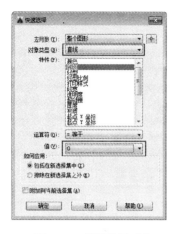

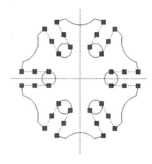

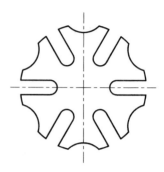

图 6-23　设置选择对象　　　　图 6-24　快速选择后的结果　　　　图 6-25　修剪结果

6.2　修改图形

绘制的图形难免存在多余线条、交叉线条或间隙等不符合要求的对象，这时可通过删除、修剪和延伸等命令编辑图形，从而达到所要求的图形效果。

6.2.1　删除图形

【删除】命令是一种常用的命令，它的作用是将多余的线条删除。执行【删除】命令的方法有以下几种。

> ➤ 面板：单击【修改】面板中的【删除】按钮 ⌀。
> ➤ 菜单栏：选择【修改】|【删除】命令。
> ➤ 命令行：在 ERASE 或 E。

执行该命令后，选择需要删除的图形对象，按【Enter】键即可删除该对象。

 提示： 选中要删除的对象后按【Delete】键，也可以将对象删除。

6.2.2　修剪图形

【修剪】命令是将线条超出指定边界的部分进行删除。执行【修剪】命令的方法有以下几种。

> ➤ 面板：单击【修改】面板中的【修剪】按钮 ⊢。
> ➤ 菜单栏：选择【修改】|【修剪】命令。
> ➤ 命令行：TRIM 或 TR。

执行该命令，首先选择作为剪切边的对象（可以选择多个对象），然后按【Enter】键，将显示以下提示信息。

> 选择要修剪的对象，或按住 Shift 键选择要延伸的对象，或[栏选(F)/窗交(C)/投影(P)/边(E)/删除(R)/放弃(U)]:

此时单击要修剪的对象（即选择被剪边），系统将以剪切边为界，将被剪切对象上位于拾取点一侧的部分剪切掉，如图 6-26 所示。

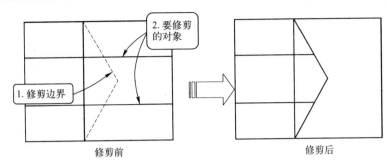

图 6-26　修剪效果

如果按住【Shift】键的同时选择与修剪边不相交的对象，修剪边将变为延伸边界，将选择的对象延伸至修剪边界相交，与 EXTEND 命令的功能相同。

命令行提示中主要选项的功能如下。

➤ 投影（P）：可以指定执行修剪的空间，主要应用于三维空间中两个对象的修剪，可将对象投影到某一平面上执行修剪操作。

➤ 边（E）：选择该选项时，命令行显示"输入隐含边延伸模式[延伸(E)/不延伸(N)]<延伸>:"提示信息。如果选择【延伸】选项，则当剪切边太短而且没有与被修剪对象相交时，可延伸修剪边，然后进行修剪；如果选择【不延伸】选项，只有当剪切边与被修剪对象真正相交时，才能进行修剪。

➤ 放弃（U）：取消上一次操作。

6.2.3 延伸图形

【延伸】命令的使用方法与【修剪】命令的使用方法相似，先选择延伸的边界，然后选择要延伸的对象。在使用【延伸】命令时，如果在按住【Shift】键的同时选择对象，则执行修剪命令。执行【延伸】命令的方法有以下几种。

➤ 面板：单击【修改】面板中的【延伸】按钮 ⌐/。

➤ 菜单栏：选择【修改】|【延伸】命令。

➤ 命令行：　EXTEND 或 EX。

延伸图形效果如图 6-27 所示。

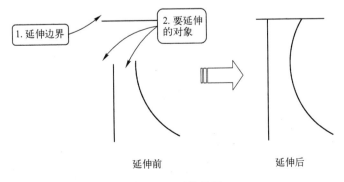

图 6-27　延伸效果

6.2.4　打断图形

打断是指将单一线条在指定点分割为两段，根据打断点数量的不同，可分为【打断】和【打断于点】两种命令。

1. 打断

打断是指在线条上创建两个打断点，从而将线条断开。执行【打断】命令的方法有以下几种。

➤ 面板：单击【修改】面板中的【打断】按钮。

➤ 菜单栏：选择【修改】|【打断】命令。

➤ 命令行：在命令行中输入 BREAK 或 BR 并按【Enter】键。

执行【打断】命令后，命令行提示如下。

命令: _break
选择对象:
指定第二个打断点 或 [第一点(F)]:

默认情况下，系统会以选择对象时的拾取点作为第一个打断点，接着选择第二个打断点，即可在两点之间打断线段。如果不希望以拾取点作为第一个打断点，则可在命令行选择【第一点】选项，重新指定第一个打断点。如果在对象之外指定一点为第二个打断点，系统将以该点到被打断对象的垂直点的位置为第二个打断点，去除两点间的线段，如图 6-28 所示。

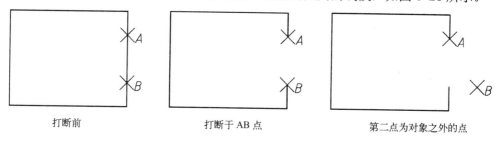

打断前　　　　　　　　　打断于 AB 点　　　　　　　第二点为对象之外的点

图 6-28　图形打断

2. 打断于点

【打断于点】命令是在一个点上将对象断开，因此不产生间隙。

单击【修改】面板中的【打断于点】按钮，然后选择要打断的对象，接着指定一个打断点，即可将对象在该点断开。

6.2.5　合并图形

合并命令用于将独立的图形对象合并为一个整体。它可以将多个对象进行合并，包括圆弧、椭圆弧、直线、多线段和样条曲线等。执行【合并】命令的方法有以下几种。

➤ 面板：单击【修改】面板中的【合并】按钮 ⊶。

➤ 菜单栏：选择【修改】|【合并】命令。

➤ 命令行：JOIN 或 J。

执行该命令，选择要合并的图形对象并按【Enter】键，即可完成合并对象操作，如图 6-29 所示。

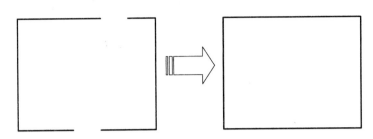

图 6-29　合并效果

6.2.6 倒角图形

　　【倒角】命令用于在两条非平行直线上生成斜线使之相连，常用在机械制图中。执行【倒角】命令的方法有以下几种。

> 面板：单击【修改】面板中的【倒角】按钮。
> 菜单栏：选择【修改】|【倒角】命令。
> 命令行：CHAMFER 或 CHA。

执行该命令后，命令行提示如下。

选择第一条直线或 [放弃(U)/多段线(P)/距离(D)/角度(A)/修剪(T)/方式(E)/多个(M)]:

命令行中各选项的含义如下。

> 放弃（U）：放弃上一次的倒角操作。
> 多段线（P）：对整个多段线每个顶点处的相交直线进行倒角，并且倒角后的线段将成为多段线的新线段。
> 距离（D）：通过设置两个倒角边的倒角距离来进行倒角操作，如图 6-30 所示。
> 角度（A）：通过设置一个角度和一个距离来进行倒角操作，如图 6-31 所示。
> 修剪（T）：设定是否对倒角进行修剪。
> 方式（E）：选择倒角方式，与选择【距离(D)】或【角度(A)】的作用相同。
> 多个（M）：选择该选项，可以对多组对象进行倒角。

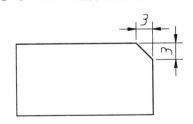

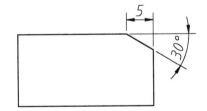

图 6-30　【距离】倒角方式　　　　　图 6-31　【角度】倒角方式

6.2.7 圆角图形

　　圆角是将两条相交的直线通过一个圆弧连接起来。【圆角】命令的使用分为两步：第一步是确定圆角大小，通过半径选项输入数值；第二步是选定两条需要圆角的边。

　　执行【圆角】命令的方法有以下几种方法。

> 面板：单击【修改】面板中的【圆角】按钮。

> ➢ 菜单栏：选择【修改】|【圆角】命令。
> ➢ 命令行： FILLET 或 F。

执行该命令后，命令行提示如下。

选择第一个对象或 [放弃(U)/多段线(P)/半径(R)/修剪(T)/多个(M)]:

命令行中各选项的含义如下。

> ➢ 放弃（U）：放弃上一次的圆角操作。
> ➢ 多段线（P）：选择该选项将对多段线中每个顶点处的相交直线进行圆角，并且圆角后的圆弧线段将成为多段线的新线段。
> ➢ 半径（R）：选择该选项，设置圆角的半径。
> ➢ 修剪（T）：选择该选项，设置是否为修剪对象。
> ➢ 多个（M）：选择该选项，可以在依次调用命令的情况下对多个对象进行圆角。

在 AutoCAD 2016 中，两条平行直线也可进行圆角，圆角直径为两条平行线的距离，如图 6-32 所示。

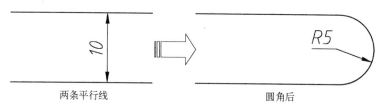

图 6-32　平行线倒圆角

> 提示：重复【圆角】命令后，圆角的半径和修剪选项无须重新设置，直接选择圆角对象即可，系统默认以上一次圆角的参数创建之后的圆角。

6.2.8　分解图形

对于由多个对象组成的组合对象，如矩形、多边形、多段线、块和阵列等，如果需要对其中的单个对象进行编辑操作，就需要先利用【分解】命令将这些对象分解成单个的图形对象。

执行【分解】命令的方法有以下几种。

> ➢ 面板：单击【修改】面板中的【分解】按钮。
> ➢ 菜单栏：选择【修改】|【分解】命令。
> ➢ 命令行： EXPLODE 或 X。

执行该命令后，选择要分解的图形对象并按【Enter】键，即可完成分解操作。

> 提示：【分解】命令不能分解用 MINSERT 和外部参照插入的块，以及外部参照依赖的块。分解一个包含属性的块将删除属性值并重新显示属性定义。

6.2.9　案例——绘制方形垫片

垫片是放在两个零件平面之间以加强密封的物体，为防止流体泄漏而设置在静密封面之间的密封元件。垫片通常由片状材料制成，如垫纸、橡胶、硅橡胶、金属、软木、毛毡、氯丁橡胶、丁腈橡胶、玻璃纤维或塑料聚合物（如聚四氟乙烯）等。特定应用的垫片可能含有石棉。垫片的外形没有统一标准，属于非标准件，需要根据具体的使用情况进行设计。

本案例将绘制如图 6-33 所示的方形垫片。

（步骤 1） 新建空白文档。

（步骤 2） 绘制矩形。单击【绘图】面板中的【矩形】按钮，绘制如图 6-34 所示的矩形。

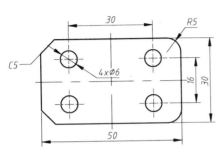

图 6-33　方形垫片

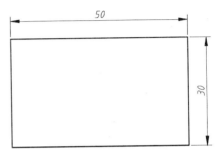

图 6-34　绘制矩形

（步骤 3） 分解图形。单击【修改】面板中的【分解】按钮，分解矩形，结果如图 6-35 所示。

（步骤 4） 倒角。单击【修改】面板中的【倒角】按钮，输入两个倒角距离为 5，结果如图 6-36 所示。

图 6-35　分解图形

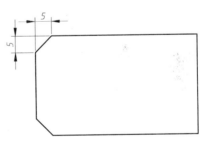

图 6-36　倒角操作

（步骤 5） 倒圆角。单击【修改】面板中的【圆角】按钮，输入圆角半径为 5，结果如图 6-37 所示。

（步骤 6） 绘制连接孔。单击【绘图】面板中的【圆】按钮，绘制连接孔，结果如图 6-38 所示。

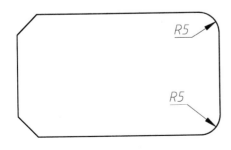

图 6-37　倒圆角操作

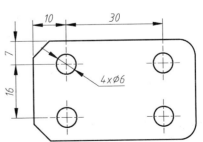

图 6-38　绘制连接孔

6.3 复制图形

任何一份工程图都含有许多相同的图形对象，它们的差别只是相对位置的不同。使用 AutoCAD 提供的复制、镜像、偏移和阵列工具，可以快速创建这些相同的对象。

6.3.1 【复制】命令

复制是生成图形对象的一个副本，执行复制命令，需要先选择复制的对象，然后指定复制的基点和目标点。执行【复制】命令的方法有以下几种。

➢ 面板：单击【修改】面板中的【复制】按钮 ⊙3 。

➢ 菜单栏：选择【修改】|【复制】命令。

➢ 命令行：COPY 或 CO 或 CP。

6.3.2 案例——复制螺纹孔

步骤 1 打开素材文件"第 06 章\6.3.2 复制螺纹孔.dwg"，素材图形如图 6-39 所示。

步骤 2 单击【修改】面板中的【复制】按钮，复制螺纹孔到 A、B、C 点，如图 6-40 所示。命令行操作如下。

命令：_copy	//执行【复制】命令
选择对象：指定对角点：找到 2 个	//选择螺纹孔内、外圆弧
选择对象：	//按【Enter】键结束选择
当前设置：复制模式 = 多个	
指定基点或 [位移(D)/模式(O)] <位移>:	//选择螺纹孔的圆心作为基点
指定第二个点或 [阵列(A)] <使用第一个点作为位移>:	//选择 A 点
指定第二个点或 [阵列(A)/退出(E)/放弃(U)] <退出>:	//选择 B 点
指定第二个点或 [阵列(A)/退出(E)/放弃(U)] <退出>:	//选择 C 点
指定第二个点或 [阵列(A)/退出(E)/放弃(U)] <退出>:*取消*	//按【Esc】键退出复制

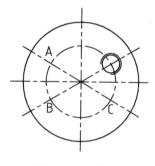

图 6-39　素材图形

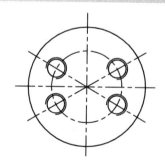

图 6-40　复制的结果

指定复制的基点之后，命令行出现【阵列（A）】选项，选择此选项，即可以线性阵列的方式快速大量复制对象，从而提高效率。

6.3.3 【镜像】命令

【镜像】命令是将某一图形沿对称轴对称复制。在实际工程中，许多物体都被设计成对称形状，如果绘制了这些物体的一半图形，就可以利用【镜像】命令迅速生成另一半。执行【镜像】命令的方法有以下几种。

➢ 面板：单击【修改】面板中的【镜像】按钮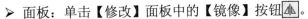。

➢ 菜单栏：选择【修改】|【镜像】命令。

➢ 命令行： MIRROR 或 MI。

6.3.4 案例——镜像图形

步骤 1 打开素材文件"第 06 章\6.3.4 镜像图形.dwg"，素材图形如图 6-41 所示。

步骤 2 镜像复制图形。单击【修改】面板中的【镜像】按钮，以水平中心线为镜像线，镜像复制图形，如图 6-42 所示，命令行操作如下。

命令： _mirror	//执行【镜像】命令
选择对象：指定对角点：找到 19 个	//框选水平中心线以上的所有图形
选择对象：↙	//按【Enter】键完成对象选择
指定镜像线的第一点：	//选择水平中心线的一个端点
指定镜像线的第二点：	//选择水平中心线的另一个端点
要删除源对象吗？[是(Y)/否(N)] <N>:N↙	//选择不删除源对象，按【Enter】键完成镜像

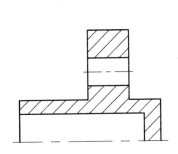

图 6-41　素材图形

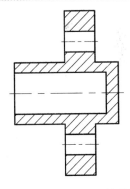

图 6-42　镜像图形后的结果

6.3.5 【偏移】命令

偏移是在对象的一侧生成等间距的复制对象。可以进行偏移的对象包括直线、曲线、多边形、圆和弧等。执行【偏移】命令的方法有以下几种。

➢ 面板：单击【修改】面板中的【偏移】按钮。

➢ 菜单栏：选择【修改】|【偏移】命令。

➢ 命令行： OFFSET 或 O。

在命令执行过程中，需要确定偏移源对象、偏移距离和偏移方向。【偏移】命令的示例如图 6-43 所示。

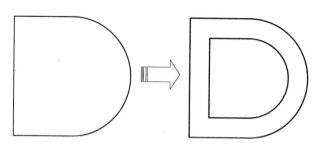

图 6-43　偏移效果

6.3.6　案例——绘制弹性挡圈

弹性挡圈分为轴用与孔用两种，如图 6-44 所示，均用来紧固在轴或孔上的圈形机件，可以防止装在轴或孔上其他零件的窜动。弹性挡圈的应用非常广泛，在各种工程机械与农业机械上都很常见。弹性挡圈通常采用 65Mn 板料冲切制成，截面呈矩形。

弹性挡圈的规格与安装槽标准可参阅 GB/T 893（孔用）与 GB/T 894（轴用），本案例将利用【偏移】命令绘制如图 6-45 所示的轴用弹性挡圈。

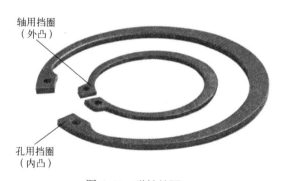

图 6-44　弹性挡圈

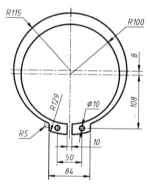

图 6-45　轴用弹性挡圈

步骤 1 打开素材文件"第 06 章\6.3.6 绘制弹性挡圈.dwg"，素材图形如图 6-46 所示，可以看到已经绘制好了 3 条中心线。

步骤 2 绘制圆弧。单击【绘图】面板中的【圆】按钮 ⊘，分别在上方的中心线交点处绘制半径为 R115 和 R129 的圆，下方的中心线交点处绘制半径为 R100 的圆，结果如图 6-47 所示。

图 6-46　素材图形

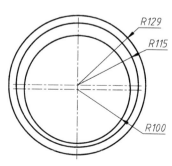

图 6-47　绘制圆

步骤 3 修剪图形。单击【修改】面板中的【修剪】按钮✂，修剪左侧的圆弧，结果如图 6-48 所示。

步骤 4 偏移图形。单击【修改】面板中的【偏移】按钮❏，将垂直中心线分别向右偏移 5、42，结果如图 6-49 所示。

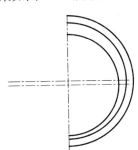

图 6-48 修剪图形

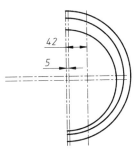

图 6-49 偏移复制

步骤 5 绘制直线。单击【绘图】面板中的【直线】按钮✎，绘制直线，删除辅助线，结果如图 6-50 所示。

步骤 6 偏移中心线。单击【修改】面板中的【偏移】按钮，将竖直中心线向右偏移 25，将下方的水平中心线向下偏移 108，如图 6-51 所示。

步骤 7 绘制圆。单击【绘图】面板中的【圆】按钮◎，在偏移出的辅助中心线交点处绘制直径为 10 的圆，如图 6-52 所示。

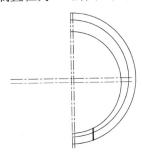

图 6-50 绘制直线

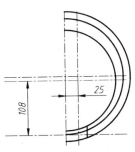

图 6-51 偏移中心线

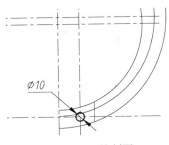

图 6-52 绘制圆

步骤 8 修剪图形。单击【修改】面板中的【修剪】按钮，修剪出右侧的图形，如图 5-53 所示。

步骤 9 镜像图形。单击【修改】面板中的【镜像】按钮▥，以垂直中心线作为镜像线，镜像图形，结果如图 5-54 所示。

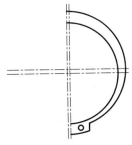

图 6-53 修剪的结果

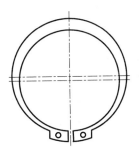

图 6-54 镜像图形

6.3.7 【阵列】命令

【阵列】命令是一个功能强大的多重复制命令，可以将对象按一定的规律进行大量复制。

在命令行中输入 ARRAY 后并按【Enter】键，命令行提示如下。

命令: ARRAY↙	//调用【阵列】命令
选择对象:	//选择阵列对象并按【Enter】键
选择对象: 输入阵列类型 [矩形(R)/路径(PA)/极轴(PO)] <矩形>:	//选择阵列类型

在 AutoCAD 2016 的【草图与注释】工作空间中进行阵列操作，选择阵列类型后，功能区会显示【阵列】选项卡，直接输入【列数】【行数】和【间距】等参数，即可快速创建阵列，如图 6-55 所示。此外，在命令行中可选择矩形阵列、路径阵列和环形阵列方式，下面详细介绍各种阵列方式。

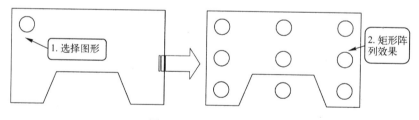

图 6-55 【阵列】选项卡

1. 矩形阵列

矩形阵列是以控制行数、列数，以及行和列之间的距离，或添加倾斜角度的方式，使选取的阵列对象成矩形方式进行阵列复制，从而创建出源对象的多个副本对象。

在 ARRAY 命令提示行中激活【矩形（R）】选项、单击【矩形阵列】按钮 或直接输入 ARRAYRECT 命令，即可进行矩形阵列，如图 6-56 所示。

1. 选择图形

2. 矩形阵列效果

图 6-56 矩形阵列效果

该矩形阵列的命令行操作如下。

命令: _arrayrect	//执行【矩形阵列】命令
选择对象: 找到 1 个	//选择圆孔作为阵列对象
选择对象:	
类型 = 矩形 关联 = 是	
选择夹点以编辑阵列或 [关联(AS)/基点(B)/计数(COU)/间距(S)/列数(COL)/行数(R)/层数(L)/退出(X)] <退出>: COL	//选择编辑列数
输入列数数或 [表达式(E)] <4>: 3↙	//输入列数

指定 列数 之间的距离或 [总计(T)/表达式(E)] <15>: 40✓	//输入列间距
选择夹点以编辑阵列或 [关联(AS)/基点(B)/计数(COU)/间距(S)/列数(COL)/行数(R)/层数(L)/退出(X)] <	
退出>: R✓	//选择编辑行数
输入行数数或 [表达式(E)] <3>: 3✓	//输入行数
指定 行数 之间的距离或 [总计(T)/表达式(E)] <15>: -20✓	//输入行间距
指定 行数 之间的标高增量或 [表达式(E)] <0>:0✓	//使用 0 增量
选择夹点以编辑阵列或 [关联(AS)/基点(B)/计数(COU)/间距(S)/列数(COL)/行数(R)/层数(L)/退出(X)] <	
退出>:✓	//按【Enter】键完成阵列

命令行中各选项的含义如下。

➤ 关联（AS）：指定阵列中的对象是关联的还是独立的。
➤ 基点（B）：定义阵列基点和基点夹点的位置。
➤ 计数（COU）：指定行数和列数，并使用户在移动鼠标光标时可以动态观察结果（一种比【行】和【列】选项更快捷的方法）。
➤ 间距（S）：指定行间距和列间距，并使用户在移动鼠标光标时可以动态观察结果。
➤ 列数（COL）：编辑列数和列间距。
➤ 行数（R）：指定阵列中的行数、它们之间的距离，以及行之间的增量标高。
➤ 层数（L）：指定三维阵列的层数和层间距。

 提示： 在矩形阵列的过程中，如果希望阵列的图形向相反的方向复制时，则需要在列间距或行间距前面加"–"符号。

2．路径阵列

路径阵列可沿曲线轨迹复制图形，通过设置不同的基点，能得到不同的阵列结果。

在 ARRAY 命令提示行中激活【路径（PA）】选项、单击【路径阵列】按钮或直接输入 ARRAYPATH 命令，即可进行路径阵列，如图 6-57 所示。

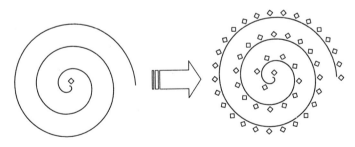

图 6-57　路径阵列效果

路径阵列的命令行操作如下。

命令: _arraypath	//执行【路径阵列】命令
选择对象: 找到 1 个	//选择阵列对象
选择对象:	
类型 = 路径　关联 = 是	
选择路径曲线:	//选择路径曲线

选择夹点以编辑阵列或 [关联(AS)/方法(M)/基点(B)/切向(T)/项目(I)/行(R)/层(L)/对齐项目(A)/Z 方向(Z)/退出(X)] <退出>: M↙

输入路径方法 [定数等分(D)/定距等分(M)] <定距等分>: D↙

选择夹点以编辑阵列或 [关联(AS)/方法(M)/基点(B)/切向(T)/项目(I)/行(R)/层(L)/对齐项目(A)/Z 方向(Z)/退出(X)] <退出>: I↙   //选择编辑项目数量

输入沿路径的项目数或 [表达式(E)] <76>: 50↙   //输入项目数量

选择夹点以编辑阵列或 [关联(AS)/方法(M)/基点(B)/切向(T)/项目(I)/行(R)/层(L)/对齐项目(A)/Z 方向(Z)/退出(X)] <退出>:↙   //按【Enter】键完成阵列

命令行中各选项的含义如下。

➢ 关联（AS）：指定是否创建阵列对象，或者是否创建选定对象的非关联副本。

➢ 方法（M）：控制如何沿路径分布项目。

➢ 基点（B）：定义阵列的基点。路径阵列中的项目相对于基点放置。

➢ 切向（T）：指定阵列中的项目如何相对于路径的起始方向对齐。

➢ 项目（I）：根据【方法（M）】的设置，指定项目数或项目之间的距离。

➢ 行（R）：指定阵列中的行数、它们之间的距离，以及行之间的增量标高。

➢ 层（L）：指定三维阵列的层数和层间距。

➢ 对齐项目（A）：指定是否对齐每个项目以与路径的方向相切。对齐相对于第一个项目的方向。

➢ Z 方向（Z）：控制是否保持项目的原始 Z 方向或沿三维路径自然倾斜项目。

3．环形阵列

环形阵列即极轴阵列，是以某一点为中心点进行环形复制，阵列结果是阵列对象沿圆周均匀分布。

在 ARRAY 命令提示行中激活【极轴（PO）】选项、单击【环形阵列】按钮 或直接输入 ARRAYPOLAR 命令，即可进行环形阵列，如图 6-58 所示。

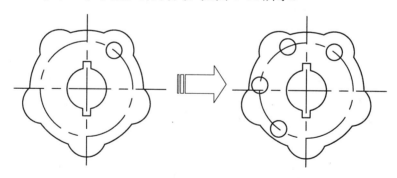

图 6-58　环形阵列效果

环形阵列的命令行操作如下。

命令: _arraypolar   //执行【环形阵列】命令

选择对象: 找到 1 个   //选择阵列对象

选择对象:

类型 = 极轴　关联 = 是

```
    指定阵列的中心点或 [基点(B)/旋转轴(A)]:                        //选择阵列中心点
    选择夹点以编辑阵列或 [关联(AS)/基点(B)/项目(I)/项目间角度(A)/填充角度(F)/行(ROW)/层(L)/旋转项
目(ROT)/退出(X)] <退出>: I                                       //选择编辑项目数
    输入阵列中的项目数或 [表达式(E)] <6>: 4                        //输入项目数
    选择夹点以编辑阵列或 [关联(AS)/基点(B)/项目(I)/项目间角度(A)/填充角度(F)/行(ROW)/层(L)/旋转项
目(ROT)/退出(X)] <退出>: F                                       //选择编辑填充角度
    指定填充角度(+=逆时针、-=顺时针)或 [表达式(EX)] <360>: 180     //输入填充角度
    选择夹点以编辑阵列或 [关联(AS)/基点(B)/项目(I)/项目间角度(A)/填充角度(F)/行(ROW)/层(L)/旋转项
目(ROT)/退出(X)] <退出>:                                         //按【Enter】键完成阵列
```

命令行中各选项的含义如下。

➢ 基点（B）：指定阵列的基点。

➢ 旋转项目（ROT）：控制在阵列项时是否旋转项。

➢ 填充角度（F）：对象环形阵列的总角度。

➢ 项目间角度（A）：设置相邻的项目间的角度。

6.3.8 案例——绘制同步带

同步带是以钢丝绳或玻璃纤维为强力层，外覆以聚氨酯或氯丁橡胶的环形带，带的内周制成齿状，使其与齿形带轮啮合。同步带综合了带传动、链传动和齿轮传动各自的优点，在转动时，通过带齿与轮的齿槽相啮合来传递动力。传输用同步带传动具有准确的传动比，无滑差，可获得恒定的速比，传动平稳，能吸振，噪音小，传动比范围大，一般可达 1:10。

同步带广泛用于纺织、机床、烟草、通信电缆、轻工、化工、冶金、仪表仪器、食品、矿山、石油和汽车等各行业各种类型的机械传动中，如图 6-59 所示。因此本节将使用阵列的方式绘制如图 6-60 所示的同步带。

图 6-59　同步带的应用

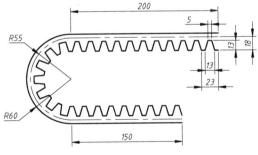

图 6-60　案例图形

步骤 1 绘制辅助线。单击【绘图】面板中的【多段线】按钮，绘制辅助线，如图 6-61 所示。

步骤 2 偏移辅助线。单击【修改】面板中的【偏移】按钮，将中心线上下各偏移 5，结果如图 6-62 所示。

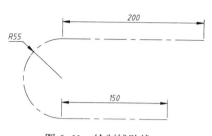

图 6-61　绘制辅助线

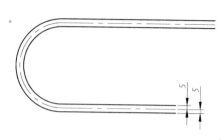

图 6-62　偏移辅助线

步骤 3 绘制同步带的齿。使用【偏移】和【修剪】命令绘制如图 6-63 所示的齿。

步骤 4 阵列同步带齿。单击【修改】面板中的【矩形阵列】按钮，选择单个轮齿作为阵列对象，设置列数为 12，行数为 1，距离为-18，阵列结果如图 6-64 所示。

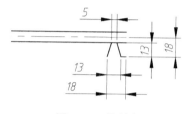

图 6-63　绘制齿

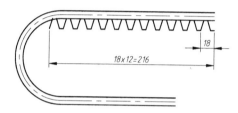

图 6-64　矩形阵列后的结果

步骤 5 分解阵列图形。单击【修改】面板中的【分解】按钮　，将矩形阵列的齿分解，并删除左端多余的部分。

步骤 6 环形阵列。单击【修改】面板中的【环形阵列】按钮，选择最左侧的一个齿作为阵列对象，设置填充角度为 180，项目数量为 8，结果如图 6-65 所示。

步骤 7 镜像齿条。单击【修改】面板中的【镜像】按钮，选择如图 6-66 所示的 8 个齿作为镜像对象，以通过圆心的水平线作为镜像线，镜像结果如图 6-67 所示。

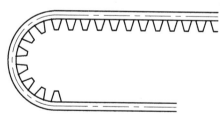

图 6-65　环形阵列后的结果

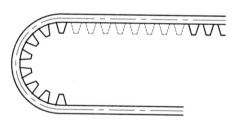

图 6-66　选择镜像对象

步骤 8 修剪图形。单击【修改】面板中的【修剪】按钮，修剪多余的线条，结果如图 6-68 所示。

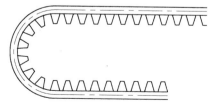

图 6-67　镜像后的结果

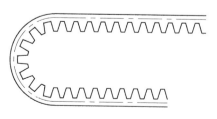

图 6-68　修剪之后的结果

6.4 改变图形大小及位置

对于已经绘制好的图形对象，有时需要改变图形的大小及它们的位置，改变的方式有很多种，例如移动、旋转、拉伸和缩放等，下面将进行详细介绍。

6.4.1 移动图形

移动图形是指将图形从一个位置平移到另一个位置，移动过程中图形的大小、形状和角度都不会改变。执行【移动】命令的方法有以下几种。

> ➤ 面板：在【修改】面板中单击【移动】按钮⊹。
> ➤ 菜单栏：选择【修改】|【移动】命令。
> ➤ 命令行：MOVE 或 M。

执行【移动】命令后，首先选择需要移动的图形对象，然后分别确定移动的基点（起点）和终点，就可以将图形对象从基点的起点位置平移到终点位置。

6.4.2 案例——移动图形

步骤 1 打开素材文件"第 06 章\6.4.2 移动图形.dwg"，素材图形如图 6-69 中 a 所示。

步骤 2 单击【修改】面板中的【平移】按钮⊹，将圆移到与圆弧同心，如图 6-69 中 b 所示，命令行操作过程如下。

命令: _move	//执行【移动】命令
选择对象: 找到 1 个	//选择圆
选择对象:	//按【Enter】键结束选择
指定基点或 [位移(D)] <位移>:	//指定圆心为基点
指定第二个点或 <使用第一个点作为位移>:	//指定圆弧圆心为终点

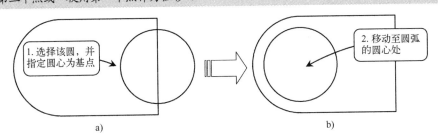

图 6-69 移动图形效果

6.4.3 旋转图形

旋转图形是指将图形绕某个基点旋转一定的角度。执行【旋转】命令的方法有以下几种。

> ➤ 面板：单击【修改】面板中的【旋转】按钮◎。
> ➤ 菜单栏：选择【修改】|【旋转】命令。
> ➤ 命令行：ROTATE 或 RO。

执行【旋转】命令后，依次选择旋转对象、旋转基点和旋转角度。逆时针旋转的角度为正值，顺时针旋转的角度为负值。在旋转过程中，选择【复制】选项可以以复制的方式旋转对象，保留源对象。

6.4.4 案例——旋转图形

步骤 1 打开素材文件"第 06 章\6.4.4 旋转图形.dwg"，素材图形如图 6-70 中 a 所示。

步骤 2 单击【修改】面板中的【旋转】按钮 ⊙，将指针图形旋转-90°，并保留源对象，如图 6-70 中 b 所示，命令行操作如下。

命令: _rotate	//执行【旋转】命令
UCS 当前的正角方向： ANGDIR=逆时针 ANGBASE=0	
选择对象: 指定对角点: 找到 3 个	//选择旋转对象
选择对象: ✓	//按【Enter】键结束选择
指定基点:	//指定圆心为旋转中心
指定旋转角度，或 [复制(C)/参照(R)] <0>: C✓	//选择【复制】选项
旋转一组选定对象	
指定旋转角度，或 [复制(C)/参照(R)] <0>: -90✓	//输入旋转角度

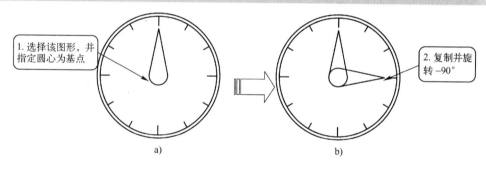

1. 选择该图形，并指定圆心为基点

2. 复制并旋转 -90°

a)　　　　　　　　　　　b)

图 6-70　旋转图形效果

6.4.5 缩放图形

缩放图形是将图形对象按指定的缩放基点放大或缩小一定的比例，与【旋转】命令类似，可以选择【复制】选项，在生成缩放对象时保留源对象。执行【缩放】命令的方法有以下几种。

➤ 面板：单击【修改】面板中的【缩放】按钮 🖵。
➤ 菜单栏：选择【修改】|【缩放】命令。
➤ 命令行： SCALE 或 SC。

6.4.6 案例——缩放图形

步骤 1 打开素材文件"第 06 章\6.4.6 缩放图形.dwg"，素材图形如图 6-71 中 a 所示。

步骤 2 单击【修改】面板中的【缩放】按钮 🖵，将粗糙度按 0.5 的比例缩小，如图 6-71 中 b 所示。命令行操作如下。

```
命令: _scale                              //执行【缩放】命令
选择对象: 指定对角点: 找到 6 个           //选择粗糙度标注
选择对象:                                 //按【Enter】键完成选择
指定基点:                                 //选择粗糙度符号下方端点作为基点
指定比例因子或 [复制(C)/参照(R)]: 0.5     //输入缩放比例
```

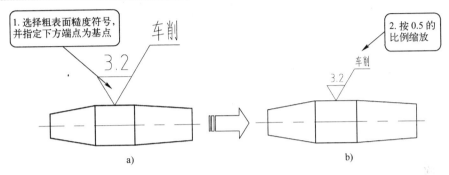

图 6-71　缩放图形效果

命令行中各选项的含义如下。

➤ 比例因子：比例因子即缩小和放大的比例值，大于 1 时，放大图形；小于 1 时，缩小图形。

➤ 复制（C）：缩放时保留源图形。

➤ 参照（R）：需要用户输入参照长度和新长度数值，由系统自动算出两个长度之间的比例数值，确定缩放的比例因子，然后对图形进行缩放操作。

6.4.7　拉伸图形

拉伸是将图形的一部分线条沿指定矢量方向拉长。执行【拉伸】命令的方法有以下几种。

➤ 面板：单击【修改】面板中的【拉伸】按钮。

➤ 菜单栏：选择【修改】|【拉伸】命令。

➤ 命令行：STRETCH 或 S。

执行【拉伸】命令需要选择拉伸对象、拉伸基点和第二点，基点和第二点定义的矢量决定了拉伸的方向和距离。

6.4.8　案例——拉伸图形

步骤 1 打开素材文件"第 06 章\6.4.8 拉伸图形.dwg"，素材图形如图 6-72 所示。

步骤 2 单击【修改】面板中的【拉伸】按钮，将螺钉长度拉伸至 50，命令行操作如下。

```
命令: _stretch                                        //执行【拉伸】命令
以交叉窗口或交叉多边形选择要拉伸的对象...
选择对象: 指定对角点: 找到 11 个                       //框选如图 6-73 所示的对象
选择对象:                                              //按【Enter】键结束选择
指定基点或 [位移(D)] <位移>:
指定第二个点或 <使用第一个点作为位移>: 25              //水平向右移动指针，输入拉伸距离
```

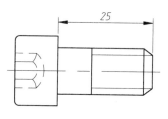

图 6-72 素材图形

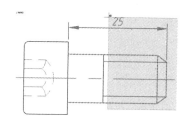

图 6-73 选择拉伸对象

步骤 3 螺钉的拉伸结果如图 6-74 所示。

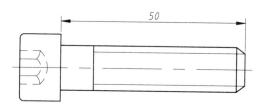

图 6-74 拉伸之后的结果

6.5 通过夹点编辑图形

所谓夹点，是指图形对象上的一些特征点，如端点、顶点、中点和中心点等，图形的位置和形状通常是由夹点的位置决定的。在 AutoCAD 中，夹点是一种集成的编辑模式，利用夹点可以编辑图形的大小、位置、方向，以及对图形进行镜像复制操作等。

6.5.1 夹点模式概述

在夹点模式下，图形对象以虚线显示，图形上的特征点（如端点、圆心和象限点等）将显示为蓝色的小方框，如图 6-75 所示，这样的小方框称为夹点。

夹点有未激活和被激活两种状态。蓝色小方框显示的夹点处于未激活状态，单击某个未激活的夹点，该夹点以红色小方框显示，处于被激活状态，称为热夹点。以热夹点为基点，可以对图形对象进行拉伸、平移、复制、缩放和镜像等操作。

图 6-75 不同对象的夹点

提示： 激活热夹点时按住【Shift】键，可以选择激活多个热夹点。

6.5.2 利用夹点拉伸对象

在不执行任何命令的情况下选择对象，显示其夹点。然后单击其中一个夹点，进入编辑状态。

此时，AutoCAD 自动将其作为拉伸的基点，系统默认进入【拉伸】编辑模式，命令行将显示如下提示信息。

指定拉伸点或 [基点(B)/复制(C)/放弃(U)/退出(X)]:

命令行中各选项的含义如下。

➤ 基点（B）：重新确定拉伸基点。
➤ 复制（C）：允许确定一系列的拉伸点，以实现多次拉伸。
➤ 放弃（U）：取消上一次操作。
➤ 退出（X）：退出当前操作。

利用夹点拉伸对象如图 6-76 所示。

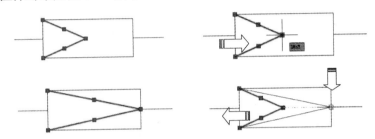

图 6-76　利用夹点拉伸对象

提示：对于某些夹点，移动时只能移动对象而不能拉伸对象，如文字、块、直线中点、
圆心、椭圆中心和点对象上的夹点。

6.5.3　利用夹点移动对象

对热夹点进行编辑操作时，可以在命令行中输入 S、M、CO、SC 和 MI 等基本修改命令，也可以按【Enter】键或空格键在不同的修改命令间切换。在命令提示下输入 MO 并按【Enter】键，进入移动模式，命令行提示如下。

** 移动 **

指定移动点或 [基点(B)/复制(C)/放弃(U)/退出(X)]:

通过输入点的坐标或拾取点的方式来确定平移对象的目的点后，即可以基点为平移的起点，以目的点为终点将所选对象平移到新位置。

利用夹点移动对象如图 6-77 所示。

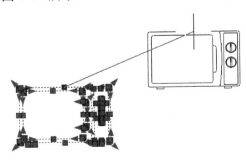

图 6-77　利用夹点移动图形

6.5.4 利用夹点旋转对象

在夹点编辑模式下确定基点后，在命令提示下输入 RO 并按【Enter】键，进入旋转模式，命令行提示如下。

> ** 旋转 **
>
> 指定旋转角度或 [基点(B)/复制(C)/放弃(U)/参照(R)/退出(X)]:

默认情况下，输入旋转角度值或通过拖动方式确定旋转角度后，即可将对象绕基点旋转指定的角度。也可以选择【参照（R）】选项，以参照方式旋转对象。

利用夹点旋转对象如图 6-78 所示。

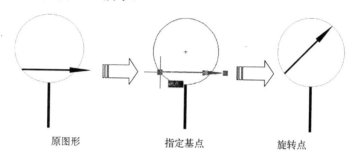

原图形   指定基点   旋转点

图 6-78 利用夹点旋转对象

6.5.5 利用夹点缩放对象

在夹点编辑模式下确定基点后，在命令提示下输入 SC 并按【Enter】键，进入缩放模式，命令行提示如下。

> ** 比例缩放 **
>
> 指定比例因子或 [基点(B)/复制(C)/放弃(U)/参照(R)/退出(X)]:

默认情况下，当确定了缩放的比例因子后，系统将相对于基点进行缩放对象操作。当比例因子大于 1 时放大对象；当比例因子大于 0 而小于 1 时缩小对象。

利用夹点缩放对象如图 6-79 所示。

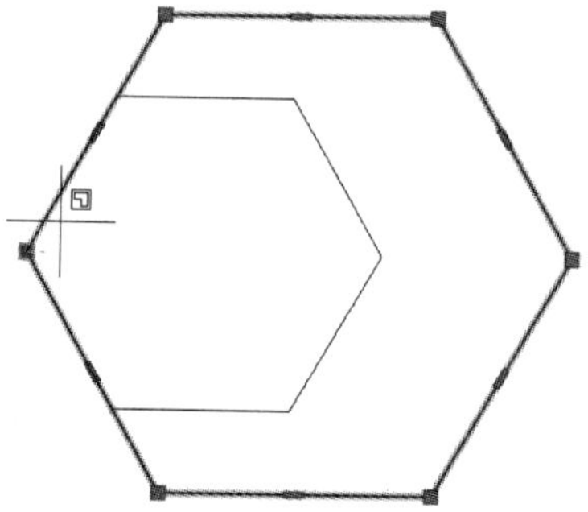

6.5.6 利用夹点镜像对象

在夹点编辑模式下确定基点后，在命令提示下输入 MI 并按【Enter】键，进入镜像模式，命令行提示如下。

图 6-79 利用夹点缩放对象

> ** 镜像 **
>
> 指定第二点或 [基点(B)/复制(C)/放弃(U)/退出(X)]:

指定镜像线上的第 2 点后，系统将以基点作为镜像线上的第 1 点，将对象进行镜像操作并删除源对象。

利用夹点镜像对象如图 6-80 所示。

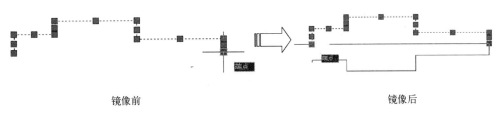

镜像前　　　　　　　　　　　　　　镜像后

图 6-80　利用夹点镜像对象

6.6　上机实训

使用本章所学的编辑知识，使用偏移、修剪和倒角等图形修改及编辑命令，绘制如图 6-81 所示的联轴器剖面图。

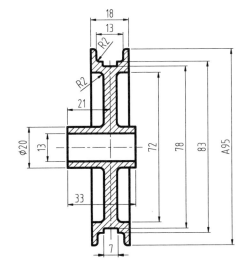

图 6-81　联轴器剖面图

联轴器是用来连接不同机构中的两根轴（主动轴和从动轴），使之共同旋转以传递扭矩的机械零件。在高速重载的动力传动中，有些联轴器还有缓冲、减振和提高轴系动态性能的作用。联轴器由两部分组成，分别与主动轴和从动轴连接。一般动力机大都借助于联轴器与工作机相联接。

具体的绘制步骤提示如下。

步骤 1　绘制水平、垂直的中心线。

步骤 2　偏移垂直的中心线 7、13、18。

步骤 3　向上（或下）偏移水平的中心线 6.5、10、36、39、41.5、47.5。

步骤 4　使用【直线】命令，沿着偏移出来的辅助线，连接出联轴器的轮廓。

步骤 5　执行【修剪】和【删除】命令，删除多余的辅助线。

步骤 6　执行【倒圆角】命令，创建 R2 的圆角。

步骤 7　填充图形。

步骤 8　执行【镜像】命令，以水平中心线为中心线，镜像出对侧的图形。

步骤 9 完成绘制。

6.7 辅助绘图锦囊

在进行图形编辑的时候，经常需要选择对象。在一般情况下，被选中的对象会呈虚线显示，如图 6-82 所示。而有时由于操作者人员的失误，可能会使得 AutoCAD 的参数发生错误，从而所选择的对象未发生任何改变，仅显示出特征夹点，如图 6-83 所示。

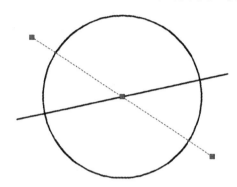

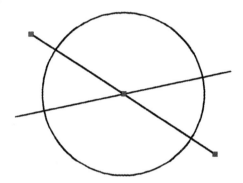

图 6-82　选中的对象呈虚线显示　　　　图 6-83　选中的对象未发生变化

这时只需在命令行中输入 HIGHLIGHT，然后将参数设置为 1，即可恢复正常，命令行操作如下。

命令: HIGHLIGHT	//执行 Highlight 命令
输入 HIGHLIGHT 的新值 <0>: 1	//执行参数值

值得注意的是，HIGHLIGHT 参数只能是 0 或者 1，0 表示关闭虚线显示，1 则启用。

第 7 章

图块与设计中心的应用

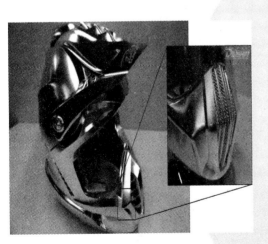

在绘制图形时，如果图形中有大量相同或相似的内容，或者所绘制的图形与已有的图形文件相同（如机械图纸中常见的粗糙度符号、基准符号，以及各种标准件图形），都可以把要重复绘制的图形创建为块（也称为图块），并根据需要为块创建属性，指定块的名称、用途及设计者等信息，在需要时直接插入它们即可，从而提高绘图效率。

设计中心是 AutoCAD 提供给用户的一个强有力的资源管理工具，帮助用户在设计过程中方便调用图形文件、样式、图块、标注和线型等内容，从而提高 AutoCAD 系统的效率。

7.1 块

块（Block）是由多个绘制在不同图层上的不同特性对象组成的集合，并具有块名。创建块后，用户可以将其作为单一的对象插入零件图或装配图的图形中。块是系统提供给用户的重要绘图工具之一，具有以下几个主要特点。

- ➤ 提高绘图速度。
- ➤ 节省储存空间。
- ➤ 便于修改图形。
- ➤ 便于数据管理。

7.1.1 创建内部块

将一个或多个对象定义为新的单个对象，即为块，保存在图形文件中的块又称内部块。调用【块】命令的方法如下。

- ➤ 面板：单击【默认】选项卡的【块】面板上的【创建】按钮🔲。
- ➤ 菜单栏：选择【绘图】|【块】|【创建】命令。
- ➤ 命令行：BLOCK 或 B。

执行上述任一命令后，系统弹出【块定义】对话框，如图 7-1 所示，可以将绘制的图形创建为块。

图 7-1 【块定义】对话框

【块定义】对话框中主要选项的功能如下。

- ➤ 【名称】文本框：用于输入块名称，还可以在下拉列表框中选择已有的块。
- ➤ 【基点】选项组：用于设置块的插入基点位置。用户可以直接在 X、Y、Z 文本框中输入，也可以单击【拾取点】按钮🔲，切换到绘图窗口并选择基点。一般基点选在块的对称中心、左下角或其他有特征的位置。
- ➤ 【对象】选项组：用于选择组成块的对象。其中，单击【选择对象】按钮🔲，可切换到绘图窗口选择组成块的各对象；单击【快速选择】按钮🔲，可以使用弹出的【快速选择】对话框设置所选择对象的过滤条件；选择【保留】单选按钮，创建块后仍在绘图窗口中保留组成块的各对象；选择【转换为块】单选按钮，创建块后将组成块的各对象保留并把它们转换成块；选择【删除】单选按钮，创建块后删除绘图窗口上组成块的原对象。

> 【方式】选项组：用于设置组成块的对象显示方式。选择【注释性】复选框，可以将对象设置成注释性对象；选择【按统一比例缩放】复选框，可以设置对象是否按统一的比例进行缩放；选择【允许分解】复选框，可以设置对象是否允许被分解。

> 【设置】选项组：用于设置块的基本属性。单击【超链接】按钮，将弹出【插入超链接】对话框，在该对话框中可以插入超链接文档。

> 【说明】文本框：用来输入当前块的说明部分。

7.1.2 案例——创建粗糙度符号块

下面以创建表面粗糙度符号为例，具体讲解如何定义创建块。操作步骤如下。

步骤 1 打开素材文件"第 07 章\7.1.2 粗糙度符号.dwg"，如图 7-2 所示。

步骤 2 在命令行中输入 B，并按【Enter】键，调用【块】命令，系统弹出【块定义】对话框。

步骤 3 在【名称】文本框中输入块的名称"表面粗糙度"。

步骤 4 在【基点】选项组中单击【拾取点】按钮，然后再拾取图形中的下方端点，确定基点位置。

步骤 5 在【对象】选项组中选择【保留】单选按钮，再单击【选择对象】按钮，返回绘图窗口，选择要创建块的表面粗糙度符号，然后按【Enter】键或右击，返回【块定义】对话框。

步骤 6 在【块单位】下拉列表框中选择【毫米】选项，设置单位为毫米。

步骤 7 完成参数设置，如图 7-3 所示，单击【确定】按钮保存设置，完成图块的定义。

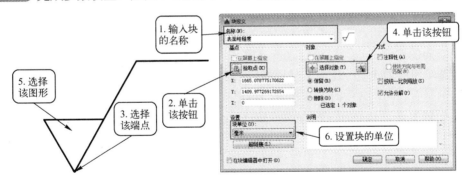

图 7-2 素材图形　　　　图 7-3 【块定义】对话框

> **提示：**【创建块】命令所创建的块保存在当前图形文件中，可以随时调用并插入到当前图形文件中。其他图形文件如果要调用该图块，则可以通过设计中心或剪贴板来完成。

7.1.3 控制图块颜色和线型

尽管图块总是创建在当前图层上，但块定义中保存了图块中各个对象的原图层、颜色和线型等特性信息。为了控制插入块实例的颜色、线型和线宽特性，在定义块时有以下 3 种情况。

➤ 若要使块实例完全继承当前层的属性，那么在定义块时应将图形对象绘制在 0 层，将当前层颜色、线型和线宽属性设置为【随层】（By Layer）。

➤ 若希望能为块实例单独设置属性，那么在块定义时应将颜色、线型和线宽属性设置为【随块】（By Block）。

➤ 若要使块实例中的对象保留属性，而不从当前层继承，那么在定义块时，应为每个对象分别设置颜色、线型和线宽属性，而不应当设置为【随块】或【随层】。

7.1.4 插入块

将需要重复绘制的图形创建成块后，可以通过【插入】命令直接调用它们，插入到图形中的块称为块参照。

调用【插入】命令的方法有以下几种。

➤ 面板：单击【默认】选项卡的【块】面板上的【插入】按钮 。

➤ 菜单栏：选择【插入】|【块】命令。

➤ 命令行：INSERT 或 I。

执行上述任一命令，即可调用【插入】命令，系统弹出【插入】对话框，如图 7-4 所示。

该对话框中各选项的含义如下。

➤ 【名称】下拉列表框：用于选择块或图形名称。也可以单击其后的【浏览】按钮，系统将弹出【打开图形文件】对话框，选择保存的块和外部图形。

➤ 【插入点】选项组：用于设置块的插入点位置。用户可以直接在 X、Y、Z 文本框中输入，也可以通过选择【在屏幕上指定】复选框，在屏幕上选择插入点。

➤ 【比例】选项组：用于设置块的插入比例。可直接在 X、Y、Z 文本框中输入块在 3 个方向的比例；也可以通过选择【在屏幕上指定】复选框，在屏幕上指定。此外，该选项组中的【统一比例】复选框用于确定所插入块在 X、Y、Z 这 3 个方向的插入比例是否相同，选中时表示相同，用户只需在 X 文本框中输入比例值即可。

➤ 【旋转】选项组：用于设置块的旋转角度。可直接在【角度】文本框中输入角度值，也可以通过选择【在屏幕上指定】复选框，在屏幕上指定旋转角度。

➤ 【块单位】选项组：用于设置块的单位以及比例。

➤ 【分解】复选框：可以将插入的块分解成块的各个基本对象。

7.1.5 创建外部块

外部块是以类似于块操作的方法组合对象，然后将对象输出成一个文件，输出的该文件会将图层、线型、样式和其他特性（如系统变量等）设置作为当前图形的设置。这个新图形文件可以由当前图形中定义的块创建，也可以由当前图形中被选择的对象组成，甚至可以将全部的当前图形输入成一个新的图形文件。

在命令行输入 WBLOCK 或 W 命令，并按【Enter】键，系统弹出【写块】对话框。在【源】选项组中选择【块】单选按钮，表示选择新图形文件由块创建。在下拉列表框中指定块，并在【目标】选项组中指定一个图形名称及其保存位置即可，如图 7-5 所示。

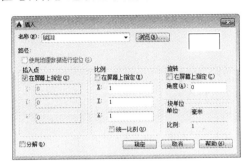

图 7-4 【插入】对话框

图 7-5 存储块

 提示： 在指定文件名称时，只需输入文件名称而不用带扩展名。系统一般将扩展名定义为.dwg。此时，如果在【目标】选项组中未指定文件名和路径，则系统将在默认保存位置保存该文件。

7.1.6 分解图块

分解图块可使块变成定义之前的各自独立状态。在 AutoCAD 中，分解图块可以使用【修改】面板中的【分解】按钮 来实现，它可以分解块参照、填充图案和标注等对象。

1. 分解特殊的块对象

特殊的块对象包括带有宽度特性的多段线和带有属性的块两种类型。带有宽度特性的多段线被分解后，将转换成宽度为 0 的直线和圆弧，并且分解后相应的信息也将丢失；分解带有宽度和相切信息的多段线时，还会提示信息丢失。图 7-6 所示就是带有宽度的多段线被分解前后的效果。

图 7-6 分解多段线

当块定义中包含属性定义时，属性（如名称和数据）作为一种特殊的文本对象也被一同插入。当包含属性的块被分解时，块中的属性将转换为原来的属性定义状态，即在屏幕上显示属性标记，同时丢失了在块插入时指定的属性值。

2. 分解块参照中的嵌套元素

在分解包含嵌套块和多段线的块参照时，只能分解一层。这是因为最高一层的块参照被分解，而嵌套块或者多段线仍保留其块特性或多段线特性。只有在它们已处于最高层时，才能被分解。

7.1.7 图块属性

块属性属于块的非图形信息，是块的组成部分。块属性用来描述块的特性，包括标记、提示、值的信息、文字格式和位置等。当插入块时，其属性也一起插入到图中；当对块进行编辑时，其属性也将改变。

1. 创建块属性

调用定义【块属性】的方法有以下几种。

➤ 面板：单击【默认】选项卡的【块】面板上的【定义属性】按钮 。

➤ 菜单栏：选择【绘图】|【块】|【定义属性】命令。

➤ 命令行：ATTDEF 或 ATT。

执行上述任一操作后，系统弹出【属性定义】对话框，如图 7-7 所示。

该对话框中各选项的含义如下。

➤ 【模式】选项组：用于设置属性模式，其包括【不可见】【固定】【验证】【预设】【锁定位置】和【多行】6 个复选框，选择相应的复选框可设置相应的属性值。

➤ 【属性】选项组：用于设置属性数据，包括【标记】【提示】和【默认】3 个文本框。

➤ 【插入点】选项组：用于指定图块属性的位置，若选择【在屏幕上指定】复选框，则可以在绘图区中指定插入点，用户可以直接在 X、Y、Z 文本框中输入坐标值来确定插入点。

➤ 【文字设置】选项组：用于设置属性文字的对正、样式、高度和旋转角度。包括对正、文字样式、文字高度、旋转和边界宽度 5 个选项。

➤ 【在上一个属性定义对齐】复选框：选择该复选框，将属性标记直接置于定义的上一个属性的下面。若之前没有创建属性定义，则此复选框不可用。

2. 修改属性定义

直接双击块属性，系统弹出【增强属性编辑器】对话框。在【属性】选项卡的列表框中选择要修改的文字属性，然后在下面的【值】文本框中设置相应的参数，如图 7-8 所示。

图 7-7 【属性定义】对话框

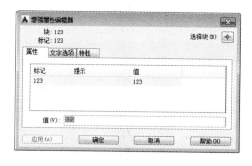

图 7-8 【增强属性编辑器】对话框

在【增强属性编辑器】对话框中，各选项卡的含义如下。

➤ 【属性】选项卡：用于显示块中每个属性的标识、提示和值。在列表框中选择某一属性后，在【值】文本框中将显示出该属性对应的属性值，并可以通过它来修改属性值。

➤ 【文字选项】选项卡：用于修改属性文字的格式，该选项卡如图 7-9 所示。在该选项卡中可以设置文字样式、对齐方式、高度、旋转角度、宽度比例和倾斜角度等参数。

> 【特性】选项卡：用于修改属性文字的图层，以及其线宽、线型、颜色和打印样式等，该选项卡如图 7-10 所示。

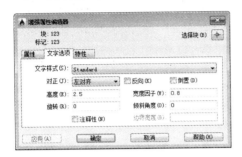
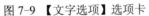

图 7-9 【文字选项】选项卡

图 7-10 【特性】选项卡

7.1.8 创建动态图块

动态图块就是将一系列内容相同或相近的图形通过块编辑将图形创建为块，并设置该块具有参数化的动态特性，在操作时通过自定义夹点或自定义特性来操作动态块。设置该类图块相对于常规图块来说具有极大的灵活性和智能性，在提高绘图效率的同时，还能减小图块库中的块数量。

1. 块编辑器

块编辑器是专门用于创建块定义并添加动态行为的编写区域。

调用【块编辑器】的方法有以下几种。

> 面板：单击【默认】选项卡的【块】面板上的【编辑】按钮🗃。
> 菜单栏：选择【工具】|【块编辑器】命令。
> 命令行：BEDIT 或 BE。

执行上述任一操作后，系统弹出【编辑块定义】对话框，如图 7-11 所示。

在该对话框中提供了多种编辑和创建动态块的块定义，选择一个图块名称，则可在右侧预览块效果。单击【确定】按钮，系统进入默认为灰色背景的绘图区域，一般称该区域为块编辑窗口，并打开【块编辑器】选项卡和【块编写选项板】，如图 7-12 所示。

在右侧的【块编写选项板】中，包含【参数】【动作】【参数集】和【约束】4 个选项卡，可创建动态块的所有特征。

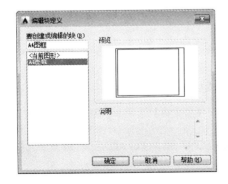

图 7-11 【编辑块定义】对话框

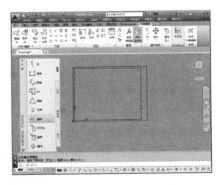

图 7-12 块编辑器窗口

【块编辑器】选项卡位于标签栏的上方，其各选项的功能如表 7-1 所示。

表 7-1　各选项的功能

图标	名 称	功 能
	编辑块	单击该按钮，系统弹出【编辑块定义】对话框，用户可重新选择需要创建的动态块
	保存块	单击该按钮，保存当前块定义
	将块另存为	单击此按钮，系统弹出【将块另存为】对话框，用户可以重新输入块名称后保存此块
	测试块	测试此块能否被加载到图形中
	自动约束对象	对选择的块对象进行自动约束
	显示/隐藏约束栏	显示或者隐藏约束符号
	参数约束	对块对象进行参数约束
	块表	单击该按钮，系统弹出【块特性表】对话框，通过此对话框对参数约束进行函数设置
	属性定义	单击此按钮，系统弹出【属性定义】对话框，从中可定义模式属性标记、提示和值等的文字选项
	编写选项板	显示或隐藏编写选项板
	参数管理器	打开或关闭参数管理器

在该绘图区域中，UCS 命令是被禁用的，绘图区域显示一个 UCS 图标，该图标的原点定义了块的基点。用户可以通过相对 UCS 图标原点移动几何体图形或者添加基点参数来更改块的基点。这样在完成参数的基础上添加相关动作，然后通过【保存块】按钮保存块定义，此时可以立即关闭编辑器并在图形中测试块。

如果在块编辑窗口中选择【文件】|【保存】命令，则保存的是图形而不是块定义。因此处于块编辑窗口时，必须专门对块定义进行保存。

2．块编写选项板

块编写选项板中共有 4 个选项卡，即【参数】【动作】【参数集】和【约束】选项卡，如图 7-13～图 7-16 所示。

图 7-13 【参数】选项卡　　图 7-14 【动作】选项卡　　图 7-15 【参数集】选项卡　　图 7-16 【约束】选项卡

➤ 【参数】选项卡：用于向块编辑器中的动态块添加参数，动态块的参数包括点参数、线型参数和极轴参数等。

➤ 【动作】选项卡：用于向块编辑器中的动态块添加动作，包括移动动作、缩放动作、拉伸动作和极轴拉伸动作等。

➢ 【参数集】选项卡：用于在块编辑器中向动态块定义中添加以一个参数和至少一个动作的工具时，创建动态块的一种快捷方式。

➢ 【约束】选项卡：用于在块编辑器中对动态块进行几何或参数约束。

7.2 设计中心

AutoCAD 设计中心是一个为用户提供与 Windows 资源管理器类似的直观且高效的工具。用户通过设计中心可以浏览、查找、预览、管理、利用和共享 AutoCAD 图形，还可以使用其他图形文件中的图层定义、块、文字样式、尺寸标注样式和布局等信息，从而提高了图形管理和图形设计的效率。

7.2.1 打开设计中心

利用设计中心，可以对图形设计资源实现以下几项管理功能。

➢ 浏览、查找和打开指定的图形资源，如国标中的螺钉、螺母等标准件。

➢ 能够将图形文件、图块、外部参照和命名样式迅速插入到当前文件中。

➢ 为经常访问的本地机或网络上的设计资源创建快捷方式，并添加到收藏夹中。

打开【设计中心】窗体的方式有以下几种。

➢ 面板：单击【视图】选项卡的【选项板】面板上的【设计中心】按钮▦。

➢ 菜单栏：选择【工具】|【选项板】|【设计中心】命令。

➢ 命令行：ADCENTER 或 ADC。

➢ 组合键：Ctrl+2。

执行上述任一操作后，系统打开【设计中心】窗体。

7.2.2 设计中心窗体

设计中心的外观与 Windows 资源管理器相似，如图 7-17 所示。双击左侧的标题条，可以将窗体固定放置在绘图区一侧，或者浮动放置在绘图区上。拖动标题条或窗体边界，可以调整窗体的位置和大小。

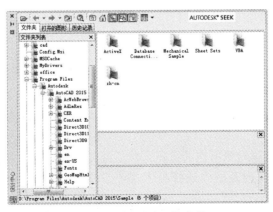

图 7-17 【设计中心】窗体

【设计中心】窗体中包含一组工具按钮和 3 个选项卡，这些按钮和选项卡的含义及设置方法如下。

1. 选项卡操作

在设计中心中，3 个选项卡中各选项含义如下。

➢ 文件夹：该选项卡显示设计中心的资源，包括显示计算机或网络驱动器中文件和文件夹的层次结构。可将设计中心内容设置为本计算机、本地计算机或网络信息。要使用该选项卡调出图形文件，可指定文件夹列表框中的文件路径（包括网络路径），右侧将显示图形信息。

➢ 打开的图形：该选项卡显示当前已打开的所有图形，并在右方的列表框中包括图形中的块、图层、线型、文字样式、标注样式和打印样式。选择某个图形文件，然后单击列表框中的一个定义表，可以将图形文件的内容加载到内容区域中。

➢ 历史记录：该选项卡中显示最近在设计中心打开的文件列表，双击列表中的某个图形文件，可以在【文件夹】选项卡的树状视图中定位此图形文件，并将其内容加载到内容预览区域。

2. 按钮操作

在【设计中心】窗体中，要设置对应选项卡中树状视图与控制板中显示的内容，可以单击选项卡上方的按钮执行相应的操作，各按钮的含义如下。

➢ 【加载】按钮：使用该按钮，可通过桌面、收藏夹等路径加载图形文件。单击该按钮，弹出【加载】对话框，在该对话框中按照指定路径选择图形，将其载入当前图形中。

➢ 【搜索】按钮：用于快速查找图形对象。

➢ 【收藏夹】按钮：通过收藏夹来标记存放在本地硬盘和网页中常用的文件。

➢ 【主页】按钮：将设计中心返回到默认文件夹，选择专用设计中心图形文件加载到当前图形中。

➢ 【树状图切换】按钮：使用该工具打开/关闭树状视图窗口。

➢ 【预览】按钮：使用该工具打开/关闭选项卡右下侧的窗格。

➢ 【说明】按钮：打开或关闭说明窗格，以确定是否显示说明窗格内容。

➢ 【视图】按钮：用于确定控制板显示内容的显示格式，单击该按钮，将弹出一个快捷菜单，可在该菜单中选择内容的显示格式。

7.2.3 设计中心查找功能

使用设计中心的【查找】功能，可在弹出的【搜索】对话框中快速查找图形、块特征、图层特征和尺寸样式等内容，将这些资源插入当前图形，可辅助当前设计。

单击【设计中心】窗体中的【搜索】按钮，系统弹出【搜索】对话框，如图 7-18 所示。

在该对话框中指定搜索对象所在的盘符，然后在【搜索文字】文本框中输入搜索对象名称，在【位于字段】下拉列表框中选择搜索类型，单击【立即搜索】按钮，即可执行搜索操作。

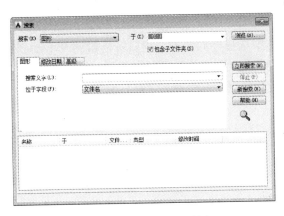

图 7-18 【搜索】对话框

另外，还可以选择其他选项卡来设置不同的搜索条件。

选择【修改日期】选项卡，可指定图形文件创建或修改的日期范围。默认情况下不指定日期，需要在此之前指定图形修改日期。

选择【高级】选项卡，可指定其他搜索参数。

7.2.4 设计中心管理资源

使用 AutoCAD 设计中心的最终目的是在当前图形中调入块、引用图像和外部参照，并且在图形之间复制块、图层、线型、文字样式、标注样式及用户定义的内容等。也就是说根据插入内容类型的不同，对应插入设计中心图形的方法也不相同。

1. 插入块

在进行插入块操作时，用户可根据设计需要确定插入方式。

➤ 自动换算比例插入块：选择该方法插入块时，可从设计中心窗口中选择要插入的块，并拖动到绘图窗口。移到插入位置时释放鼠标，即可实现块的插入操作。

➤ 常规插入块：采用插入时确定插入点、插入比例和旋转角度的方法插入块特征，可在【设计中心】窗体中选择要插入的块，然后用鼠标右键将该块拖动到窗口后释放鼠标，此时将弹出一个快捷菜单，选择【插入块】命令，即可弹出【插入块】对话框，可按照插入块的方法确定插入点、插入比例和旋转角度，将该块插入到当前图形中。

2. 复制对象

复制对象就在控制板中展开相应的块、图层和标注样式列表，然后选中某个块、图层或标注样式，并将其拖入到当前图形，即可获得复制对象效果。

如果按住鼠标右键将其拖入当前图形，此时系统将弹出一个快捷菜单，通过此菜单可以进行相应的操作。

3. 以动态块形式插入图形文件

要以动态块形式在当前图形中插入外部图形文件，只需要通过右键快捷菜单，然后执行【块编辑器】命令即可，此时系统将打开【块编辑器】窗口，用户可以通过该窗口将选中的图形创建为动态图块。

4．引入外部参照

从【设计中心】窗体中选择外部参照，用鼠标右键将其拖动到绘图窗口后释放鼠标，在弹出的快捷菜单中选择【附加为外部参照】命令，弹出【外部参照】对话框，可以在其中确定插入点、插入比例和旋转角度。

7.3 上机实训

使用本章所学的块知识，创建如图 7-19 所示的 A4 图纸属性块。

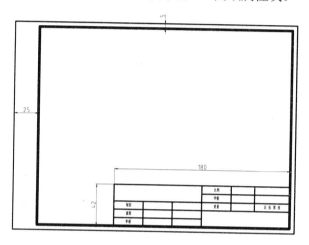

图 7-19 简易 A4 图纸属性块

A4 规格的图纸是机械设计中最常见的图纸，因此一个完整、合适的 A4 图框对于设计工作来说意义重大。因此可以利用本章所学的块知识，创建 A4 图纸的属性块，日后在需要使用时，直接调用即可。

具体的创建步骤提示如下。

步骤 1 绘制 A4 图纸框。

步骤 2 绘制标题栏。

步骤 3 单击【默认】选项卡的【块】面板上的【定义属性】按钮。

步骤 4 按 7.1.7 节介绍的方法，在标题栏的合适位置输入各设计属性，如"设计"、"工艺"和"时间"等。

步骤 5 单击【默认】选项卡的【块】面板上的【创建】按钮，连同步骤 04 定义的属性，将图形保存为块。

步骤 6 输入默认信息。

步骤 7 在命令行中输入 WB，执行【写块】命令，将创建好的 A4 图纸框保存至合适位置。

步骤 8 完成创建。

7.4 辅助绘图锦囊

图块的使用可以大大提高制图效率。用户可以将绘制的图例创建为块，即将图例以块为单位进行保存，并归类于每一个文件夹内，以后再次需要利用此图例制图时，只需"插入"该图块即可，同时还可以对块进行属性赋值。

　　而图块又可以分为两种，一种是直接用 BLOCK 命令创建的内部图块，还有一种就是用 WB（写块）命令创建的外部图块。内部图块是在一个文件内定义的图块，可以在该文件内部自由使用，内部图块一旦被定义，它就和文件同时被存储和打开；而外部图块将"块"以主文件的形式写入磁盘，其他图形文件也可以使用它，这便是外部图块和内部图块的一个主要区别。

　　有时根据设计要求，可能需要一次性将图纸中的所有块都进行相应的调整。而在一个比较复杂的图纸中，往往会调用大量的属性块，如机械零件图中的表面粗糙度图块。这时就需要使用 Battman 命令，即可打开【块属性管理器】对话框，如图 7-20 所示。在其中就可以一次性选中图纸中的所有属性块，来进行相应的编辑和修改。

图 7-20　【块属性管理器】对话框

第 **8** 章

图层的使用和管理

图层是 AutoCAD 中查看和管理图形的强有力工具。利用图层的特性，如颜色、线宽和线型等，可以非常方便地区分不同的对象。此外，AutoCAD 还提供了大量的图层管理工具，如打开/关闭、冻结/解冻和加锁/解锁等，这些功能使用户在管理对象时操作得更加方便。

8.1 图层在机械设计上的应用

图层工具在实际的机械设计工作中应用非常多，因为一张机械图纸，不管是零件图还是装配图，都含有非常多的信息，如各种外形轮廓线、尺寸标注、文字说明、辅助线和中心线，以及各种绘图符号（粗糙度符号与基准、公差符号）等，如图 8-1 所示。这些图纸的组成部分根据机械制图国家标准（GB/T 4457.4）的要求，在线宽与线型上有所区别外，在 AutoCAD 中，还可以为它们设置不同的颜色来进一步加以区分，如图 8-2 所示。

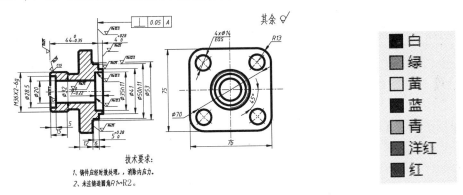

图 8-1 图形中包含多种组成部分　　　　图 8-2 图形中的颜色

> **提示：** 由于机械制图国家标准（GB/T 4457.4）只要求了线宽与线型，没对图纸颜色做硬性要求，因此在打印机械图的时候往往只使用黑白打印，而不使用彩色打印。这样也节省了打印的成本。

由于颜色没有硬性要求，因此用户可以按自己的喜好来任意指定图纸的颜色。但是在实际的工作中，机械设计人员们对图纸颜色还是慢慢形成了一套比较统一的规范，简单介绍如下。

- ➢ 轮廓线（粗实线）：用来绘制图形轮廓的线，在 AutoCAD 中选用 Continuous 连续线类型，线宽建议设置在 0.35mm 以上，颜色为黑。
- ➢ 标注线（细实线）：用来标注图纸尺寸的线（含各种文字类标注），在 AutoCAD 中选用 Continuous 连续线类型，线宽建议设置在 0.20mm 以上（约为轮廓线宽度的 1/3～1/2），颜色为绿。
- ➢ 中心线：用来辅助图形绘制的线，在 AutoCAD 中选用 Center 点画线类型，线宽同标注线，颜色为红。
- ➢ 剖面线：用来表示剖面的线，在 AutoCAD 中选用 Continuous 连续线类型，线宽同标注线，颜色为黄或者蓝。
- ➢ 符号线：用来表示粗糙度、形位公差等符号的线，在 AutoCAD 中选用 Continuous 连续线类型，线宽同标注线，颜色为 33（棕褐色）。
- ➢ 虚线：用来表示假想图形（如机械的运行轨迹、隔断线等）的线，在 AutoCAD 中选用 DASHED 虚线类型，线宽同标注线，颜色为洋红。

> **提示：** AutoCAD 中的黑色与白色指的是同一种颜色。当背景颜色为黑色时，即为白色；而当背景颜色为白色时，即为黑色。

这些不同的线型、线宽和颜色等，可以通过 AutoCAD 中的图层命令来进行设置。

8.2　图层的创建与设置

根据前文的介绍，已经大致了解了图层的作用，下面将对图层的创建与设置进行详细讲解。

8.2.1　创建并命名图层

在 AutoCAD 绘图前，用户首先需要创建图层。AutoCAD 的图层创建和设置均在【图层特性管理器】选项板中进行。

打开【图层特性管理器】选项板有以下几种方法。

➢ 面板：单击【图层】面板中的【图层特性】按钮📑。

➢ 菜单栏：选择【格式】|【图层】命令。

➢ 命令行：LAYER 或 LA。

执行上述任一命令后，将打开【图层特性管理器】选项板，如图 8-3 所示，单击上方的【新建】按钮📑，即可新建一个图层项目。默认情况下，创建的图层会依次以"图层 1""图层 2"等按顺序进行命名，用户可以自行输入易辨别的名称，如"轮廓线""中心线"等。输入图层名称之后，依次设置该图层对应的颜色、线型和线宽等特性。

设置为当前的图层项目前会出现✔符号。如图 8-4 所示为将【粗实线】图层置为当前图层，颜色设置为红色、线宽设置为 0.3mm 的结果。

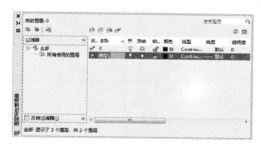

图 8-3　【图层特性管理器】选项板

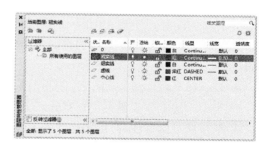

图 8-4　【粗实线】图层

8.2.2　设置图层颜色

如前文所述，为了区分不同的对象，通常为不同的图层设置不同的颜色。设置图层颜色之后，该图层上的所有对象均显示为该颜色（修改了对象特性的图形除外）。

打开【图层特性管理器】选项板，单击某一图层对应的【颜色】项目，如图 8-5 所示，弹出【选择颜色】对话框，如图 8-6 所示。在调色板中选择一种颜色，单击【确定】按钮，即可完成颜色设置。

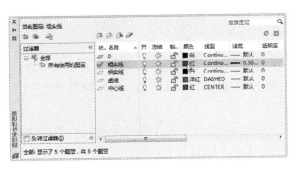

图 8-5　单击图层颜色项目

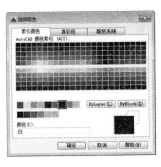

图 8-6　【选择颜色】对话框

8.2.3　设置图层线宽

线宽即线条显示的宽度。使用不同宽度的线条表现对象的不同部分，可以提高图形的表达能力和可读性，如图 8-7 所示。

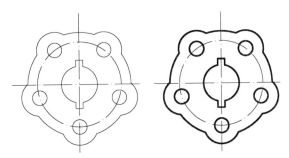

图 8-7　线宽变化

在【图层特性管理器】选项板中，单击某一图层对应的【线宽】项目，弹出【线宽】对话框，如图 8-8 所示，从中选择所需的线宽即可。

如果需要自定义线宽，在命令行中输入 LWEIGHT 或 LW 并按【Enter】键，弹出【线宽设置】对话框，如图 8-9 所示，通过调整线宽比例，可使图形中的线宽显示得更宽或更窄。

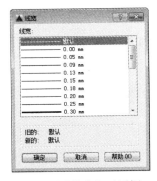

图 8-8　【线宽】对话框

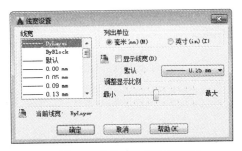

图 8-9　【线宽设置】对话框

机械制图中通常采用粗、细两种线宽，在 AutoCAD 中常设置粗细比例为 2∶1。共有 0.25/0.13、0.35/0.18、0.5/0.25、0.7/0.35、1/0.5、1.4/0.7 和 2/1（单位均为 mm）这 7 种组合，同一图纸只允许采用一种组合。

8.2.4 设置图层线型

线型是指图形基本元素中线条的组成和显示方式，如实线、中心线、点画线和虚线等。通过线型的区别，可以直观地判断图形对象的类别。在 AutoCAD 中，默认的线型是实线（Continuous），其他的线型需要加载才能使用。

在【图层特性管理器】选项板中，单击某一图层对应的【线型】项目，弹出【选择线型】对话框，如图 8-10 所示。在默认状态下，【选择线型】对话框中只有 Continuous 一种线型。如果要使用其他线型，必须将其添加到【选择线型】对话框中。单击【加载】按钮，弹出【加载或重载线型】对话框，如图 8-11 所示，从对话框中选择要使用的线型，单击【确定】按钮，即可完成线型加载。

图 8-10 【选择线型】对话框

图 8-11 【加载或重载线型】对话框

> 提示：有时绘制的非连续线（如虚线、中心线）会显示出实线的效果，这通常是由于线型的【线型比例】过大，修改数值即可显示出正确的线型效果。方法为：选中要修改的对象，然后右击，在弹出的快捷菜单中选择【特性】命令，最后在弹出的【特性】对话框中减小【线型比例】数值即可。

8.2.5 案例——创建机械绘图常用图层

本案例便以 8.1 节介绍的简单规范进行图层设置。

步骤 1 单击【图层】面板中的【图层特性】按钮，打开如图 8-12 所示的【图层特性管理器】选项板。

图 8-12 【图层特性管理器】选项板

步骤 2 新建图层。单击【新建】按钮 🔲，新建【图层 1】图层，如图 8-13 所示。此时文本框呈可编辑状态，在其中输入文字"中心线"并按【Enter】键，完成中心线图层的创建，如图 8-14 所示。

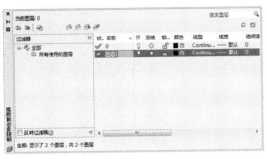
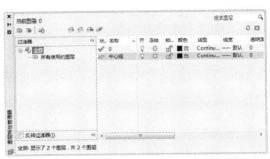

图 8-13　新建图层　　　　　　　　　　　　　图 8-14　重命名图层

步骤 3 设置图层特性。单击【中心线】图层对应的【颜色】项目，弹出【选择颜色】对话框，选择红色作为该图层的颜色，如图 8-15 所示。单击【确定】按钮，返回【图层特性管理器】选项板。

步骤 4 单击【中心线】图层对应的【线型】项目，弹出【选择线型】对话框，如图 8-16 所示。

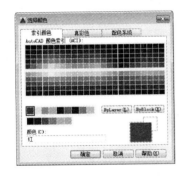

图 8-15　选择图层颜色　　　　　　　　　　图 8-16　【选择线型】对话框

步骤 5 加载线型。由于该对话框中没有需要的线型，单击【加载】按钮，弹出【加载或重载线型】对话框，如图 8-17 所示，选择 CENTER 线型，单击【确定】按钮，将其加载到【选择线型】对话框中，如图 8-18 所示。

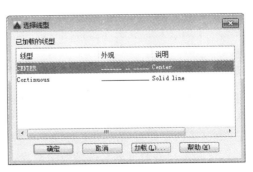

图 8-17　【加载或重载线型】对话框　　　　　图 8-18　加载的 CENTER 线型

步骤 6 选择 CENTER 线型，单击【确定】按钮，即为【中心线】图层指定了线型。

步骤 7 单击【中心线】图层对应的【线宽】项目，弹出【线宽】对话框，选择线宽为 0.18 mm，如图 8-19 所示，单击【确定】按钮，即为【中心线】图层指定了线宽。创建的【中心线】图层如图 8-20 所示。

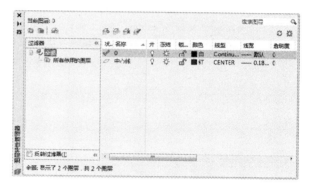

图 8-19 选择线宽　　　　　　　　　　图 8-20 创建的【中心线】图层

步骤 8 重复上述步骤，分别创建【轮廓线】【标注线】【剖面线】【符号线】和【虚线】图层，为各图层选择合适的颜色、线型和线宽特性，结果如图 8-21 所示。

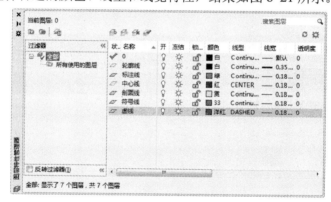

图 8-21 创建剩余的图层

8.3 图层管理

图层的新建、设置和删除等操作通常在【图层特性管理器】选项板中进行。此外，用户也可以使用【图层】面板快速管理图层。

8.3.1 设置当前图层

当前图层是当前工作状态下所处的图层。设定某一图层为当前图层之后，接下来所绘制的对象都位于该图层中。如果要在其他图层中绘图，就需要更改当前图层。

在 AutoCAD 中设置当前图层有以下几种常用的方法。

➤ 在【图层特性管理器】选项板中选择目标图层，单击【置为当前】按钮，如图 8-22 所示。

➤ 在任何工作空间内，通过【图层】面板的下拉列表框，选择目标图层，同样可将其设置为当前图层，如图 8-23 所示。

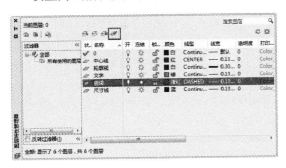

图 8-22 【图层特性管理器】中置为当前

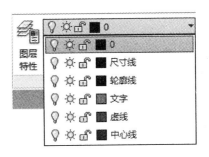

图 8-23 通过【图层】面板设置当前图层

8.3.2 转换图形所在图层

在 AutoCAD 中还可以十分灵活地进行图层转换，即将某一图层内的图形转换至另一图层，同时使其颜色、线型和线宽等特性发生改变。

如果某图形对象需要转换图层，可以先选择该图形对象，然后单击【图层】面板中的【图层控制】下拉列表框，选择要转换的目标图层即可，如图 8-24 所示。

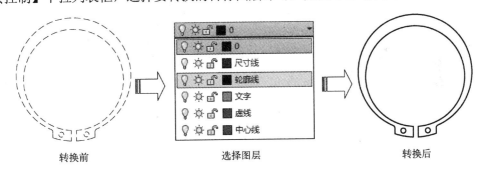

转换前   选择图层   转换后

图 8-24 图层转换

8.3.3 控制图层状态

图层状态是用户对图层整体特性的开/关设置，包括隐藏或显示、冻结或解冻、锁定或解锁、打印或不打印等，对图层的状态进行控制，可以更方便地管理特定图层上的图形对象。

1. 打开与关闭图层

在绘图过程中可以将暂时不用的图层关闭，被关闭的图层中的图形对象将不可见，并且不能被选择、编辑、修改和打印。在 AutoCAD 中关闭图层的常用方法有以下几种。

➤ 在【图层特性管理器】选项板中选中要关闭的图层，单击 💡 图标即可关闭选择图层，图层被关闭后该图标将显示为 💡，表明该图层已经被关闭，如图 8-25 所示。

➤ 在【草图与注释】工作空间中，打开【图层】面板中的【图层】下拉列表框，单击

目标图层前的 🔲 图标，即可关闭该图层，如图 8-26 所示。

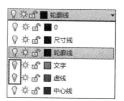

图 8-25　通过【图层特性管理器】选项板关闭图层　　　　图 8-26　通过【图层】面板关闭图层

2．冻结与解冻图层

将长期不需要显示的图层冻结，可以提高系统的运行速度，减少图形刷新的时间，因为这些图层将不会被加载到内存中。AutoCAD 中被冻结图层上的对象不会显示、打印或重生成。

在 AutoCAD 中冻结图层的常用方法有以下几种。

➢ 在【图层特性管理器】选项板中单击某一图层前的【冻结】图标 🔲，即可冻结该图层，图层冻结后将显示为 🔲 图标，如图 8-27 所示。

➢ 打开【图层】面板中的【图层】下拉列表框，单击某一图层前的 🔲 图标，即可冻结该图层，如图 8-28 所示。

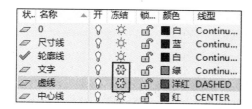

图 8-27　通过【图层特性管理器】选项板冻结图层　　　　图 8-28　通过【图层】面板冻结图层

3．锁定与解锁图层

如果某个图层上的对象只需要显示、不需要选择和编辑，那么可以锁定该图层。被锁定图层上的对象不能被编辑、选择和删除，但该图层的对象仍然可见，而且可以在该图层上添加新的图形对象。

锁定图层的常用方法有以下几种。

➢ 在【图层特性管理器】选项板的某个【图层】项目上单击【锁定】图标 🔲，如图 8-29 所示，即可锁定该图层，图层锁定后该图标将显示为 🔲 图标。

➢ 打开【图层】下拉列表框，单击某一图层前的 🔲 图标，即可锁定该图层，如图 8-30 所示。

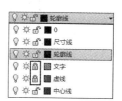

图 8-29　通过【图层特性管理器】选项板锁定图层　　　　图 8-30　通过【图层】面板锁定图层

8.3.4 删除多余图层

在图层创建过程中，如果新建了多余的图层，此时可以单击【删除】按钮 ⊠ 将其删除，但 AutoCAD 规定以下 4 类图层不能被删除。

➢ 图层 0 层 Defpoints。

➢ 当前图层。要删除当前图层，可以改变当前图层到其他图层。

➢ 包含对象的图层。要删除该图层，必须先删除该图层中所有的图形对象。

➢ 依赖外部参照的图层。要删除该图层，必先删除外部参照。

8.3.5 创建带图层的样板

AutoCAD 的正规作图方法是：先创建图层，再选择合适的图层去作图。但是如果每次作图之前，都需要重新设置图层的话，无疑会影响工作效率。因此，可以创建一个含有常用图层的文件，然后将其保存为样板文件，这样在新建图形时只需调用该样板文件，即可快速获得所需的图层设置。

具体方法介绍如下。

步骤 1 新建空白文档，在其中设置好所需的图层。

步骤 2 单击【快速访问】工具栏中的【另存为】按钮 ，系统弹出【图形另存为】对话框，如图 8-31 所示。

步骤 3 在【文件类型】下拉列表中选择【AutoCAD 图形样板（*.dwt）】选项，如图 8-32 所示。

图 8-31 【图形另存为】对话框

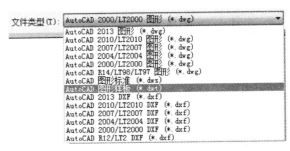

图 8-32 选择图形样板

步骤 4 选择完毕后，系统自动将对话框中的文件路径跳转为图形样板文件所在的文件夹，然后输入要保存的文件名，如"机械设计专用"，如图 8-33 所示。

步骤 5 设置完成后，系统弹出"样板选项"对话框，在其中设置好"说明"和"测量单位"，再单击"确定"按钮即可保存，如图 8-34 所示。

AutoCAD 在新建文件时，都会提示选择样板。样板中可以含有大量的默认信息，如图层、图块、标准件和图框等，因此在新建文件时，调用合适的样板就可以大大减少工作量。AutoCAD 中自带有许多模型样板（扩展名为.dwt 的文件），其中默认的是 acad.dwt 和 acadiso.dwt 这两个空白样板。用户也可以使用本节的方法，创建适合自己作图风格的样板，然后在新建文件时调用即可。

图 8-33 输入文件名

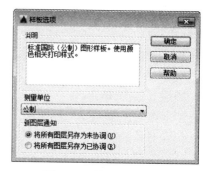

图 8-34 设置样板文件单位

提示：单击标签栏上的 ⬭ 按钮，可以自动创建新文件，无须制定样板。采用这种方法创建的新文件，其样板与上一次新建文件时所调用的样板相同。

8.3.6 案例——在指定图层绘制零件图

本案例以"先设置好图层，再选用合适的图层去作图"的方式绘制如图 8-35 所示的零件图。这种绘图方法是使用 AutoCAD 绘图的正规方法，具体步骤如下。

步骤 1 新建空白文档。

步骤 2 创建图层。创建如图 8-36 所示的图层。

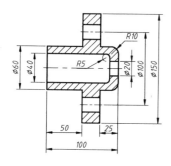

图 8-35 零件图

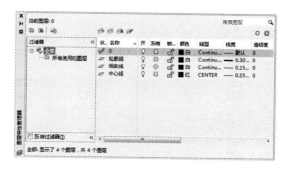

图 8-36 创建图层

步骤 3 绘制中心线。将【中心线】图层设置为当前图层，绘制中心线，如图 8-37 所示。

步骤 4 绘制轮廓线。将【轮廓线】图层设置为当前图层，绘制轮廓线，如图 8-38 所示。

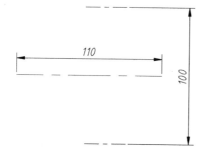

图 8-37 绘制中心线

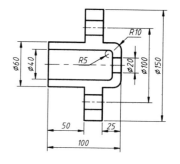

图 8-38 绘制轮廓线

步骤 5 填充图案。将【细实线】图层设置为当前图层，填充图案，结果如图 8-39 所示。

步骤 6 管理零件图。在【图层】下拉列表框中单击【中心线】图层的关闭图标，关闭【中心线】图层。结果如图 8-40 所示。

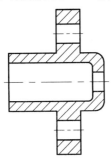

图 8-39　填充图案

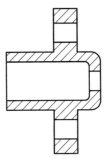

图 8-40　关闭【中心线】图层

8.4　对象特性

在 AutoCAD 中，不仅可以为各图层设置不同的颜色、线型和线宽等特性，还可以为某个图形对象单独设置显示特性，修改对象的特性一般在【特性】面板或【特性】选项板中进行。

8.4.1　编辑对象特性

一般情况下，图形对象的显示特性都是【随图层】（ByLayer），表示图形对象的属性与其所在的图层特性相同；若选择【随块】（ByBlock）选项，则对象从它所在的块中继承颜色和线型。

1. 通过【特性】面板编辑对象属性

【特性】面板如图 8-41 所示。该面板分为多个选项列表框，分别控制对象的不同特性。选择一个对象，然后在对应的选项列表框中选择要修改为的特性，即可修改该对象的特性。

默认设置下，对象的颜色、线宽和线型 3 个特性为 ByLayer（随图层），即与所在图层一致，这种情况下绘制的对象将使用当前图层的特性，通过 3 种特性的下拉列表框（见图 8-42），可以修改当前的绘图特性。

图 8-41　【特性】面板

调整颜色

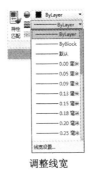

调整线宽

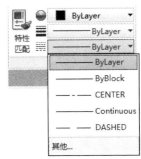

调整线型

图 8-42　【特性】面板选项列表

2．通过【特性】选项板编辑对象属性

在【特性】面板中可以查看和修改的图形特性只有颜色、线型和线宽，【特性】选项板则能查看并修改更多的对象特性。在 AutoCAD 中，打开对象的【特性】选项板有以下几种常用的方法。

> ➤ 面板：选择要查看特性的对象，然后单击【标准】面板中的【特性】按钮。
> ➤ 菜单栏：选择要查看特性的对象，然后选择【修改】|【特性】命令；也可先执行菜单命令，再选择对象。
> ➤ 命令行：选择要查看特性的对象，然后在命令行中输入 PROPERTIES 或 PR 或 CH 并按【Enter】键。
> ➤ 快捷键：选择要查看特性的对象，然后按快捷键【Ctrl+1】。

如果只选择了单个图形，执行以上任意一种操作将打开该对象的【特性】选项板，如图 8-43 所示。从中可以看到，该选项板不但列出了颜色、线宽、线型、打印样式和透明度等图形常规属性，还增添了【三维效果】和【几何图形】两大属性列表框，可以查看和修改其材质效果及几何属性。

如果同时选择了多个对象，所打开的选项板则显示了这些对象的共同属性，在不同特性的项目上显示"*多种*"，如图 8-44 所示。在【特性】选项板中包括选项列表框和文本框等项目，选择相应的选项或输入参数，即可修改对象的特性。

图 8-43　单个图形的【特性】选项板

图 8-44　多个图形的【特性】选项板

8.4.2　特性匹配

所谓特性匹配，就是把一个图形对象（源对象）的特性复制到另外一个（或一组）图形对象（目标对象）中，使这些图形对象的部分或全部特性与源对象相同。

执行【特性匹配】命令有以下几种常用的方法。

> ➤ 面板：单击【特性】面板中的【特性匹配】按钮。
> ➤ 菜单栏：选择【修改】|【特性匹配】命令。
> ➤ 命令行：MATCHPROP 或 MA。

执行任一命令后，依次选择源对象和目标对象。选择目标对象之后，目标对象的部分或全部特性与源对象相同，无须重复执行命令，可继续选择更多目标对象。

8.4.3 案例——修改对象特性

本案例使用本节学到的知识对图形进行修改。具体步骤如下。

步骤 1 打开素材文件"第 08 章\8.4.3 修改对象特性.dwg",如图 8-45 所示。

步骤 2 选择图形的两条中心线,按【Ctrl+1】组合键,打开【特性】选项板,如图 8-46 所示。在【常规】选项组中将线型比例修改为 0.3,然后关闭【特性】选项板,修改线型比例的效果如图 8-47 所示。

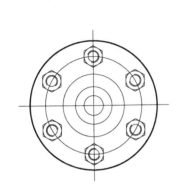

图 8-45 素材图形

将线型比例修改为 0.3

图 8-46 【特性】选项板

步骤 3 在命令行中输入 MA 并按【Enter】键,将水平中心线的特性匹配到圆形中心线上,如图 8-48 所示。命令行操作如下。

命令: MA MATCHPROP✓	//执行【特性匹配】命令
选择源对象:	//选择水平中心线
当前活动设置: 颜色 图层 线型 线型比例 线宽 透明度 厚度 打印样式 标注 文字 图案填充 多段线 视口 表格 材质 阴影显示 多重引线	
选择目标对象或 [设置(S)]:	//选择圆形中心线
选择目标对象或 [设置(S)]:✓	//按【Enter】键结束命令

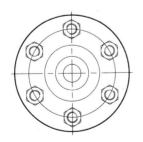

图 8-47 修改线型效果

图 8-48 特性匹配

8.5 上机实训

创建【粗实线】【细实线】和【中心线】等图层,设置合适的特性,然后绘制如图 8-49

所示的零件图。

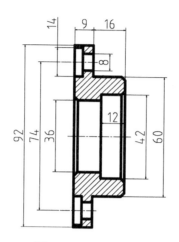

图 8-49 端盖零件图

各图层的推荐设置如表 8-1 所示。

表 8-1 端盖零件图

图 层 名	颜 色	线 型	线 宽
轮廓线	黑色	Continuous	0.5
中心线	红色	Center2	0.25
标注线	绿色	Continuous	0.25
剖面线	蓝色	Continuous	0.25

具体的绘制步骤提示如下。

步骤 1 按表 8-1 新建各个图层。

步骤 2 切换至【中心线】图层，绘制水平中心线。

步骤 3 切换至【轮廓线】图层，按尺寸绘制出零件的轮廓图。

步骤 4 切换至【剖面线】图层，填充剖面线。

步骤 5 切换至【标注线】图层，标注图形如图 8-49 所示。

8.6 辅助绘图锦囊

对于刚刚学习 AutoCAD 的读者来说，一定对图层设置中的"关闭"💡和"冻结"❄️两个命令感到疑惑。在使用过程中，这两个命令的使用效果也差不多，都是将选中的图层对象在图纸中消隐掉。

从表象上看，两者的功能类似，关闭图层和冻结图层后都会使图层上的对象不显示，但 CAD 内部处理不一样，两者在实际工作中的用途也不一样。当图层关闭时，图层上的对象不显示而且不打印，但图形的显示数据是有的，因此当全选（按【Ctrl+A】组合键）时，关闭图层上的对象也会被选中，如果是三维图形，在消隐时，关闭图层上的图形会遮挡其他图形。由于关闭图层上的显示数据已经生成，在打开图层时无须重生成图形。当图层冻结时，图层上的对象不仅不显示、不打印，而且也不会被全选选中，消隐是不会遮挡其他图形的。当图层解冻时，这些图形的显示数据要重新生成。

举个例子，比如一张正常的图纸显示如图 8-50 所示，视图为填满效果（双击鼠标中键即可）。

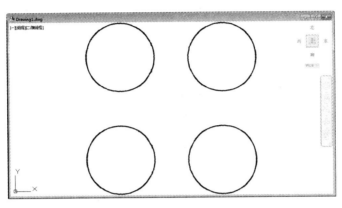

图 8-50　正常显示的图纸

如果将上面的两个圆所在的图层设置为"关闭"，那再次双击鼠标中键将视图填满，效果则如图 8-51 所示，可见虽然两个小圆被隐藏，但是视图上仍保留有它的空间；而如果将上面的两个圆所在的图层设置为"冻结"，再双击鼠标中键，视图填满之后的效果则如图 8-52 所示，可见视图中已经没有这两个小圆的空间了。

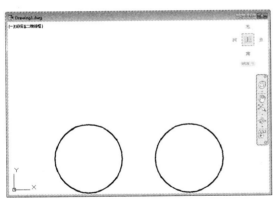

图 8-51　将上面的圆图层设置为"关闭"

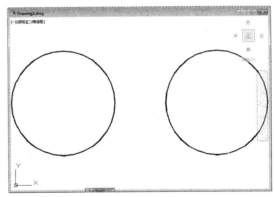

图 8-52　将上面的圆图层设置为"冻结"

关闭和冻结还有一个最重要的区别，而且这一点直接决定了两者的用途的不同。图层被关闭后，所有视口内都同时关闭，而与开关不同的是，冻结是与视口关联的，因此图层管理器中有"冻结""新视口冻结"和"视口冻结"几种设置。"视口冻结"只有进入布局空间的视口才会被激活，也就是说这个功能只应用于布局空间的视口。通过在不同视口中冻结不同的图层，可以在不同布局或不同视口内显示不同的图形，这是图层开关无法实现的。

第 9 章

创建文字和表格

本章要点

- 文字和表格在机械设计上的
  应用
- 创建文字
- 创建表格
- 上机实训
- 辅助绘图锦囊

	A	B
1	规格	单价（元）
2	M2	2
3	M3	3
4	M4	3.5
5	M5	4
6	M6	5
7	M8	6
8	M10	8
9	M12	10

在使用 AutoCAD 软件绘图时，利用鼠标定位虽然方便快捷，但并不能快速而准确地定位图形，甚至有可能会有很多偏差，精度不高。为此，AutoCAD 提供了一些绘图辅助工具，如捕捉、栅格、正交和极轴追踪等。利用这些辅助工具，可以在不输入坐标的情况下精确绘制图形，提高绘图速度。

由于对象捕捉与追踪会在各种绘图过程中大量应用，因此本章不会提供太多相关操作案例，而在"第二篇 二维实战篇"这类操作性篇章中使用很频繁，读者可留心查看。图形约束在本章中有详细介绍，还有相关操作案例。

9.1 文字和表格在机械设计上的应用

文字和表格是机械制图和工程制图中不可缺少的组成部分，广泛用于各种注释说明、零件明细等。其实在实际的设计工作中，很多时候就是在完善图纸的注释与创建零部件的明细表。图纸不管多么复杂，所传递的信息也十分有限，因此文字说明是必需的；而大多数机械产品，均由各种各样的零部件组成，有车间自主加工的，有外包加工的，也有外购的标准件（如螺钉等），这些都需要设计人员在设计时加以考虑。

这种考虑的结果，便在装配图上以明细表的方式体现，如图 9-1 所示。明细表的重要性不亚于图纸，是公司 BOM 表（物料清单）的基础组成部分。如果没有设计人员提供产品的明细表，那么公司管理部门及采购部门就无法制作出相应的 BOM 表，也就无法向生产部门（车间）传递下料、加工等信息，也无法对外采购所需的零部件。

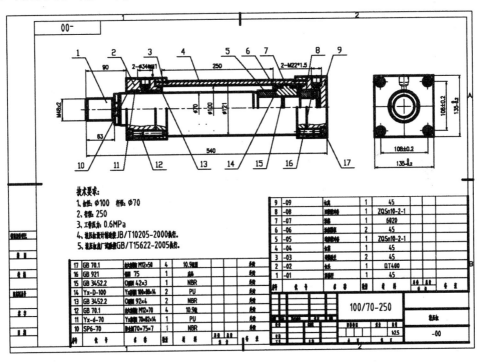

图 9-1 图纸中的明细表

9.2 创建文字

文字在机械制图中用于注释和说明，如引线注释、技术要求和尺寸标注等。本节将详细讲解文字的创建和编辑方法。

9.2.1 文字样式

文字样式是对同一类文字的格式设置的集合，包括字体、字高和显示效果等。在插入文字前，应首先定义文字样式，以指定字体、高度等参数，然后用定义好的文字样式进行标注。

在 AutoCAD 2016 中打开【文字样式】对话框有以下几种常用的方法。

➢ 面板：单击【文字】面板中的【文字样式】按钮 **A**。

➢ 菜单栏：选择【格式】|【文字样式】命令。

➢ 命令行：STYLE 或 ST。

执行任一命令后，系统将弹出【文字样式】对话框，如图 9-2 所示，可以在其中新建文字样式或修改已有的文字样式。

图 9-2 【文字样式】对话框

在【样式】列表框中显示系统中已有的文字样式的名称，中间部分显示为文字属性，右侧则有【置为当前】【新建】和【删除】3 个按钮，该对话框中常用选项的含义如下。

➢ 【样式】列表框：列出了当前可以使用的文字样式，默认文字样式为 Standard（标准）。

➢ 【字体】选项组：选择一种字体类型作为当前文字类型，在 AutoCAD 2016 中存在两种类型的字体文件：SHX 字体文件和 TrueType 字体文件，这两类字体文件都支持英文显示，但显示中、日、韩等非 ASCII 码的亚洲文字时就会出现一些问题。因此一般需要选择【使用大字体】复选框，才能够显示中文字体。只有对于扩展名为.shx 的字体，才可以使用大字体。

➢ 【大小】选项组：可进行对文字注释性和高度设置，在【高度】文本框中输入数值可指定文字的高度，如果不进行设置，使用其默认值 0，则可在插入文字时再设置文字高度。

➢ 【置为当前】按钮：单击该按钮，可以将选择的文字样式设置成当前的文字样式。

➢ 【新建】按钮：单击该按钮，弹出【新建文字样式】对话框，在【样式名】文本框中输入新建样式的名称，单击【确定】按钮，新建文字样式将显示在【样式】列表框中。

➢ 【删除】按钮：单击该按钮，可以删除所选的文字样式，但无法删除已经被使用了的文字样式和默认的 Standard 样式。

> **提示：** 如果要重命名文字样式，可在【样式】列表框中右击要重命名的文字样式，在弹出的快捷菜单中选择【重命名】命令即可，但无法重命名默认的 Standard 样式。

1. 新建文字样式

机械制图中所标注的文字都需要一定的文字样式，如果不希望使用系统的默认文字样式，在创建文字之前就应创建所需的文字样式。新建文字样式的步骤如下。

步骤 1 新建文字样式。选择【格式】|【文字样式】命令，弹出【文字样式】对话框，如图 9-3 所示。

步骤 2 新建样式。单击【新建】按钮，弹出【新建文字样式】对话框，在【样式名】文本框中输入"机械设计文字样式"，如图 9-4 所示。

图 9-3 【文字样式】对话框

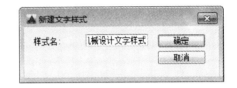

图 9-4 【新建文字样式】对话框

步骤 3 单击【确定】按钮，返回【文字样式】对话框。新建的样式将出现在对话框左侧的【样式】列表框中，如图 9-5 所示。

步骤 4 设置字体样式。在【字体】下拉列表框中选择 gbenor.shx 选项，选择【使用大字体】复选框，在【大字体】下拉列表框中选择 gbcbig.shx 选项，如图 9-6 所示。

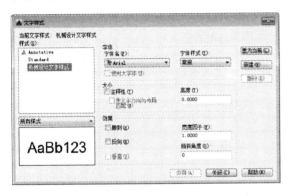

图 9-5 新建的文字样式

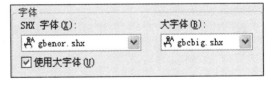

图 9-6 设置字体样式

步骤 5 设置文字高度。在【大小】选项组的【高度】文本框中输入 2.5，如图 9-7 所示。

步骤 6 设置宽度和倾斜角度。在【效果】选项组的【宽度因子】文本框中输入 0.7，【倾斜角度】文本框保持默认值，如图 9-8 所示。

图 9-7 设置文字高度

图 9-8 设置文字宽度与倾斜角度

步骤 7 单击【置为当前】按钮，将文字样式置为当前，关闭对话框，完成设置。

2．应用文字样式

要应用文字样式，首先应将其设置为当前文字样式。

设置当前文字样式的方法有以下几种。

- 在【文字样式】对话框的【样式】列表框中选择需要的文字样式，然后单击【置为当前】按钮，如图 9-9 所示。在弹出的提示对话框中单击【是】按钮，如图 9-10 所示。返回【文字样式】对话框，单击【关闭】按钮。

图 9-9 【文字样式】对话框

图 9-10 提示对话框

- 在【注释】面板的【文字样式】下拉列表框中，选择要置为当前的文字样式，如图 9-11 所示。

- 在【文字样式】对话框的【样式】列表框中选择要置为当前的样式名，右击，在弹出的快捷菜单中选择【置为当前】命令，如图 9-12 所示。

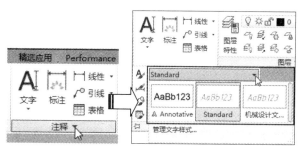

图 9-11 选择文字样式

图 9-12 在快捷菜单中选择【置为当前】命令

3．删除文字样式

文字样式会占用一定的系统存储空间，可以将一些不需要的文字样式删除，以节约系统资源。

删除文字样式的方法有以下几种。

- 在【文字样式】对话框中，选择要删除的文字样式名，单击【删除】按钮，如图 9-13 所示。

- 在【文字样式】对话框的【样式】列表框中，选择要删除的样式名，右击，在弹出的快捷菜单中选择【删除】命令，如图 9-14 所示。

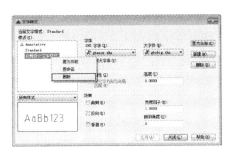
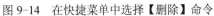

图 9-13 删除文字样式　　　　　图 9-14 在快捷菜单中选择【删除】命令

> **提示：** 已经包含文字对象的文字样式不能被删除，当前文字样式也不能被删除，如果要删除当前文字样式，可以先将别的文字样式设置为当前，然后再执行【删除】命令。

9.2.2 创建单行文字

AutoCAD 提供了两种创建文字的方法：单行文字和多行文字。对简短的注释文字输入一般使用单行文字。执行【单行文字】命令的方法有以下几种。

➢ 面板：在【默认】选项卡中单击【注释】面板上的【单行文字】按钮 **AI**，或在【注释】选项卡中单击【文字】面板上的【单行文字】按钮 **AI**。

➢ 菜单栏：选择【绘图】|【文字】|【单行文字】命令。

➢ 命令行：DTEXT 或 DT。

创建单行文字的步骤如下。

步骤 1 在命令行中输入 DT 并按【Enter】键，创建文字"机械设计装配图"，命令行操作过程如下。

```
命令: DT                                          //执行【单行文字】命令
TEXT
当前文字样式: "Standard" 文字高度: 2.5000 注释性: 是否对正: 左
指定文字的起点或 [对正(J)/样式(S)]:                 //在绘图区任意位置单击
指定高度<2.5000>:2.5                               //输入文字高度
指定文字的旋转角度<0>:                             //使用默认角度，不旋转文字
```

步骤 2 绘图区出现文本框，输入文字"机械设计装配图"，按【Ctrl+Enter】组合键，完成文字输入，结果如图 9-15 所示。

机械设计装配图

图 9-15 创建的单行文字

> **提示：** 输入单行文字之后，按【Ctrl+Enter】组合键才可结束文字输入。按【Enter】键将执行换行，可输入另一行文字，但每一行文字为独立的对象。输入单行文字之后，不退出的情况下，可在其他位置继续单击，创建其他文字。

命令行中各选项的含义如下。

➢ 指定文字的起点：默认情况下，所指定的起点位置即是文字行基线的起点位置。在指定起点位置后，继续输入文字的旋转角度即可进行文字的输入。输入完成后，按两次【Enter】键或将鼠标移至图纸的其他任意位置并单击，然后按【Esc】键，即可结束单行文字的输入。

➢ 对正（J）：可以设置文字的对正方式。

➢ 样式（S）：可以设置当前使用的文字样式。可以在命令行中直接输入文字样式的名称，也可以输入"?"，在 AutoCAD 文本窗口中显示当前图形已有的文字样式。

9.2.3 创建多行文字

多行文字常用于标注图形的技术要求和说明等，与单行文字不同的是，多行文字整体是一个文字对象，每一单行不能单独编辑。多行文字的优点是有更丰富的段落和格式编辑工具，特别适合创建大篇幅的文字注释。

执行【多行文字】命令的方法有以下几种。

➢ 面板：在【默认】选项卡中单击【注释】面板上的【多行文字】按钮 A，或在【注释】选项卡中单击【文字】面板上的【多行文字】按钮 A。

➢ 菜单栏：选择【绘图】|【文字】|【多行文字】命令。

➢ 命令行：MTEXT 或 T。

执行【多行文字】命令后，命令行提示如下。

```
命令:_mtext                                          //执行【多行文字】命令
当前文字样式: "Standard"   文字高度:  2.5   注释性:  否
指定第一角点:                                        //指定文本范围的第一点
指定对角点或 [高度(H)/对正(J)/行距(L)/旋转(R)/样式(S)/宽度(W)/栏(C)]:
                                                    //指定文本范围的对角点，如图 9-16 所示
```

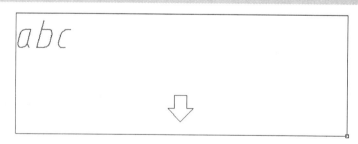

图 9-16　指定文本范围

执行以上操作可以确定段落的宽度，系统打开【文字编辑器】选项卡，如图 9-17 所示。【文字编辑器】选项卡包含【样式】面板、【格式】面板、【段落】面板、【插入】面板、【拼写检查】面板、【工具】面板、【选项】面板和【关闭】面板。在文本框中输入文字内容，然后再在选项卡的各面板中设置字体、颜色、字高和对齐等文字格式，最后单击【文字编辑器】选项卡中的【关闭文字编辑器】按钮，或单击编辑器之外的任何区域，便可以退出编辑器窗口，多行文字即创建完成。

图 9-17 【文字编辑器】选项卡

9.2.4 案例——用多行文字创建技术要求

技术要求是机械图纸的补充,在本书第 1.3.5 节中有所介绍,这里就不多加赘述了。本案例将使用多行文字创建一般性的技术要求,可适用于各类机加工零件。

步骤 1 设置文字样式。选择【格式】|【文字样式】命令,按前面介绍的方法新建一个名称为"文字"的文字样式,如图 9-18 所示。

步骤 2 在【文字样式】对话框中设置【字体】为【仿宋】,【字体样式】为【常规】,【高度】为 3.5,【宽度因子】为 0.7,并将该字体设置为当前,如图 9-19 所示。

图 9-18 【新建文字样式】对话框

图 9-19 设置文字样式

步骤 3 在命令行中输入 T 并按【Enter】键,根据命令行提示指定一个矩形范围作为文本区域,如图 9-20 所示。

图 9-20 指定文本框

步骤 4 在文本框中输入如图 9-21 所示的多行文字,输入一行之后,按【Enter】键换行。在文本框外的任意位置单击,结束输入,结果如图 9-22 所示。

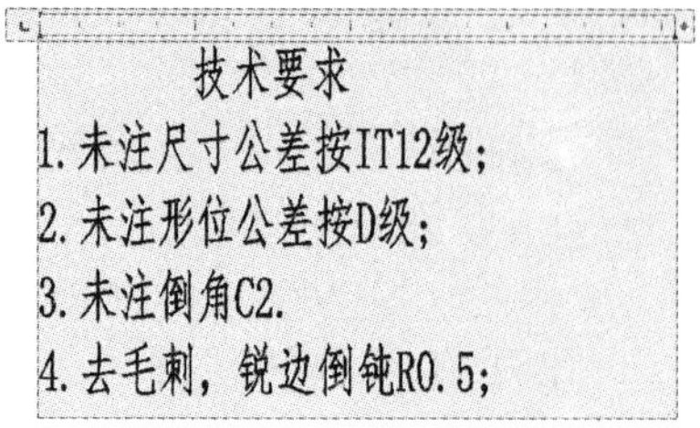

图 9-21　输入多行文字

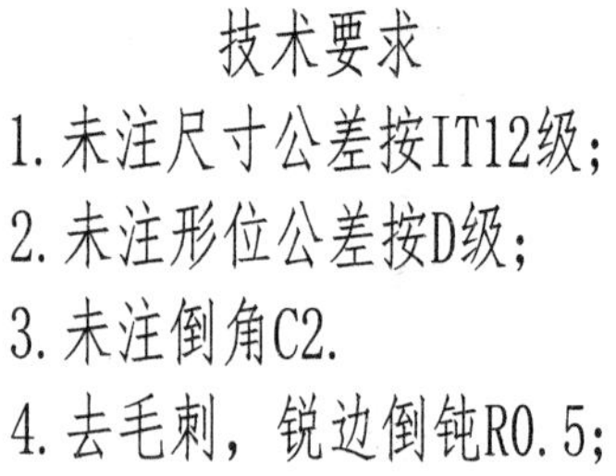

图 9-22　创建的多行文字

9.2.5　插入特殊符号

在机械绘图中，往往需要标注一些特殊的字符，这些特殊字符不能从键盘上直接输入，因此 AutoCAD 提供了插入特殊符号的功能，插入特殊符号有以下两种方法。

1．使用文字控制符

AutoCAD 的控制符由"两个百分号（%%）＋ 一个字符"构成，当输入控制符时，这些控制符会临时显示在屏幕上，当结束文本创建命令时，这些控制符将从屏幕上消失，转换成相应的特殊符号。

表 9-1 所示为机械制图中常用的控制符及其对应的含义。

表 9-1　特殊符号的代码及含义

控 制 符	含　　义
%%C	φ 直径符号
%%P	± 正负公差符号
%%D	° 度
%%O	上画线
%%U	下画线

2．使用【文字编辑器】选项卡

在多行文字编辑过程中，单击【文字编辑器】选项卡中的【符号】按钮，弹出如图 9-23 所示的下拉列表框，选择某一符号即可插入该符号到文本中。

9.2.6　创建堆叠文字

如果要创建堆叠文字（一种垂直对齐的文字或分数），可先输入要堆叠的文字，然后在其间使用"/""#"或"^"分隔。选中要堆叠的字符，然后单击【文字编辑器】选项卡的【格式】面板中的【堆叠】按钮 ，则文字按照要求自动堆叠。堆叠文字在机械绘图中的应用很多，可以用来创建尺寸公差、分数等，如图 9-24 所示。需要注意的是，这些分割符号必须是英文格式的符号。

1．编辑文字

在 AutoCAD 中，可以对已有的文字特性和内容进行编辑。

2．编辑文字内容

执行【编辑文字】命令的方法有以下几种。

- ➤ 面板：单击【文字】面板中的【编辑文字】按钮A_Z，然后选择要编辑的文字。
- ➤ 菜单栏：选择【修改】|【对象】|【文字】|【编辑】命令，然后选择要编辑的文字。
- ➤ 命令行：DDEDIT 或 ED。
- ➤ 鼠标动作：双击要修改的文字。

执行以上任一操作，将进入该文字的编辑模式。文字的可编辑特性与文字的类型有关，单行文字没有格式特性，只能编辑文字内容。而多行文字除了可以修改文字内容外，还可使用【文字编辑器】选项卡修改段落的对齐、字体等。修改文字之后，按【Ctrl+Enter】组合键，即可完成文字编辑。

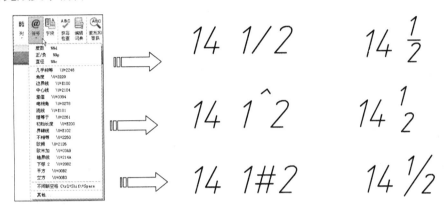

图 9-23　符号下拉列表框　　　　　　　图 9-24　文字堆叠效果

3．文字的查找与替换

在一个图形文件中往往有大量的文字注释，有时需要查找某个词语，并将其替换，例如替换某个拼写上的错误，这时就可以使用【查找】命令查找到特定的词语。

执行【查找】命令的方法有以下几种。

- ➤ 面板：单击【文字】面板中的【查找和替换】按钮。
- ➤ 菜单栏：选择【编辑】|【查找】命令。
- ➤ 命令行：FIND。

执行以上任一操作之后，弹出【查找和替换】对话框，如图 9-25 所示。该对话框中各选项的含义如下。

图 9-25　【查找和替换】对话框

- ➤ 【查找内容】下拉列表框：用于指定要查找的内容。
- ➤ 【替换为】下拉列表框：指定用于替换查找内容的文字。
- ➤ 【查找位置】下拉列表框：用于指定查找范围是在整个图形中查找还是仅在当前选

择中查找。

- ➤ 【搜索选项】选项组：用于指定搜索文字的范围和大小写区分等。
- ➤ 【文字类型】选项组：用于指定查找文字的类型。
- ➤ 【查找】按钮：输入查找内容之后，此按钮变为可用，单击该按钮，即可查找指定内容。
- ➤ 【替换】按钮：用于将光标当前选中的文字替换为指定文字。
- ➤ 【全部替换】按钮：将图形中所有的查找结果替换为指定文字。

9.2.7 **案例——标注尺寸公差**

在机械制图中，不带公差的尺寸是很少见的，这是因为在实际的生产中，误差是始终存在的。因此制定公差的目的就是为了确定产品的几何参数，使其变动量在一定的范围之内，以便达到互换或配合的要求。更多关于尺寸公差的知识，请翻阅本书第 10 章中的 10.5.1 节。

如图 9-26 所示的零件图，内孔设计尺寸为 $\phi25$，公差为 K7，公差范围在 -0.015～+0.006 之间，因此最终的内孔尺寸只需在 $\phi24.985$～$\phi25.006$ mm 之间，就可以算作合格。而图 9-27 中显示实际测量值为 24.99mm，在公差范围内，因此可以算是合格产品。本案例将标注该尺寸公差，操作步骤如下。

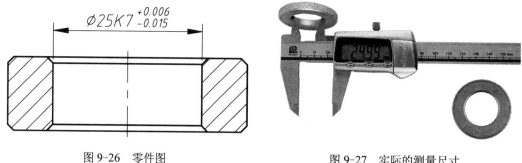

图 9-26 零件图   图 9-27 实际的测量尺寸

步骤 1 打开素材文件"第 09 章\9.2.7 标注孔的精度尺寸.dwg"，如图 9-28 所示，已经标注好了所需的尺寸。

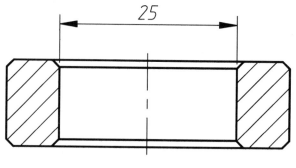

图 9-28 素材图形

步骤 2 添加直径符号。双击尺寸 25，打开【文字编辑器】选项卡，然后将鼠标移动至

25 之前，输入"%%C"，为其添加直径符号，如图 9-29 所示。

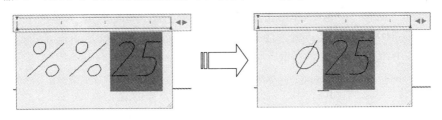

图 9-29 添加直径符号

步骤 3 输入公差文字。再将鼠标移动至 25 的后方，依次输入"K7 +0.006^-0.015"，如图 9-30 所示。

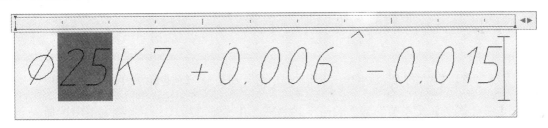

图 9-30 输入公差文字

步骤 4 创建尺寸公差。接着按住鼠标左键并向后拖动，选中"+0.006^-0.015"文字，然后单击【文字编辑器】选项卡的【格式】面板中的【堆叠】按钮，即可创建尺寸公差，如图 9-31 所示。

图 9-31 堆叠公差文字

9.3 创建表格

在机械设计过程中，表格主要用于标题栏、零件参数表和材料明细表等内容。

9.3.1 创建表格样式

与文字类似，AutoCAD 中的表格也有一定的样式，包括表格内文字的字体、颜色、高度，以及表格的行高、行距等。在插入表格之前，应先创建所需的表格样式。

创建表格样式的方法有以下几种。

➢ 面板：在【默认】选项卡中单击【注释】面板上的【表格样式】按钮，或在【注释】选项卡中，单击【表格】面板右下角的按钮。

➢ 菜单栏：选择【格式】|【表格样式】命令。

➢ 命令行：TABLESTYLE 或 TS。

执行上述任一命令后，系统弹出【表格样式】对话框，如图 9-32 所示。

通过该对话框可将表格样式置为当前、修改、删除或新建操作。单击【新建】按钮，系统弹出【创建新的表格样式】对话框，如图 9-33 所示。

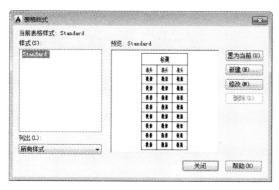
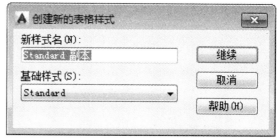

图 9-32 【表格样式】对话框   图 9-33 【创建新的表格样式】对话框

在【新样式名】文本框中输入表格样式名称，在【基础样式】下拉列表框中选择一个表格样式，为新的表格样式提供默认设置，单击【继续】按钮，系统弹出【新建表格样式】对话框，如图 9-34 所示，可以对样式进行具体设置。

【新建表格样式】对话框由【起始表格】【常规】【单元样式】和【单元样式预览】4 个选项组组成。

单击【管理单元样式】按钮，弹出如图 9-35 所示的【管理单元格式】对话框，在该对话框中可以对单元格式进行添加、删除和重命名等操作。

图 9-34 【新建表格样式】对话框   图 9-35 【管理单元样式】对话框

9.3.2 插入表格

表格是在行和列中包含数据的对象，设置表格样式后，便可以用空格或表格样式创建表格对象，还可以将表格链接至 Microsoft Excel 电子表格中的数据。本节将主要介绍利用【表格】工具插入表格的方法。在 AutoCAD 2016 中插入表格以下几种常用的方法。

➢ 面板：单击【注释】面板中的【表格】按钮。

> 菜单栏：选择【绘图】|【表格】命令。

> 命令行：TABLE 或 TB。

执行上述任一命令后，系统弹出【插入表格】对话框，如图 9-36 所示。

设置好表格样式、列数和列宽、行数和行宽后，单击【确定】按钮，并在绘图区指定插入点，将会在当前位置按照表格设置插入一个表格，然后在此表格中添加上相应的文本信息，即可完成表格的创建，如图 9-37 所示。

齿轮参数表	
参数项目	参数值
齿向公差	0.0120
齿形公差	0.0500
齿距极限公差	±0.011
公法线长度跳动公差	0.0250
齿圈径向跳动公差	0.0130

图 9-36 【插入表格】对话框　　　　图 9-37 在图形中插入表格

9.3.3 编辑表格

在添加完成表格后，不仅可根据需要对表格整体或表格单元执行拉伸、合并或添加等编辑操作，而且可以对表格的表指示器进行编辑，其中包括编辑表格形状和添加表格颜色等设置。

1. 编辑表格

选中整个表格并右击，弹出快捷菜单，如图 9-38 所示。可以对表格进行剪切、复制、删除、移动、缩放和旋转等简单操作，还可以均匀调整表格的行、列大小，删除所有特性替代。当选择【输出】命令时，将弹出【输出数据】对话框，以.csv 格式输出表格中的数据。

当选中表格后，也可以通过拖动夹点来编辑表格，其各夹点的含义如图 9-39 所示。

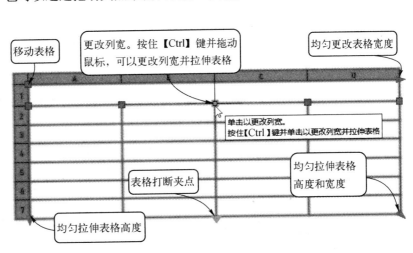

图 9-38 快捷菜单　　　　图 9-39 选中表格时各夹点的含义

2. 编辑表格单元

当选中表格单元格时，其右键快捷菜单如图 9-40 所示。

当选中表格单元格后，在表格单元格周围出现夹点，也可以通过拖动这些夹点来编辑单元格，其各夹点的含义如图 9-41 所示。

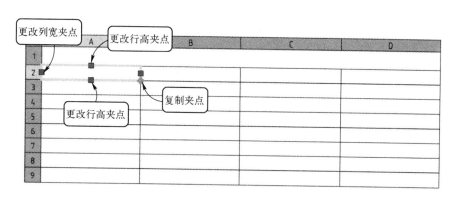

图 9-40　快捷菜单

图 9-41　通过夹点调整单元格

提示： 要选择多个单元格，可以按住鼠标左键并在要选择的单元格上拖动；也可以按住【shift】键并在要选择的单元格区域的左上角和右下角分别单击，可以同时选中这两个单元以及它们之间的所有单元格。

9.3.4　案例——完成装配图中的明细表

按本节中介绍的方法，完成如图 9-42 所示的装配图明细表。

4	加强筋	120X60X6	16	1.7500	28.0000
3	圆管	Φ168X6-1200	4	35	140
2	底板	200X270X20	4	3.6000	14.4000
1	六角头螺栓C级	M10X30	24	0.0200	0.4800
序号	名称	规格	数量	单重	总重

图 9-42　装配图中的表格

步骤 1 打开素材文件"第 09 章\9.3.2 完成装配图中的明细表.dwg"，如图 9-43 所示，其中有一个创建好的表格。

	A	B	C	D	E
1					
2					
3					
4					
5					
6					
7	序号	名称	规格	单重	总重

图 9-43　素材表格

步骤 2 双击激活 A6 单元格，然后输入序号"1"，按【Ctrl+Enter】组合键，完成文字输入，如图 9-44 所示。

	A	B	C	D	E
1					
2					
3					
4					
5					
6	1				
7	序号	名称	规格	单重	总重

图 9-44　输入文字的效果

步骤 3 用同样的方法输入其他文字，如图 9-45 所示。

	A	B	C	D	E
1					
2					
3	4	加强筋	120x60x6	1.7500	
4	3	圆管	Φ168×6-1200	35	
5	2	底板	200x270x20	3.6000	
6	1	六角头螺栓 C级	M10x30	0.0200	
7	序号	名称	规格	单重	总重

图 9-45　输入其他文字

步骤 4 选中 D 列上的任意一个单元格，系统打开【表格单元】选项卡，单击【列】面板上的【从左侧插入列】按钮，插入的新列如图 9-46 所示。

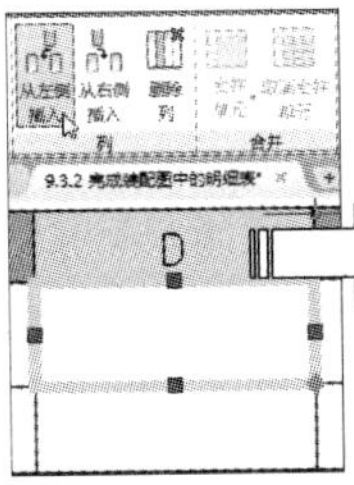

	A	B	C	D	E	F
1						
2						
3	4	加强筋	120x60x6		1.7500	
4	3	圆管	Φ168×6-1200		35	
5	2	底板	200x270x20		3.6000	
6	1	六角头螺栓 C级	M10x30		0.0200	
7	序号	名称	规格		单重	总重

图 9-46　插入列的结果

步骤 5 在 D7 单元格中输入表头名称"数量"，然后在 D 列的其他单元格中输入对应的数量，如图 9-47 所示。

	A	B	C	D	E	F
1						
2						
3	4	加强筋	120x60x6	16.0000	1.7500	
4	3	圆管	Φ168×6-1200	4	35	
5	2	底板	200x270x20	4	3.6000	
6	1	六角头螺栓 C级	M10x30	24.0000	0.0200	
7	序号	名称	规格	数量	单重	总重

图 9-47　输入新表格栏

步骤 6 选中 F6 单元格，系统打开【表格单元】选项卡，单击【插入】面板上的【公式】按钮，在下拉列表框中选择【方程式】选项，系统激活该单元格，进入文字编辑模式，输入公式（直接在单元格中输入文本 D6×E6 即可），如图 9-48 所示，注意乘号使用数字键盘上的"*"号。

	A	B	C	D	E	F
1						
2						
3	4	加强筋	120x60x6	16.0000	1.7500	
4	3	圆管	Φ168×6-1200	4	35	
5	2	底板	200x270x20	4	3.6000	
6	1	六角头螺栓 C级	M10x30	24.0000	0.0200	=D6×E6
7	序号	名称	规格	数量	单重	总重

图 9-48　输入方程式

步骤 7 按【Ctrl+Enter】组合键，完成公式的输入，系统自动计算出方程结果，如图 9-49 所示。

	A	B	C	D	E	F
1						
2						
3	4	加强筋	120x60x6	16.0000	1.7500	
4	3	圆管	Φ168×6-1200	4	35	
5	2	底板	200x270x20	4	3.6000	
6	1	六角头螺栓 C级	M10x30	24.0000	0.0200	0.4800
7	序号	名称	规格	数量	单重	总重

图 9-49　方程式计算结果

步骤 8 用同样的方法为 F 列的其他单元格输入公式，运算结果如图 9-50 所示。

	A	B	C	D	E	F
1						
2						
3	4	加强筋	120x60x6	16.0000	1.7500	28.0000
4	3	圆管	Φ168×6-1200	4	35	140.0000
5	2	底板	200x270x20	4	3.6000	14.4000
6	1	六角头螺栓 C级	M10x30	24.0000	0.0200	0.4800
7	序号	名称	规格	数量	单重	总重

图 9-50　总重的计算结果

步骤 9 选中第一行和第二行的任意两个单元格，如图 9-51 所示。然后单击【行】面板上的【删除行】按钮，将选中的两行删除。

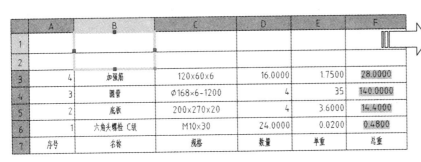

图 9-51 选中两个单元格并删除

步骤 10 框选【数量】列中的所有单元格，然后单击【单元格式】面板上的【数据格式】按钮，在下拉列表框中选择【整数】选项，将数据转换为整数显示，如图 9-52 所示。

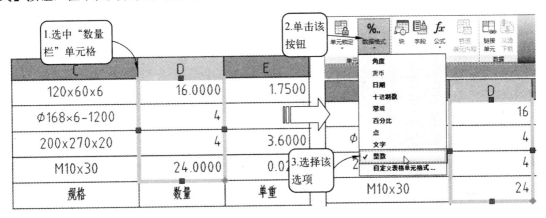

图 9-52 将【数量】列中的单元格格式设置为整数

步骤 11 框选第 1～4 行的所有单元格，然后单击【单元样式】面板上的【对齐】按钮，在下拉列表框中选择【正中】选项，对齐效果如图 9-53 所示。装配图表格填写完毕。

	A	B	C	D	E	F
1	4	加强筋	120×60×6	16	1.7500	28.0000
2	3	圆管	φ168×6-1200	4	35	140.0000
3	2	底板	200×270×20	4	3.6000	14.4000
4	1	六角头螺栓 C级	M10×30	24	0.0200	0.4800
5	序号	名称	规格	数量	单重	总重

图 9-53 文字内容的对齐效果

9.4 上机实训

使用本章所学的知识，创建一个标题栏并添加文字，如图 9-54 所示。

					材质				
						阶段标记	重量	比例	"图样名称"
标记	处数	分区	更改文件号	签名	年月日				
设计									"图样代号"
校核									
主管						共 张 第 张		版本	替代

图 9-54　标题栏

标题栏通常包含以下信息：设计人、工艺编制者、审核人、时间、零件材质、图样名称与代号等，是机械图纸的基本组成部分。

具体的绘制步骤提示如下。

步骤 1 执行【直线】命令，绘制表格。

步骤 2 执行【多行文字】命令，在对应的单元格中添加文字。

步骤 3 完成绘制。

9.5　辅助绘图锦囊

AutoCAD 尽管有强大的图形功能，但表格处理功能相对较弱，而在实际工作中，往往需要在 AutoCAD 中制作各种表格，如工程数量表、零件明细表等。因此如何高效制作表格，是一个很实际的问题。

在 AutoCAD 环境下用手工画线方法绘制表格，然后再在表格中填写文字，不但效率低下，而且很难精确控制文字的书写位置，文字排版也很成问题。尽管 AutoCAD 支持对象链接与嵌入，可以插入 Word 或 Excel 表格，但是一方面修改起来不是很方便，一点小小的修改就得进入 Word 或 Excel，修改完成后，又得退回到 AutoCAD；另一方面，一些特殊符号，如一级钢筋符号、二级钢筋符号等，在 Word 或 Excel 中很难输入，那么有没有两全其美的方法呢？

解决方法如下。

步骤 1 在 Excel 中制作好表格，并复制到剪贴板，如图 9-55 所示。

步骤 2 然后再在 AutoCAD 中选择【编辑】→【选择性粘贴】命令，在弹出的对话框中选择"AutoCAD 图元"选项，如图 9-56 所示。

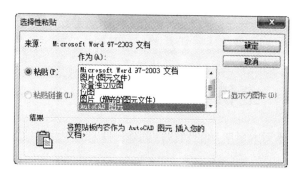

	A	B
1	规格	单价（元）
2	M2	2
3	M3	3
4	M4	3.5
5	M5	4
6	M6	5
7	M8	6
8	M10	8
9	M12	10

图 9-55　复制 Excel 中的表格 　　　　　　图 9-56　"选择性粘贴"对话框

步骤 3 单击【确定】按钮，表格即转化成 AutoCAD 中的表格，如图 9-57 所示，此时就可以编辑其中的文字，非常方便。

	A	B
1	规格	单价（元）
2	M2	2.0000
3	M3	3.0000
4	M4	3.5000
5	M5	4.0000
6	M6	5.0000
7	M8	6.0000
8	M10	8.0000
9	M12	10.0000

图 9-57　粘贴为 AutoCAD 中的表格

第10章

尺寸标注

在机械设计中，图形用于表达机件的结构形状，而机件的真实大小则由尺寸确定。尺寸是工程图样中不可缺少的重要内容，是零部件加工生产的重要依据，必须满足正确、完整、清晰的基本要求。

AutoCAD 提供了一套完整、灵活、方便的尺寸标注系统，具有强大的尺寸标注和尺寸编辑功能。可以创建多种标注类型，还可以通过设置标注样式、编辑标注等来控制尺寸标注的外观，创建符合标准的尺寸标注。

10.1 机械行业的尺寸标注规则

在机械设计中，尺寸标注是一项重要的内容，它可以准确、清楚地反映对象的大小及对象间的关系。在对图形进行标注前，应先了解尺寸标注的组成、类型、规则及步骤等。

尺寸标注的规则在本书第 1 章的 1.3.2 与 1.4.5 节有详细介绍，此处就不再多加赘述。需要读者认真掌握并加以理解。

10.1.1 尺寸标注的组成

如图 10-1 所示，一个完整的尺寸标注由尺寸界线、尺寸线、尺寸箭头和尺寸文字 4 个要素构成。AutoCAD 的尺寸标注命令和样式设置都是围绕着这 4 个要素进行的。

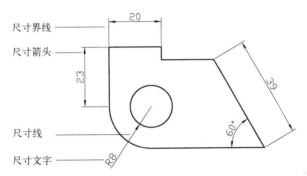

图 10-1　尺寸标注的组成要素

10.1.2 尺寸标注的基本规则

尺寸标注要求对标注对象进行完整、准确、清晰的标注，标注的尺寸数值真实地反应标注对象的大小。国家标准对尺寸标注做了详细的规定，要求尺寸标注必须遵守以下几个基本原则。

➢ 物体的真实大小应以图形上所标注的尺寸数值为依据，与图形的显示大小和绘图的精确度无关。

➢ 图形中的尺寸为图形所表示的物体的最终尺寸，如果是绘制过程中的尺寸（如在涂镀前的尺寸等），则必须另加说明。

➢ 物体的每一尺寸，一般只标注一次，并应标注在最能清晰反映该结构的视图上。

10.2 机械行业的尺寸标注样式

与文字和表格类似，机械制图的标注也有一定的样式。AutoCAD 默认的标注样式与机械制图标准样式不同，因此在机械设计中进行尺寸标注前，先要创建尺寸标注的样式，然后与文字及图层一样，保存为同一模板文件，即可在新建文件时调用。

10.2.1 新建标注样式

通过【标注样式管理器】对话框，可以进行新建和修改标注样式等操作。打开【标注样式管理器】对话框的方式有以下几种。

➤ 面板：单击【默认】选项卡的【标注】面板上的【标注样式】按钮，或在【注释】选项卡中单击【标注】面板右下角的按钮。

➤ 菜单栏：选择【格式】|【标注样式】命令。

➤ 命令行：DIMSTYLE 或 D。

执行上述任一操作，弹出【标注样式管理器】对话框，如图 10-2 所示，在该对话框中可以创建新的尺寸标注样式。

对话框内各选项的含义如下。

➤ 【样式】列表框：用来显示已创建的尺寸样式列表，其中蓝色背景显示的是当前尺寸样式。

➤ 【列出】下拉列表框：用来控制"样式"列表框显示的是"所有样式"还是"正在使用的样式"。

➤ 【预览】选项组：用来显示当前样式的预览效果。

新建标注样式的步骤简单介绍如下。

步骤 1 在图形中按上述方法操作，打开【标注样式管理器】对话框。

步骤 2 命名新建的标注样式。单击【新建】按钮，弹出【创建新标注样式】对话框，在【新样式名】文本框中输入新标注样式的名称，如"机械标注"，如图 10-3 所示。

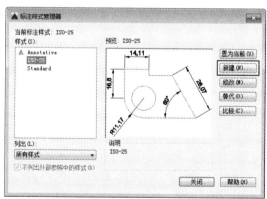

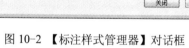

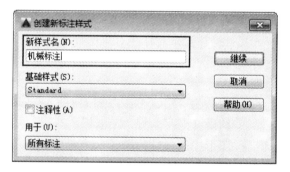

图 10-2 【标注样式管理器】对话框　　　　　　图 10-3 【创建新标注样式】对话框

步骤 3 设置标注样式的参数。在【创建新标注样式】对话框中单击【继续】按钮，弹出【新建标注样式：机械标注】对话框，如图 10-4 所示。在该对话框中可以设置标注样式的各种参数。

步骤 4 完成标注样式的新建。单击【确定】按钮，结束设置，新建的样式便会在【标注样式管理器】对话框的【样式】列表框中出现，单击【置为当前】按钮，即可将其置为当前的标注样式，如图 10-5 所示。

 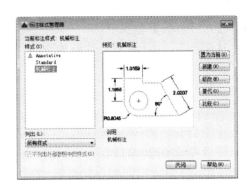

图 10-4 【新建标注样式：机械标注】对话框　　　图 10-5 【标注样式管理器】对话框

10.2.2 设置标注样式

在上文新建标注样式的介绍中，步骤 03 设置标注样式的参数是最重要的，这也是本节所要着重讲解的。在【新建标注样式】对话框中可以设置尺寸标注的各种特性，对话框中有【线】【符号和箭头】【文字】【调整】【主单位】【换算单位】和【公差】共 7 个选项卡，如图 10-4 所示，每一个选项卡对应一种特性的设置，分别介绍如下。

1.【线】选项卡

在【新建标注样式】对话框中选择【线】选项卡，如图 10-4 所示，可见【线】选项卡中包括【尺寸线】和【尺寸界线】两个选项组。在该选项卡中可以设置尺寸线、尺寸界线的格式和特性。

❑ 【尺寸线】选项组

➢ 【颜色】：用于设置尺寸线的颜色，一般保持默认值 Byblock（随块）即可。也可以使用变量 DIMCLRD 设置。

➢ 【线型】：用于设置尺寸线的线型，一般保持默认值 Byblock（随块）即可。

➢ 【线宽】：用于设置尺寸线的线宽，一般保持默认值 Byblock（随块）即可。也可以使用变量 DIMLWD 设置。

➢ 【超出标记】：用于设置尺寸线超出量。若尺寸线两端是箭头，则此选项无效；若在对话框的【符号和箭头】选项卡中设置了箭头的形式是"倾斜"和"建筑标记"时，可以设置尺寸线超过尺寸界线外的距离，如图 10-6 所示。

➢ 【基线间距】：用于设置基线标注中尺寸线之间的间距。

➢ 【隐藏】：【尺寸线 1】和【尺寸线 2】分别控制了第 1 条和第 2 条尺寸线的可见性，如图 10-7 所示。

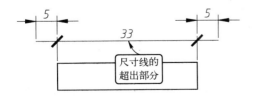 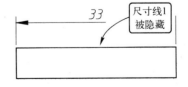

图 10-6 【超出标记】设置为 5 时的示例　　　图 10-7 隐藏尺寸线 1 的效果图

❑ 【尺寸界线】选项组

➢ 【颜色】：用于设置延伸线的颜色，一般保持默认值 Byblock（随块）即可。也可以使用变量 DIMCLRD 设置。

➢ 【线型】：分别用于设置【尺寸界线 1】和【尺寸界线 2】的线型，一般保持默认值 Byblock（随块）即可。

➢ 【线宽】：用于设置延伸线的宽度，一般保持默认值 Byblock（随块）即可。也可以使用变量 DIMLWD 设置。

➢ 【隐藏】：【尺寸界线 1】和【尺寸界线 2】分别控制了第 1 条和第 2 条尺寸界线的可见性。

➢ 【超出尺寸线】：控制尺寸界线超出尺寸线的距离，如图 10-8 所示。

➢ 【起点偏移量】：控制尺寸界线起点与标注对象端点的距离，如图 10-9 所示。

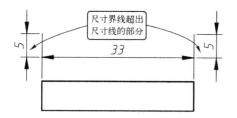

图 10-8 【超出尺寸线】设置为 5 时的示例

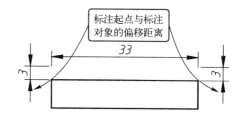

图 10-9 【起点偏移量】设置为 3 时的示例

> **提示：** 在机械制图的标注中，为了区分尺寸标注和被标注对象，用户应使尺寸界线与标注对象不接触，因此尺寸界线的【起点偏移量】一般设置为 2～3mm。

2.【符号和箭头】选项卡

【符号和箭头】选项卡中包括【箭头】【圆心标记】【折断标注】【弧长符号】【半径折弯标注】和【线性折弯标注】共 6 个选项组，如图 10-10 所示。

图 10-10 【符号和箭头】选项卡

❑ 【箭头】选项组

➢ 【第一个】和【第二个】：用于选择尺寸线两端的箭头样式。在建筑绘图中通常设为"建筑标注"或"倾斜"样式，如图 10-11 所示；机械制图中通常设为"箭头"样式，如图 10-12 所示。

➢ 【引线】：用于设置快速引线标注（命令为：LE）中的箭头样式，如图 10-13 所示。

➢ 【箭头大小】：用于设置箭头的大小。

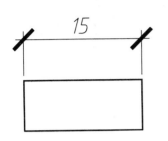

图 10-11 建筑标注

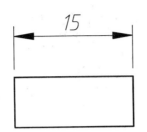

图 10-12 机械标注

图 10-13 引线样式

 提示：AutoCAD 中提供了 19 种箭头，如果选择了第一个箭头的样式，第二个箭头会自动选择与第一个箭头相同的样式。也可以在【第二个】下拉列表中选择不同的样式。

❑ 【圆心标记】选项组

圆心标记是一种特殊的标注类型，在使用【圆心标记】（命令为：DIMCENTER）时，可以在圆弧中心生成一个标注符号，【圆心标记】选项组用于设置圆心标记的样式。各选项的含义如下。

➢ 【无】：使用【圆心标记】命令时，无圆心标记，如图 10-14 所示。

➢ 【标记】：创建圆心标记。在圆心位置将会出现小十字架，如图 10-15 所示。

➢ 【直线】：创建中心线。在使用【圆心标记】命令时，十字架线将会延伸到圆或圆弧外边，如图 10-16 所示。

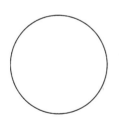

图 10-14 圆心标记为【无】

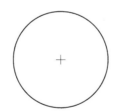

图 10-15 圆心标记为【标记】

图 10-16 圆心标记为【直线】

提示：可以取消选择【调整】选项卡中的【在尺寸界线之间绘制尺寸线】复选框，这样就能在标注直径或半径尺寸时，同时创建圆心标记，如图 10-17 所示。

图 10-17 标注时同时创建尺寸与圆心标记

❑ 【折断标注】选项组

其中的【折断大小】文本框用于设置标注折断时标注线的长度。

❑ 【弧长符号】选项组

在该选项组中可以设置弧长符号的显示位置，包括【标注文字的前缀】、【标注文字的上方】和【无】3 种方式，如图 10-18 所示。

图 10-18 弧长标注的类型

❑ 【半径折弯标注】选项组

其中的【折弯角度】文本框用于确定折弯半径标注中尺寸线的横向角度，其值不能大于 90°。

❑ 【线性折弯标注】选项组

其中的【折弯高度因子】文本框用于设置折弯标注打断时折弯线的高度。

3.【文字】选项卡

【文字】选项卡包括【文字外观】、【文字位置】和【文字对齐】3 个选项组，如图 10-19 所示。

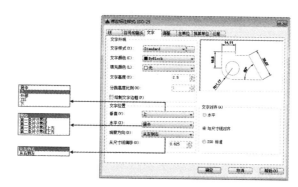

图 10-19 【文字】选项卡

❑ 【文字外观】选项组

➤ 【文字样式】：用于选择标注的文字样式。也可以单击其后的 […] 按钮，系统弹出 【文字样式】对话框，选择文字样式或新建文字样式。

➤ 【文字颜色】：用于设置文字的颜色，一般保持默认值 Byblock（随块）即可。也可以使用变量 DIMCLRT 设置。

➤ 【填充颜色】：用于设置标注文字的背景色。默认为【无】，如果图纸中尺寸标注很多，就会出现图形轮廓线、中心线、尺寸线与标注文字相重叠的情况，这时若将 【填充颜色】设置为【背景】，即可有效改善图形，如图 10-20 所示。

➤ 【文字高度】：设置文字的高度，也可以使用变量 DIMCTXT 设置。

> ➢ 【分数高度比例】：设置标注文字的分数相对于其他标注文字的比例，AutoCAD 将该
> 比例值与标注文字高度的乘积作为分数的高度。
> ➢ 【绘制文字边框】：设置是否给标注文字加边框。

图 10-20 【填充颜色】为【背景】效果

❑ 【文字位置】选项组

> ➢ 【垂直】：用于设置标注文字相对于尺寸线在垂直方向的位置。【垂直】下拉列表框
> 中有【置中】【上】【下】【外部】和 JIS 等选项。选择【置中】选项可以把标注文字
> 放在尺寸线中间；选择【上】选项将把标注文字放在尺寸线的上方；选择【外部】
> 选项可以把标注文字放在远离第一定义点的尺寸线一侧；选择 JIS 选项则按 JIS 规则
> （日本工业标准）放置标注文字。各种效果如图 10-21 所示。

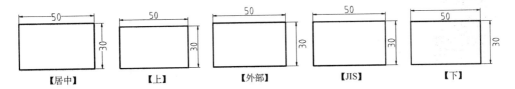

图 10-21 文字设置垂直方向的位置效果图

> ➢ 【水平】：用于设置标注文字相对于尺寸线和延伸线在水平方向的位置。其中水平放
> 置位置有【居中】【第一条尺寸界限】【第二条尺寸界线】【第一条尺寸界线上方】和
> 【第二条尺寸界线上方】，各种效果如图 10-22 所示。

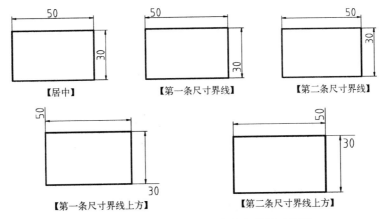

图 10-22 尺寸文字在水平方向上的相对位置

> 【从尺寸线偏移】：用于设置标注文字与尺寸线之间的距离，如图 10-23 所示。

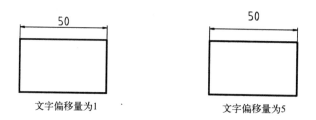

图 10-23　文字偏移量设置

❑ 【文字对齐】选项组

在【文字对齐】选项组中，可以设置标注文字的对齐方式，如图 10-24 所示。各选项的含义如下。

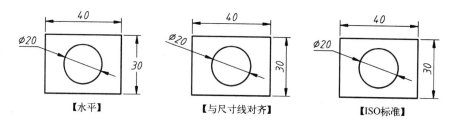

图 10-24　尺寸文字对齐方式

> 【水平】单选按钮：无论尺寸线的方向如何，文字始终水平放置。
> 【与尺寸线对齐】单选按钮：文字的方向与尺寸线平行。
> 【ISO 标准】单选按钮：按照 ISO 标准对齐文字。当文字在尺寸界线内时，文字与尺寸线对齐。当文字在尺寸界线外时，文字水平排列。

4.【调整】选项卡

【调整】选项卡包括【调整选项】【文字位置】【标注特征比例】和【优化】4 个选项组，可以设置标注文字、尺寸线及尺寸箭头的位置，如图 10-25 所示。

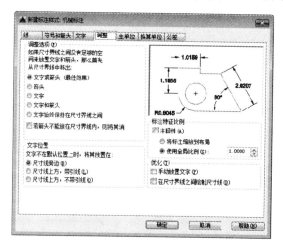

图 10-25　【调整】选项卡

□ 【调整选项】选项组

在【调整选项】选项组中，可以设置当尺寸界线之间没有足够的空间同时放置标注文字和箭头时，应从尺寸界线之间移出的对象，效果如图 10-26 所示。各选项的含义如下。

➤ 【文字或箭头（最佳效果）】单选按钮：表示由系统选择一种最佳方式来安排尺寸文字和尺寸箭头的位置。

➤ 【箭头】单选按钮：表示将尺寸箭头放在尺寸界线外侧。

➤ 【文字】单选按钮：表示将标注文字放在尺寸界线外侧。

➤ 【文字和箭头】单选按钮：表示将标注文字和尺寸线都放在尺寸界线外侧。

➤ 【文字始终保持在尺寸界线之间】单选按钮：表示标注文字始终放在尺寸界线之间。

➤ 【若箭头不能放在尺寸界线内，则将其消除】复选框：表示当尺寸界线之间不能放置箭头时，不显示标注箭头。

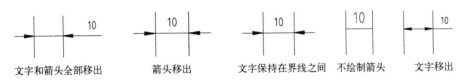

图 10-26　尺寸要素调整

□ 【文字位置】选项组

在【文字位置】选项组中，可以设置当标注文字不在默认位置时应放置的位置，效果如图 10-27 所示。各选项的含义如下。

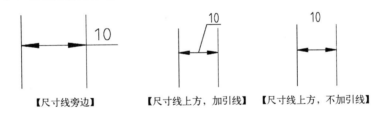

图 10-27　文字位置调整

➤ 【尺寸线旁边】单选按钮：表示当标注文字在尺寸界线外部时，将文字放置在尺寸线旁边。

➤ 【尺寸线上方，带引线】单选按钮：表示当标注文字在尺寸界线外部时，将文字放置在尺寸线上方，并加一条引线相连。

➤ 【尺寸线上方，不带引线】单选按钮：表示当标注文字在尺寸界线外部时，将文字放置在尺寸线上方，不加引线。

□ 【标注特征比例】选项组

在【标注特征比例】选项组中，可以设置标注尺寸的特征比例，以便通过设置全局比例来调整标注的大小。各选项的含义如下。

➤ 【注释性】复选框：选择该复选框，可以将标注定义成可注释性对象。

➤ 【将标注缩放到布局】单选按钮：选择该单选按钮，可以根据当前模型空间视口与图纸之间的缩放关系设置比例。

➢ 【使用全局比例】单选按钮：选择该单选按钮，可以对全部尺寸标注设置缩放比例，该比例不会改变尺寸的测量值。

❏ 【优化】选项组

在【优化】选项组中，可以对标注文字和尺寸线进行细微调整。该选项组包括以下两个复选框。

➢ 【手动放置文字】：表示忽略所有水平对正设置，并将文字手动放置在"尺寸线位置"的相应位置。

➢ 【在尺寸界线之间绘制尺寸线】：表示在标注对象时，始终在尺寸界线间绘制尺寸线。

5. 【主单位】选项卡

【主单位】选项卡包括【线性标注】【测量单位比例】【消零】【角度标注】和【消零】5个选项组，如图 10-28 所示。

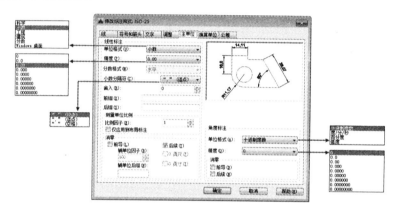

图 10-28 【主单位】选项卡

【主单位】选项卡可以对标注尺寸的精度进行设置，并可以标注文本加入前缀或者后缀等。

❏ 【线性标注】选项组

➢ 【单位格式】：用于设置除角度标注之外的其余各标注类型的尺寸单位，包括【科学】【小数】【工程】【建筑】和【分数】等选项。

➢ 【精度】：用于设置除角度标注之外的其他标注的尺寸精度。

➢ 【分数格式】：当单位格式是分数时，可以设置分数的格式，包括【水平】【对角】和【非堆叠】3 种方式。

➢ 【小数分隔符】：用于设置小数的分隔符，包括【逗点】【句点】和【空格】3 种方式。

➢ 【舍入】：用于设置除角度标注外的尺寸测量值的舍入值。

➢ 【前缀】和【后缀】：用于设置标注文字的前缀和后缀，在相应的文本框中输入字符即可。

❏ 【测量单位比例】选项组

使用【比例因子】文本框可以设置测量尺寸的缩放比例，AutoCAD 的实际标注值为测量值与该比例的积。选择【仅应用到布局标注】复选框，可以设置该比例关系仅适用于布局。

❏ 【消零】选项组

可以设置是否显示尺寸标注中的"前导"和"后续"零，如图 10-29 所示。

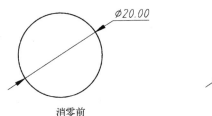
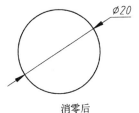

图 10-29 【后续】消零示例

❏ 【角度标注】选项组

➤ 【单位格式】：用于设置标注角度时的单位。

➤ 【精度】：用于设置标注角度的尺寸精度。

❏ 【消零】选项组

该选项组中包括【前导】和【后续】两个复选框。设置是否消除角度尺寸的前导和后续零。

6．【换算单位】选项卡

【换算单位】选项卡包括【换算单位】【消零】和【位置】3 个选项组，如图 10-30 所示。

【换算单位】可以方便地改变标注的单位，通常所用的就是公制单位与英制单位的互换。

选择【显示换算单位】复选框后，对话框的其他选项才可用，可以在【换算单位】选项组中设置换算单位的【单位格式】【精度】【换算单位倍数】【舍入精度】【前缀】及【后缀】等，方法与设置主单位的方法相同，在此不再一一讲解。

7．【公差】选项卡

【公差】选项卡包括【公差格式】【公差对齐】【消零】【换算单位公差】和【消零】5 个选项组，如图 10-31 所示。

图 10-30 【换算单位】选项卡

图 10-31 【公差】选项卡

【公差】选项卡用于设置公差的标注格式，其中常用功能的含义如下。

➤ 【方式】：在此下拉列表框中有表示标注公差的几种方式，效果如图 10-32 所示。

➤ 【上偏差】和【下偏差】：用于设置尺寸上偏差和下偏差值。

➤ 【高度比例】：用于确定公差文字的高度比例因子。确定后，AutoCAD 将该比例因子与尺寸文字高度之积作为公差文字的高度。

➤ 【垂直位置】：用于控制公差文字相对于尺寸文字的位置，包括【上】【中】和【下】3 种方式。

➤ 【换算单位公差】：当标注换算单位时，可以设置换算单位精度和是否消零。

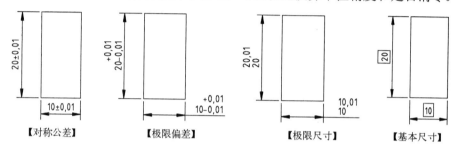

图 10-32　公差的各种表示方式效果图

10.2.3　案例——创建机械制图的标注样式

机械制图有其特有的标注规范，因此本案例便运用上文介绍的知识，来创建用于机械制图的标注样式，具体步骤如下。

步骤 1 新建空白文档。

步骤 2 选择【格式】|【标注样式】命令，弹出【标注样式管理器】对话框，如图 10-33 所示。

步骤 3 单击【新建】按钮，系统弹出【创建新标注样式】对话框，在【新样式名】文本框中输入"机械图标注样式"，如图 10-34 所示。

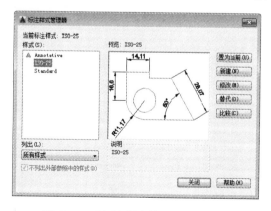

图 10-33　【标注样式管理器】对话框

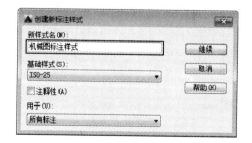

图 10-34　【创建新标注样式】对话框

步骤 4 单击【继续】按钮，弹出【新建标注样式：机械图标注样式】对话框，选择【线】选项卡，设置【基线间距】为 8，设置【超出尺寸线】为 2.5，设置【起点偏移量】为

2，如图 10-35 所示。

步骤 5 选择【符号和箭头】选项卡，设置【引线】为【无】，设置【箭头大小】为 2.5，设置【圆心标记】为 2.5，设置【弧长符号】为【标注文字的上方】，设置半径【折弯角度】为 90，如图 10-36 所示。

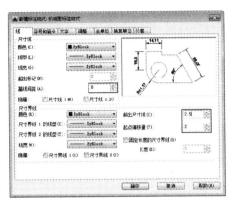

图 10-35 【线】选项卡

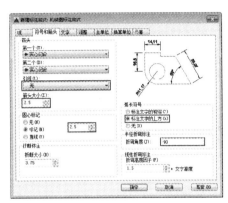

图 10-36 【符号和箭头】选项卡

步骤 6 选择【文字】选项卡，单击【文字样式】后的按钮，设置文字为 gbenor. shx，设置【文字高度】为 2.5，设置【文字对齐】为【ISO 标准】，如图 10-37 所示。

步骤 7 选择【主单位】选项卡，设置【线性标注】选项组中的【精度】为 0.00，设置【角度标注】选项组中的【精度】为 0.0，将【消零】都设置为【后续】，如图 10-38 所示。然后单击【确定】按钮，返回【标注样式管理器】对话框，单击【置为当前】按钮后，单击【关闭】按钮，创建完成。

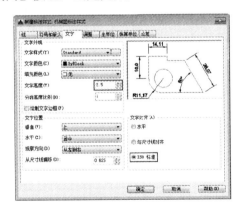

图 10-37 【文字】选项卡

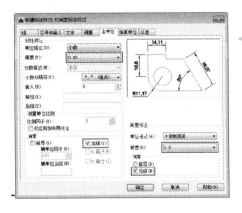

图 10-38 【主单位】选项卡

10.3 尺寸的标注

针对不同类型的图形对象，AutoCAD 2016 提供了智能标注、线性标注、弧长标注、角度标注和多重引线标注等多种标注类型。

10.3.1 智能标注

【智能标注】命令为 AutoCAD 2016 的新增功能，可以根据选定的对象类型自动创建相应的标注。可自动创建的标注类型包括垂直标注、水平标注、对齐标注、旋转的线性标注、角度标注、半径标注、直径标注、折弯半径标注、弧长标注、基线标注和连续标注等。如果需要，可以使用命令行选项更改标注类型。

执行【智能标注】命令有以下两种方式。

> 面板：在【默认】选项卡中，单击【注释】面板中的【标注】按钮。
> 命令行：DIM。

使用上面任意一种方式启动【智能标注】命令，命令行操作提示如下。

选择对象或指定第一个尺寸界线原点或 [角度(A)/基线(B)/连续(C)/坐标(O)/对齐(G)/分发(D)/图层(L)/放弃(U)]: //选择图形或标注对象

命令行中各选项的含义说明如下。

> 角度（A）：创建一个角度标注来显示 3 个点或两条直线之间的角度，操作方法基本同【角度标注】。
> 基线（B）：从上一个或选定标准的第一条界线创建线性、角度或坐标标注，操作方法基本同【基线标注】。
> 连续（C）：从选定标注的第二条尺寸界线创建线性、角度或坐标标注，操作方法基本同【连续标注】。
> 坐标（O）：创建坐标标注，提示选取部件上的点，如端点、交点或对象中心点。
> 对齐（G）：将多个平行、同心或同基准的标注对齐到选定的基准标注。
> 分发（D）：指定可用于分发一组选定的孤立线性标注或坐标标注的方法。
> 图层（L）：为指定的图层指定新标注，以替代当前图层。输入 Use Current 或 "." 以使用当前图层。

将鼠标置于对应的图形对象上，就会自动创建出相应的标注，如图 10-39 所示。

线性、对齐标注

角度标注

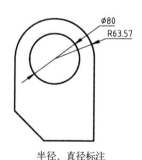
半径、直径标注

图 10-39 智能标注

10.3.2 线性标注与对齐标注

线性标注和对齐标注用于标注对象的正交或倾斜直线距离。

1. 线性标注

线性标注用于标注任意两点之间的水平或竖直方向的距离。执行【线性标注】命令的方法有以下几种。

> 面板：单击【标注】面板中的【线性】按钮⊟。
> 菜单栏：选择【标注】|【线性】命令。
> 命令行：DIMLINEAR 或 DLI。

执行任一命令后，命令行提示如下。

指定第一个尺寸界线原点或 <选择对象>:

此时可以选择通过【指定原点】或是【选择对象】进行标注，两者的具体操作与区别如下。

❑ 指定原点

默认情况下，在命令行提示下指定第一条尺寸界线的原点，并在"指定第二条尺寸界线原点"提示下指定第二条尺寸界线原点后，命令提示行如下。

指定尺寸线位置或[多行文字(M)/文字(T)/角度(A)/水平(H)/垂直(V)/旋转(R)]:

因为线性标注有水平和竖直方向两种，因此指定尺寸线的位置后，尺寸值才能够完全确定。以上命令行中其他选项的功能说明如下。

> 多行文字（M）：选择该选项将进入多行文字编辑模式，可以使用【多行文字编辑器】对话框输入并设置标注文字。其中，文字输入窗口中的尖括号（<>）表示系统测量值。
> 文字（T）：以单行文字形式输入尺寸文字。
> 角度（A）：设置标注文字的旋转角度。
> 水平（H）和垂直（V）：标注水平尺寸和垂直尺寸。可以直接确定尺寸线的位置，也可以选择其他选项来指定标注的标注文字内容或标注文字的旋转角度。
> 旋转（R）：旋转标注对象的尺寸线。

该标注的操作方法示例如图 10-40 所示，命令行的操作过程如下。

命令: _dimlinear	//执行【线性标注】命令
指定第一个尺寸界线原点或 <选择对象>:	//选择矩形的一个顶点
指定第二条尺寸界线原点:	//选择矩形另一侧边的顶点
指定尺寸线位置或	
[多行文字(M)/文字(T)/角度(A)/水平(H)/垂直(V)/旋转(R)]:	//向上拖动指针，在合适位置单击放置尺寸线
标注文字 = 50	//生成尺寸标注

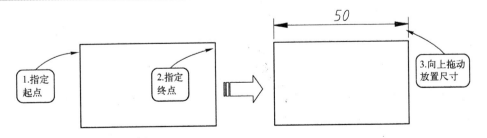

图 10-40 线性标注之【指定原点】

❑ 选择对象

执行【线性标注】命令之后，直接按【Enter】键，则要求选择标注尺寸的对象。选择了对象之后，系统便以对象的两个端点作为两条尺寸界线的起点。

该标注的操作方法示例如图 10-41 所示，命令行的操作过程如下。

命令：_dimlinear	//执行【线性标注】命令
指定第一个尺寸界线原点或 <选择对象>：	//按【Enter】键
选择标注对象：	//选择对象
指定尺寸线位置或	
[多行文字(M)/文字(T)/角度(A)/水平(H)/垂直(V)/旋转(R)]：	
//水平向右拖动指针，在合适位置放置尺寸线（若上下拖动，则生成水平尺寸）	
标注文字 ＝30	

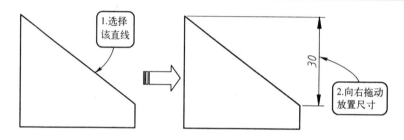

图 10-41　线性标注之【选择对象】

2．对齐标注

使用线性标注无法创建对象在倾斜方向上的尺寸，这时可以使用【对齐标注】。

执行【对齐标注】命令的方法有以下几种。

➢ 面板：单击【标注】面板中的【对齐】按钮 。
➢ 菜单栏：选择【标注】|【对齐】命令。
➢ 命令行：DIMALIGNED 或 DAL。

执行【对齐标注】命令之后，选择要标注的两个端点，系统将以两点间的最短距离（直线距离）生成尺寸标注，如图 10-42 所示。

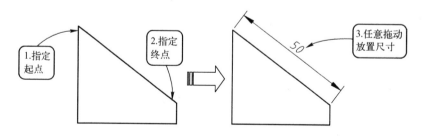

图 10-42　对齐标注

10.3.3　角度标注

利用【角度标注】命令不仅可以标注两条相交直线间的角度，还可以标注 3 个点之间的夹角和圆弧的圆心角。

执行【角度标注】命令的方法有以下几种。

➤ 面板：单击【标注】面板中的【角度】按钮△。

➤ 菜单栏：选择【标注】|【角度】命令。

➤ 命令行：DIMANGULAR 或 DAN。

执行该命令之后，选择零件图上要标注角度尺寸的对象，即可进行标注。操作示例如图 10-43 所示，命令行操作过程如下。

命令: _dimangular	//执行【角度标注】命令
选择圆弧、圆、直线或 <指定顶点>:	//选择圆弧 AB
指定标注弧线位置或 [多行文字(M)/文字(T)/角度(A)/象限点(Q)]:	
	//向圆弧外拖动指针，在合适位置放置圆弧线
标注文字 = 50	
	//重复执行【角度标注】命令
命令: _dimangular	
选择圆弧、圆、直线或 <指定顶点>:	//选择直线 AO
选择第二条直线:	//选择直线 CO
指定标注弧线位置或 [多行文字(M)/文字(T)/角度(A)/象限点(Q)]:	
	//向右拖动指针，在锐角内放置圆弧线
标注文字 = 45	

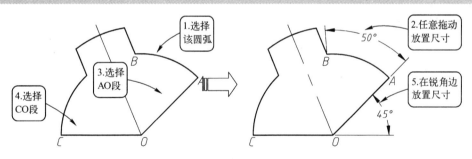

图 10-43 角度标注

10.3.4 弧长标注

弧长标注用于标注圆弧、椭圆弧或者其他弧线的长度。

执行【弧长标注】命令的方法有以下几种。

➤ 面板：单击【标注】面板中的【弧长标注】按钮 。

➤ 菜单栏：选择【标注】|【弧长】命令。

➤ 命令行：DIMARC。

该标注的操作方法示例如图 10-44 所示，命令行的操作过程如下。

命令: _dimarc	//执行【弧长标注】命令
选择弧线段或多段线圆弧段:	//选择要标注的圆弧
指定弧长标注位置或 [多行文字(M)/文字(T)/角度(A)/部分(P)/引线(L)]:	//在合适的位置放置标注

标注文字 = 67

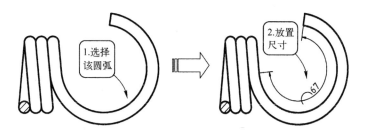

图 10-44 弧长标注

10.3.5 半径标注与直径标注

径向标注一般用于标注圆或圆弧的直径或半径。标注径向尺寸需要选择圆或圆弧，然后确定尺寸线的位置。默认情况下，系统自动在标注值前添加尺寸符号，包括半径"R"或直径"ϕ"。

1. 半径标注

利用【半径标注】可以快速标注圆或圆弧的半径大小。

执行【半径标注】命令的方法有以下几种。

➢ 面板：单击【标注】面板中的【半径】按钮。

➢ 菜单栏：选择【标注】|【半径】命令。

➢ 命令行：DIMRADIUS 或 DRA。

执行任一命令后，命令行提示选择需要标注的对象，单击圆或圆弧即可生成半径标注，拖动鼠标指针在合适的位置放置尺寸线即可。该标注方法的操作示例如图 10-45 所示，命令行操作过程如下。

命令：_dimradius	//执行【半径标注】命令
选择圆弧或圆：	//单击选择圆弧 A
标注文字 = 150	
指定尺寸线位置或 [多行文字(M)/文字(T)/角度(A)]：	//在圆弧内侧合适位置放置尺寸线

再重复执行【半径标注】命令，按此方法标注圆弧 B 的半径即可。

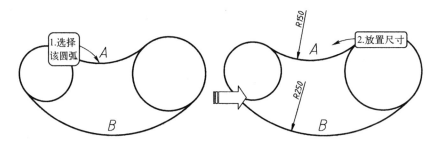

图 10-45 半径标注

在系统默认情况下，系统自动加注半径符号 R。但如果在命令行中选择【多行文字】和

【文字】选项重新确定尺寸文字时，只有在输入的尺寸文字前添加前缀，才能使标注出的半径尺寸有半径符号 R，否则没有该符号。

2. 直径标注

利用【直径标注】可以标注圆或圆弧的直径大小。

执行【直径标注】命令的方法有以下几种。

➢ 面板：单击【标注】面板中的【直径】按钮⊘。

➢ 菜单栏：选择【标注】|【直径】命令。

➢ 命令行：DIMDIAMETER 或 DDI。

【直径标注】的方法与【半径标注】的方法相同，执行【直径标注】命令之后，选择要标注的圆弧或圆，然后指定尺寸线的位置即可。

10.3.6 折弯标注

当圆弧半径相对于图形尺寸较大时，半径标注的尺寸线相对于图形显得过长，这时可以使用折弯标注，该标注方式与半径标注方式基本相同，但需要指定一个位置代替圆或圆弧的圆心。

执行【折弯标注】命令的方法有以下几种。

➢ 面板：单击【标注】面板中的【折弯】按钮⟳。

➢ 菜单栏：选择【标注】|【折弯】命令。

➢ 命令行：DIMJOGGED。

【折弯标注】的操作示例如图 10-46 所示。

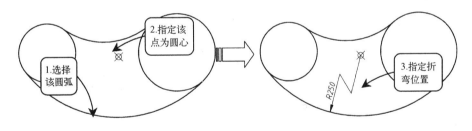

图 10-46　折弯标注

10.3.7 案例——标注六角头螺栓零件图

在机械行业，最常见的连接紧固件有两种，一种是 GB/T 70.1 的内六角螺钉，还有一种就是 GB/T 5782 的六角头螺栓，如图 10-47 所示。螺栓是配用螺母的圆柱形带螺纹的紧固件，由头部和螺杆（带有外螺纹的圆柱体）两部分组成，需与螺母配合，用于紧固连接两个带有通孔的零件。这种连接形式称螺栓连接。如果将螺母从螺栓上旋下，又可以使这两个零件分开，故螺栓连接属于可拆卸连接。由于螺栓对于工业来说几乎不可或缺，因此螺栓也被称为"工业之米"。

本例将标注如图 10-48 所示的螺栓零件图。

图 10-47　GB/T 5782 的六角头螺栓

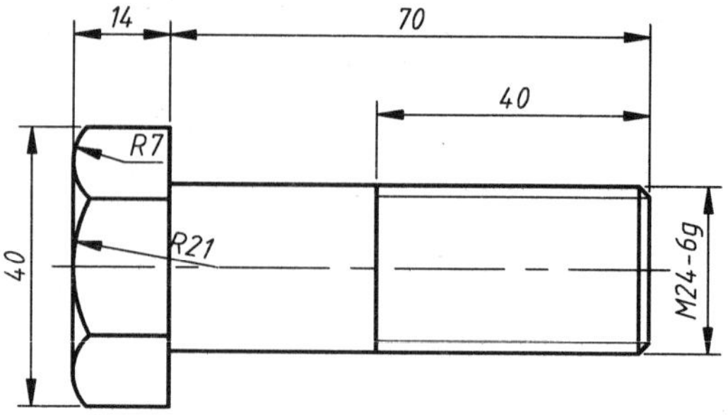

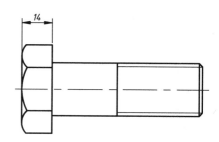

图 10-48　螺栓标注图

步骤 1 打开素材文件"第 10 章\10.3.7 标注螺栓零件图.dwg"，如图 10-49 所示。将【尺寸线】图层设置为当前图层。

步骤 2 标注螺帽高度。单击【标注】面板中的【线性】按钮 ⊟，标注线性尺寸，如图 10-50 所示。

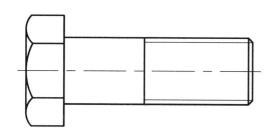

图 10-49　素材文件

图 10-50　使用【线性】标注螺帽尺寸

步骤 3 标注螺栓各段的长度。按【Enter】键，重复【线性】命令，连续标注螺栓的各段长度尺寸，如图 10-51 所示。

步骤 4 标注圆弧半径。单击【标注】面板中的【半径】按钮 ◎，标注半径尺寸，如图 10-52 所示。

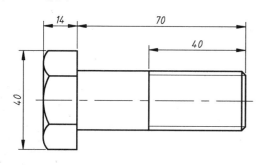

图 10-51　标注螺栓各段长度

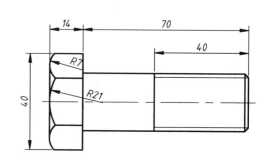

图 10-52　标注圆弧半径

步骤 5 标注螺帽直径。在命令行中输入 DLI 并按【Enter】键，标注螺栓的公称直径，如图 10-53 所示。命令行操作如下。

| 命令: DLI↙ | //执行【线性标注】命令 |
| 指定第一个尺寸界线原点或 <选择对象>: | //选择螺栓螺纹段的上边线端点 |

指定第二条尺寸界线原点:　　　　　　　　　　//选择螺栓螺纹段的下边线端点

指定尺寸线位置或

[多行文字(M)/文字(T)/角度(A)/水平(H)/垂直(V)/旋转(R)]: T　　//选择【文字】选项

输入标注文字 <24>: M24-6g✓　　　　　　　　//输入标注文字

指定尺寸线位置或

[多行文字(M)/文字(T)/角度(A)/水平(H)/垂直(V)/旋转(R)]:　　//在合适位置放置尺寸线

标注文字 ＝24

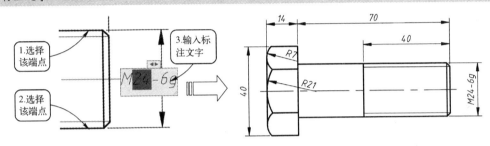

图 10-53　标注螺栓的公称直径

10.3.8 多重引线标注

使用【多重引线】命令可以引出文字注释、倒角标注、标注零件号和引出公差等。引线的标注样式由多重引线样式控制。

1. 管理多重引线样式

通过【多重引线样式管理器】对话框可以设置多重引线的箭头、引线和文字等特征。打开【多重引线样式管理器】对话框有以下几种常用的方法。

➤ 面板:单击【注释】面板中的【多重引线样式】按钮。

➤ 菜单栏:选择【格式】|【多重引线样式】命令。

➤ 命令行:MLEADERSTYLE 或 MLS。

执行以上任一操作,弹出【多重引线样式管理器】对话框,如图 10-54 所示。该对话框与【标注样式管理器】对话框的功能类似,可以设置多重引线的格式和内容。单击【新建】按钮,弹出【创建新多重引线样式】对话框,如图 10-55 所示。

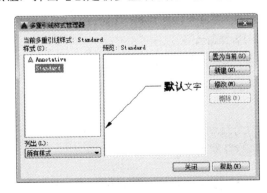

图 10-54 【多重引线样式管理器】对话框

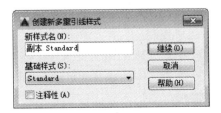

图 10-55 【创建新多重引线样式】对话框

2．创建多重引线标注

执行【多重引线】命令的方法有以下几种。

- ➢ 面板：单击【注释】面板中的【多重引线】按钮 。
- ➢ 菜单栏：选择【标注】|【多重引线】命令。
- ➢ 命令行：MLEADER 或 MLD。

执行【多重引线】命令之后，依次指定引线箭头和基线的位置，然后在打开的文本窗口中输入注释内容即可。单击【注释】面板中的【添加引线】按钮 ，可以为图形继续添加多个引线和注释。

10.3.9 标注打断

为了使图纸尺寸结构清晰，在标注线交叉的位置可以进行标注打断。

执行【标注打断】命令的方法有以下几种。

- ➢ 面板：单击【注释】选项卡的【标注】面板中的【打断】按钮 。
- ➢ 菜单栏：选择【标注】|【标注打断】命令。
- ➢ 命令行：DIMBREAK。

【标注打断】的操作示例如图 10-56 所示，命令行操作过程如下。

命令：_DIMBREAK	//执行【标注打断】命令
选择要添加/删除折断的标注或 [多个(M)]：	//选择线性尺寸标注
选择要折断标注的对象或 [自动(A)/手动(M)/删除(R)] <自动>：M	//选择【手动】选项
指定第一个打断点：	//在交点一侧单击指定第一个打断点
指定第二个打断点：	//在交点另一侧单击指定第二个打断点
1 个对象已修改	

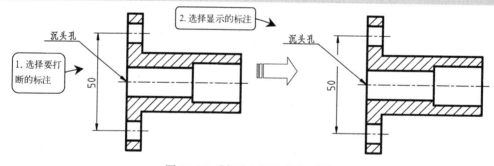

图 10-56 【标注打断】操作示例

命令行中各选项的含义如下。

- ➢ 自动（A）：此选项是默认选项，用于在标注相交位置自动生成打断，打断的距离不可控制。
- ➢ 手动（M）：选择此选项，需要用户指定两个打断点，将两点之间的标注线打断。
- ➢ 删除（R）：选择此选项，可以删除已创建的打断。

10.3.10 案例——标注装配图

利用前面所学的知识标注如图 10-57 所示的装配图。

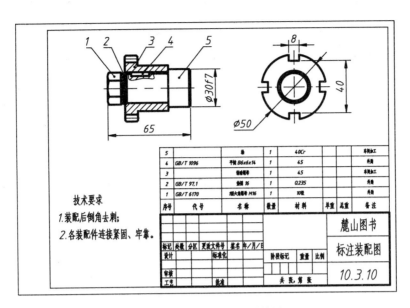

图 10-57　完整的装配图效果

步骤 1 打开素材文件"第 10 章\10.3.10 标注装配图.dwg"，如图 10-58 所示。其中已经创建好了所需的表格与相应的标注、技术要求等。读者可以先细心审阅该装配图，此即实际的设计工作中最基本的图纸。

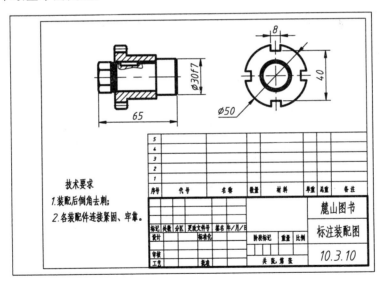

图 10-58　素材图形

步骤 2 单击【注释】面板中的【多重引线样式】按钮，在弹出的对话框中修改当前的多重引线样式。在【引线格式】选项卡中设置箭头符号为【小点】，大小为 5，如图 10-59 所示。

步骤 3 在【引线结构】选项卡中取消选择【自动包含基线】复选框，如图 10-60 所示。

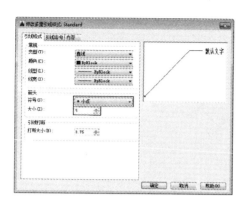

图 10-59　设置【引线格式】选项卡

图 10-60　设置【引线结构】选项卡

步骤 4 在【内容】选项卡中设置【文字高度】为 8，设置引线连接位置为【最后一行加下划线】，如图 10-61 所示。

步骤 5 选择【标注】|【多重引线】命令，标注零件序号，如图 10-62 所示。

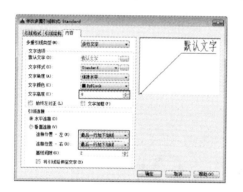

图 10-61　【内容】选项卡设置

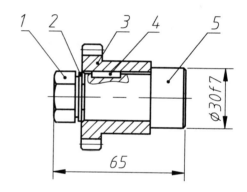

图 10-62　标注零件序号

提示： 在对装配图进行引线标注时，需要注意各个序号应按顺序排列整齐。

步骤 6 输入文字。双击相关单元格，输入标题栏和明细表内容，如图 10-63 所示。

6	5		轴	1	40Cr			车同加工
5	4	GB/T 1096	平键 B6x6x14	1	45			外购
4	3		制动螺母	1	45			车同加工
3	2	GB/T 97.1	垫圈 16	1	Q235			外购
2	1	GB/T 6170	1型六角螺母 M16	1	10级			外购
1	序号	代号	名称	数量	材料	单重	总重	备注
	A	B	C	D	E	F	G	H

图 10-63　在明细表中输入文字内容

步骤 7 装配图标注完成，最后的结果即如图 10-57 所示。

10.4　尺寸标注的编辑

在创建尺寸标注后，如未能达到预期的效果，还可以对尺寸标注进行编辑，如修改尺寸标注文字的内容、编辑标注文字的位置、更新标注和关联标注等，而不必删除所标注的尺寸对象再重新进行标注。

10.4.1　编辑标注

利用【编辑标注】命令可以一次修改一个或多个尺寸标注对象上的文字内容、方向、放置位置和倾斜尺寸界限。

执行【编辑标注】命令的方法有以下几种。

➤ 面板：单击【注释】选项卡的【标注】面板下的相应按钮：【文字角度】按钮 、【左对正】按钮 、【居中对正】按钮 和【右对正】按钮 。

➤ 命令行：DIMEDIT 或 DED。

在命令行中输入命令后，命令行提示如下。

输入标注编辑类型[默认(H)/新建(N)/旋转(R)/倾斜(O)] 〈默认〉：

命令行中各选项的含义如下。

➤ 默认（H）：选择该选项并选择尺寸对象，可以按默认位置和方向放置尺寸文字。

➤ 新建（N）：选择该选项后，打开文字编辑器，选中输入框中的所有内容，然后重新输入需要的内容。单击【确定】按钮，返回绘图区，单击要修改的标注，按【Enter】键，即可完成标注文字的修改。

➤ 旋转（R）：选择该选项后，命令行提示"输入文字旋转角度"，此时，输入文字旋转角度后，单击要修改的文字对象，即可完成文字的旋转，如图 10-64 所示。

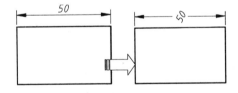

图 10-64　旋转标注文本

➤ 倾斜（O）：用于修改尺寸界线的倾斜度。选择该选项后，命令行会提示选择修改对象，并要求输入倾斜角度。

10.4.2　编辑多重引线

使用【多重引线】命令注释对象后，可以对引线的位置和注释内容进行编辑。选中创建的多重引线，引线对象以夹点模式显示，将光标移至夹点，系统弹出快捷菜单，如图 10-65 所示，可以执行拉伸和拉长基线操作，还可以添加引线。也可以单击夹点之后，拖动夹点以调整转折的位置。

图 10-65　快捷菜单

如果要编辑多重引线上的文字注释，则双击该文字，打开【文字编辑器】选项卡，如图 10-66 所示，可对注释文字进行修改和编辑。

图 10-66 【文字编辑器】选项卡

10.4.3 翻转箭头

当尺寸界限内的空间狭窄时，可使用【翻转箭头】命令将尺寸箭头翻转到尺寸界限之外，使尺寸标注更清晰。选中需要翻转箭头的标注，则标注会以夹点形式显示，将鼠标指针移到尺寸线夹点上，弹出快捷菜单，选择【翻转箭头】命令，即可翻转该侧的一个箭头。使用同样的操作方法翻转另一端的箭头，操作示例如图 10-67 所示。

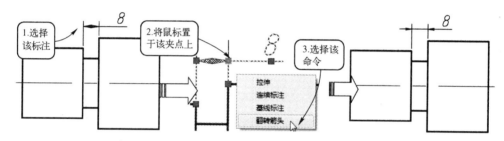

图 10-67 翻转箭头

10.4.4 尺寸关联性

尺寸关联是指尺寸对象与其标注的对象之间建立了联系，当图形对象的位置、形状和大小等发生改变时，其尺寸对象也会随之动态更新。

1. 尺寸关联

在模型窗口中标注尺寸时，尺寸是自动关联的，无须用户进行关联设置。但是，如果在输入尺寸文字时不使用系统的测量值，而是由用户手动输入尺寸值，那么尺寸文字将不会与图形对象关联。

例如，一个长 50、宽 30 的矩形，使用【缩放】命令将矩形等放大两倍，不仅图形对象放大了两倍，而且尺寸标注也同时放大了两倍，尺寸值变为放大前的两倍，如图 10-68 所示。

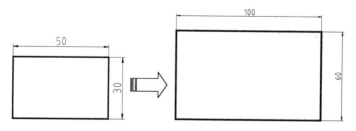

图 10-68 尺寸关联示例

2. 解除与重建关联

❑ 解除标注关联

对于已经建立了关联的尺寸对象及其图形对象，可以用【解除关联】命令解除尺寸与图形的关联性。解除标注关联后，对图形对象进行修改，尺寸对象不会发生任何变化。因为尺寸对象已经和图形对象彼此独立，没有任何关联关系了。

在命令行中输入DDA命令并按【Enter】键，命令行提示如下。

命令: DDA

DIMDISASSOCIATE

选择要解除关联的标注 ...

选择对象:

选择要解除关联的尺寸对象，按【Enter】键，即可解除关联。

❑ 重建标注关联

对于没有关联，或已经解除了关联的尺寸对象和图形对象，可以选择【标注】|【重新关联标注】命令，或在命令行中输入 DRE 命令并按【Enter】键，重建关联。执行【重新关联标注】命令之后，命令行提示如下。

命令: _dimreassociate   //执行【重新关联标注】命令

选择要重新关联的标注 ...

选择对象或 [解除关联(D)]: 找到 1 个   //选择要建立关联的尺寸

选择对象或 [解除关联(D)]:

指定第一个尺寸界线原点或 [选择对象(S)] <下一个>:   //选择要关联的第一点

指定第二个尺寸界线原点 <下一个>:   //选择要关联的第二点

10.4.5 调整标注间距

在 AutoCAD 中进行基线标注时，如果没有设置合适的基线间距，可能会使尺寸线之间的间距过大或过小，如图 10-69 所示。利用【调整间距】命令，可以调整互相平行的线性尺寸或角度尺寸之间的距离。

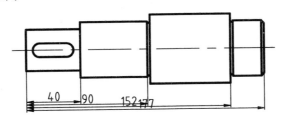

图 10-69　标注间距过小

执行【调整间距】命令的方法有以下几种。

➢ 面板：单击【注释】选项卡的【标注】面板下的【调整间距】按钮圖。

➢ 菜单栏：选择【标注】|【调整间距】命令。

➢ 命令行：DIMSPACE。

【调整间距】命令的操作示例如图 10-70 所示，命令行操作如下。

命令: _DIMSPACE   //执行【调整间距】命令

选择基准标注: //选择值为 29 的尺寸

选择要产生间距的标注:找到 1 个   //选择值为 49 的尺寸

选择要产生间距的标注:找到 1 个，总计 2 个   //选择值为 69 的尺寸

选择要产生间距的标注: //结束选择

输入值或 [自动(A)] <自动>: 10   //输入间距值

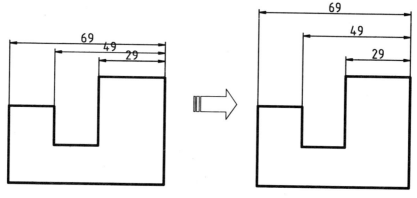

图 10-70 调整标注间距的效果

10.4.6 折弯线性标注

在标注细长杆件打断视图的长度尺寸时，可以使用【折弯线性】命令，在线性标注的尺寸线上生成折弯符号。执行【折弯线性】命令有以下几种常用的方法。

➢ 面板：单击【标注】面板中的【折弯线性标注】按钮 ⊡。

➢ 菜单栏：选择【标注】|【折弯线性】命令。

➢ 命令行：DIMJOGLINE。

执行以上任一命令后，选择需要添加折弯的线性标注或对齐标注，然后指定折弯位置即可，完成效果如图 10-71 所示。

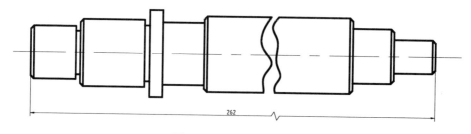

图 10-71 折弯线性标注

10.5 尺寸公差的标注

尺寸公差是指实际加工出的零件与理想尺寸之间的偏差，公差即这种误差的限定范围。零件图上的重要尺寸均需要标明公差值。

10.5.1 机械行业中的尺寸公差

在机械设计的制图工作中，标注尺寸公差是其中很重要的一项工作内容。而要想掌握好尺寸公差的标注，就必须先了解什么是尺寸公差。

1. 公差

在本书第 9 章的 9.2.7 节中，已经对尺寸公差做了简单的介绍，可知尺寸公差是一种对误差的控制。举个例子来说，某零件的设计尺寸是 $\phi25mm$，要加工 8 个，由于误差的存在，最后做出来的成品尺寸如表 10-1 所示。

表 10-1　加工结果（单位：mm）

设计尺寸	1 号	2 号	3 号	4 号	5 号	6 号	7 号	8 号
$\phi25.00$	$\phi24.3$	$\phi24.5$	$\phi24.8$	$\phi25$	$\phi25.2$	$\phi25.5$	$\phi25.8$	$\phi26.2$

如果不了解尺寸公差的概念，可能就会认为只有 4 号零件符合要求，其余都属于残次品。其实不然，如果 $\phi25mm$ 的尺寸公差为 ±0.4mm，那尺寸在 $\phi25±0.4$ 之间的零件都是合格产品（3、4、5 号）。

上文判断该零件是否合格，取决于零件尺寸是否在 $\phi25±0.4mm$ 这个范围之内。因此，$\phi25±0.4mm$ 这个范围就显得十分重要了，那么这个范围又该确定呢？这个范围通常可以根据设计人员的经验确定，但如果要与其他零件进配合的话，则必须严格按照国家标准（GB/T 1800）进行取值。

这些公差从 A 到 Z 共计 22 个公差带（大小写字母容易混淆的除外，大写字母表示孔，小写字母表示轴），精度等级从 IT1 到 IT13 共计 13 个等级。通过选择不同的公差带，再选用相应的精度等级，就可以最终确定尺寸的公差范围。如 $\phi100H8$，则表示尺寸为 $\phi100$，公差带分布为 H，精度等级为 IT8，通过查表就可以知道该尺寸的范围为 100.00～10.054mm 之间。

2. 配合

$\phi100H8$ 表示的是孔的尺寸，与之对应的轴尺寸又该如何确定呢？这时就需要加入配合的概念。

配合是零件之间互换性的基础。而所谓互换性，就是指一个零件，不用改变它即可代替另一零件，并能满足同样要求的能力。比如，自行车坏了，那可以在任意自行车店进行维修，因为自行车店内有可以互换的各种零部件，所以无须返厂进行重新加工。因此通俗的讲，配合就是指多大的孔，对应多大的轴。

机械设计中将配合分为 3 种：间隙配合、过渡配合和过盈配合，分别介绍如下。

> 间隙配合：间隙配合是指具有间隙（不包括最小间隙等于零）的配合，如图 10-72 所示。间隙配合主要用于活动连接，如滑动轴承和轴的配合。

> 过渡配合：过渡配合是指可能具有间隙或过盈的配合，如图 10-73 所示。过渡配合用于方便拆卸和定位的连接，如滚动轴承内径和轴。

> 过盈配合：过盈配合是指孔小于轴的配合，如图 10-74 所示。过盈配合属于紧密配合，必须采用特殊工具挤压进去，或利用热胀冷缩的方法才能进行装配。过盈配合

主要用在相对位置不能移动的连接，如大齿轮和轮毂。

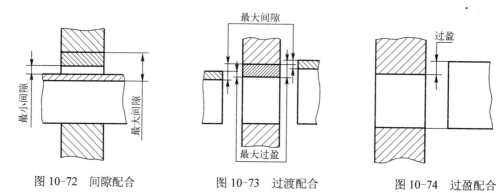

图 10-72　间隙配合　　　　图 10-73　过渡配合　　　　图 10-74　过盈配合

孔和轴常用的配合如图 10-75 所示（基孔制），其中灰色显示的为优先选用配合。

基准孔	轴																				
	a	b	c	d	e	f	g	h	js	k	m	n	p	r	s	t	u	v	x	y	z
	间隙配合								过渡配合				过盈配合								
H6						H6/f5	H6/g5	H6/h5	H6/js5	H6/k5	H6/m5	H6/n5	H6/p5	H6/r5	H6/s5	H6/t5					
H7						H7/f6	H7/g6	H7/h6	H7/js6	H7/k6	H7/m6	H7/n6	H7/p6	H7/r6	H7/s6	H7/t6	H7/u6	H7/v6	H7/x6	H7/y6	H7/z6
H8					H8/e7	H8/f7	H8/g7	H8/h7	H8/js7	H8/k7	H8/m7	H8/n7	H8/p7	H8/r7	H8/s7	H8/t7	H8/u7	H8/v7	H8/x7	H8/y7	H8/z7
H8				H8/d8	H8/e8	H8/f8		H8/h8													
H9			H9/c9	H9/d9	H9/e9	H9/f9		H9/h9													
H10			H10/c10	H10/d10				H10/h10													
H11	H11/a11	H11/b11	H11/c11	H11/d11				H11/h11													
H12		H12/b12						H12/h12													

图 10-75　基孔制的优先与常用配合

10.5.2　标注尺寸公差

在 AutoCAD 中有两种添加尺寸公差的方法：一种是通过【标注样式管理器】对话框中的【公差】选项卡修改标注；另一种是编辑尺寸文字，在文本中添加公差值。

1. 通过【文字编辑器】选项卡标注公差

该方法已经在本书第 9 章的 9.2.7 节中介绍过了，是 AutoCAD 中标注公差最常用的方法。

在【公差】选项卡中设置的公差将应用于整个标注样式，因此所有该样式的尺寸标注都将添加相同的公差。实际工作中，零件上不同的尺寸有不同的公差要求，这时就可以双击某个尺寸文字，利用【格式】面板标注公差。

双击尺寸文字之后，进入【文字编辑器】选项卡，如图 10-76 所示。如果是对称公差，可在尺寸值后直接输入"±公差值"，例如"200±0.5"。如果是非对称公差，在尺寸值后面按"上偏差^下偏差"的格式输入公差值，然后选择该公差值，单击【格式】面板中的【堆叠】按钮，即可将公差变为上、下标的形式。

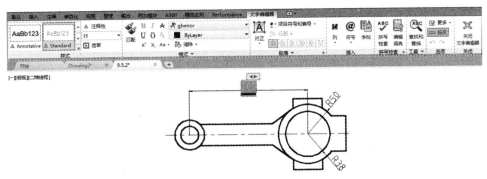

图 10-76 【格式】面板

2．通过【标注样式管理器】对话框设置公差

选择【格式】|【标注样式】命令，弹出【标注样式管理器】对话框，选择某一个标注样式，单击【修改】按钮，在弹出的对话框中选择【公差】选项卡，如图 10-77 所示。

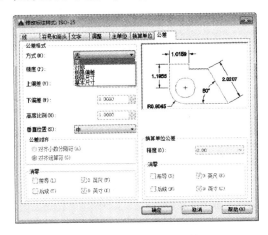

图 10-77 【公差】选项卡

在【公差格式】选项组的【方式】下拉列表框中选择一种公差样式，不同的公差样式所需要的参数也不同。

➢ 对称：选择此方式，则【下偏差】微调框将不可用，因为上下公差值对称。

➢ 极限偏差：选择此方式，需要在【上偏差】和【下偏差】微调框中输入上、下极限公差。

➢ 极限尺寸：选择此方式，同样在【上偏差】和【下偏差】微调框中输入上、下极限公差，但尺寸上不显示公差值，而是以尺寸的上、下极限表示。

➢ 基本尺寸：选择此方式，将在尺寸文字周围生成矩形方框，表示基本尺寸。

在【公差】选项卡的【公差对齐】选项组中有两个选项，通过这两个选项可以控制公差的对齐方式，各选项的含义如下。

➢ 对齐小数分隔符（A）：通过值的小数分隔符来堆叠值。

➢ 对齐运算符（G）：通过值的运算符堆叠值。

图 10-78 所示为【对齐小数分隔符】与【对齐运算符】的标注区别。

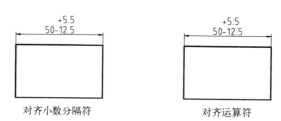

图 10-78　公差对齐方式

10.5.3　案例——通过【标注样式管理器】标注连杆公差

连杆和通过【文字编辑器】选项卡标注公差的方法都已经在前面的章节中介绍过了，因此本案例将同时使用【标注样式管理器】与【文字编辑器】选项卡的方法来标注公差。

步骤 1 打开素材文件"第 10 章\10.5.3 标注连杆公差.dwg"，如图 10-79 所示。

步骤 2 选择【格式】|【标注样式】命令，在弹出的对话框中新建名为"圆弧标注"的标注样式，在【公差】选项卡中设置公差值，如图 10-80 所示。

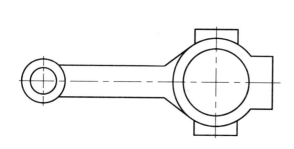

图 10-79　素材图形　　　　　　　　　　　图 10-80　设置公差值

步骤 3 将"圆弧标注"样式设置为当前样式。单击【注释】面板中的【直径】按钮，标注圆弧直径，如图 10-81 所示。

步骤 4 将"ISO-25"标注样式设置为当前样式，单击【注释】面板中的【线性】按钮，标注线性尺寸，如图 10-82 所示。

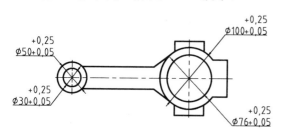

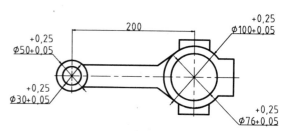

图 10-81　圆弧的标注效果　　　　　　　　图 10-82　标注线性尺寸

步骤 5 双击标注的线性尺寸，在文本框中输入上、下偏差，如图 10-83 所示。

步骤 6 选中公差值"+0.15^-0.08"，然后单击【格式】面板中的【堆叠】按钮，按【Ctrl+Enter】组合键，退出文字编辑，添加公差后的效果如图 10-84 所示。

图 10-83 输入公差值

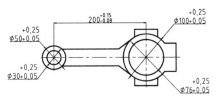

图 10-84 添加公差后的效果

10.6 形位公差的标注

实际加工出的零件不仅有尺寸误差，而且还有形状上的误差和位置上的误差，例如加工出的轴不是绝对理想的圆柱、平键的表面不是理想平面等，这种形状或位置上的误差限值称为形位公差。AutoCAD 有标注形位公差的命令，但一般需要与引线和基准符号配合使用才能够完整地表达公差信息。

10.6.1 机械行业中的形位公差

在本书第 1 章的 1.3.4 节中，对于形位公差已经有了详细的介绍，因此此处只做简单补充。

形位公差的标注与尺寸公差的标注一样，均有相应的标准与经验可循，不能任意标注。就拿某根轴零件来说，轴上的形位公差标注要结合它与其他零部件的装配关系来看（轴上的零件装配如图 10-85 所示）。可知该轴为一个阶梯轴，在不同的阶梯段上装配有不同的零件，其中大齿轮的安装段上还有一个凸出的部分，用来阻挡大齿轮进行定位。因此可知，该轴上的主要形位公差即为控制同轴零件装配精度的同轴度，以及凸出部分侧壁上相对于轴线的垂直度（与大齿轮相接触的面）。

10.6.2 形位公差的结构

通常情况下，形位公差的标注主要由公差框格和指引线组成，而公差框格内又主要包括公差代号、公差值、基准代号，以及简单形位公差的标注方法。

1. 基准代号和公差指引

大部分的形位公差都要以另一个位置的对象作为参考，即公差基准。AutoCAD 中没有专门的基础符号工具，需要用户自行绘制，通常可将基准符号创建为外部块，方便随时调用。公差的指引线一般使用【多重引线】命令绘制，绘制不含文字注释的多重引线即可，如图 10-86 所示。除此之外，还可以修改【快速引线】命令（LE）的设置，来快速绘制形位公差。

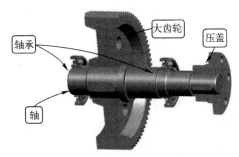

图 10-85 轴的装配

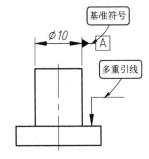

图 10-86 基准符号与多重引线

2. 形位公差

创建公差指引后，插入形位公差并放置到指引位置即可。调用【形位公差】命令有以下几种常用的方法。

➤ 面板：单击【注释】选项卡的【标注】面板下的【公差】按钮 ⊞。

➤ 菜单栏：选择【标注】|【公差】命令。

➤ 命令行：TOLERANCE 或 TOL。

执行以上任一命令后，弹出【形位公差】对话框，如图 10-87 所示。单击对话框中的【符号】黑色方块，弹出【特征符号】对话框，如图 10-88 所示，在该对话框中选择公差符号即可。

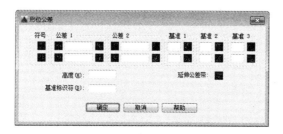

图 10-87 【形位公差】对话框

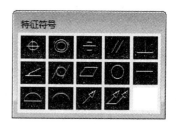

图 10-88 【特征符号】对话框

在【公差 1】选项组的文本框中输入公差值，单击色块会弹出【附加符号】对话框，在该对话框中选择所需的包容符号，其中符号Ⓜ代表材料的一般中等情况；Ⓛ代表材料的最大状况；Ⓢ代表材料的最小状况。

在【基准 1】选项组的文本框中输入公差代号，单击【确定】按钮，最后在指引线处放置形位公差，即完成公差标注。

10.6.3 案例——标注轴的形位公差

本案例便以图 10-85 中的图形为例，来标注对应的形位公差。

步骤 1 打开素材文件"第 10 章\10.6.3.dwg"，如图 10-89 所示。

步骤 2 分别单击【绘图】面板中的【矩形】和【直线】按钮，绘制基准符号，并添加文字，如图 10-90 所示。

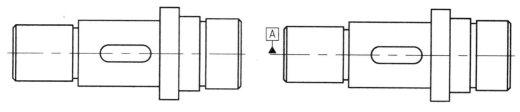

图 10-89 素材图形   图 10-90 绘制基准符号

步骤 3 选择【标注】|【公差】命令，弹出【形位公差】对话框，选择公差类型为【同轴度】，然后输入公差值 φ0.03 和公差基准 A，如图 10-91 所示。

步骤 4 单击【确定】按钮，在要标注的位置附近单击，放置该形位公差，如图 10-92 所示。

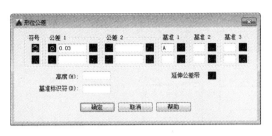

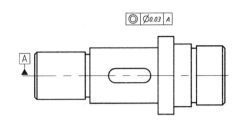

图 10-91　设置公差参数　　　　　　　　　　图 10-92　生成的形位公差

步骤 5 单击【注释】面板中的【多重引线】按钮 ，绘制多重引线指向公差位置，如图 10-93 所示。

步骤 6 使用【快速引线】命令快速绘制形位公差。在命令行中输入 LE 并按【Enter】键，利用快速引线标注形位公差，命令行操作如下。

命令: LE	//调用【快速引线】命令
QLEADER	
指定第一个引线点或 [设置(S)] <设置>:	//选择【设置】选项，弹出【引线设置】对话框，设置类
	//型为【公差】，如图 10-94 所示，单击【确定】按钮，
	//继续执行以下命令行操作
指定第一个引线点或 [设置(S)] <设置>:	//在要标注公差的位置单击，指定引线箭头位置
指定下一点:	//指定引线转折点
指定下一点:	//指定引线端点

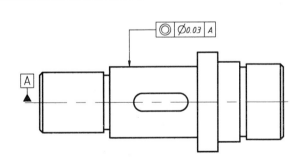

图 10-93　添加多重引线　　　　　　　　　　图 10-94　【引线设置】对话框

步骤 7 在需要标注形位公差的地方定义引线，如图 10-95 所示。定义之后，弹出【形位公差】对话框，设置公差参数，如图 10-96 所示。

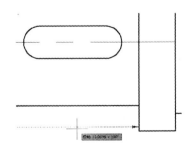

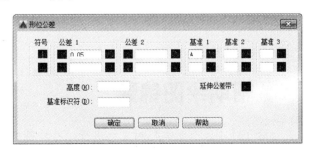

图 10-95　绘制快速引线　　　　　　　　　　图 10-96　设置公差参数

步骤 8 单击【确定】按钮，创建的形位公差标注如图 10-97 所示。

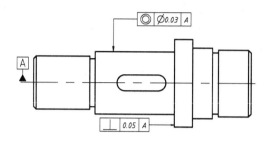

图 10-97　标注的形位公差

10.7　上机实训

使用本章所学的标注知识，绘制并标注如图 10-98 所示的定位销零件图。

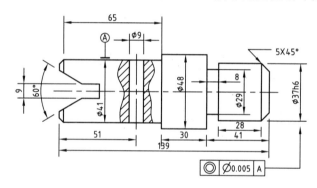

图 10-98　定位销

具体的绘制步骤提示如下。

步骤 1 创建并设置好各个图层。

步骤 2 绘制中心线。

步骤 3 执行【直线】或【偏移】命令，绘制零件的外形轮廓。

步骤 4 绘制中间通孔，并填充剖面线。

步骤 5 执行【线性】【角度】和【引线】等标注命令，标注零件图上的尺寸。

步骤 6 执行【直线】【圆】和【多行文字】命令，创建基准符号。

步骤 7 单击【注释】选项卡的【标注】面板下的【公差】按钮 ⊞，创建零件上的公差。

步骤 8 完成绘制。

10.8　辅助绘图锦囊

在实际工作中，有时需要对文字进行一些特殊处理，如输入圆弧对齐文字，即所输入的文字沿指定的圆弧均匀分布。具体步骤如下。

步骤 1 在图纸中绘制任意圆弧图形。

步骤 2 在命令行中输入命令 Arctext，并按空格键或【Enter】键。

步骤 3 单击圆弧，弹出 ArcAlignedText Workshop-Create 对话框。

步骤 4 在对话框中设置字体样式，输入文字内容，即可在圆弧上创建弧形文字，如图 10-99 所示。

图 10-99 创建弧形文字

第二篇
二维案例篇

第 11 章

标准件和常用件的绘制

本章要点

- 标准件和常用件概述
- 螺纹紧固件
- 销钉类零件
- 键
- 弹簧
- 齿轮类零件及其啮合
- 上机实训
- 辅助绘图锦囊

在机械制图中，某些零件的结构、尺寸、画法和标记等各个方面已经完全标准化，这类零件称为标准件；而某些零件应用广泛，其零件上的部分结构、形状和尺寸等已有统一标准，这类零件称为常用件。本章将讲解常见的标准件和常用件的绘制方法。

11.1　标准件和常用件概述

在实际的机械设计工作中，真正自主设计并加工的零件其实并不多，从成本上来说也不划算，因此使用最多的还是机械上的标准件和常用件。本节将介绍标准件和常用件的概念，作为一个合格的机械设计人员，有必要对此有所了解。

11.1.1　标准件

标准件是指结构、尺寸、画法和标记等各个方面已经完全标准化，并由专业的厂家生产的常用的零（部）件，如螺钉螺母、键、销和滚动轴承等。广义的标准件包括标准化的紧固件、连接件、传动件、密封件、液压元件、气动元件、轴承和弹簧等机械零件。狭义的标准件仅包括标准化紧固件。国内俗称的标准件是标准紧固件的简称，是狭义概念，但不能排除广义概念的存在。此外，还有行业标准件，如汽车标准件、模具标准件等，也属于广义标准件。

总而言之，标准件就是一类具有准确名称与通用代号（如 GB/T 70.1、GB/T 6032 等）的零件，可以在市面上直接以代号来进行采购，如图 11-1 所示。

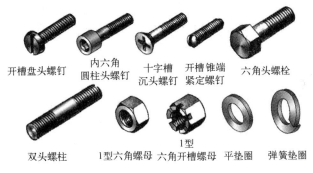

图 11-1　标准件

11.1.2　常用件

常用件是指应用广泛，某些部分的结构形状、尺寸等已有统一标准的零件，这些在制图中都有规定的表示法，如齿轮、轴等，如图 11-2 所示。相比于标准件，常用件缺少一些硬性规定，大致上指的是一类具有相似外形，但尺寸上存在差异，不可通用的零件，因此没有统一的代号，也就无法在市面上直接外购成品，只能额外设计和定制。

图 11-2　常用件

11.2 螺纹紧固件

螺纹是在圆柱或圆锥母体表面上制出的螺旋线形的、具有特定截面的连续凸起部分。由于连接可靠、装卸方便，螺纹广泛应用于各行各业，是最常见的一种连接方式。

11.2.1 螺纹的绘图方法

要了解螺纹的表达方法，就必须先了解螺纹的特征。其中制在零件外表面上的螺纹称为外螺纹，制在零件孔腔内表面上的螺纹称为内螺纹，如图 11-3 所示。

图 11-3 螺纹

而在内、外螺纹上，又有大径、小径等组成要素，具体的概念介绍如下，示意图如图 11-4 所示。

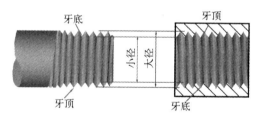

图 11-4 螺纹的大径与小径

> 大径：与外螺纹牙顶或内螺纹牙底相切的假想圆柱面的直径。
> 小径：与外螺纹牙底或内螺纹牙顶相切的假想圆柱面的直径。

提示： 除此之外，还有螺纹的中径，为一个假想圆柱的直径。该圆柱的母线通过牙型上沟槽和凸起宽度相等的地方。

螺纹在图纸上的表达，就与大径和小径这两个要素有关，螺纹的规定画法如下。

> 牙顶用粗实线表示：外螺纹的大径线，内螺纹的小径线。
> 牙底用细实线表示：外螺纹的小径线，内螺纹的大径线。
> 在投影为圆的视图上，表示牙底的细实线圆只画约 3/4 圈。
> 螺纹终止线用粗实线表示。

> 不论是内螺纹还是外螺纹，其剖视图或断面图上的剖面线都必须为粗实线。
> 当需要表示螺纹收尾时，螺尾部分的牙底线与轴线成 30° 角。

1. 外螺纹的画法

外螺纹的典型画法示例如图 11-5 所示。

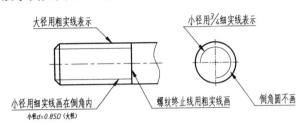

图 11-5　外螺纹的画法

2. 内螺纹的画法

内螺纹的典型画法示例如图 11-6 所示。

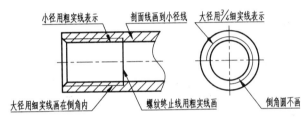

图 11-6　通孔内螺纹的画法

提示：无论是外螺纹还是内螺纹，剖面图中的剖面线应一律终止在粗实线上。而螺纹中的粗实线，可以简单记为人用手能触摸到的螺纹部分。

上述的内螺纹画法属于通孔画法（即孔直接钻通工件）。除此之外，内螺纹还有一种盲孔画法，在实际工作中经常有人画错，因此需要重点掌握。内螺纹盲孔的画法如图 11-7 所示。

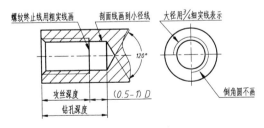

图 11-7　盲孔内螺纹的画法

关于盲孔内螺纹，有以下两点需要注意的地方。

> 钻孔深度比攻丝深度要深（深度约 0.5～1×大径 D）：这是由盲孔内螺纹的加工情况决定的。盲孔螺纹的加工一般先用钻花钻孔，然后再用丝锥攻丝，如图 11-8 所示。因此孔深就必须大于丝深，否则在攻丝的时候，加工所产生的铁屑就会直接堆积在

加工部分，影响攻丝稳定性，很容易造成丝锥折损。

➢ 钻孔的底部锥角为 120°：一般的孔都是通过钻花进行加工的，因此孔的形状自然会留下钻花的痕迹，即在末梢会呈现一个 120° 的锥角（也有 118° 的），这是因为钻花的钻尖通常被加工为 120°。

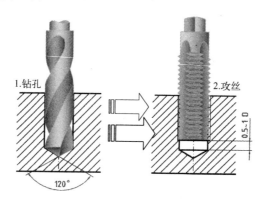

图 11-8　盲孔内螺纹的加工

3. 螺纹连接的画法

螺纹的连接部分通常按外螺纹画法绘制，其余部分按内、外螺纹各自的规定画法表示，具体说明如下。

➢ 大径线和大径线对齐；小径线和小径线对齐。

➢ 旋合部分按外螺纹画；其余部分按各自的规定画。

螺纹连接的画法示例如图 11-9 所示。

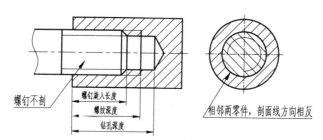

图 11-9　螺纹连接的画法

11.2.2　案例——绘制六角螺母

六角螺母与螺栓、螺钉配合使用，起连接紧固机件的作用，如图 11-10 所示。其中 1 型六角螺母应用最广，包括 A、B、C 这 3 种级别。C 级螺母用于表面比较粗糙、对精度要求不高的机器、设备或结构上；A 级和 B 级螺母用于表面比较光洁、对精度要求较高的机器、设备或结构上。2 型六角螺母的厚度 M 较大，多用于需要经常装拆的场合；六角薄螺母的厚度 M 较小，多用于表面空间受限制的零件。

六角螺母作为一种标准件，有规定的形状和尺寸关系。图 11-11 所示为六角螺母的尺寸参数标准，随着机械行业的发展，标准也处于不断变化中。

图 11-10　六角螺母

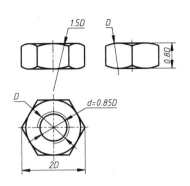

图 11-11　六角螺母的尺寸参数

由于螺母有成熟的标准体系，因此只需写明对应的国标号与螺纹的公称直径大小，就可以准确地指定某种螺钉。如装配图明细表中写明"M10A—GB/T 6170"，就可知表示的是"1型六角螺母，螺纹公称直径为 M10，性能等级 A 级"。

本案例便按照图 11-11 中的参数，绘制"M10A—GB/T 6170"六角螺母。具体步骤如下。

步骤 1 打开素材文件"第 11 章\11.2.2 绘制六角螺母.dwg"，如图 11-12 所示，已经绘制好了对应的中心线。

步骤 2 切换到【轮廓线】图层，分别执行 C（【圆】）和 POL（【正多边形】）命令，在交叉的中心线上绘制俯视图，如图 11-13 所示。

图 11-12　素材图形

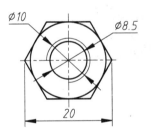

图 11-13　绘制螺母的俯视图

步骤 3 根据三视图基本准则"长对正，高平齐，宽相等"绘制主视图和左视图轮廓线，如图 11-14 所示。

步骤 4 执行 C（【圆】）命令，绘制与直线 AB 相切、半径为 15 的圆，绘制与直线 CD 相切、半径为 10 的圆；再执行 TR（【修剪】）命令，修剪图形，结果如图 11-15 所示。

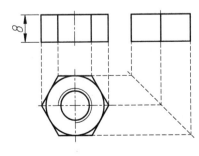

图 11-14　绘制轮廓线

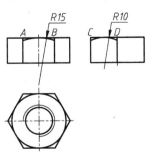

图 11-15　绘制螺母上的圆弧

步骤 5 单击【修改】面板中的【打断于点】按钮，将最上方的轮廓线在 A、B 两点打断，如图 11-16 所示。

步骤 6 执行 L（【直线】）命令，在主视图上绘制通过 R15 圆弧两端点的水平直线，如图 11-17 所示。执行 A（【圆弧】）命令，以水平直线与轮廓线的交点作为圆弧起点和终点，轮廓线的中点作为圆弧的中点，绘制圆弧，最后修剪图形，结果如图 11-18 所示。

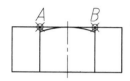
图 11-16　打断直线

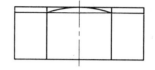
图 11-17　绘制水平辅助线

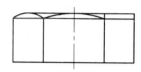
图 11-18　修剪图形

步骤 7 镜像图形。执行 MI（【镜像】）命令，以主视图水平中线作为镜像线，镜像图形。用同样的方法镜像左视图，结果如图 11-19 所示。

步骤 8 修剪图形，最终效果如图 11-20 所示，再选择【文件】|【保存】命令，保存文件，完成绘制。

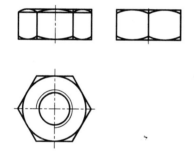
图 11-19　镜像图形

图 11-20　图形的最终修剪效果

11.2.3　案例——绘制内六角圆柱头螺钉

在本书的 10.3.7 节中，已经介绍了六角头螺栓，本节将介绍另一种常用的连接件：内六角圆柱头螺钉（GB/T 70.1），如图 11-21 所示。内六角圆柱头螺钉也称为内六角螺栓、杯头螺丝或内六角螺钉。常用的内六角圆柱头螺钉按强度等级分为 4.8 级、8.8 级、10.9 级和 12.9 级，强度等级不同，材质也不同，单价也随之由高到低。

其用途与六角头螺钉相似，但不同的是该螺钉头可以埋入机件中，因此可节省很多装配空间，整体的装配外观效果看起来就很简洁。该螺钉连接强度较大，装卸时需用相应规格的内六角扳手（即第 4.4.1 节中介绍的艾伦扳手）装拆螺钉。一般用于各种机床及其附件上。

同螺母一样，内六角圆柱头螺钉也可以在装配图上用国标代号表示。但不同的是，螺钉还有长度这一重要尺寸，因此还需要在代号后面写明螺钉长度。如"M10×40—GB/T 70.1，10.9 级"，表示的是"螺纹公称直径为 M10，长度为 40，性能等级为 10.9 级的内六角圆柱头螺钉"。

本案例便绘制"M10×40—GB/T 70.1，10.9 级"的螺钉，具体步骤如下。

步骤 1 打开素材文件"第 11 章\11.2.3 绘制内六角圆柱头螺钉.dwg",如图 11-22 所示,已经绘制好了对应的中心线。

图 11-21 内六角圆柱头螺钉

图 11-22 素材图形

步骤 2 切换到【轮廓线】图层,分别执行 C(【圆】)命令和 POL(【正多边形】)命令,在交叉的中心线上绘制左视图,如图 11-23 所示。

步骤 3 执行【偏移】命令,将主视图的中心线分别向上、下各偏移 5,如图 11-24 所示。

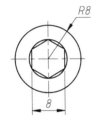

图 11-23 绘制左视图

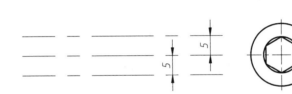

图 11-24 偏移中心线

步骤 4 根据"长对正,高平齐,宽相等"的原则与外螺纹的表达方法,绘制主视图的轮廓线,如图 11-25 所示。可知螺钉长度 40 指的是螺钉头至螺纹末端的长度。

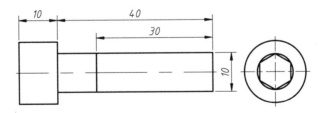

图 11-25 绘制主视图的轮廓线

步骤 5 执行 CHA(【倒角】)命令,为图形倒角,如图 11-26 所示。

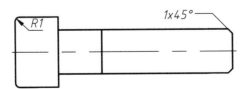

图 11-26 为图形添加倒角

步骤 6 执行 O(【偏移】)命令,按"小径=0.85 大径"的原则偏移外螺纹的轮廓线,然后进行修剪，从而绘制出主视图上的螺纹小径线，结果如图 11-27 所示。

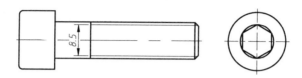

图 11-27　绘制螺纹小径线

步骤 7 切换到【虚线】图层，分别执行 L（【直线】）与 A（【圆弧】）命令，根据"长对正，高平齐，宽相等"的原则，按左视图中的六边形绘制主视图上的内六角沉头轮廓，如图 11-28 所示。

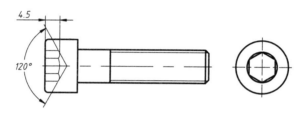

图 11-28　绘制沉头

步骤 8 按【Ctrl+S】组合键，保存文件，完成绘制。

11.3　销钉类零件

销钉在机械部件的连接中具有举足轻重的作用。按形状和作用的不同，可以分为开口销、圆锥销、圆柱销和槽销等。1986 年，我国首次采用 ISO 紧固件产品标准制修订并发布了销钉产品的国家标准，具体可参见各销钉产品标准。

11.3.1　销钉的分类与设计要点

在销钉产品中，圆柱销、圆锥销及开口销是生产使用量大面广的商品紧固件，也是不可替代的紧固件产品。

1. 圆柱销

圆柱销主要用于定位，也可用于连接，依靠过盈配合固定在销孔内。圆柱销所用于的定位情况通常不受载荷或者受很小的载荷，数量不少于两个，分布在被连接件整体结构的对称方向上，相距越远越好，销在每一被连接件内的长度约为小直径的 1～2 倍。一般情况下，圆柱销的材质多选用 35、45 钢，均需进行热处理，硬度在 38-46HRC 以上。高强度要求下可选用轴承钢。

常用的圆柱销的国标号为 GB/T 119.1，如图 11-29 所示。在装配图明细表中的标记方法为"销 6×30—GB/T 119.1"，即表示"公称直径 d=6mm、公称长度 l=30mm、材料为钢、不经淬火、不经表面处理的圆柱销"。

2. 圆锥销

圆锥销同样用于定位，但与圆柱销不同的是，圆柱销更多用于拆卸频繁的配合场合。圆柱销利用微小过盈固定在孔中，可以承受不大的载荷，为保证定位精度和联接的紧固性，不宜经常拆卸，主要用于定位，也用做联接销和安全销；而圆锥销具有 1:50 的锥度，自锁性好，定位精度高，安装方便，多次装拆对定位精度的影响较小，因此主要用于定位，也可用做联接销。

常用的圆锥销国标号为 GB/T 117，如图 11-30 所示。标记方法为"销 6×30—GB/T 117"，即表示"公称直径 d=6mm、公称长度 l=30mm、材料为 35 钢、热处理硬度为 28～38HRC、表面氧化处理的 A 型圆锥销"。

3．开口销

开口销用于螺纹或其他连接方式的防松。螺母拧紧后，把开口销插入螺母槽与螺栓尾部孔内，并将开口销尾部扳开，防止螺母与螺栓的相对转动，如图 11-31 所示。开口销是一种金属五金件，俗名为弹簧销。

图 11-29　圆柱销

图 11-30　圆锥销

图 11-31　开口销

开口销的国标号为 GB/T 91，标记方法为"销 5×50—GB/T 91"，即表示"公称规格为5mm、公称长度 l=50mm、材料为 Q215 或 Q235、不经表面处理的开口销"。

11.3.2　案例——绘制螺纹圆柱销

圆柱销又可分为普通圆柱销、内螺纹圆柱销、螺纹圆柱销、带孔销和弹性圆柱销等几种，各有相应的国标号。如本案例所绘制的螺纹圆柱销，其国标号为 GB/T 878，具体标记为"销 16×45—GB/T 878"，绘制步骤如下。

步骤 1 打开素材文件"第 11 章\11.3.2 绘制螺纹圆柱销.dwg"，其中已经绘制好了对应的中心线。

步骤 2 切换到【轮廓线】图层，执行 L（【直线】）命令，绘制外轮廓，结果如图 11-32所示。

步骤 3 执行 CHA（【倒角】）命令，为图形倒角 2×45°，结果如图 11-33 所示。

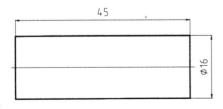

图 11-32　绘制轮廓线

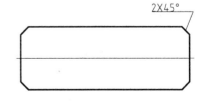

图 11-33　倒角

步骤 4 执行 L（【直线】）命令，绘制连接线，如图 11-34 所示。

步骤 5 执行 L（【直线】）命令，绘制螺纹及圆柱销顶端，将螺纹线转换到【细实线】图层，如图 11-35 所示。

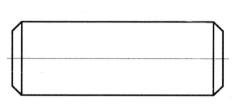

图 11-34　绘制连接线

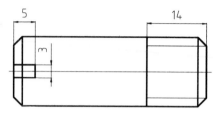

图 11-35　绘制螺纹

步骤 6 执行 L（【直线】）命令，使用临时捕捉【自】命令，捕捉距离为 4 的点，绘制直线，如图 11-36 所示。

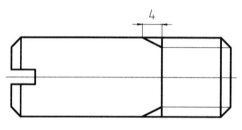

图 11-36　绘制结果

步骤 7 选择【文件】|【保存】命令，保存文件，完成螺纹圆柱销的绘制。

11.3.3　案例——绘制螺尾锥销

圆锥销有普通圆锥销、内螺纹圆锥销、螺尾锥销和刀尾圆锥销等几种，各有相应的国标号。如本案例所绘制的螺尾锥销，其国标号为 GB/T 881，具体标记为"销 6×54—GB/T 881"，绘制步骤如下。

步骤 1 打开素材文件"第 11 章\11.3.3 绘制螺尾锥销.dwg"，其中已经绘制好了对应的中心线。

步骤 2 切换到【轮廓线】图层，执行 L（【直线】）命令，绘制一条长为 3 的垂直直线，以该直线为基准，向右分别偏移 30、31、35、52、53 和 54.5，结果如图 11-37 所示。

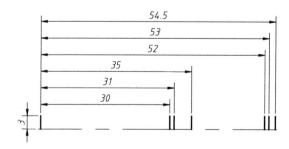

图 11-37　偏移直线

步骤 3 执行 LEN（【拉长】）命令，将第一条偏移出来的直线垂直拉长 0.3，然后将最后偏移出来的两条直线垂直拉长-1（即缩短 1 个单位），接着执行 L（【直线】）命令，绘制连接直线，结果如图 11-38 所示。

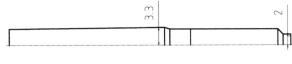

图 11-38　连接直线

步骤 4　执行 F（【圆角】）命令，对图形进行圆角，如图 11-39 所示。

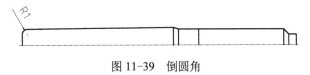

图 11-39　倒圆角

步骤 5　执行 O（【偏移】）命令，将水平轮廓线向下偏移 0.5，修剪图形并切换到【细实线】图层，结果如图 11-40 所示。

图 11-40　使用【偏移】绘制螺纹

步骤 6　执行 O（【圆】）命令，绘制圆心在中心线上、通过右侧边线的端点、半径为 6 的圆；执行 TR（【修剪】）命令，修剪图形，结果如图 11-41 所示。

图 11-41　绘制端部圆

步骤 7　执行 MI（镜像）命令，以水平中心线为镜像线，镜像图形，如图 11-42 所示。

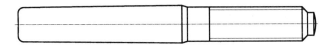

图 11-42　绘制结果

步骤 8　选择【文件】|【保存】命令，保存文件，完成螺尾锥销的绘制。

11.4　键

在本书第 5 章的 5.3.5 节中，已经对键做了简单介绍，因此本节将对键的种类与作用进行补充。

11.4.1　键的简介与种类

键主要用做轴和轴上零件之间的轴向固定以传递扭矩，有些键还可实现轴上零件的轴向固定或轴向移动，如减速器中齿轮与轴的联结。

键分为平键、半圆键、楔键、切向键和花键等，具体说明如下。

➤ 平键：平键的两侧是工作面，上表面与轮毂槽底之间留有间隙。其定心性能好，装拆方便。平键有普通平键（GB/T 1096）和导向平键（GB/T 1097）两种。

➤ 半圆键：半圆键（GB/T 1099）是一种半圆形的键，如图 11-43 所示。半圆键也是以两侧为工作面，有良好的定心性能。半圆键可在轴槽中摆动以适应毂槽底面，但键槽对轴的削弱较大，只适用于轻载联结。

➤ 楔键：楔键的上下面是工作面，键的上表面有 1:100 的斜度，轮毂键槽的底面也有 1:100 的斜度。把楔键打入轴和轮毂槽内时，其表面产生很大的预紧力，工作时主要靠摩擦力传递扭矩，并能承受单方向的轴向力。其缺点是会迫使轴和轮毂产生偏心，仅适用于对定心精度要求不高、载荷平稳和低速的联结。楔键又分为普通楔键（GB/T 1564）和钩头楔键（GB/T 1565）两种，如图 11-44 所示。

图 11-43　半圆键

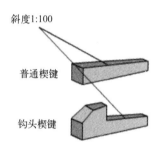

图 11-44　楔键

➤ 切向键：切向键（GB/T 1974）是由一对楔键组成的，如图 11-45 所示，能传递很大的扭矩，常用于重型机械设备中。

➤ 花键：花键是在轴和轮毂孔轴向均布多个键齿构成的，称为花键联结，如图 11-46 所示。花键连接为多齿工作，工作面为齿侧面，其承载能力高，对中性和导向性好，对轴和毂的强度削弱小，适用于定心精度要求高、载荷大和经常滑移的静联结和动联结，如变速器中滑动齿轮与轴的联结。按齿形不同，花键联结可分为矩形花键、三角形花键和渐开线花键等。

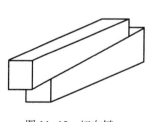

图 11-45　切向键

图 11-46　花键

11.4.2　案例 ——绘制钩头楔键

钩头楔键的尺寸示例如图 11-47 所示。而 b=16mm、h=10mm、L=100mm 的钩头楔键，就可以标记为"键 16×100—GB/T 1565"。本案例将绘制"键 10×35—GB/T 1565"的钩头楔键。

步骤 1 打开素材文件"第 11 章\11.4.2 绘制钩头楔键.dwg",其中已经绘制好了主视图、俯视图和左视图的轮廓基准,如图 11-48 所示。

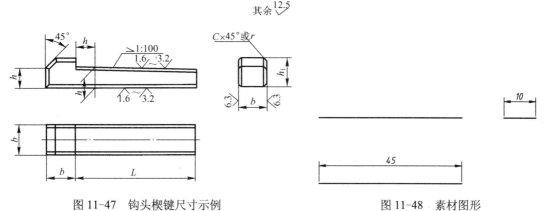

图 11-47 钩头楔键尺寸示例   图 11-48 素材图形

步骤 2 执行 O(【偏移】)命令,将俯视图轮廓向上偏移 10,将左视图直线向上偏移 9、15,结果如图 11-49 所示。

步骤 3 执行 L(【直线】)命令,连接偏移出的直线,如图 11-50 所示。

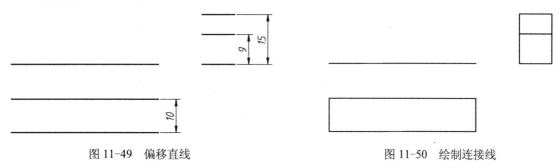

图 11-49 偏移直线   图 11-50 绘制连接线

步骤 4 执行 L(【直线】)命令,根据"高平齐"的原则绘制主视图左边线,如图 11-51 所示。

步骤 5 执行 O(【偏移】)命令,将俯视图左边线向右偏移 10,如图 11-52 所示。

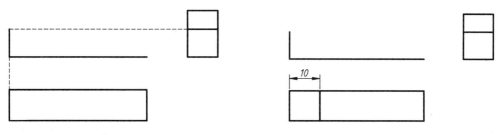

图 11-51 绘制主视图   图 11-52 偏移直线

步骤 6 开启【极轴追踪】,设置追踪角为 45°,执行 L(【直线】)命令,在主视图中绘制与竖直边夹角为 45°的直线，如图 11-53 所示。

> **步骤 7** 绘制主视图水平直线与俯视图竖直直线，直线端点与俯视图对齐，如图 11-54 所示。

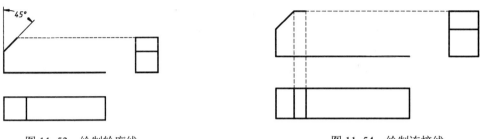

图 11-53 绘制轮廓线　　　　　　　　　　　　　　图 11-54 绘制连接线

> **步骤 8** 执行 L（【直线】）命令，在主视图右端绘制长度为 8.8 的垂直直线，如图 11-55 所示。

> **步骤 9** 执行 L（【直线】）命令，绘制其他连接线，结果如图 11-56 所示。

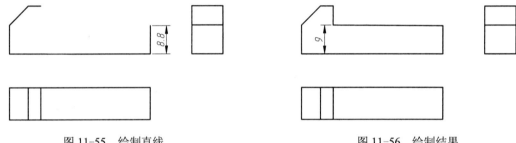

图 11-55 绘制直线　　　　　　　　　　　　　　图 11-56 绘制结果

> **步骤 10** 选择【文件】|【保存】命令，保存文件，完成钩头楔键的绘制。

11.4.3 案例——绘制花键

在机械制图中，花键的键齿作图比较烦琐。为了提高制图效率，许多国家都制定了花键画法标准，国际上也制定有 ISO 标准。中国机械制图国家标准规定：对于矩形花键，其外花键在平行于轴线的投影面的视图中，大径用粗实线、小径用细实线绘制，并用剖面画出一部分或全部齿形；其内花键在平行于轴线的投影面的剖视图中，大径和小径都用粗实线绘制，并用局部视图画出一部分或全部齿形。花键的工作长度的终止端和尾部长度的末端均用细实线绘制。

本案例将按照规定的制图方法绘制花键。

> **步骤 1** 打开素材文件"第 11 章\11.4.3 绘制花键.dwg"，其中已经绘制好了对应的中心线，如图 11-57 所示。

> **步骤 2** 将【轮廓线】图层设置为当前图层。执行 C（【圆】）命令，以交叉的中心线交点为圆心绘制半径分别为 16 和 18 的两个圆，如图 11-58 所示。

> **步骤 3** 执行 O（【偏移】）命令，将竖直中心线向左、右偏移 3，如图 11-59 所示。

图 11-57 素材图形

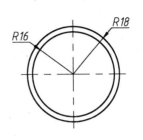

图 11-58 绘制圆

步骤 4 执行 TR（【修剪】）命令，修剪多余偏移线，并将修剪后的偏移线转换到【轮廓线】图层，如图 11-60 所示。

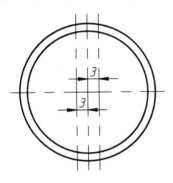

图 11-59 偏移中心线

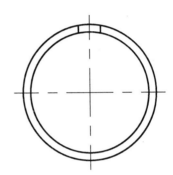

图 11-60 修剪并转换图层

步骤 5 在命令行中输入 APPA YPOLAR，执行【环形阵列】命令，选择上一步修剪出的直线作为阵列对象，选择中心线的交点作为阵列中心点，设置项目数为 8，如图 11-61 所示。

步骤 6 执行 TR（【修剪】）命令，修剪多余圆弧，如图 11-62 所示。

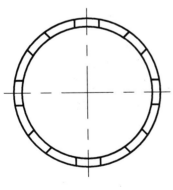

图 11-61 环形阵列

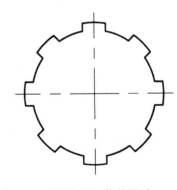

图 11-62 修剪圆弧

步骤 7 执行 H（【图案填充】）命令，选择图案为 ANSI31，设置比例为 1，角度为 0°，填充图案，结果如图 11-63 所示。

步骤 8 执行 L（【直线】）命令，绘制左视图中心线，并根据"高平齐"的原则绘制左视图边线，如图 11-64 所示。

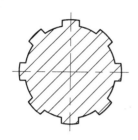

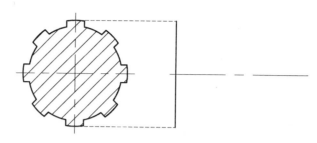

图 11-63　图案填充　　　　　　　　　　　图 11-64　绘制左视图

步骤 9 执行 O（【偏移】）命令，将左视图边线向右分别偏移 35、40，结果如图 11-65 所示。

步骤 10 执行 L（【直线】）命令，根据"高平齐"的原则绘制左视图的水平轮廓线，如图 11-66 所示。

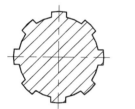

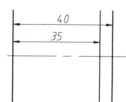

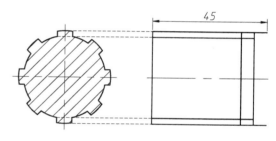

图 11-65　偏移直线　　　　　　　　　　图 11-66　绘制左视图轮廓线

步骤 11 执行 CHA（【倒角】）命令，设置倒角距离为 2，倒角结果如图 11-67 所示。

步骤 12 执行 L（【直线】）命令，连接交点；执行 TR（【修剪】）命令，修剪图形，将内部线条转换到【细实线】图层，结果如图 11-68 所示。

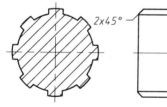

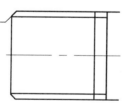

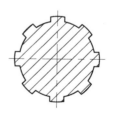

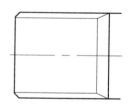

图 11-67　倒斜角　　　　　　　　　　　图 11-68　转换图层

步骤 13 执行 SPL（【样条曲线拟合】）命令，绘制断面边界，最终效果如图 11-69 所示。

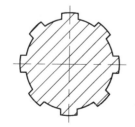

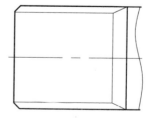

图 11-69　最终效果

步骤 14 选择【文件】|【保存】命令，保存文件，完成花键的绘制。

11.5 弹簧

弹簧属于常用件，因此不会有现成的型号。弹簧是一种利用弹性来工作的机械零件，用弹性材料制成的零件在外力的作用下发生形变，除去外力后又可以恢复原状，这一特性使得弹簧在机械中的应用极为广泛。

11.5.1 弹簧的简介与分类

弹簧是指利用材料的弹性和结构特点，使变形与载荷之间保持特定关系的一种弹性元件，一般用弹簧钢制成。弹簧可用于控制机件的运动、缓和冲击或震动、贮蓄能量，以及测量力的大小等，广泛用于机器和仪表中。弹簧的种类复杂多样，按形状分为螺旋弹簧、涡卷弹簧、板弹簧、蝶形弹簧和环形弹簧等。最常见的是螺旋弹簧，而螺旋弹簧又可以分为以下5类。

➢ 扭转弹簧：扭转弹簧是承受扭转变形的弹簧。它的工作部分也是密绕成螺旋形。扭转弹簧端部结构是加工成各种形状的扭臂，而不是勾环，如图 11-70 所示。多用于夹子、轴销和门栓等扭转部位。

➢ 拉伸弹簧：拉伸弹簧是承受轴向拉力的螺旋弹簧。在不承受负荷时，拉伸弹簧的圈与圈之间一般都是并紧的，没有间隙，如图 11-71 所示。

➢ 压缩弹簧：压缩弹簧是承受轴向压力的螺旋弹簧。它所用的材料截面多为圆形，也有用矩形和多股钢萦卷制的，弹簧一般为等节距，如图 11-72 所示。压缩弹簧的形状有圆柱形、圆锥形、中凸形、中凹形和少量的非圆形等，压缩弹簧的圈与圈之间会有一定的间隙，当受到外载荷的时候弹簧收缩变形，储存变形能。

图 11-70　扭转弹簧

图 11-71　拉伸弹簧

图 11-72　压缩弹簧

➢ 渐进型弹簧：渐进型弹簧如图 11-73 所示，多用于车辆工程。这种弹簧采用了粗细、疏密不一致的设计，好处是在受压不大时可以通过弹性系数较低的部分吸收路面的起伏，保证乘坐舒适感，当压力增大到一定程度后较粗部分的弹簧起到支撑车身的作用，而这种弹簧的缺点是操控感受不直接，精确度较差。

➢ 线性弹簧：线性弹簧如图 11-74 所示，也常用于车辆工程。线性弹簧从上至下的粗细和疏密不变，弹性系数为固定值。这种设计的弹簧可以使车辆获得更加稳定和线性的动态反应，有利于驾驶者更好地控制车辆，多用于性能取向的改装车与竞技性车辆，坏处是舒适性会受到影响。

图 11-73　渐进型弹簧

图 11-74　线性弹簧

11.5.2　案例——绘制拉伸弹簧

弹簧的弹力计算公式为 F=kx，F 为弹力，k 为劲度系数，x 为弹簧拉长的长度。比如要测试一款 5N 的弹簧：用 5N 力拉劲度系数为 100N/m 的弹簧，则弹簧被拉长 5cm。本案例便绘制该拉伸弹簧。

步骤 1 打开素材文件"第 11 章\11.5.2 绘制拉伸弹簧.dwg"，其中已经绘制好了对应的中心线，如图 11-75 所示。

步骤 2 执行 O（【偏移】）命令，将水平中心线向上、下各偏移 14，结果如图 11-76 所示。

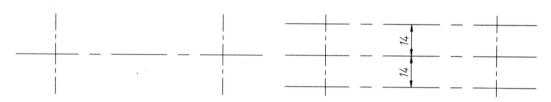

图 11-75　素材图形

图 11-76　偏移中心线

步骤 3 执行 C（【圆】）命令，以中心线最初的交点为圆心绘制半径分别为 10.5 和 17.5 的两个圆，结果如图 11-77 所示。

步骤 4 开启【极轴追踪】，设置追踪角为 93°。执行 L（【直线】）命令，绘制与水平线呈 93°角的直线，如图 11-78 所示。

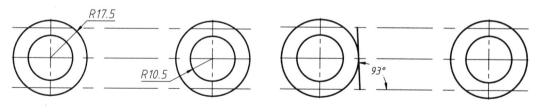

图 11-77　绘制圆

图 11-78　绘制 93°直线

步骤 5 将上一步绘制的直线转换到【中心线】图层。然后执行 CO（【复制】）命令，水平复制该直线，结果如图 11-79 所示。

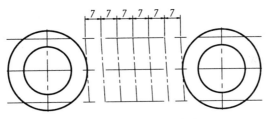

图 11-79 复制 93° 直线

步骤 6 执行 C（【圆】）命令，以复制出的斜线与偏移出的水平中心线交点为圆心，绘制一个半径为 3.5 的圆，如图 11-80 所示。

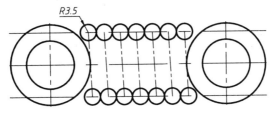

图 11-80 绘制圆

步骤 7 执行 L（【直线】）命令，使用临时捕捉【切点】命令，绘制圆的公切线，结果如图 11-81 所示。

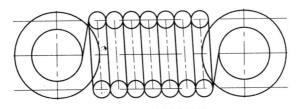

图 11-81 绘制连接线

步骤 8 执行 TR（【修剪】）命令，修剪图形，结果如图 11-82 所示。

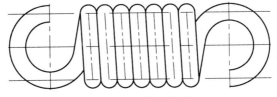

图 11-82 修剪图形

步骤 9 执行 L（【直线】）命令，绘制连接线，然后删除多余的中心线，结果如图 11-83 所示。

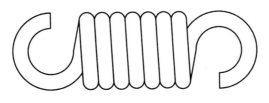

图 11-83 最终图形

步骤 10 选择【文件】|【保存】命令，保存文件，完成拉伸弹簧的绘制。

11.6 齿轮类零件及其啮合

齿轮是指依靠齿的啮合传递扭矩的轮状机械零件。齿轮通过与其他齿状机械零件（如另一齿轮、齿条和蜗杆）传动，可实现改变转速与扭矩、改变运动方向和改变运动形式等功能。由于传动效率高、传动比准确及功率范围大等优点，齿轮机构在工业产品中广泛应用，其设计与制造水平直接影响到工业产品的质量。齿轮轮齿相互扣住齿轮会带动另一个齿轮转动来传送动力。将两个齿轮分开，也可以应用链条、履带和皮带来带动两边的齿轮而传送动力。

11.6.1 齿轮的简介、种类及加工方法

齿轮的用途很广，是各种机械设备中的重要零件，如机床、飞机、轮船，以及日常生活中用的手表、电扇等都要使用各种齿轮。齿轮的种类很多，有圆柱直齿轮、圆柱斜齿轮、螺旋齿轮、直齿伞齿轮、螺旋伞齿轮和蜗轮等。

1. 齿轮零件的概念

齿轮是轮缘上有齿能连续啮合传递运动和动力的机械零件。其各部分名称如图 11-84 所示。

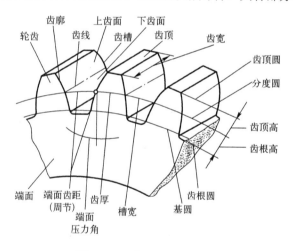

图 11-84 齿轮各部分名称

齿轮的主要用途就是传递动力，主要的分类有平行轴齿轮传动、相交轴齿轮传动和交错轴齿轮传动。齿轮传动的特点主要有：传动的速度和功率范围很大，传动效率高，接触强度高，磨损小且均匀，传动比大，工作平稳，噪声小。

2. 齿轮零件的种类

齿轮可按齿形、齿轮外形、齿线形状、轮齿所在的表面和制造方法等进行分类。

齿轮的齿形包括齿廓曲线、压力角、齿高和变位。渐开线齿轮比较容易制造，因此现代使用的齿轮中，渐开线齿轮占绝对多数，而摆线齿轮和圆弧齿轮应用较少。

在压力角方面，小压力角齿轮的承载能力较小；而大压力角齿轮虽然承载能力较高，但在传递转矩相同的情况下轴承的负荷增大，因此仅用于特殊情况。

而齿轮的齿高已标准化，一般均采用标准齿高。变位齿轮的优点较多，已广泛应用于各类机械设备中。齿轮零件的分类介绍如下。

➤ 按其外形分为：圆柱齿轮、圆锥齿轮、非圆齿轮、齿条和蜗杆蜗轮，如图 11-85 所示。

圆柱齿轮　　圆锥齿轮　　非圆齿轮　　齿条　　蜗杆蜗轮

图 11-85　按齿轮外形划分

➤ 按齿线的形状分为：直齿轮、斜齿轮、曲线齿轮和人字齿轮，如图 11-86 所示。

直齿轮　　斜齿轮　　曲线齿轮　　人字齿轮

图 11-86　按齿线形状划分

➤ 按轮齿所在的表面分为：外齿轮和内齿轮，如图 11-87 所示。

外齿轮　　内齿轮

图 11-87　按轮齿所在的表面划分

➤ 按制造方法分为：铸造齿轮、切制齿轮、轧制齿轮和烧结齿轮，如图 11-88 所示。

铸造齿轮　　切制齿轮　　轧制齿轮　　烧结齿轮

图 11-88　按制造方法划分

对于齿轮材料的选择，一定要保证齿轮工作的可靠性，以提高其使用寿命，应根据工作的条件和材料的特点来进行选取。齿轮的制造材料和热处理过程对齿轮的承载能力和尺寸重量有很大的影响。对于齿轮材料的基本要求是：应使齿面具有足够的硬度和耐磨性，齿心具有足够的韧性，以防止齿面的各种失效，同时应具有良好的冷、热加工的工艺性，以达到齿轮的各种技术要求。

20 世纪 50 年代以前，齿轮多用碳钢，60 年代改用合金钢，而 70 年代多用表面硬化钢。按材料的硬度情况，齿面可分为软齿面和硬齿面两种。

软齿面的齿轮承载能力较低，但制造比较容易，跑合性好，多用于传动尺寸和重量无严格限制，以及小量生产的一般机械中。因为配对的齿轮中，小轮负担较重，因此为使大小齿轮工作寿命大致相等，小轮齿面硬度一般要比大轮的高。

硬齿面齿轮的承载能力高，它是在齿轮精切之后，再进行淬火、表面淬火或渗碳淬火处理，以提高硬度。但在热处理中，齿轮不可避免地会产生变形，因此在热处理之后必须进行磨削、研磨或精切，以消除因变形产生的误差，提高齿轮的精度。

根据以上所述，齿轮常用的材料有各种牌号的优质结构钢、合金铸钢、铸铁和非金属材料等，一般多采用锻件和轧制钢材。

3. 齿轮零件的结构

齿轮零件一般包括轮齿、齿槽、端面、法面、齿顶圆、齿根圆、基圆和分度圆等，如图 11-89 所示。

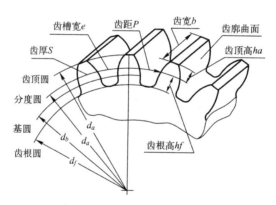

图 11-89　齿轮结构图

➤ 轮齿（齿）：齿轮上的每一个用于啮合的凸起部分。一般来说，这些凸起部分呈辐射状排列。配对齿轮上的轮齿互相接触，导致齿轮的持续啮合运转。

➤ 齿槽：齿轮上两个相邻轮齿之间的空间。端面是圆柱齿轮或圆柱蜗杆上，垂直于齿轮或蜗杆轴线的平面。

➤ 端面：在圆柱齿轮或圆柱蜗杆上垂直于齿轮或蜗杆轴线的平面。

➤ 法面：在齿轮上，法面指的是垂直于轮齿齿线的平面。

➤ 齿顶圆：齿顶端所在的圆。

➤ 齿根圆：槽底所在的圆。

➤ 基圆：形成渐开线的发生线在其上做纯滚动的圆。

- 分度圆：在端面内计算齿轮几何尺寸的基准圆，对于直齿轮，在分度圆上模数和压力角均为标准值。
- 齿面：轮齿上位于齿顶圆柱面和齿根圆柱面之间的侧表面。
- 齿廓：齿面被一指定曲面（对圆柱齿轮是平面）所截的截线。
- 齿线：齿面与分度圆柱面的交线。
- 端面齿距 pt：相邻两同侧端面齿廓之间的分度圆弧长。
- 模数 m：齿距除以圆周率π所得到的商，以毫米为单位。
- 径节 p：模数的倒数，以英寸为单位。
- 齿厚 s：在端面上一个轮齿两侧齿廓之间的分度圆弧长。
- 槽宽 e：在端面上一个齿槽的两侧齿廓之间的分度圆弧长。
- 齿顶高 h：齿顶圆与分度圆之间的径向距离。
- 齿根高 hf：分度圆与齿根圆之间的径向距离。
- 全齿高 h：齿顶圆与齿根圆之间的径向距离。
- 齿宽 b：轮齿沿轴向的尺寸。
- 端面压力角 t：过端面齿廓与分度圆的交点的径向线与过该点的齿廓切线所夹的锐角。
- 基准齿条：基圆的尺寸、齿形、全齿高、齿冠高及齿厚等尺寸均合乎标准正齿轮规格的齿条，依其标准齿轮规格所切削出来的齿条称为基准齿条。
- 分度圆：用来决定齿轮各部尺寸基准圆。为：齿数×模数。
- 基准节线：齿条上一条特定节线或沿此线测定的齿厚，为节距的1/2。
- 作用节圆：一对正齿轮咬合作用时，各有一相切做滚动圆。
- 基准节距：以选定标准节距做基准者，与基准齿条节距相等。
- 节圆：两齿轮连心线上咬合接触点各齿轮上留下的轨迹称为节圆。
- 节径：节圆直径。
- 有效齿高：一对正齿轮齿冠高和，又称工作齿高。
- 齿冠高：齿顶圆与节圆半径差。
- 齿隙：两齿咬合时，齿面与齿面的间隙。
- 齿顶隙：两齿咬合时，一齿轮齿顶圆与另一齿轮底间的空隙。
- 节点：一对齿轮咬合与节圆相切点。
- 节距：相邻两齿间相对应点的弧线距离。
- 法向节距：渐开线齿轮沿特定断面同一垂线所测的节距。

4. 齿轮零件的加工方法

齿轮齿形的加工方法有两种。一种是成形法，就是利用与被切齿轮齿槽形状完全相符的成形铣刀切出齿形的方法，如铣齿。下面简单介绍一下圆柱直齿轮的铣削加工方法。

圆柱直齿轮可以在卧式铣床上用盘状铣刀或在立式铣床上用指状铣刀进行切削加工。现以在卧式铣床上加一只 z=16（即齿数为 16）、m=2（即模数为 2）的圆柱直齿轮为例，介绍齿轮的铣削加工过程。

- 检查齿坯尺寸：主要检查齿顶圆直径，便于在调整切削深度时，根据实际齿顶圆直径予以增减，保证分度圆齿厚的正确。

> 齿坯装夹和校正：正齿轮有轴类齿坯和盘类坯两种。如果是轴类齿坯，一端可以直接由分度头的三爪卡盘夹住，另一端由尾座顶尖顶紧即可；如果是盘类齿坯，首先把齿坯套在心轴上，心轴一端夹在分度头三爪卡盘上，另一端由尾顶尖顶紧即可。

校正齿坯很重要。首先校正圆度，如果圆度不好，会影响分度圆齿厚尺寸；然后校正直线度，即分度头三爪卡盘的中心与尾座顶尖中心的连线一定要与工作台纵向走刀方向平行，否则铣出来的齿是斜的；最后校正高低，即分度头三爪卡盘的中心至工作台面距离与尾座顶尖中心至工作台面距离应一致，如果高低尺寸超差，铣出来的齿就有深浅。

另一种是展成法，它是利用齿轮刀具与被动齿轮的相互啮合运动而切出齿形的加工方法的，如滚齿和插齿（用滚刀和插刀进行示范），相关知识如下。

> 滚齿机滚齿：可以加工 8 模数以下的斜齿。
> 铣床铣齿：可以加工直齿条。
> 插床插齿：可以加工内齿。
> 冷打机打齿：可以无屑加工。
> 刨齿机刨齿：可以加工 16 模数大齿轮。
> 精密铸齿：可以大批量加工廉价小齿轮。
> 磨齿机磨齿：可以加工精密母机上的齿轮。
> 压铸机铸齿：多数加工有色金属齿轮。
> 剃齿机：是一种齿轮精加工用的金属切削机床。

11.6.2 齿轮的绘图方法

上一节已经全面介绍了齿轮的特征，而齿轮的绘图方法，就是将这些特征所表示出来的方法。

1. 单个齿轮的画法

单个齿轮图的典型画法如图 11-90 所示，主要需要表示出齿顶圆、分度圆和齿根圆这 3 个要素。

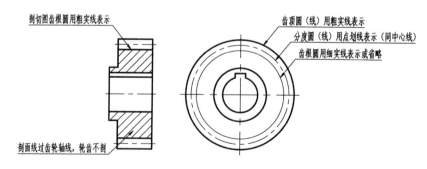

剖切图齿根圆用粗实线表示

齿顶圆（线）用粗实线表示
分度圆（线）用点划线表示（同中心线）
齿根圆用细实线表示或省略

剖面线过齿轮轴线，轮齿不剖

图 11-90　单个齿轮的画法

如果需要表达轮齿的方向（斜齿、人字齿等），则可以在半剖视图中用 3 条与轮齿方向一致的细实线表示，如图 11-91 所示。

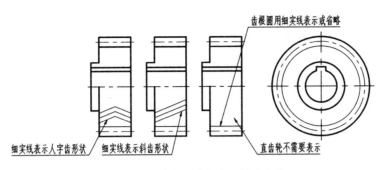

图 11-91 单个齿轮上表示轮齿方向

2. 齿轮的啮合画法

单个齿轮需要表示出齿顶圆、分度圆和齿根圆这 3 个要素，而齿轮的啮合同样也是如此。而由于啮合的齿轮，其啮合位置处于分度圆上，因此在剖面图中的分度圆（线）是重合的，所以需要具体表示 5 根线。典型的啮合画法如图 11-92 所示。

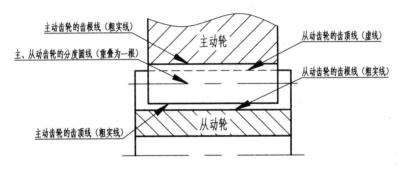

图 11-92 齿轮啮合部分的具体画法

相应的，主视图与表达轮齿方向的视图画法则如图 11-93 所示。

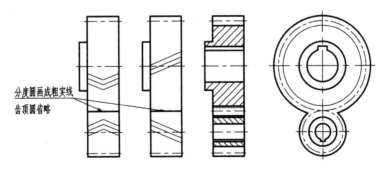

图 11-93 齿轮啮合的其他视图画法

11.6.3 案例——绘制直齿圆柱齿轮

齿轮的绘制一般需要先根据齿轮参数表来确定尺寸。这些参数取决于设计人员的具体计算与实际的设计要求。本案例将根据如图 11-94 所示的参数表来绘制一个直齿圆柱齿轮。

步骤 1 打开素材文件"第 11 章\11.6.3 绘制直齿圆柱齿轮.dwg"，如图 11-95 所示，已经绘制好了对应的中心线。

齿廓		渐开线	齿顶高系数	ha	1
齿数	z	29	顶隙系数	c	0.25
模数	m	2	齿宽	b	15
螺旋角	β	0°	中心距	a	87±0.027
螺旋角方向	–		配对	图号	
压力角	a	20°	齿轮	齿数	z	58
齿厚	公法线长度尺寸 W	21.48 $^{-0.105}_{-0.155}$	跨齿数	K	3
	跨球（圆柱）尺寸 M		球（圆柱）尺寸 Dm		

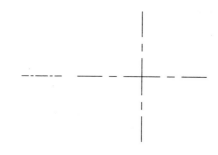

图 11-94　齿轮参数表　　　　　　　　　　　图 11-95　素材图形

步骤 2 绘制左视图。切换至【中心线】图层，在交叉的中心线交点处绘制分度圆，尺寸可以根据参数表中的数据算得："分度圆直径=模数×齿数"，即 ϕ58mm，如图 11-96 所示。

步骤 3 绘制齿顶圆。切换至【轮廓线】图层，在分度圆圆心处绘制齿顶圆，尺寸同样可以根据参数表中的数据算得："齿顶圆直径=分度圆直径+2×齿轮模数"，即 ϕ62mm，如图 11-97 所示。

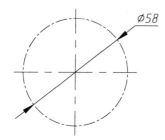

图 11-96　绘制分度圆

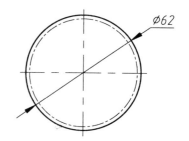

图 11-97　绘制齿顶圆

步骤 4 绘制齿根圆。切换至【细实线】图层，在分度圆圆心处绘制齿根圆，尺寸同样根据参数表中的数据算得："齿根圆直径=分度圆直径-2×1.25×齿轮模数"，即 ϕ53mm，如图 11-98 所示。

步骤 5 根据三视图基本准则"长对正，高平齐，宽相等"绘制齿轮主视图轮廓线，齿宽根据参数表可知为 15mm，如图 11-99 所示。要注意主视图中齿顶圆、齿根圆与分度圆的线型。

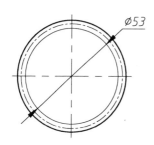

图 11-98　绘制齿根圆

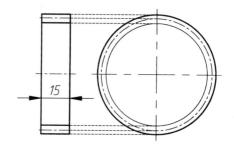

图 11-99　绘制主视图

步骤 6 根据齿轮参数表可以绘制出上述图形，接着需要根据装配的轴与键来绘制轮毂部分，绘制的具体尺寸如图 11-100 所示。

步骤 7 根据三视图基本准则"长对正，高平齐，宽相等"绘制主视图中轮毂的轮廓线，如图 11-101 所示。

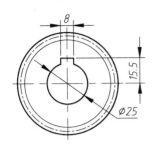

图 11-100　绘制轮毂部分

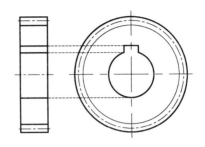

图 11-101　绘制主视图中的轮毂

步骤 8 执行 CHA（【倒角】）命令，为图形主视图倒角，如图 11-102 所示。

步骤 9 执行【图案填充】命令，选择图案为 ANSI31，比例为 0.8，角度为 0°，填充图案，结果如图 11-103 所示。

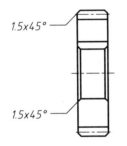

图 11-102　添加倒角

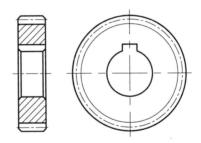

图 11-103　填充图案

11.7　上机实训

使用本章所学的知识，绘制丝杠传动中的螺母零件图，效果如图 11-104 所示。

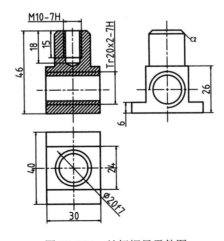

图 11-104　丝杆螺母零件图

丝杆螺母是丝杆传动的主要零件之一，上端的螺纹用来连接工作台等，下方的 Tr20×2 则表示公称直径为 20、牙距为 2 的梯形螺纹，用来连接丝杆进行传动。

具体的绘制步骤提示如下。

步骤 1 绘制出水平、垂直的中心线。

步骤 2 绘制出主视图的轮廓。

步骤 3 按照"长对正，高平齐，宽相等"的投影准则，绘制左视图。

步骤 4 同样按照"长对正，高平齐，宽相等"的投影准则，绘制俯视图。

步骤 5 修剪并标注图形。

步骤 6 完成绘制。

11.8　辅助绘图锦囊

由于在机械设计中，标准件的选用通常数量都很大，比如一台减速器上可能就有 20 个以上的螺钉。因此，为了有效减少图纸内容，让图纸更适于审查，可以使用简化画法来绘制机械图中的标准件。

例如，在如图 11-105 所示的结构中，只需绘制出中间的一个螺栓、螺母和垫片装配图，而左右两侧的螺栓和螺母，则用等长的中心线表示即可。

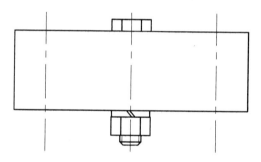

图 11-105　装配图上的螺栓简化画法

除此之外，还有其他各标准件的简化画法，如果读者有兴趣的话可自行查阅 GB/T16675.1—2000。

第 **12** 章

轴类零件图的绘制

本章要点

- 轴类零件概述
- 普通阶梯轴设计
- 圆柱齿轮轴的绘制
- 圆锥齿轮轴的绘制
- 上机实训
- 辅助绘图锦囊

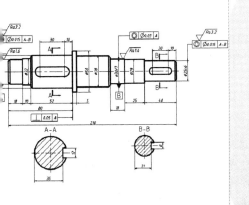

　　轴是组成机器的一种非常重要的零件，一般用来支承旋转的机械零件（如带轮、齿轮等）、传递运动和动力。本章将详细介绍轴类零件的概念、特点，以及各类轴零件图的绘制。

12.1 轴类零件概述

轴类零件是机械结构中的典型零件之一，它主要用来支承传动零部件、传递扭矩和承受载荷。按轴类零件结构形式的不同，一般可分为光轴、阶梯轴和异形轴；或分为实心轴、空心轴等。

12.1.1 轴类零件简介

轴类零件是经常遇到的典型零件之一，在机器中用来支承齿轮、带轮等传动零件，以传递转矩或运动。轴类零件是旋转体零件，其长度大于直径，一般由同心轴的外圆柱面、圆锥面、内孔和螺纹，以及相应的端面所组成。根据结构形状的不同，轴类零件可分为光轴、阶梯轴、空心轴和曲轴等。

常见的轴类零件如图 12-1 所示。

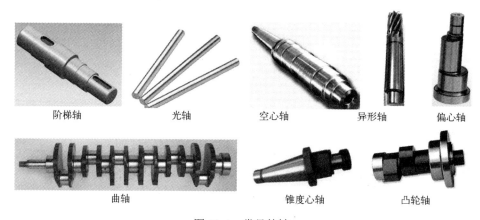

| 阶梯轴 | 光轴 | 空心轴 | 异形轴 | 偏心轴 |

| 曲轴 | 锥度心轴 | 凸轮轴 |

图 12-1　常见的轴

12.1.2 轴类零件的结构特点

轴的长径比小于 5 的称为短轴，大于 20 的称为细长轴，大多数轴都介于两者之间。

轴用轴承支承，与轴承配合的轴段称为轴颈。轴颈是轴的装配基准，它们的精度和表面质量一般要求较高，其技术要求一般根据轴的主要功用和工作条件来确定，通常有以下几项。

1. 轴的材料

轴的材料种类很多，选用时主要根据对轴的强度、刚度和耐磨性等要求，以及为实现这些要求而采用的热处理方式，同时考虑制造工艺问题加以选用，力求经济合理。

轴的常用材料是优质碳素钢 35、45、50，最常用的是 45 和 40Cr 钢。对于受载较小或不太重要的钢，也常用 Q235 或 Q295 等普通碳素钢。对于受力较大、轴的尺寸和重量受到限制，以及有某些特殊要求的轴，可采用合金钢，常用的有 40Cr、40MnB 和 40CrNi 等。

球墨铸铁和一些高强度铸铁，由于铸造性能好，容易铸成复杂形状，且减振性能好，应力集中敏感性低，支点位移的影响小，故常用于制造外形复杂的轴。

特别是我国研制成功的稀土—镁球墨铸铁，冲击韧性好，同时具有减摩、吸振和对应力集中敏感性小等优点，已用于制造汽车、拖拉机及机床上的重要轴类零件（如曲轴）等。

根据工作条件的要求，轴都要整体热处理，一般是调质，对于不重要的轴采用正火处理即可，对要求高或要求耐磨的轴或轴段要进行表面处理、表面强化处理（如喷丸、辗压等）和化学处理（如渗碳、渗氮等），以提高其强度（尤其疲劳强度）、耐磨和耐蚀性能等。

在一般工作温度下，合金钢的弹性模量与碳素钢相近，所以单单是为了提高轴的刚度而选用合金钢是不合适的。

轴一般由轧制圆钢或锻件经切削加工制造。轴的直径较小时，可用圆钢棒制造；对于重要的、大直径或阶梯直径变化较大的轴，多采用锻件。为节约金属和提高工艺性，直径大的轴还可以制成空心的，并且带有焊接的或者锻造的凸缘。

对于形状复杂的轴（如凸轮轴、曲轴等）可采用铸造。

2．表面粗糙度

一般与传动件相配合的轴颈表面粗糙度为 $Ra2.5\sim0.63\mu m$，与轴承相配合的支承轴颈的表面粗糙度为 $Ra0.63\sim0.16\mu m$。

3．相互位置精度

轴类零件的位置精度要求主要是由轴在机械中的位置和功用决定的。通常应保证装配传动件的轴颈对支承轴颈的同轴度要求，否则会影响传动件（齿轮等）的传动精度，并产生噪声。普通精度的轴，其配合轴段对支承轴颈的径向圆跳动一般为 $0.01\sim0.03mm$，高精度轴（如主轴）通常为 $0.001\sim0.005mm$。

4．几何形状精度

轴类零件的几何形状精度主要是指轴颈、外锥面和莫氏锥孔等的圆度、圆柱度等，一般应将其公差限制在尺寸公差范围内。对精度要求较高的内外圆表面，应在图纸上标注其允许偏差。

5．尺寸精度

对于起支承作用的轴颈，通常尺寸精度要求较高（IT5～IT7）。装配传动件的轴颈尺寸精度一般要求较低（IT6～IT9）。

12.1.3 轴类零件图的绘图规则

虽然轴类零件的结构有很多种，但其零件图的绘制遵循以下几个规则。

- 一般输出轴都是回转体，可以先绘制一半图形，然后采用镜像处理，绘制出基本轮廓。
- 对于键槽位置，都需要绘制对应的断面图。
- 必要时，退刀槽等较小的部分需要绘制局部放大图。
- 标注表面粗糙度和径向公差。

12.1.4 轴类零件图的绘制步骤

绘制轴类零件图的基本步骤如下。

- 绘制中心线，使用【直线】命令绘制半侧图形，然后进行镜像，绘制出基本轮廓。
- 执行【直线】命令绘制连接线；执行【偏移】【圆】和【修剪】等命令绘制键槽；执

行【倒角】命令在所需位置倒角，完成主视图的绘制。

➤ 在键槽对应位置绘制中心线，执行【圆】【偏移】和【修剪】等命令来绘制键槽的断面图。

➤ 进行图案填充和尺寸标注。

12.2 普通阶梯轴设计

阶梯轴在机器中常用来支承齿轮、带轮等传动零件，以传递转矩或运动。下面就以减速箱中的传动轴为例，介绍阶梯轴的设计与绘制方法。

12.2.1 阶梯轴的设计要点

阶梯轴的设计需要考虑它的加工工艺，而阶梯轴的加工又较为典型，能整体反映出轴类零件加工的大部分内容与基本规律，因此需要重点掌握。阶梯轴的加工工艺具体步骤如下。

1. 轴零件图样分析

图 12-2 所示的零件是减速器中的传动轴。它属于台阶轴类零件，由圆柱面、轴肩、螺纹、螺尾退刀槽、砂轮越程槽和键槽等组成。轴肩一般用来确定安装在轴上零件的轴向位置，各环槽的作用是使零件装配时有一个正确的位置，并使加工中磨削外圆或车螺纹时退刀方便；键槽用于安装键，以传递转矩；螺纹用于安装各种锁紧螺母和调整螺母。

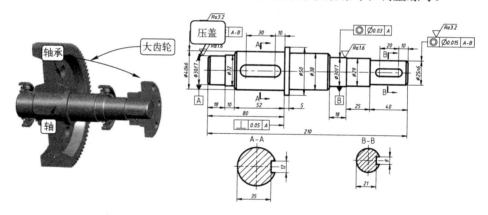

图 12-2　减速器中的传动轴

根据工作性能与条件，该传动轴规定了主要轴颈、外圆，以及轴肩有较高的尺寸、位置精度和较小的表面粗糙度值，并有热处理要求。这些技术要求必须在加工中给予保证。因此，该传动轴的关键工序是轴颈和外圆的加工。

2. 确定毛坯

该传动轴材料为 45 钢，因其属于一般传动轴，故选 45 钢即可满足其要求。本案例中的传动轴属于中、小传动轴，并且各外圆直径尺寸相差不大，故选择 ϕ60mm 的热轧圆钢做毛坯。

3. 确定主要表面的加工方法

传动轴大都是回转表面，主要采用车削与外圆磨削成形。由于该传动轴的主要表面的公差等级（IT6）较高，表面粗糙度 Ra 值（Ra=1.6 μm）较小，故数控精车即可。外圆表面的加工方案可为：粗车→半精车→精车。

4．确定定位基准

合理地选择定位基准，对于保证零件的尺寸和位置精度有着决定性的作用。由于该传动轴的几个主要配合表面及轴肩面对基准轴线，均有径向圆跳动和轴向圆跳动的要求，它又是实心轴，所以应选择两端中心孔为基准，采用双顶尖装夹方法，以保证零件的技术要求。

粗基准采用热轧圆钢的毛坯外圆。中心孔加工采用自定心卡盘装夹热轧圆钢的毛坯外圆，车端面，钻中心孔。但必须注意，一般不能用毛坯外圆装夹两次钻两端中心孔，而应该以毛坯外圆做粗基准，先加工一个端面，钻中心孔，车出一端外圆；然后以已车过的外圆做基准，用自定心卡盘装夹（有时在上工步已车外圆处搭中心架），车另一端面，钻中心孔。如此加工中心孔，才能保证两个中心孔同轴。

5．划分阶段

对于精度要求较高的零件，其粗、精加工应分开，以保证零件的质量。

该传动轴的加工可划分为 3 个阶段：粗车（粗车外圆、钻中心孔等）、半精车（半精车各处外圆、台阶和修研中心孔及次要表面等）和精车（精车各处外圆）。各阶段的划分大致以热处理为界。

6．热处理工序安排

轴的热处理要根据其材料和使用要求确定。对于传动轴，正火、调质和表面淬火用得较多。该轴要求调质处理，并安排在粗车各外圆之后、半精车各外圆之前。

综合上述分析，传动轴的加工流程如下。

下料→车两端面，钻中心孔→粗车各外圆→调质→修研中心孔→半精车各外圆，车槽，倒角→车螺纹→划键槽加工线→铣键槽→修研中心孔→精车→检验。

7．加工尺寸和切削用量

传动轴磨削余量可取 0.5mm，半精车余量可选用 1.5mm。加工尺寸可由此而定，见该轴加工工艺卡的工序内容。

车削用量的选择。单件、小批量生产时，可根据加工情况由工人确定，一般可从《机械加工工艺手册》或《切削用量手册》中选取。

12.2.2 案例——绘制减速器传动轴

本案例将绘制该减速器传动轴，具体步骤如下。

步骤 1 打开素材文件"第 12 章\12.2.2 绘制减速器传动轴.dwg"，如图 12-3 所示，已经绘制好了对应的中心线。

图 12-3　素材图形

步骤 2 执行 O（【偏移】）命令，根据图 12-4 所示的尺寸，对垂直的中心线进行多重偏移。

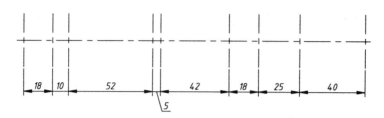

图 12-4　偏移中心线

步骤 3 将【轮廓线】设置为当前图层，使用 L（【直线】）命令绘制如图 12-5 所示轮廓线（尺寸见效果图）。

图 12-5　绘制轮廓线

步骤 4 根据上一步的操作，使用 L（【直线】）命令，配合【正交追踪】和【对象捕捉】功能绘制其他位置的轮廓线，结果如图 12-6 所示。

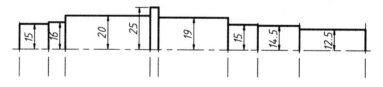

图 12-6　绘制其他轮廓线

步骤 5 单击【修改】面板中的【倒角】按钮，激活【倒角】命令，对轮廓线进行倒角，倒角尺寸为 C2，然后使用【直线】命令，配合捕捉与追踪功能，绘制倒角的连接线，结果如图 12-7 所示。

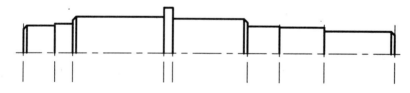

图 12-7　倒角并绘制连接线

步骤 6 执行 MI（【镜像】）命令，对轮廓线进行镜像复制，结果如图 12-8 所示。

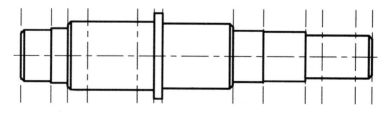

图 12-8　镜像图形

步骤 7 绘制键槽。执行 O（【偏移】）命令，创建如图 12-9 所示的垂直辅助线。

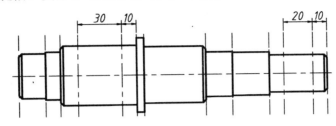

图 12-9　偏移中心线

步骤 8 将【轮廓线】设置为当前图层，使用 C（【圆】）命令，以刚偏移的垂直辅助线的交点为圆心，绘制直径分别为 12 和 8 的两个圆，如图 12-10 所示。

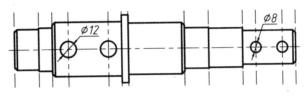

图 12-10　绘制圆

步骤 9 使用 L（【直线】）命令，配合【捕捉切点】功能，绘制键槽轮廓，如图 12-11 所示。

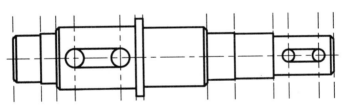

图 12-11　绘制直线

步骤 10 使用 TR（【修剪】）命令，对键槽轮廓进行修剪，并删除多余的辅助线，结果如图 12-12 所示。

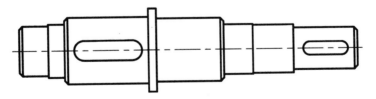

图 12-12　删除多余图形

步骤 11 将【中心线】设置为当前图层，执行 XL（【构造线】）命令，绘制如图 12-13 所示的水平和垂直构造线，作为移出断面图的定位辅助线。

步骤 12 将【轮廓线】设置为当前图层，使用 C（【圆】）命令，以构造线的交点为圆心，分别绘制直径为 40 和 25 的两个圆，结果如图 12-14 所示。

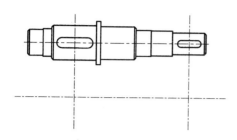

图 12-13　绘制构造线

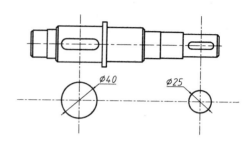

图 12-14　绘制移出断面图

步骤 13 单击【修改】面板中的【偏移】按钮，对 ϕ40 圆的水平和垂直构造线进行偏移，结果如图 12-15 所示。

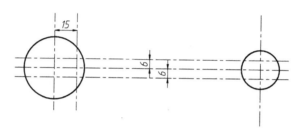

图 12-15　偏移中心线得到辅助线

步骤 14 将【轮廓线】设置为当前图层，使用 L（【直线】）命令，绘制键深，结果如图 12-16 所示。

步骤 15 综合使用 E（【删除】）和 TR（【修剪】）命令，去掉不需要的构造线和轮廓线，如图 12-17 所示。

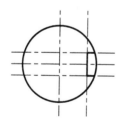

图 12-16　绘制 ϕ40 圆的键槽轮廓

图 12-17　修剪 ϕ40 圆的键槽

步骤 16 按照相同的方法绘制 ϕ25 圆的键槽图，如图 12-18 所示。

步骤 17 将【剖面线】设置为当前图层，单击【绘图】面板中的【图案填充】按钮，为此剖面图填充【ANSI31】图案，设置填充比例为 1.5，角度为 0，填充结果如图 12-19 所示。

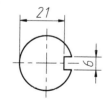

图 12-18　绘制 ϕ25 圆的键槽

图 12-19　填充剖面线

步骤 18 绘制好的图形如图 12-20 所示。

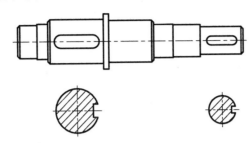

图 12-20 阶梯轴的轮廓图

步骤 19 标注图形，并添加相应的表面粗糙度与形位公差，最终效果如图 12-21 所示。

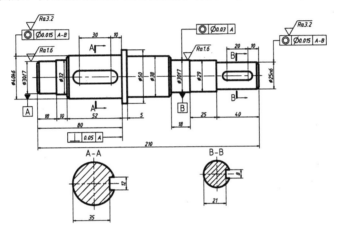

图 12-21 最终零件图

12.3 圆柱齿轮轴的绘制

本节将绘制如图 12-22 所示的圆柱齿轮轴。

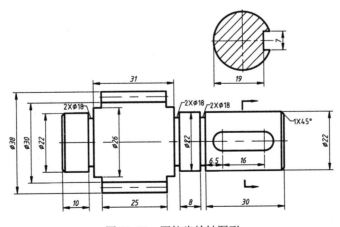

图 12-22 圆柱齿轮轴图形

12.3.1 齿轮轴的设计要点

齿轮轴是指具有齿轮特征的轴体，如图 12-23 所示。在实际工作中，齿轮轴一般用于小齿轮（齿数少的齿轮），或是在高速级（也就是低扭矩级）的情况。因为齿轮轴是由轴和齿轮合成的一个整体，因此，在设计时还是要尽量缩短轴的长度，若太长，一是不利于上滚齿机加工，二是轴的支撑太长导致轴要加粗而增加机械强度（如刚性、挠度和抗弯等）。

12.3.2 案例——绘制圆柱齿轮轴

步骤 1 打开素材文件"第 12 章\12.3.2 绘制圆柱齿轮轴.dwg"，如图 12-24 所示，已经绘制好了对应的中心线。

图 12-23　齿轮轴

图 12-24　素材图形

步骤 2 切换到【轮廓线】图层，以左侧中心线为起点，执行 L（【直线】）命令，绘制轴的轮廓线，如图 12-25 所示。

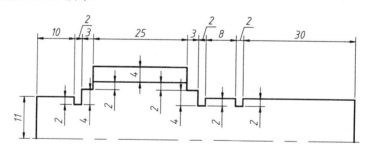

图 12-25　绘制轮廓线

步骤 3 执行 MI（【镜像】）命令，以水平中心线作为镜像线镜像图形，结果如图 12-26 所示。

步骤 4 执行 L（【直线】）命令，捕捉端点，绘制沟槽的连接线，并绘制分度圆的线，注意图层的转换，如图 12-27 所示。

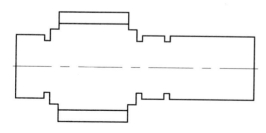

图 12-26　镜像图形

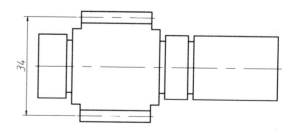

图 12-27　绘制连接线与分度圆线

步骤 5 执行 CHA（【倒角】）命令，设置两个倒角距离均为 1，在轴两端进行倒角，并绘制倒角连接线，如图 12-28 所示。

步骤 6 绘制键槽。执行 C（【圆】）命令，在右端绘制两个直径均为 7 的圆，如图 12-29 所示。

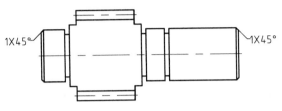

图 12-28 创建倒角并绘制连接线

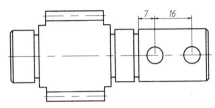

图 12-29 绘制圆

步骤 7 执行 L（【直线】）命令，捕捉圆象限点绘制连接直线，如图 12-30 所示。

步骤 8 执行 TR（【修剪】）命令，修剪图形，结果如图 12-31 所示。

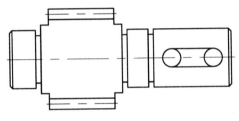

图 12-30 绘制直线

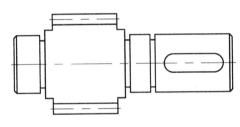

图 12-31 修剪图形

步骤 9 将【中心线】设置为当前图层，执行 XL（【构造线】）命令，绘制如图 12-32 所示的水平和垂直构造线，作为移出断面图的定位辅助线。

步骤 10 将【轮廓线】设置为当前图层，使用 C（【圆】）命令，以构造线的交点为圆心，绘制一个直径为 22 的圆，结果如图 12-33 所示。

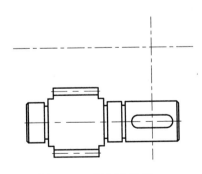

图 12-32 绘制构造线

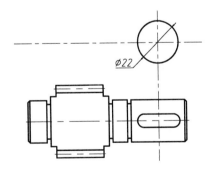

图 12-33 绘制移出断面图

步骤 11 单击【修改】面板中的【偏移】按钮，对 φ22 圆的水平和垂直构造线进行偏移，结果如图 12-34 所示。

步骤 12 将【轮廓线】设置为当前图层，使用 L（【直线】）命令，绘制键深，再综合使用 E（【删除】）和 TR（【修剪】）命令，去掉不需要的构造线和轮廓线，结果如图 12-35 所示。

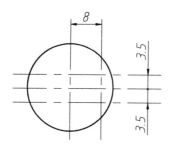

图 12-34 绘制φ22 圆的键槽轮廓

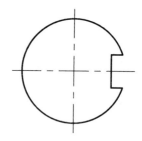

图 12-35 修剪φ25 圆的键槽

步骤 13 将【剖面线】设置为当前图层，单击【绘图】面板中的【图案填充】按钮，为此剖面图填充【ANSI31】图案，设置填充比例为 1.5，角度为 0，填充结果如图 12-36 所示。

步骤 14 执行 XL（【多段线】）命令，利用命令行中的【宽度】选项绘制剖切箭头，如图 12-37 所示。

图 12-36 填充剖面线

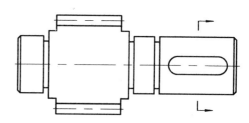

图 12-37 绘制剖切箭头

步骤 15 标注图形，最终图形如图 12-38 所示。

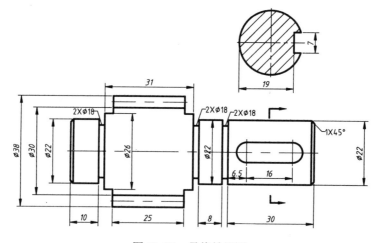

图 12-38 最终效果图

12.4 圆锥齿轮轴的绘制

本节将绘制如图 12-39 所示的圆锥齿轮轴。

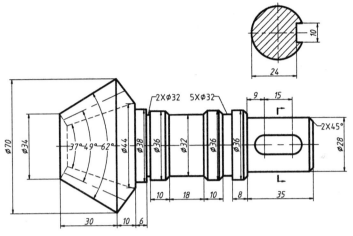

图 12-39　圆锥齿轮轴图形

12.4.1 圆锥齿轮轴的设计要点

圆锥齿轮轴就是添加有圆锥齿轮特征的轴体，如图 12-40 所示。圆锥齿轮轴的加工比较困难，但是传动稳定。

12.4.2 案例——绘制圆锥齿轮轴

步骤 1　打开素材文件"第 12 章\12.4.2 绘制圆锥齿轮轴.dwg"，如图 12-41 所示，已经绘制好了对应的中心线。

图 12-40　圆锥齿轮轴

图 12-41　素材图形

步骤 2　切换到【轮廓线】图层，以左侧中心线为起点，执行 L（【直线】）命令，绘制轴的轮廓线，如图 12-42 所示。

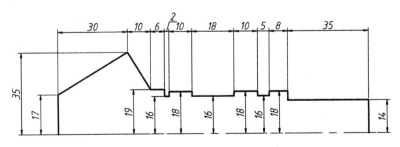

图 12-42　绘制轮廓线

步骤 3 执行 L（【直线】）命令，捕捉端点，绘制连接直线，结果如图 12-43 所示。

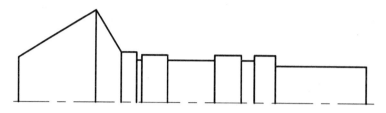

图 12-43　绘制连接线

步骤 4 执行 L（【直线】）命令，绘制直线的垂线；然后执行 O（【偏移】）命令，将最左端轮廓线向右偏移 4，结果如图 12-44 所示。

图 12-44　绘制垂线、偏移

步骤 5 执行 TR（【修剪】）命令，修剪绘制的垂线和偏移线，如图 12-45 所示。

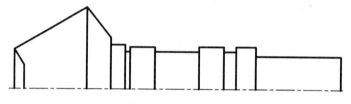

图 12-45　修剪线条

步骤 6 执行 L（【直线】）命令，捕捉中点绘制连接直线，将锥齿线切换至【虚线】图层，结果如图 12-46 所示。

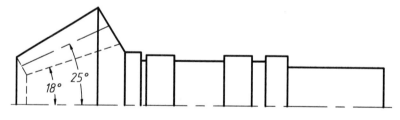

图 12-46　绘制锥齿轮齿根线与分度圆线

步骤 7 执行 MI（【镜像】）命令，以水平中心线作为镜像线，镜像图形，结果如图 12-47 所示。

步骤 8 执行 CHA（【倒角】）命令，设置两个倒角距离均为 2，对图形进行倒角，并绘制倒角连接线，如图 12-48 所示。

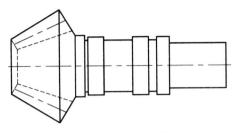
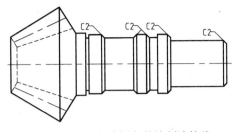

图 12-47　镜像图形　　　　　　　　　图 12-48　创建倒角并绘制连接线

步骤 9 绘制键槽。执行 C（【圆】）命令，绘制 2 个直径均为 10 的圆，如图 12-49 所示。

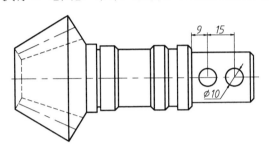

图 12-49　绘制圆

步骤 10 执行 L（【直线】）命令，捕捉圆象限点绘制连接直线，如图 12-50 所示。

步骤 11 执行 TR（【修剪】）命令，修剪图形，结果如图 12-51 所示。

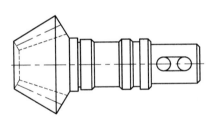
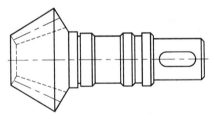

图 12-50　绘制直线　　　　　　　　　　图 12-51　修剪图形

步骤 12 将【中心线】设置为当前图层，执行 XL（【构造线】）命令，绘制如图 12-52 所示的水平和垂直构造线，作为移出断面图的定位辅助线。

步骤 13 将【轮廓线】设置为当前图层，使用 C（【圆】）命令，以构造线的交点为圆心，绘制一个直径为 28 的圆，结果如图 12-53 所示。

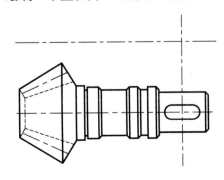
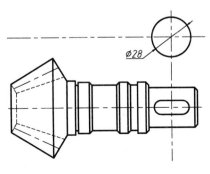

图 12-52　绘制构造线　　　　　　　　　图 12-53　绘制圆

步骤 14 单击【修改】面板中的【偏移】按钮 ⊆，对 φ28 圆的水平和垂直构造线进行偏移，结果如图 12-54 所示。

步骤 15 将【轮廓线】设置为当前图层，使用 L（【直线】）命令，绘制键深，再综合使用 E（【删除】）和 TR（【修剪】）命令，去掉不需要的构造线和轮廓线，结果如图 12-55 所示。

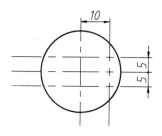

图 12-54　绘制 φ28 圆的键槽轮廓

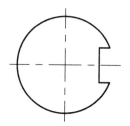

图 12-55　修剪 φ28 圆的键槽

步骤 16 将【剖面线】设置为当前图层，单击【绘图】面板中的【图案填充】按钮 ⊠，为此剖面图填充【ANSI31】图案，设置填充比例为 1，角度为 0，填充结果如图 12-56 所示。

步骤 17 执行 XL（【多段线】）命令，利用命令行中的【宽度】选项绘制剖切箭头，如图 12-57 所示。

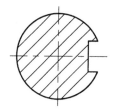

图 12-56　填充剖面线

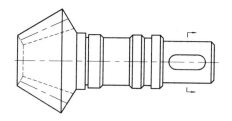

图 12-57　绘制剖切箭头

步骤 18 标注图形，最终图形如图 12-58 所示。

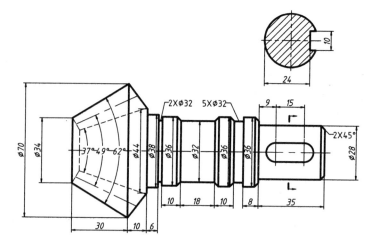

图 12-58　最终图形

12.5 上机实训

使用本章所学的知识，绘制如图 12-59 所示的螺纹轴图形，并添加尺寸精度和形位公差。

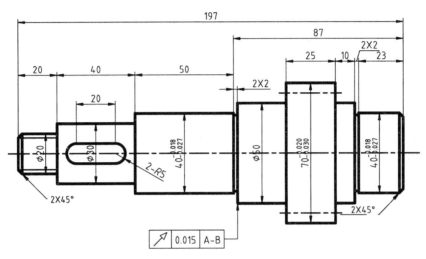

图 12-59 轴承

具体的绘制步骤提示如下。

步骤 1 绘制水平的中心线。

步骤 2 按尺寸偏移中心线，得到螺纹轴的各段轮廓。

步骤 3 执行 L（【直线】）命令，连接出螺纹轴的轮廓。

步骤 4 标注尺寸。

步骤 5 添加尺寸精度。

步骤 6 添加形位公差。

步骤 7 完成绘制。

12.6 辅助绘图锦囊

轴类的零件图，要想绘制合理，布局清晰，就必须对轴类零件的加工过程有所了解，才能知道何处的尺寸该标注何种精度，各轴段长度又该如何确定，以及各表面粗糙度、形位公差等。一般来说，轴类零件的典型加工工艺如下。

步骤 1 备料。原材料基本按成品棒料切断获得，因此轴的毛坯外形尺寸可参考 GB/T 702—热轧圆钢和方钢尺寸规格。

步骤 2 车端面，并钻中心孔。轴在车床上进行车削加工时，往往需要用到"顶尖"这个夹具零件，如图 12-60 所示，使用顶尖的尖端对紧轴端面上的中心孔，如图 12-61 所示。轴的另一端再用车床上的自定心卡盘固定住，即可充分定位。

图 12-60　顶尖

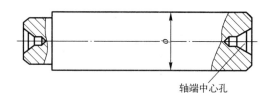

轴端中心孔

图 12-61　轴上的中心孔

> 提示：轴上的中心孔可省略不标注，由工艺或车间加工人员自行确定。如果对中心孔端面有所要求，可按 GB/T 4459.5 进行简化标注。

步骤 3 粗车各表面。

步骤 4 精车各表面。

步骤 5 铣削轴上的键槽。铣削进行装夹时，要注意不能碰坏轴体零件。

步骤 6 热处理。

步骤 7 精磨外圆至所要求的尺寸。

步骤 8 送检，完成。

第 **13** 章

盘盖类零件图的绘制

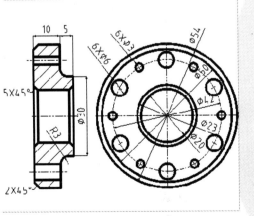

盘盖类零件包括调节盘、法兰盘、端盖和泵盖等。这类零件的基本形体一般为回转体或其他几何形状的扁平盘状体。本章主要介绍盘盖类零件的特点及常见盘盖零件的绘制方法。

13.1 盘盖类零件概述

13.1.1 盘盖类零件简介

盘盖类零件包括各类手轮、法兰盘及圆形端盖等，盘盖类零件在工程机械中的运用比较广泛，其主要作用是通过螺钉进行轴向定位，因此零件上面一般都有沉头孔，其次还具有防尘和密封的作用。典型的盘盖类零件与在机械上的结构如图 13-1 所示。

图 13-1　盘盖类零件在机械上的组成

13.1.2 盘盖类零件的结构特点

盘盖类零件的基本形状是扁平的盘状，一般有端盖、阀盖和齿轮等零件，它们的主要结构为回转体，通常还带有各种形状的凸缘、均布的圆孔和肋等局部结构。其余通用特点介绍如下。

- ➢ 常用的毛坯材料：其零件的常用毛坯有 45 钢的铸件或锻件，以及标准的热轧和冷轧钢管下料。
- ➢ 常用的机械加工方法：主要以车削加工为主，配以铣削、钻孔等进行辅助加工。
- ➢ 视图表达方法：盘盖类零件的主视图一般按加工位置水平放置。其余的视图则用来表达盘盖类零件上的槽、孔等结构特征，以及它们在零件上的分布情况。视图具有对称面时可采用半剖视图。

除此之外，在进行视图选择时，一般选择对称面或回转轴线的剖视图作为主视图，同时还需增加适当的其他视图（如左视图、右视图或俯视图）。图 13-2 所示就增加了一个左视图，以表达零件形状和孔的分布规律。

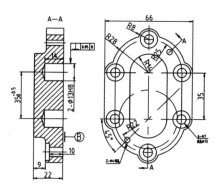

图 13-2　盘盖类零件的视图

在标注盘盖类零件的尺寸时，通常选用通过轴孔的轴线作为径向尺寸基准，长度方向的主要尺寸基准常选择零件的重要端面。

13.1.3 盘盖类零件图的绘图技巧

盘盖类零件的绘制有以下几点绘图技巧。

➤ 主视图一般按加工位置水平放置，但有些较复杂的盘盖，因加工工序较多，主视图也可按工作位置画出。

➤ 一般需要两个以上的基本视图。根据结构特点，视图具有对称面时，可作为半剖视；无对称面时，可作为全剖或局部剖视，以表达零件的内部结构。另一基本视图主要表达其外轮廓及零件上各种孔的分布。

➤ 其他结构形状（如轮辐、肋板等）可用移出断面或重合断面，也可用简化画法。

➤ 盘盖类零件也是装夹在卧式车床的卡盘上加工的，与轴套类零件相似，其主视图主要遵循加工位置原则，即应将轴线水平放置画图。

➤ 画盘盖类零件时，画出一个视图以后，要利用"高平齐"的规则画出另一个视图，以减少尺寸输入。对于对称图形，先画出一半，然后镜像生成另一半。

➤ 复杂的盘盖类零件图中的相切圆弧有 3 种画法：画圆修剪、圆角命令和作辅助线。

13.2 调节盘

本节将讲解如图 13-3 所示的调节盘的详细绘制过程。

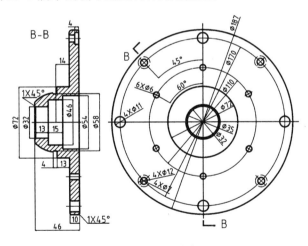

图 13-3　调节盘

13.2.1 调节盘的设计要点

调节盘为某模具上的产品零件，属于典型的盘类零件，因此该零件重要的径向尺寸部位有：ϕ187 圆柱段、$S\phi$60 球体部。上述各尺寸在生产中均有精度公差和几何形位公差要求。零件重要的轴向尺寸部位有：ϕ187 圆柱段左端面，距球体中心的轴向长度为 14mm。零件两端的中心孔是实现加工上述部位的基准，必须予以保证。

13.2.2 案例——绘制调节盘

1．绘制主视图

步骤 1 新建 AutoCAD 图形文件，在【选择样板】对话框中浏览到素材文件夹中的"acad.dwt"样板文件，单击【打开】按钮，进入绘图界面。

步骤 2 将【中心线】图层设置为当前图层，执行 L（【直线】）命令，绘制中心线，如图 13-4 所示。

步骤 3 切换到【轮廓线】图层，执行 C（【圆】）命令，以中心线交点为圆心，绘制直径分别为 32、35、72、110、170 和 187 的圆，结果如图 13-5 所示。

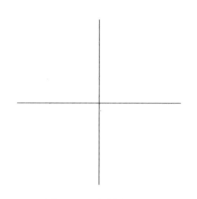

图 13-4　绘制中心线

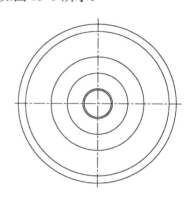

图 13-5　绘制圆

步骤 4 开启【极轴追踪】功能，设置追踪角分别为 45°和 30°，绘制直线与圆相交，结果如图 13-6 所示。

步骤 5 执行 C（【圆】）命令，捕捉交点，在 $\phi170$ 的圆与中心线的交点绘制直径为 11 的圆，在该圆与 45°直线的交点上绘制直径分别为 7 和 12 的圆，结果如图 13-7 所示。

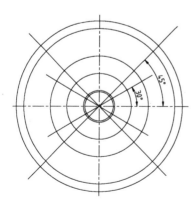

图 13-6　追踪直线

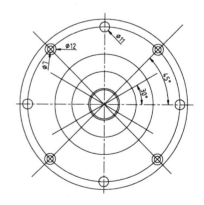

图 13-7　绘制圆

步骤 6 执行 C（【圆】）命令，捕捉交点，在 $\phi110$ 的圆上绘制直径为 6 的圆，结果如图 13-8 所示。

步骤 7 将各构造圆和构造直线移至【中心线】图层，结果如图 13-9 所示。

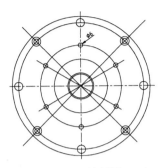

图 13-8　绘制圆

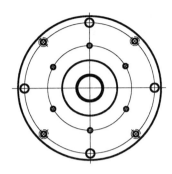

图 13-9　调整图形

2．绘制剖视图

步骤 8 将【中心线】图层设置为当前图层，执行 L（【直线】）命令，绘制与主视图对齐的水平中心线，如图 13-10 所示。

步骤 9 将【轮廓线】图层设置为当前图层，执行 L（【直线】）命令，根据三视图"高平齐"的原则，绘制轮廓线，如图 13-11 所示。

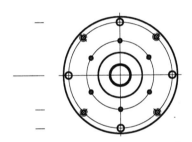

图 13-10　绘制中心线

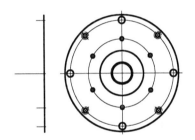

图 13-11　绘制轮廓线

步骤 10 执行 O（【偏移】）命令，将轮廓线向左偏移 10、23、24、27、46，将水平中心线向上、下各偏移 29、72，结果如图 13-12 所示。

步骤 11 执行 C（【圆】）命令，以偏移 24 的直线与中心线的交点为圆心绘制 R30 的圆，连接直线；执行 TR（【修剪】）命令，修剪图形，结果如图 13-13 所示。

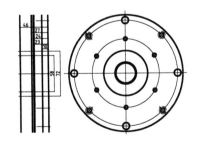

图 13-12　偏移直线

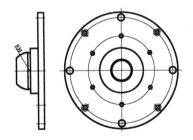

图 13-13　绘制并修剪图形

步骤 12 执行 F（【圆角】）命令，设置圆角半径为 3，在左上角创建圆角。然后执行 CHA（【倒角】）命令，激活【角度】选项，创建边长为 1，角度为 45°的倒角，结果如图 13-14 所示。

步骤 13 执行 L（【直线】）命令，根据三视图"高平齐"的原则，绘制螺纹孔和沉孔的轮廓线，如图 13-15 所示。

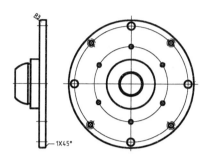

图 13-14 添加圆角

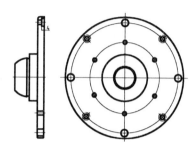

图 13-15 绘制轮廓线

步骤 14 执行 O（【偏移】）命令，将水平中心线向上、下各偏移 16、23、27。将最左端的轮廓线向右偏移 14、29，如图 13-16 所示。

步骤 15 执行 O（【直线】）命令，绘制连接线；然后执行 TR（【修剪】）命令，修剪图形，结果如图 13-17 所示。

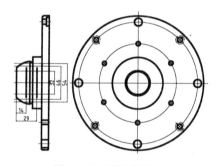

图 13-16 偏移直线

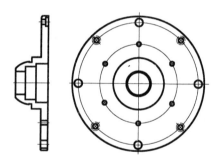

图 13-17 绘制直线并修剪

步骤 16 执行 CHA（【倒角】）命令，设置倒角距离为 1，角度为 45°，结果如图 13-18 所示。

步骤 17 将【细实线】图层设置为当前图层。执行 H（【图案填充】）命令，选择 ANSI31 图案，填充剖面线，结果如图 13-19 所示。

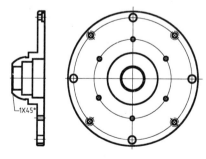

图 13-18 添加倒角

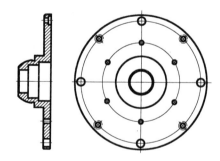

图 13-19 图案填充

3. 图形标注

步骤 18 单击【标注】面板中的 DLI【线性】按钮，标注各线性尺寸，如图 13-20

所示。

步骤 19 双击各直径尺寸，在尺寸值前添加直径符号，如图 13-21 所示。

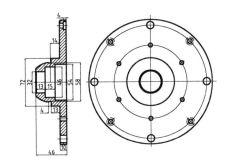

图 13-20 线性标注

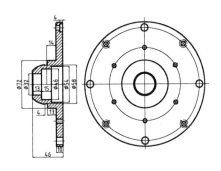

图 13-21 线性直径标注

步骤 20 单击【标注】面板中的【直径】按钮⚪，对圆弧进行标注，如图 13-22 所示。

步骤 21 单击【标注】面板中的【角度】和【多重引线】按钮，对角度和倒角进行标注。结果如图 13-23 所示。

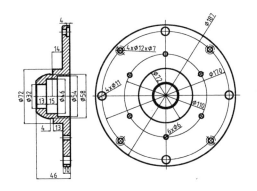

图 13-22 半径和直径标注

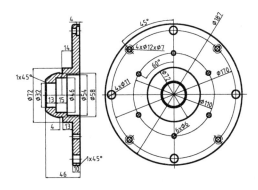

图 13-23 角度和倒角标注

步骤 22 执行【多段线】命令，利用命令行中的【线宽】选项绘制剖切箭头，并利用【单行文字】命令输入剖切序号，结果如图 13-24 所示。

步骤 23 选择【文件】|【保存】命令，保存文件，完成绘制。

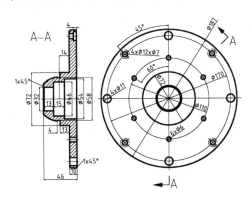

图 13-24 绘制结果

13.3 法兰盘

本节讲解如图 13-25 所示的法兰盘的详细绘制过程。

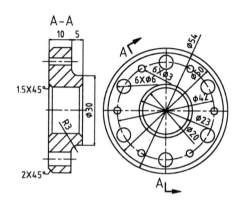

图 13-25　法兰盘

13.3.1 法兰盘的设计要点

法兰盘主要是用来对螺钉进行定位，并且对轴向部件进行连接的零件，因此它上面的重要尺寸包括径向的 $\phi54$ 和内孔 $\phi20$。其中 $\phi54$ 是各螺钉通孔的分布尺寸，属于设计尺寸，在加工中无法得到十分精准的定位，因此在实际生产中会有较大的偏差；而 $\phi20$ 的内孔可能会与活塞杆等其他的零部件相接触，因此在实际生产中需要表明表面粗糙度和精度公差。

13.3.2 案例——绘制法兰盘

1. 绘制主视图

步骤 1 新建 AutoCAD 文件，在【选择样板】对话框中浏览到素材文件夹 "acad.dwt" 样板文件，单击【打开】按钮，进入绘图界面。

步骤 2 将【中心线】图层设置为当前图层，执行 L（【直线】）命令，绘制中心线，如图 13-26 所示。

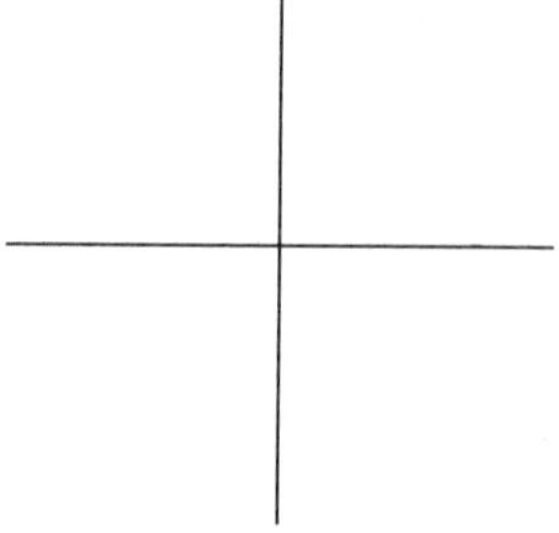

步骤 3 将【轮廓线】图层设置为当前图层，调用 C（【圆】）命令，以中心线交点为圆心，绘制直径分别为 20、23、42、50、54 的圆，并将 $\phi42$ 的圆转换到【中心线】图层，结果如图 13-27 所示。

步骤 4 开启【极轴追踪】功能，设置追踪角为 30°，绘制 60° 极轴方向的直线，并转换到【中心线】图层，如图 13-28 所示。

图 13-26　绘制中心线

步骤 5 执行 C（【圆】）命令，以中心线与 $\phi42$ 圆的交点为圆心，绘制直径分别为 3 和 6 的圆，结果如图 13-29 所示。

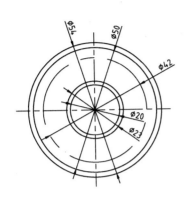

图 13-27 绘制圆

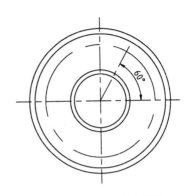

图 13-28 绘制倾斜线

步骤 6 执行【环形阵列】命令，以同心圆的圆心为阵列中心，将 φ6 和 φ3 的圆沿圆周阵列 6 个，结果如图 13-30 所示。

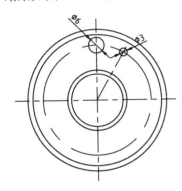

图 13-29 绘制圆

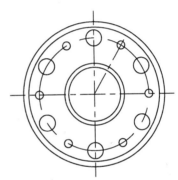

图 13-30 阵列圆孔

2. 绘制剖视图

步骤 7 将【中心线】图层设置为当前图层，执行 L（【直线】）命令，绘制与主视图对齐的中心线，如图 13-31 所示。

步骤 8 将【轮廓线】图层设置为当前图层，执行 L（【直线】）命令，根据三视图"高平齐"的原则绘制剖视图的竖直轮廓线，如图 13-32 所示。

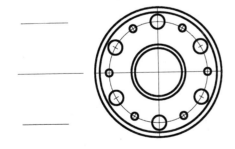

图 13-31 绘制中心线

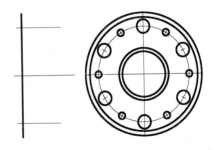

图 13-32 绘制轮廓线

步骤 9 执行 O（【偏移】）命令，将轮廓线向右偏移 15、20，将水平中心线向上、下各偏移 15，结果如图 13-33 所示。

步骤 10 执行 L（【直线】）命令，绘制水平轮廓线；执行 TR（【修剪】）命令，修剪图形，结果如图 13-34 所示。

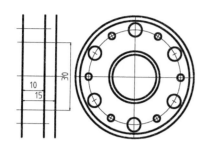

图 13-33　偏移直线

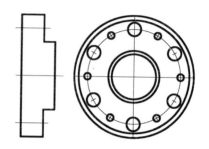

图 13-34　绘制轮廓线并修剪

步骤 11 执行 F（【圆角】）命令，设置圆角半径为 3，在边角创建圆角，如图 13-35 所示。

步骤 12 根据三视图"高平齐"的原则绘制孔的轮廓线，如图 13-36 所示。

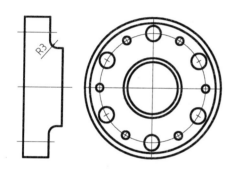

图 13-35　创建圆角

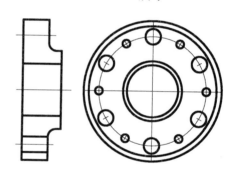

图 13-36　绘制轮廓线

步骤 13 执行 O（【偏移】）命令，偏移孔的中心线，并将偏移线切换到【轮廓线】图层，如图 13-37 所示。

步骤 14 执行 CHA（【倒角】）命令，对图形进行倒角，结果如图 13-38 所示。

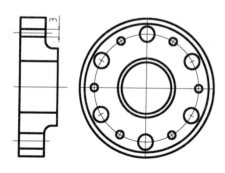

图 13-37　偏移曲线

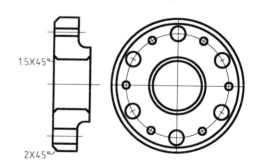

图 13-38　创建倒角

步骤 15 执行 L（【直线】）命令，绘制连接线，如图 13-39 所示。

步骤 16 执行 H（【图案填充】）命令，选择填充图案为 ANSI31，填充剖面线，如图 13-40 所示。

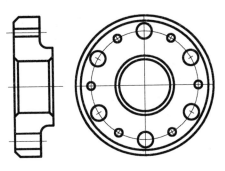

图 13-39　绘制连接线

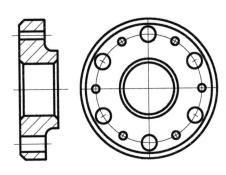

图 13-40　图案填充

3. 图形标注

步骤 17　单击【标注】面板中的【线性】按钮，标注法兰的线性尺寸，如图 13-41 所示。

步骤 18　双击直径尺寸，在尺寸值前添加直径符号，如图 13-42 所示。

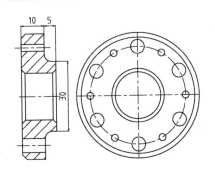

图 13-41　线性标注

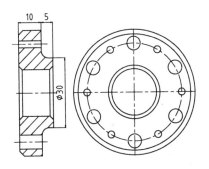

图 13-42　线性直径标注

步骤 19　分别单击【标注】面板中的【半径】按钮和【直径】按钮，标注圆角的半径和圆的直径，如图 13-43 所示。

步骤 20　单击【标注】面板中的【多重引线】按钮，标注倒角尺寸，如图 13-44 所示。

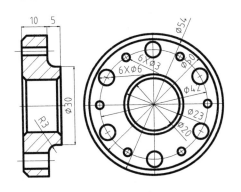

图 13-43　圆弧标注

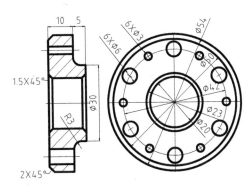

图 13-44　倒角标注

步骤 21　执行【多段线】命令，利用命令行中的【宽度】选项设置一定的线宽，绘图剖切箭头，然后利用【单行文字】命令输入剖切编号，结果如图 13-45 所示。

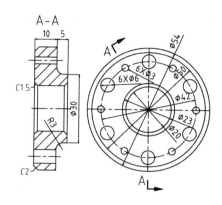

图 13-45　绘制结果

13.4　上机实训

请自行绘制出如图 13-46 所示的泵盖零件。

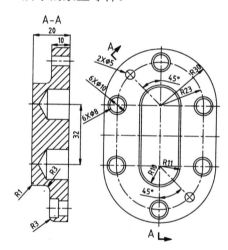

图 13-46　泵盖零件

该零件为齿轮泵上的泵盖，因此它的毛坯主要为铸造件，外表面基本上不需要加工，主要的加工表面为内侧。因此，其重要的尺寸为两轴孔之间的圆心距 32，以及外形尺寸 20。外形尺寸 20 的右端面为重要的加工表面，在实际生产中需要标明表面粗糙度和形位公差。

具体的绘制步骤提示如下。

步骤 1 从主视图开始绘制，先绘制中心线。

步骤 2 用【多段线】命令绘制 R10 的跑道型轮廓，注意圆心距为 32。

步骤 3 用【偏移】命令绘制出主视图中的其他轮廓，注意其中的【中心线】图层。

步骤 4 偏移水平中心线，得到中心线与中心线的交点，即为螺纹孔的圆心所在。

步骤 5 开启【极轴追踪】功能，绘制主视图左上方的中心线，得到的交点即为销钉孔的圆心。

步骤 6 再绘制左侧的剖面图，同样先画出中心线。

步骤 7 根据"高平齐"的原则,用【偏移】命令绘制出剖视图中的轮廓线。

步骤 8 用【修剪】命令修剪图形,得到准确的剖面图外形轮廓。

步骤 9 绘制倒角、圆角等细节。

步骤 10 标注图形。

13.5 辅助绘图锦囊

根据本章所学的内容可知,盘盖类零件最大的作用就是通过螺钉来进行定位或者连接。因此,除了与其他零部件相接触的表面及某些特殊的工作表面之外,其最重要的设计部分便是零件上的螺钉孔。而这些螺钉孔又都以沉头孔和通孔为主,极少出现真正的螺孔。

因此,熟练掌握各规格螺钉的沉头孔尺寸与通孔尺寸,就能极大地提高设计绘图的效率。由于在实际的机械设计工作中,内六角螺钉是最常用的螺钉,因此这里简单介绍一下该螺钉所对应的沉孔和通孔尺寸。内六角螺钉的沉头孔和通孔示意图如图 13-47 所示。

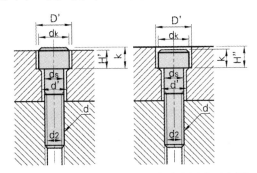

图 13-47 内六角螺钉的沉头孔和通孔示意图

其中的具体尺寸参数如表 13-1 所示。

表 13-1 内六角螺钉的沉头孔和通孔尺寸

螺纹的公称直径（d）	M3	M4	M5	M6	M8	M10	M12	M14	M16	M18	M20	M22	M24	M27	M30
d_s	3	4	5	6	8	10	12	14	16	18	20	22	24	27	30
d'	3.4	4.5	5.5	6.6	9	11	14	16	18	20	22	24	26	30	33
d_k	5.5	7	8.5	10	13	16	18	21	24	27	30	33	36	40	45
D'	6.5	8	9.5	11	14	17.5	20	23	26	29	32	35	39	43	48
K	3	4	5	6	8	10	12	14	16	18	20	22	24	27	30
H'	2.7	3.6	4.6	5.5	7.4	9.2	11	12.8	14.5	16.5	18.5	20.5	22.5	25	28
H''	3.3	4.4	5.4	6.5	8.6	10.8	13	15.2	17.5	19.5	21.5	23.5	25.5	29	32
d_2	2.6	3.4	4.3	5.1	6.9	8.6	10.4	12.2	14.2	15.7	17.7	19.7	21.2	24.2	26.7

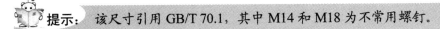

提示：该尺寸引用 GB/T 70.1,其中 M14 和 M18 为不常用螺钉。

其他种类螺钉的沉头孔尺寸可查阅相关标准,在《机械设计手册第五版——紧固件篇》中有具体记载。

第 14 章

箱体类零件图的绘制

本章要点

- 箱体类零件概述
- 轴承底座的绘制
- 蜗轮箱的绘制
- 上机实训
- 辅助绘图锦囊

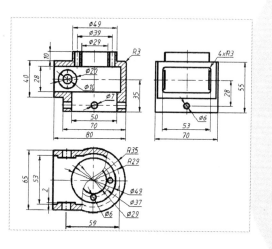

　　箱体类零件是结构比较复杂的一类零件，需要多种视图和辅助视图，例如，用三视图表达其外观，用剖视图表达内部结构，用断面视图或向视图表达筋结构，以及用局部视图表达螺纹孔结构等。而且此类零件的标注尺寸较多，需要合理地选择尺寸标注的基准，做到不漏标尺寸，并且尽量不重复标注。

14.1 箱体类零件概述

14.1.1 箱体类零件简介

箱体类零件是用来安装支撑机器部件，或者容纳气体和液体介质的壳体零件。箱体类零件的运用比较广泛，如阀体、减速器箱体、泵体和阀座等，如图 14-1 所示。箱体类零件大多为铸件，一般起支承、容纳、定位和密封等作用。

减速箱体　　　　　　　　　涡轮减速器箱体　　　　　　　泵体

图 14-1　箱体类零件

14.1.2 箱体类零件的结构特点

箱体类零件主要用于支承及包容其他零件。同时，其外部要与机器连接固定，并为传动件提供一个封闭的工作空间，使其处于良好的工作状态，同时还要提供润滑所需的通道，创造良好的润滑条件。它在一台机器的总质量中占有很大的比例，同时在很大程度上影响机器的工作精度及抗震性能。所以，正确地设计箱体的形式及尺寸，是减小整机质量、节约材料、提高工作精度、增强机器刚度及耐磨性等的重要途径。箱体的主要设计结构特点如下。

➤ 运动件的支撑部分是箱体的主要部分，包括安装轴承的孔、箱壁、支撑凸缘和肋等结构。

➤ 润滑部分主要用于运动部件的润滑，以便提高部件的使用寿命，包括存油池、油针孔和放油孔。

➤ 为了安装箱盖，在上部有安装平面，其上有定位销孔和连接用的螺钉孔。

➤ 为了安装别的部件，在下部也安装平面，并有安装螺栓或者螺钉的结构，还有定位及导向用的导轨或者导槽。

➤ 为了加强某一局部的强度，增加了肋等结构，除此之外，还带有空腔、轴孔、凸台、沉孔及螺孔等结构，外观比较复杂。

14.1.3 箱体类零件图的绘图技巧

由于箱体类零件的外观比较复杂，因此它的绘制需要一定的技巧，而绘制箱体类零件图的技巧有以下几点。

➤ 在选择主视图时，主要考虑工作位置和形状特征。

➤ 选用其他视图时，应根据实际情况采用适当的剖视、断面、局部视图和斜视图等多种辅助视图，以清晰地表达零件的内外结构。

> 在标注尺寸方面，通常选用设计上要求的轴线、重要的安装面、接触面（或加工面）和箱体某些主要结构的对称面（宽度、长度）等作为尺寸基准。

> 对于箱体上需要切削加工的部分，应尽可能地按照便于加工和检验的要求来标注尺寸。

14.2　轴承底座的绘制

轴承底座是安装在固定位置上的、带有一个安装轴承孔的零件。轴承底座多用于各种自卸车上，如图 14-2 所示，它能在自卸车进行举升时固定液压缸，并提供良好的支撑。

图 14-2　自卸车上的轴承底座

14.2.1　轴承底座的设计要点

自卸车上的轴承座用于受力复杂的情况，因此需要多增加肋板等结构，故采用焊接方法。除此之外，还有一类轴承底座，用于受力均匀且类型单一的情况，因此从成本角度考虑多采用铸造方法，如球磨机上的轴承底座，如图 14-3 所示。

图 14-3　球磨机上的轴承底座

无论是何种制作方法的轴承底座，在设计时都需要注意轴承安装位置的尺寸公差与表面粗糙度，以控制在安装轴承时的精度。此外，如果是焊接方法制作的轴承底座，需要另行绘制焊接板料的构件图，并设计相应的焊接坡口；如是铸造方法生产的轴承底座，则需要考虑各表面的粗糙度，以及脱模时的拔模角度等。

14.2.2 案例——绘制球磨机上的轴承底座

本案例将绘制球磨机上的轴承底座，如图 14-4 所示。

1. 绘制主视图

步骤 1 打开素材文件"第 14 章\14.2.2 绘制轴承底座.dwg"，如图 14-5 所示，已经绘制好了对应的中心线。

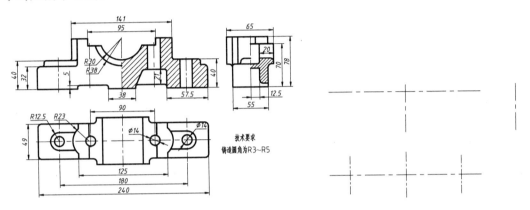

图 14-4 轴承底座   图 14-5 素材图形

步骤 2 将【中心线】图层设置为当前图层，对主视图位置上的中心线执行 O（【偏移】）命令，偏移出辅助用的中心线，如图 14-6 所示。

步骤 3 将【轮廓线】图层设置为当前图层，执行 C（【圆】）命令，以中心线的交点为圆心绘制 R30 和 R38 的圆，如图 14-7 所示。

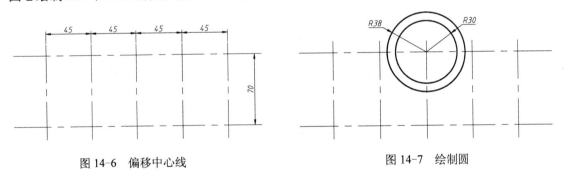

图 14-6 偏移中心线   图 14-7 绘制圆

步骤 4 执行 TR（【修剪】）命令，修剪圆，如图 14-8 所示。

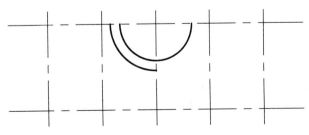

图 14-8 修剪图形

步骤 5 执行 O（【偏移】）命令，将主视图最下方的水平中心线向上偏移 5、26、32、40、60，结果如图 14-9 所示。

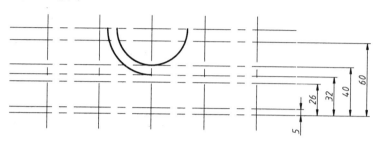

图 14-9　偏移水平中心线

步骤 6 再执行 O（【偏移】）命令，将主视图中垂直的中心按照图 14-10 所示的尺寸进行偏移。

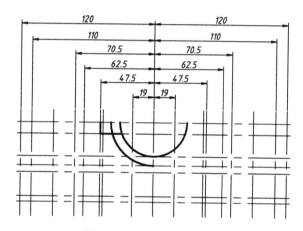

图 14-10　偏移垂直中心线

步骤 7 切换到【轮廓线】图层，执行 L（【直线】）命令，绘制主视图的轮廓，再执行 TR（【修剪】）命令，修剪多余的辅助线，结果如图 14-11 所示。

步骤 8 执行 F（【圆角】）命令，对图形进行圆角操作，圆角半径除图中标明的以外，其余都为 R3，结果如图 14-12 所示。

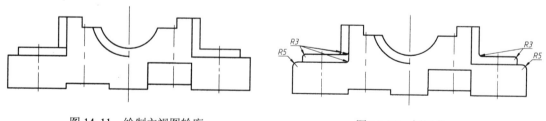

图 14-11　绘制主视图轮廓　　　　　　　　　图 14-12　倒圆角

步骤 9 执行 O（【偏移】）命令，将右侧孔的中心线对称偏移 9，将轮廓线向左偏移 35，如图 14-13 所示。

步骤 10 执行 F（【圆角】）命令，绘制 R5 的圆角，如图 14-14 所示。

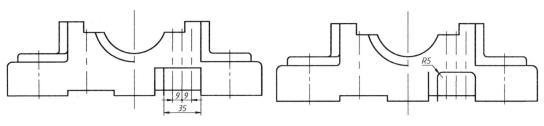

图 14-13 偏移直线   图 14-14 沉头孔倒圆角

步骤 11 转换到【轮廓线】图层，执行 L（【直线】）命令，绘制两圆角的切线；执行 TR（【修剪】）、S（【延伸】）等命令整理图形，如图 14-15 所示。

步骤 12 执行 O（【偏移】）命令，将右端中心线对称偏移 8.5，并将偏移出的线条转换到【轮廓线】图层，如图 14-16 所示。

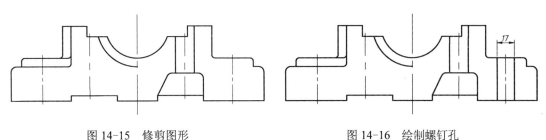

图 14-15 修剪图形   图 14-16 绘制螺钉孔

2．绘制俯视图

步骤 13 执行 O（【偏移】）命令，将俯视图位置的水平中心线对称偏移 12.5、24.5、32.5，结果如图 14-17 所示。

步骤 14 切换到【虚线】图层，执行 L（【直线】）命令，按照"长对正，高平齐，宽相等"的原则，由主视图向俯视图绘制垂直投影线，如图 14-18 所示。

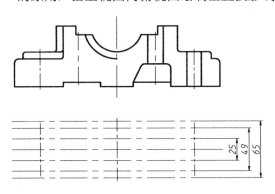

图 14-17 偏移中心线

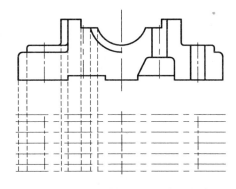

图 14-18 绘制俯视图垂直投影线

步骤 15 切换到【轮廓线】图层，执行 L（【直线】）命令，绘制俯视图的轮廓，再执行 TR（【修剪】）命令，修剪多余的辅助线，结果如图 14-19 所示。

步骤 16 执行 C（【圆】）命令，在中心线的交点绘制 $\phi14$ 和 $\phi25$ 的圆；然后绘制与矩形右边线相切、直径为 14 的圆；最后绘制 $\phi46$ 的同心圆，如图 14-20 所示。

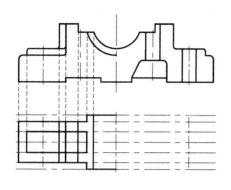

图 14-19　绘制俯视图轮廓

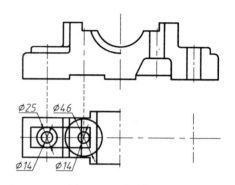

图 14-20　绘制圆

步骤 17 执行 TR（【修剪】）命令，修剪图形，并对图形进行倒圆，如图 14-21 所示。

步骤 18 执行 MI（【镜像】）命令，以垂直中心线为镜像线，镜像图形，结果如图 14-22 所示。

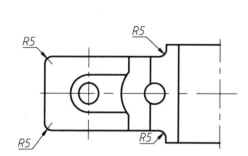

图 14-21　对俯视图进行修剪并倒圆

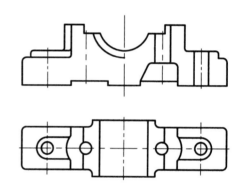

图 14-22　镜像俯视图形

3．绘制左视图

步骤 19 执行 O（【偏移】）命令，将左视图中的垂直中心线向左偏移 12.5、17、24.5、32.5，如图 14-23 所示。

步骤 20 切换到【虚线】图层，执行 L（【直线】）命令，按照"长对正，高平齐，宽相等"的原则，由主视图向左视图绘制水平投影线，如图 14-24 所示。

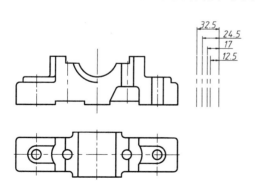

图 14-23　偏移左视图中心线

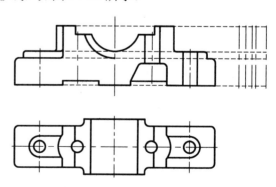

图 14-24　绘制左视图水平投影线

步骤 21 切换到【轮廓线】图层，执行 L（【直线】）命令，绘制左视图的轮廓，再执行 TR（【修剪】）命令，修剪多余的辅助线，结果如图 14-25 所示。

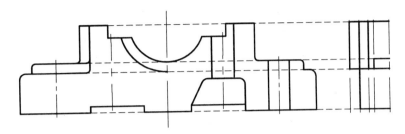

图 14-25　绘制左视图轮廓

步骤 22 执行 O（【偏移】）命令，将左视图的垂直中心线向右偏移 7、12.5、20.5、24.5、32.5，如图 14-26 所示。

步骤 23 切换到【虚线】图层，执行 L（【直线】）命令，按照"长对正，高平齐，宽相等"的原则，由主视图向左视图绘制垂直投影线，如图 14-27 所示。

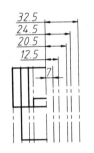

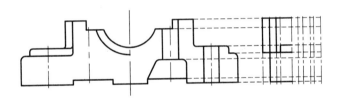

图 14-26　偏移中心线

图 14-27　绘制左视图垂直投影线

步骤 24 切换到【轮廓线】图层，执行 L（【直线】）命令，绘制主视图的轮廓，再执行 TR（【修剪】）命令，修剪多余的辅助线，结果如图 14-28 所示。

步骤 25 执行 F（【圆角】）命令，创建 R3 和 R5 的圆角，如图 14-29 所示。

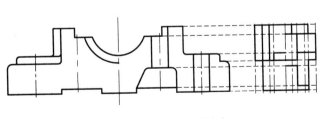

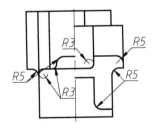

图 14-28　绘制主视图轮廓

图 14-29　倒圆角

步骤 26 切换到【剖切线】图层，执行 H（【图案填充】）命令，设置图案为 ANSI31，比例为 1.5，角度为 0°，填充图案，结果如图 14-30 所示。

步骤 27 调整 3 个视图的位置，通过【标注】面板对图形进行标注；使用 MT（【多行文字】）命令添加技术要求，结果如图 14-31 所示。

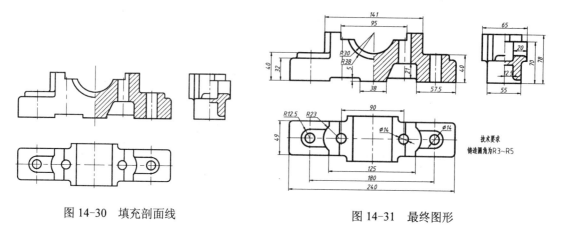

图 14-30　填充剖面线　　　　　　　　　　图 14-31　最终图形

步骤 08 选择【文件】|【保存】命令，保存文件，完成轴承底座的绘制。

14.3　蜗轮箱的绘制

蜗轮箱即蜗轮减速器的箱体，而蜗轮减速器全称为蜗轮蜗杆减速器，或者蜗轮蜗杆减速机或蜗轮蜗杆减速箱，如图 14-32 所示。蜗轮减速器在各个领域中都有非常广泛的应用，在汽车领域里它作为汽车变换档位的重要部件，在机床中也是非常关键的部件。通过蜗轮减速机可以把较高的速度转化成较低的速度，因此其应用非常广泛。

图 14-32　蜗轮减速器

14.3.1　蜗轮箱的设计要点

蜗轮减速器主要由蜗轮或者齿轮、轴、轴承和箱体等所组成，而箱体又是蜗轮、齿轮、轴和轴承等零件的主要支承件。因此蜗轮减速机机箱壳必须具备足够的硬度，以免受载后变形，从而导致传动质量下降。

蜗轮减速箱的机箱通常采用铸铁来铸成，仅有少量的重型减速箱采用铸钢。减速机箱壳由箱座和箱盖两部分组成，其剖分面则通过传动的轴线。箱壳上安装轴承的孔必须精确，以保证齿轮轴线相互位置的正解性。箱座与箱盖用螺栓联接，并用两个定位销来精确固定箱盖和箱座的相互位置。螺栓的布置要合理，应考虑使用扳手时所需活动的空间。位于轴承周边的螺栓，其直径可以稍大些，尽量靠近轴承。

为了给蜗轮减速箱加上通气盖，减速机的温度会随着其工作的时间而变化。温度过高会使减速机箱壳内空气发生膨胀，从而将润滑油从剖分面泄出，因此在减速机箱盖上设有通气盖。在减速机箱座下方设有一个放油孔，为了方便后期的更换润滑油之用。

吊钩是用来提升减速机箱盖的。整个减速机的提升是用箱座旁的吊钩来进行的。箱座上还设有测量或者观察润滑油面高度用的测油表（或者是油面指示器）。

随着蜗轮减速箱的型号大小的不同，采用的轴承也不同，一般中小型的减速箱都是广泛采用滚动轴承。具体情况要根据实现负载或者根据减速机生产厂家的构造和测试而定。

14.3.2 案例——绘制蜗轮箱

本节将绘制如图 14-33 所示的蜗轮箱零件图。

1. 绘制主视图

步骤 1 打开素材文件"第 14 章\14.3.2 绘制蜗轮箱.dwg"，如图 14-34 所示，已经绘制好了对应的中心线。

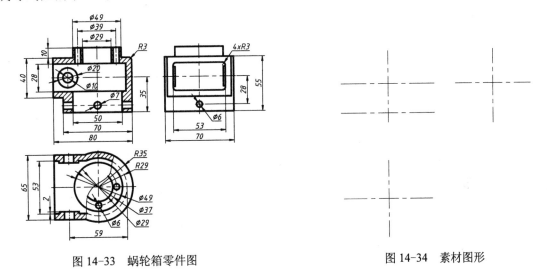

图 14-33 蜗轮箱零件图   图 14-34 素材图形

步骤 2 将【轮廓线】图层设置为当前图层，执行 L（【直线】）命令，在主视图的位置上绘制轮廓线，如图 14-35 所示。

步骤 3 执行 O（【偏移】）命令，将主视图中的水平中心线对称偏移 14，将垂直中心线对称偏移 14.5、25，将左侧边线向右偏移 74，如图 14-36 所示。

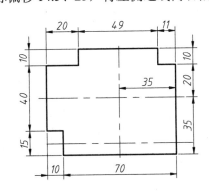

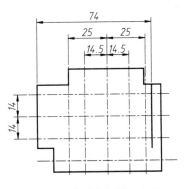

图 14-35 绘制轮廓线   图 14-36 偏移主视图中心线

步骤 4 切换到【轮廓线】图层，执行 L（【直线】）命令，绘制主视图的轮廓，再执行 TR（【修剪】）命令，修剪多余的辅助线，结果如图 14-37 所示。

步骤 5 执行 O（【偏移】）命令，将主视图中的水平中心线向下偏移 28，将垂直中心线向左偏移 30，如图 14-38 所示。

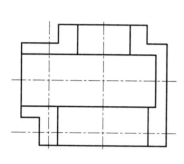

图 14-37 修剪主视图

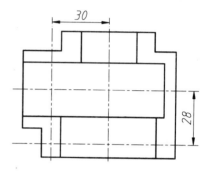

图 14-38 偏移主视图中心线

步骤 6 执行 C（【圆】）命令，捕捉中心线的交点，绘制如图 14-39 所示尺寸的圆。

步骤 7 执行 O（【偏移】）命令，将下方的水平中心线对称偏移 3.5，将垂直中心线对称偏移 16.5、19.5、22.5，如图 14-40 所示。

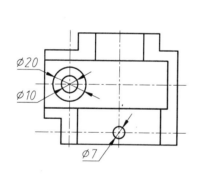

图 14-39 绘制圆

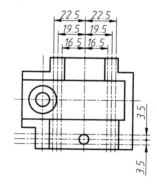

图 14-40 偏移中心线

步骤 8 切换到【轮廓线】图层，执行 L（【直线】）命令，绘制主视图的轮廓，再执行 TR（【修剪】）命令，修剪多余的辅助线，结果如图 14-41 所示。

步骤 9 执行 F（【圆角】）命令，创建 R3 的圆角，如图 14-42 所示。

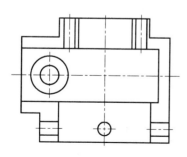

图 14-41 绘制主视图轮廓并修剪

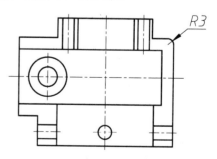

图 14-42 倒圆角

2. 绘制俯视图

步骤 10 执行 C（【圆】）命令，以俯视图位置的中心线交点为圆心，绘制ϕ29、ϕ37、ϕ49、ϕ58、ϕ70 的圆，如图 14-43 所示。

步骤 11 切换到【虚线】图层，执行 L（【直线】）命令，按照"长对正，高平齐，宽相等"的原则，由主视图向俯视图绘制垂直投影线，如图 14-44 所示。

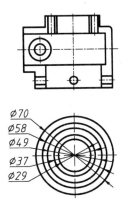

图 14-43 绘制俯视图中的圆

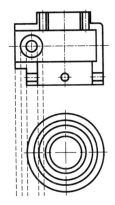

图 14-44 绘制俯视图垂直投影线

步骤 12 执行 O（【偏移】）命令，将俯视图的水平中心线对称偏移 24.5、26.5、32.5，结果如图 14-45 所示。

步骤 13 切换到【轮廓线】图层，执行 L（【直线】）命令，绘制俯视图的轮廓，同时将ϕ37 的圆转换为【中心线】图层，然后再执行 TR（【修剪】）命令，修剪多余的辅助线，结果如图 14-46 所示。

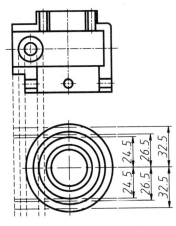

图 14-45 偏移俯视图中的中心线

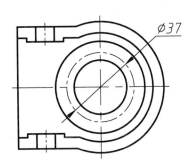

图 14-46 绘制俯视图轮廓

步骤 14 将【轮廓线】图层设置为当前图层，执行 C（【圆】）命令，捕捉中心线与ϕ37 圆的交点，绘制ϕ6 圆孔，如图 14-47 所示。

步骤 15 将【细实线】图层设置为当前图层，执行 SPL（【样条曲线】）命令，绘制样条曲线，作为剖面分割线，如图 14-48 所示。

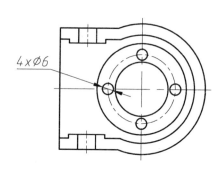

图 14-47 绘制俯视图中的圆孔

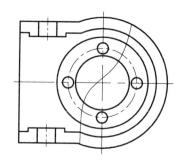

图 14-48 绘制俯视图的剖切线

步骤 16 执行 TR（【修剪】）与 E（【删除】）命令，以样条曲线为边界修剪图形，如图 14-49 所示。

步骤 17 执行 BR（【打断于点】）命令，将φ58 的圆在样条曲线的交点打断，将一侧的圆弧切换到【虚线】图层，如图 14-50 所示。

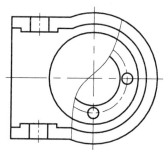

图 14-49 修剪俯视图

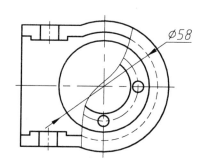

图 14-50 转换俯视图图层

3. 绘制左视图

步骤 18 执行 O（【偏移】）命令，将左视图位置的垂直中心线对称偏移 24.5、26.5、32.5、35，如图 14-51 所示。

步骤 19 切换到【虚线】图层，执行 L（【直线】）命令，按照"长对正，高平齐，宽相等"的原则，由主视图向左视图绘制水平投影线，如图 14-52 所示。

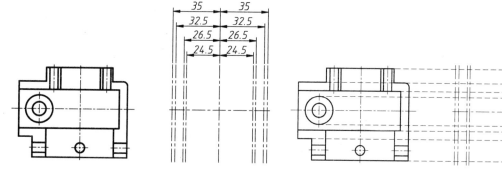

图 14-51 偏移左视图中心线　　　　　　　　图 14-52 绘制左视图水平投影线

步骤 20 切换到【轮廓线】图层，执行 L（【直线】）命令，绘制左视图的轮廓，再执行 TR（【修剪】）命令，修剪多余的辅助线，结果如图 14-53 所示。

步骤21 执行 O（【偏移】）命令，将左视图中的水平中心线向下偏移 28，如图 14-54 所示。

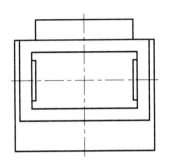

图 14-53 绘制左视图轮廓

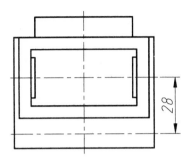

图 14-54 偏移左视图中心线

步骤22 执行 C（【圆】）命令，以偏移线与中心线的交点为圆心绘制φ6 的圆，并将圆转换到【轮廓线】图层，调整中心线长度，如图 14-55 所示。

步骤23 执行 F（【圆角】）命令，在左视图中的内部边角创建 R3 的圆角，如图 14-56 所示。

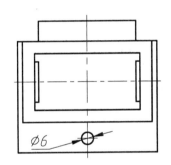

图 14-55 偏移左视图中的圆

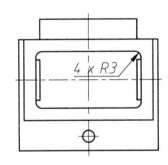

图 14-56 倒圆角

步骤24 切换到【剖切线】图层，执行 H（【图案填充】）命令，设置图案为 ANSI31，比例为 1，角度为 0°，填充图案，结果如图 14-57 所示。

步骤25 调整 3 个视图的位置，通过【标注】面板对图形进行标注，结果如图 14-58 所示。

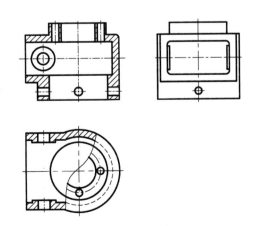

图 14-57 填充剖面线

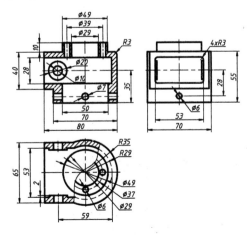

图 14-58 最终图形

14.4　上机实训

　　使用本章所学的知识，绘制如图 14-59 所示的蜗轮蜗杆减速箱图形，并进行标注。

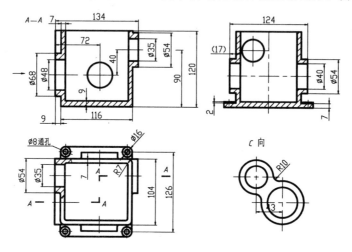

图 14-59　蜗轮蜗杆减速箱图形

　　箱体类零件一般比较复杂，为了完整地表达清楚其复杂的内、外结构和形状，所采用的视图较多。一般将能反映箱壳工作状态且能表示结构、形状特征的视图作为主视图。

　　具体的绘制步骤提示如下。

1．绘制主视图

步骤 1 绘制主视图中圆孔的中心线。

步骤 2 使用 O（【偏移】）命令，创建主视图中的各轮廓线。

步骤 3 修剪主视图。

2．绘制左视图

步骤 4 绘制左视图中圆孔的中心线。

步骤 5 使用 O（【偏移】）命令，创建左视图中的各轮廓线。

步骤 6 修剪左视图。

3．绘制俯视图

步骤 7 按照"长对正，高平齐，宽相等"的原则，由主视图向俯视图绘制垂直投影线。

步骤 8 执行 L（【直线】）命令，绘制俯视图的轮廓。

步骤 9 标注图形，完成绘制。

14.5　辅助绘图锦囊

　　箱体类零件主要有阀体、泵体和减速器箱体等，其作用是支持或包容其他零件。这类零件有复杂的内腔和外形结构，并带有轴承孔、凸台和肋板，此外还有安装孔、螺孔等结构。

由于箱体类零件加工工序较多，加工位置多变，所以在选择主视图时，主要根据工作位置原则和形状特征原则来考虑，并采用剖视图，以重点反映其内部结构。

为了表达箱体类零件的内外结构，一般要用 3 个或 3 个以上的基本视图，并根据结构特点在基本视图上取剖视，还可采用局部视图、斜视图及规定画法等表达外形。

在绘制箱体类零件时，尤其要注意箱体的加工方法。一般来说，箱体毛坯都是铸造获得的，因此在绘图设计时，一定要考虑模具内腔的流动性，并添加拔模斜度。制图中若斜度较小，则可只在技术要求中予以说明，而无须画出来；斜度较大时则需要画出，如图 14-60 所示。

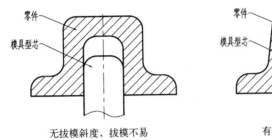
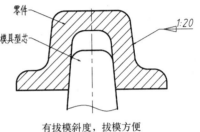

图 14-60 设置拔模斜度

第三篇
AutoCAD 三维篇

第 **15** 章

三维实体的创建和编辑

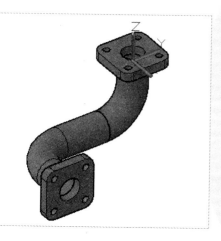

　　AutoCAD 不仅具有强大的二维绘图功能，而且还具备较强的三维绘图功能。利用三维绘图功能可以绘制各种三维的线、平面及曲面等，而且可以直接创建三维实体模型，并对实体模型进行抽壳、布尔等编辑。

　　树立正确的空间观念，灵活建立和使用三维坐标系，准确地在三维空间中设置视点，既是整个三维绘图的基础，也是三维绘图的难点所在。本章详细讲解了三维绘图的基本知识，以及三维建模和编辑的功能。

15.1 三维模型的分类

AutoCAD 主要支持 3 种类型的三维模型——线框模型、曲面模型和实体模型。每种模型都有自己的创建方法和编辑方式。

15.1.1 线框模型

线框模型是一种轮廓模型，它是三维对象的轮廓描述，主要由描述对象的三维直线和曲线组成，没有面和体的特征。线框模型由描述对象的点、直线和曲线组成。在 AutoCAD 中，可以通过在三维空间绘制点、线、曲线的方式得到线框模型。

图 15-1 所示为线框模型效果。

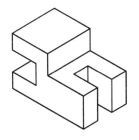

图 15-1　线框模型

> 提示：线框模型虽然结构简单，但构成模型的各条线需要分别绘制。此外，线框模型没有面和体的特征，既不能对其进行面积、体积、重心、转动质量和惯性矩形等计算，也不能进行隐藏、渲染等操作。

15.1.2 曲面模型

曲面模型是将棱边围成的部分定义形体表面，再通过这些面的集合来定义形体。AutoCAD 的曲面模型用多边形网格构成的小平面来近似定义曲面。表面模型特别适合于构造复杂曲面，如模具、发动机叶片和汽车等复杂零件的表面，它一般使用多边形网格定义镶嵌面。由于网格面是平面的，因此网格只能近似于曲面。

图 15-2 所示为曲面模型效果。

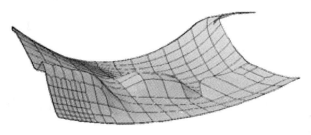

图 15-2　曲面模型

对于由网格构成的曲面，多边形网格越密，曲面的光滑程度越高。此外，由于曲面模型具有面的特征，因此可以对它进行计算面积、隐藏、着色、渲染及求两表面交线等操作。

15.1.3 实体模型

实体模型是最经常使用的三维建模类型，它不仅具有线和面的特征，而且还具有体的特征，各实体对象间可以进行各种布尔运算操作，从而创建复杂的三维实体模型。

对于实体模型，可以直接了解它的特性，如体积、重心、转动惯量和惯性矩等，可以对它进行隐藏、剖切和装配干涉检查等操作，还可以对具有基本形状的实体进行并、交和差等布尔运算，以构造复杂的模型。

图 15-3 所示为实体模型效果。

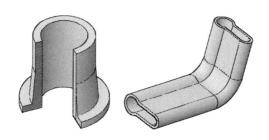

图 15-3　实体模型

15.2　三维坐标系统

在三维建模过程中，坐标系及其切换是 AutoCAD 三维图形绘制中不可缺少的元素，在该界面上创建三维模型，其实是在平面上创建三维图形，而视图方向的切换则是通过调整坐标位置和方向获得的。因此三维坐标系是确定三维对象位置的基本手段，是研究三维空间的基础。

15.2.1 UCS 的概念及特点

在 AutoCAD 中，坐标系包括世界坐标系（WCS）和用户坐标系（UCS）两种类型。世界坐标系是系统默认的二维图形坐标系，它的原点及各坐标轴的方向固定不变，因而不能满足三维建模的需要。

用户坐标系是通过变换坐标系原点及方向形成的，用户可根据需要随意更改坐标系原点及方向。用户坐标系主要应用于三维模型的创建。

15.2.2 定义 UCS

UCS 坐标系表示了当前坐标系的坐标轴方向和坐标原点位置，也表示了相对于当前 UCS 的 XY 平面的视图方向，尤其是在三维建模环境中，它可以根据不同的指定方位来创建模型特征。

要新建 UCS，直接在命令行中输入 UCS 并按【Enter】键，然后根据命令行的提示选取合适位置即可。如果要使新建 UCS 在空间变换方位,需要通过其他工具实现。图 15-4 所示为 AutoCAD 2016 中的【坐标】面板,用户可以利用该面板中的相应按钮对坐标系进行相应的操作。

图 15-4 【坐标】面板

【坐标】面板中常用按钮的含义如下。

1. UCS⌐

单击该按钮,命令行提示如下。

> 指定 UCS 的原点或 [面(F)/命名(NA)/对象(OB)/上一个(P)/视图(V)/世界(W)/X/Y/Z/Z 轴(ZA)] <世界>:

该命令行中各选项与面板中的按钮相对应。

2. 世界◉

该工具用来切换回模型或视图的世界坐标系,即 WCS 坐标系。世界坐标系也称为通用或绝对坐标系,它的原点位置和方向始终是保持不变的。

3. 上一个 UCS⌐

上一个 UCS,顾名思义,是指通过使用上一个 UCS 确定坐标系,它相当于绘图中的撤销操作,可返回上一个绘图状态,但区别在于该操作仅返回上一个 UCS 状态,其他图形保持更改后的效果。

4. 面 UCS⌐

该工具主要用于将新用户坐标系的 XY 平面与所选实体的一个面重合。在模型中选取实体面或选取面的一个边界,此面被加亮显示,按【Enter】键,即可将该面与新建 UCS 的 XY 平面重合,效果如图 15-5 所示。

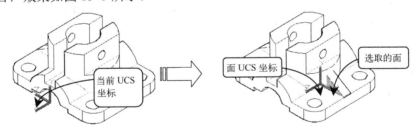

图 15-5 创建面 UCS 坐标

5. 对象⌐

该工具通过选择一个对象,定义一个新的坐标系,坐标轴的方向取决于所选对象的类型。当选择一个对象时,新坐标系的原点将放置在创建该对象时定义的第一点,X 轴的方向为从原点指向创建该对象时定义的第二点,Z 轴方向自动保持与 XY 平面垂直,如图 15-6 所示。

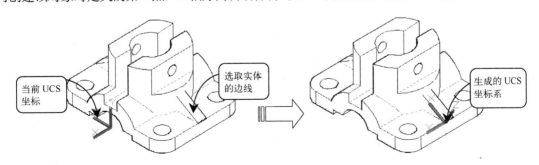

图 15-6 由选取对象生成 UCS 坐标

如果选择不同类型的对象，坐标系的原点位置与 X 轴的方向会有所不同，如表 15-1 所示。

表 15-1 选取对象与坐标的关系

对象类型	新建 UCS 坐标方式
直线	距离选取点最近的一个端点成为新 UCS 的原点，X 轴沿直线的方向，并使该直线位于新坐标系的 XY 平面
圆	圆的圆心成为新 UCS 的原点，X 轴通过选取点
圆弧	圆弧的圆心成为新 UCS 的原点，X 轴通过距离选取点最近的圆弧端点
二维多段线	多段线的起点成为新 UCS 的原点，X 轴沿从起点到下一个顶点的线段延伸方向
实心体	实体的第一点成为新 UCS 的原点，新 X 轴为两起始点之间的直线
尺寸标注	标注文字的中点成为新的 UCS 的原点，新 X 轴的方向平行于绘制标注时有效 UCS 的 X 轴

6. 视图

该工具可使新坐标系的 XY 平面与当前视图方向垂直，Z 轴与 XY 面垂直，而原点保持不变。通常情况下，该方式主要用于标注文字，当文字需要与当前屏幕平行而不需要与对象平行时，用此方式比较简单。

7. 原点

【原点】按钮是系统默认的 UCS 坐标创建方法，它主要用于修改当前用户坐标系的原点位置，坐标轴方向与上一个坐标相同，由它定义的坐标系将以新坐标存在。

在命令行中输入 UCS 并按【Enter】键，然后配合状态栏中的【对象捕捉】功能，捕捉模型上的一点，按【Enter】键，结束操作。

8. Z 轴矢量

该工具按钮是通过指定一点作为坐标原点，指定一个方向作为 Z 轴的正方向，从而定义新的用户坐标系。此时，系统将根据 Z 轴方向自动设置 X 轴和 Y 轴的方向，如图 15-7 所示。

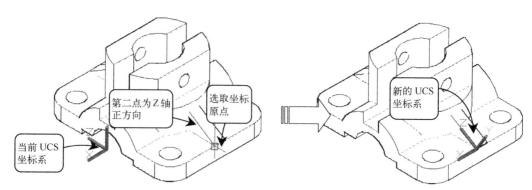

图 15-7 由 Z 轴矢量生成 UCS 坐标系

9. 三点

该方式是最简单也是最常用的一种方法，只需选取 3 个点就可确定新坐标系的原点、X 轴与 Y 轴的正向。指定的原点是坐标旋转时的基准点，再选取一点作为 X 轴的正方向，因为 Y 轴的正方向实际上已经确定。当确定了 X 轴与 Y 轴的方向后，Z 轴的方向自动设置为与 XY 平面垂直。

10．X/Y/Z 轴

该方式是将当前 UCS 坐标绕 X 轴、Y 轴或 Z 轴旋转一定的角度，从而生成新的用户坐标系。它可以通过指定两个点或输入一个角度值来确定所需要的角度。

15.2.3　编辑 UCS

在命令行中输入 UCSMAN 并按【Enter】键确认，弹出 UCS 对话框，如图 15-8 所示。该对话框集中了 UCS 命名、UCS 正交、显示方式设置及应用范围设置等多项功能。

选择【命名 UCS】选项卡，如果单击【置为当前】按钮，可将坐标系置为当前工作坐标系，单击【详细信息】按钮，弹出【UCS 详细信息】对话框，其中显示了当前使用和已命名的 UCS 信息，如图 15-9 所示。

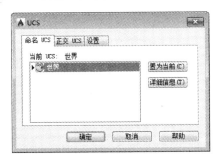

图 15-8　【UCS】对话框

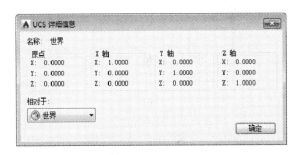

图 15-9　显示当前 UCS 信息

【正交 UCS】选项卡用于将 UCS 设置成一个正交模式。用户可以在【相对于】下拉列表框中确定用于定义正交模式 UCS 的基本坐标系，也可以在【当前 UCS：UCS】列表框中选择某一正交模式，并将其置为当前使用，如图 15-10 所示。

选择【设置】选项卡，则可通过【UCS 图标设置】和【UCS 设置】选项组设置 UCS 图标的显示形式、应用范围等特性，如图 15-11 所示。

图 15-10　【正交 UCS】选项卡

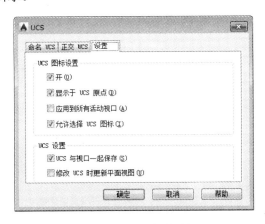

图 15-11　【设置】选项卡

15.2.4 动态 UCS

使用动态 UCS 功能，可以在创建对象时使 UCS 的 XY 平面自动与实体模型上的平面临时对齐。

执行动态 UCS 命令的方法有以下几种。

➤ 快捷键：按【F6】键。

➤ 状态栏：单击状态栏中的【将 UCS 捕捉到活动实体平面】按钮 ⬚。

调用该命令后，使用绘图命令时，可以通过在面的一条边上移动鼠标光标对齐 UCS，而无须使用 UCS 命令。结束该命令后，UCS 将恢复到其上一个位置和方向。使用动态 UCS 的绘图过程如图 15-12 所示。

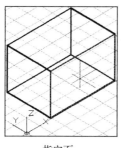

| 指定面 | 绘制图形 | 拉伸图形 |

图 15-12　使用动态 UCS

15.2.5 UCS 夹点编辑

AutoCAD 2016 的 UCS 坐标图标具有夹点编辑功能，使坐标调整更为直观和快捷。

单击视口中的 UCS 图标，可将其选择，此时会出现相应的原点夹点和轴夹点。单击原点夹点并拖动，可以调整坐标原点的位置；选择轴夹点并拖动，可调整轴的方向，如图 15-13 所示。

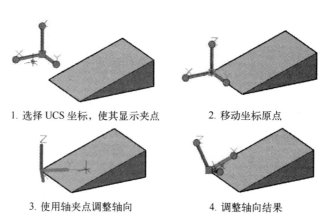

1. 选择 UCS 坐标，使其显示夹点　　　2. 移动坐标原点

3. 使用轴夹点调整轴向　　　4. 调整轴向结果

图 15-13　使用 UCS 坐标夹点功能

15.3 观察三维模型

在三维建模环境中，为了创建和编辑三维图形各部分的结构特征，需要不断地调整显示方式和视图位置，以更好地观察三维模型。本节主要介绍控制三维视图显示方式和从不同方位观察三维视图的方法和技巧。

15.3.1 设置视点

视点是指观察图形的方向。例如，绘制三维球体时，如果使用平面坐标系，即 Z 轴垂直于屏幕，此时仅能看到该球体在 XY 平面上的投影，如果调整视点至东南轴测视图，看到的将是三维球体，如图 15-14 所示。

15.3.2 预置视点

在菜单栏中选择【视图】|【三维视图】|【视点预设】命令，系统弹出【视点预设】对话框，如图 15-15 所示。

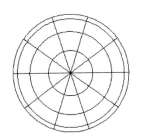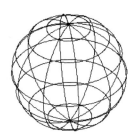

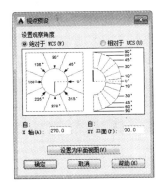

图 15-14 在平面坐标系和三维视图中的球体　　　图 15-15 【视点预设】对话框

默认情况下，观察角度是相对于 WCS 坐标系的。选择【相对于 UCS】单选按钮，则可设置相对于 UCS 坐标系的观察角度。

无论是相对于哪种坐标系，用户都可以直接单击对话框中的坐标图来获取观察角度，或是在 X 轴、XY 平面文本框中输入角度值。其中，对话框中的左图用于设置原点和视点之间的连线在 XY 平面的投影与 X 轴正向的夹角；右面的半圆形图用于设置该连线与投影线之间的夹角。

此外，若单击【设置为平面视图】按钮，则可以将坐标系设置为平面视图。

15.3.3 利用 ViewCube 工具

在【三维建模】工作空间中，使用 ViewCube 工具可切换各种正交或轴测视图模式，即可切换 6 种正交视图、8 种正等轴测视图和 8 种斜等轴测视图，以及其他视图方向，可以根据需要快速调整模型的视点。

ViewCube 工具中显示了非常直观的 3D 导航立方体，单击该工具图标的各个位置将显示不同的视图效果，如图 15-16 所示。

该工具图标的显示方式可根据设计进行必要的修改，右击立方体，在弹出的快捷菜单中选择【ViewCube 设置】命令，系统弹出【ViewCube 设置】对话框，如图 15-17 所示。

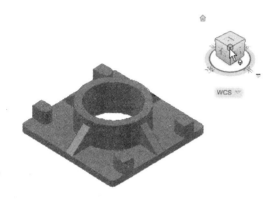

图 15-16　利用导航工具切换视图方向　　　　图 15-17　【View Cube 设置】对话框

在该对话框设置参数值可控制立方体的显示和行为，并且可在对话框中设置默认的位置、尺寸和立方体的透明度。

此外，右击 ViewCube 工具，可以通过弹出的快捷菜单定义三维图形的投影样式，模型的投影样式可分为【平行】投影和【透视】投影两种。【平行】投影模式是平行的光源照射到物体上所得到的投影，可以准确地反映模型的实际形状和结构；【透视】投影模式可以直观地表达模型的真实投影状况，具有较强的立体感。透视投影视图取决于理论相机和目标点之间的距离。当距离较小时产生的投影效果较为明显；反之，当距离较大时产生的投影效果较为轻微，两种投影效果对比如图 15-18 所示。

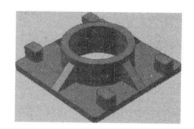

图 15-18　不同的投影效果

15.3.4　三维动态观察

AutoCAD 提供了一个交互的三维动态观察器，该命令可以在当前视口中创建一个三维视图，用户可以使用鼠标来实时控制和改变这个视图，以得到不同的观察效果。

【三维动态观察】按钮位于绘图窗口右侧的【导航栏】中。使用三维动态观察器，既可以查看整个图形，也可以查看模型中的任意对象。

1．受约束的动态观察

利用此工具可以对视图中的图形进行一定约束的动态观察，即水平、垂直或对角拖动对象进行动态观察。在观察视图时，视图的目标位置保持不动，并且相机位置（或观察点）围绕该目标移动。默认情况下，观察点会约束沿着世界坐标系的 XY 平面或 Z 轴移动。

单击绘图区右侧【导航栏】中的【受约束的动态观察】按钮，此时，绘图区光标呈形状。按住鼠标左键并拖动可以对视图进行受约束三维动态观察，如图 15-19 所示。

2．自由动态观察

利用此工具可以对视图中的图形进行任意角度的动态观察，此时选择并在转盘的外部拖动鼠标，这将使视图围绕延长线通过转盘的中心并垂直于屏幕的轴旋转。

单击绘图区右侧【导航栏】中的【自由动态观察】按钮，此时，在绘图区显示出一个导航球，如图 15-20 所示，各种情况介绍如下。

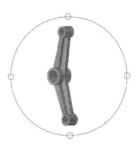

图 15-19　受约束的动态观察　　　　　　图 15-20　导航球

□ 光标在弧线球内拖动

当在弧线球内拖动鼠标光标进行图形的动态观察时，鼠标光标将变成形状，此时观察点可以在水平、垂直及对角线等任意方向上移动任意角度，即可以对观察对象做全方位的动态观察，如图 15-21 所示。

□ 光标在弧线球外拖动

当在弧线外部拖动鼠标时，鼠标光标呈形状，此时拖动鼠标图形将围绕着一条穿过弧线球球心且与屏幕正交的轴进行旋转，如图 15-22 所示。

□ 光标在左右侧小圆内拖动

当将鼠标光标置于导航球左侧或者右侧的小圆时，将鼠标光标呈形状，按住鼠标左键并左右拖动，将使视图围绕着通过导航球中心的垂直轴进行旋转。当将鼠标光标置于导航球顶部或者底部的小圆上时，鼠标光标呈形状，按住鼠标左键并上下拖动，将使视图围绕着通过导航球中心的水平轴进行旋转，如图 15-23 所示。

图 15-21　光标在弧线球内拖动　　图 15-22　光标在弧线球内拖动　　图 15-23　光标在左右侧小圆内拖动

3．连续动态观察

利用此工具可以使观察对象绕指定的旋转轴和旋转速度连续做旋转运动，从而对其进行连续动态的观察。

单击绘图区右侧【导航栏】中的【连续动态观察】按钮，鼠标光标呈形状，在绘图区中单击鼠标左键并拖动，使对象沿拖动方向开始移动。释放鼠标后，对象将在指定的方向上继续运动。鼠标光标移动的速度决定了对象的旋转速度。

15.3.5 控制盘辅助操作

新的导航滚轮在鼠标箭头尖端显示，通过该控制盘可快速访问不同的导航工具。可以以不同方式平移、缩放或操作模型的当前视图。这样将多个常用导航工具结合到一个单一界面中，可节省大量的设计时间，从而提高绘图的效率。

选择【视图】|【SteeringWheels】命令，打开导航控制盘，右击导航控制盘，系统弹出快捷菜单，整个控制盘可分为 3 个不同的控制盘，其中每个控制盘均拥有其独有的导航方式，如图 15-24 所示，分别介绍如下。

> ➢ 查看对象控制盘：将模型置于中心位置，并定义轴心点，使用【动态观察】工具可缩放和动态观察模型。
> ➢ 巡视建筑控制盘：通过将模型视图移近、移远或环视，以及更改模型视图的标高来导航模型。
> ➢ 全导航控制盘：将模型置于中心位置并定义轴心点，便可执行漫游、环视、更改视图标高、动态观察，以及平移和缩放模型等操作。

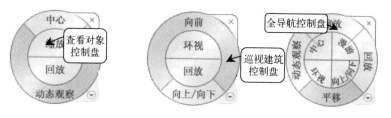

图 15-24　导航控制盘

单击该控制盘的任意按钮都将执行相应的导航操作。在执行多项导航操作后，单击【回放】按钮，可以从以前的视图选择视图方向帧，便可快速返回相应的视口位置，如图 15-25 所示。

在浏览复杂对象时，通过调整【导航控制盘】将非常适合查看建筑的内部特征，除了上述介绍的【缩放】、【回放】等按钮外，在巡视建筑控制盘中还包含【向前】【环视】和【向上/向下】工具。

此外，还可以根据设计需要对滚轮各参数值进行设置，即自定义导航滚轮的外观和行为。右击导航控制盘，在弹出的快捷菜单中选择【Steering Wheel 设置】命令，系统弹出【Steering Wheel 设置】对话框，如图 15-26 所示，在该对话框中可以设置导航控制盘的各个参数。

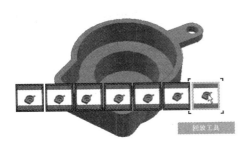

图 15-25　回放视图

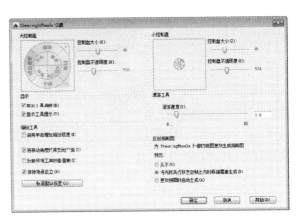

图 15-26　【Steering Wheel 设置】对话框

15.4　视觉样式

在 AutoCAD 中，为了观察三维模型的最佳效果，往往需要通过【视觉样式】功能来切换视觉样式。

15.4.1　应用视觉样式

视觉样式是一组设置，用来控制视口中边和着色的显示。一旦应用了视觉样式或更改了其设置，就可以在视口中查看效果。要切换视觉样式，可以通过视口标签和菜单命令进行，如图 15-27 和图 15-28 所示。

图 15-27　视觉样式视口标签

图 15-28　视觉样式菜单

各种视觉样式的含义如下。

➢ **二维线框**：显示用直线和曲线表示边界的对象。光栅和 OLE 对象、线型和线宽均可见，如图 15-29 所示。

➢ **概念**：着色多边形平面间的对象，并使对象的边平滑化。着色使用古氏面样式，是一种冷色和暖色之间的过渡，而不是从深色到浅色的过渡。效果缺乏真实感，但是可以更方便地查看模型的细节，如图 15-30 所示。

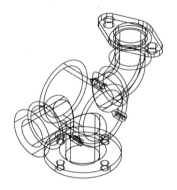

图 15-29　二维线框视觉样式

图 15-30　概念视觉样式

> 隐藏：显示用三维线框表示的对象并隐藏表示后向面的直线，效果如图 15-31 所示。
> 真实：对模型表面进行着色，并使对象的边平滑化。将显示已附着到对象的材质，效果如图 15-32 所示。

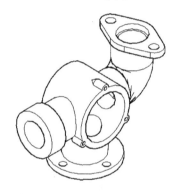

图 15-31　隐藏视觉样式

图 15-32　真实视觉样式

> 着色：该样式与真实样式类似，但不显示对象轮廓线，效果如图 15-33 所示。
> 带边框着色：该样式与着色样式类似，对其表面轮廓线以暗色线条显示，效果如图 15-34 所示。

图 15-33　着色视觉样式

图 15-34　带边框着色视觉样式

> 灰度：以灰色着色多边形平面间的对象，并使对象的边平滑化。着色表面不存在明显的过渡，同样可以方便地查看模型的细节，效果如图 15-35 所示。
> 勾画：利用手工勾画的笔触效果显示用三维线框表示的对象并隐藏表示后向面的直

线，效果如图 15-36 所示。

图 15-35 灰度视觉样式

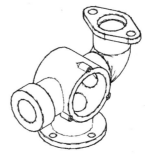

图 15-36 勾画视觉样式

➢ 线框：显示用直线和曲线表示边界的对象，效果与二维线框类似，如图 15-37 所示。
➢ X 射线：以 X 光的形式显示对象效果，可以清楚地观察到对象背面的特征，效果如图 15-38 所示。

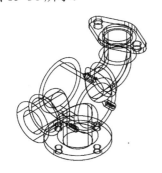

图 15-37 线框视觉样式

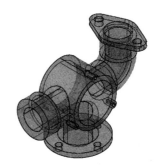

图 15-38 X 射线视觉样式

15.4.2 管理视觉样式

选择【视图】|【视觉样式】|【视觉样式管理器】命令，系统打开【视觉样式管理器】选项板，如图 15-39 所示。

在【三维基础】工作空间中单击【默认】选项卡的【图层和视图】面板上的【二维线框】下拉按钮，在弹出的下拉菜单中也可以选择相应的视觉样式，如图 15-40 所示。

图 15-39 【视觉样式管理器】选项板

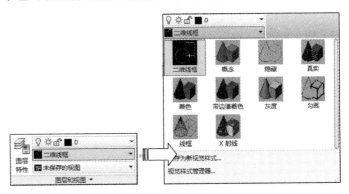

图 15-40 【图层和视图】面板上的【二维线框】下拉按钮

在【图形中的可用视觉样式】列表框中显示了图形中的可用视觉样式的样例图像。当选定某一视觉样式后，该视觉样式显示黄色边框，选定的视觉样式的名称显示在选项板的底部。在【视觉样式管理器】选项板的下部，将显示该视觉样式的面设置、环境设置和边设置。

在【视觉样式管理器】选项板中，使用工具条中的工具按钮，可以创建新的视觉样式、将选定的视觉样式应用于当前视口、将选定的视觉样式输出到工具选项板，以及删除选定的视觉样式。

在【图形中的可用视觉样式】列表框中选择的视觉样式不同，设置区中的参数选项也不同，用户可以根据需要在其中进行相关设置。

15.5　由二维对象生成三维实体

在 AutoCAD 中，不仅可以利用上面介绍的各类基本实体工具进行简单实体模型的创建，同时还可以利用二维图形生成三维实体。

15.5.1　拉伸

【拉伸】工具可以将二维图形沿指定的高度和路径将其拉伸为三维实体。【拉伸】命令常用于创建楼梯栏杆、管道和异形装饰等物体，是实际工程中创建复杂三维面最常用的一种方法。

调用【拉伸】命令的几种方法如下。

➢ 面板：单击【默认】选项卡的【创建】面板上的【拉伸】按钮🔲。
➢ 菜单栏：选择【绘图】|【建模】|【拉伸】命令。
➢ 命令行：EXTRUDE 或 EXT。

该工具有两种将二维对象拉伸成实体的方法：一是指定生成实体的倾斜角度和高度；二是指定拉伸路径，路径可以闭合，也可以不闭合。

15.5.2　案例——创建拉伸模型

下面以由二维图形生成如图 15-41 所示的三维实体为例，具体介绍【拉伸】工具的运用。

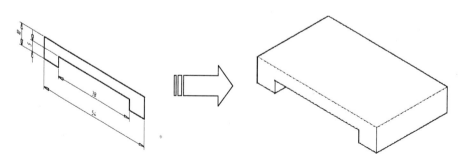

图 15-41　拉伸操作示例

步骤 1 打开素材文件"第15章\15.5.2 拉伸示例.dwg",如图15-3所示,已经绘制好了平面图形,默认为【草图与注释】工作空间。

步骤 2 单击【绘图】面板中的【面域】按钮◎,将要拉伸的二维图形创建为面域。

步骤 3 切换至【三维基础】工作空间,单击【默认】选项卡的【创建】面板上的【拉伸】按钮▮,创建拉伸三维实体,其命令行提示如下。

命令: EXT✓   EXTRUDE   //调用【拉伸】命令

当前线框密度: ISOLINES=4

选择要拉伸的对象: 找到 1 个

选择要拉伸的对象: ✓   //选择要拉伸的面域,右击确定

指定拉伸的高度或[方向(D)/路径(P)/倾斜角(T)/表达式(E)] <-32.0000>: 38✓ //输入拉伸高度为 38,按

【Enter】键,完成拉伸操作,如图 15-41 所示

命令行中各选项的含义如下。

➤ 方向(D):默认情况下,对象可以沿 Z 轴方向拉伸,拉伸的高度可以为正值或负值,正负号表示了拉伸的方向。

➤ 路径(P):通过指定拉伸路径将对象拉伸为三维实体,拉伸的路径可以是开放的,也可以是封闭的。

➤ 倾斜角(T):通过指定的角度拉伸对象,拉伸的角度也可以为正值或负值,其绝对值不大于 90°。若倾斜角度为正,将产生内锥度,创建的侧面向里靠;若倾斜角度为负,将产生外锥度,创建的侧面则向外。

15.5.3 旋转

在创建实体时,用于旋转的二维对象可以是封闭多段线、多边形、圆、椭圆、封闭样条曲线、圆环及封闭区域。三维对象、包含在块中的对象、有交叉或自干涉的多段线不能被旋转,而且每次只能旋转一个对象。

调用【旋转】命令的几种方法如下。

➤ 面板:单击【默认】选项卡的【创建】面板上的【旋转】按钮◎。

➤ 菜单栏:选择【绘图】|【建模】|【旋转】命令。

➤ 命令行:REVOLVE 或 REV。

调用【旋转】命令生成三维实体的过程如图 15-42 所示。

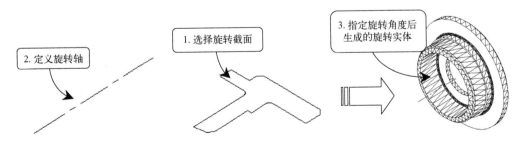

图15-42 旋转操作示例

15.5.4 扫掠

使用【扫掠】工具可以将扫掠对象沿着开放或闭合的二维或三维路径运动扫描，来创建实体或曲面，如图 15-43 所示。

调用【扫掠】命令的几种方法如下。

➤ 面板：单击【默认】选项卡的【创建】面板上的【扫掠】按钮 。

➤ 菜单栏：选择【绘图】│【建模】│【扫掠】命令。

➤ 命令行：SWEEP。

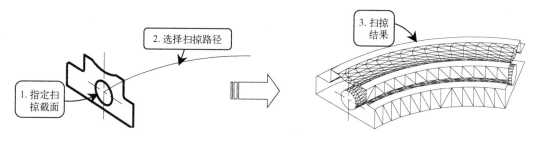

图 15-43　扫掠操作示例

15.5.5 放样

放样实体即是将横截面沿指定的路径或导向运动扫描所得到的三维实体。横截面指的是具有放样实体截面特征的二维对象，并且使用该命令时必须指定两个或两个以上的横截面来创建放样实体，如图 15-44 所示。

调用【放样】命令的几种方法如下。

➤ 面板：单击【默认】选项卡的【创建】面板上的【放样】按钮 。

➤ 菜单栏：选择【绘图】│【建模】│【放样】命令。

➤ 命令行：LOFT。

执行上述任一操作后，即可调用【放样】命令，根据命令行的提示，对图形进行放样操作。

命令行提示如下。

```
命令: LOFT              //调用【放样】命令
按放样次序选择横截面: 找到 1 个
按放样次序选择横截面: 找到 1 个，总计 2 个
按放样次序选择横截面: 找到 1 个，总计 3 个
按放样次序选择横截面:           //依次选择需要放样的二维轮廓
输入选项 [导向(G)/路径(P)/仅横截面(C)] <仅横截面>:
```

提示：按【Enter】键或是空格键，默认为【仅横截面】选项，系统弹出【放样设置】对话框，如图 15-45 所示。根据需要设置对话框中的参数，单击【确定】按钮，生成放样三维实体。

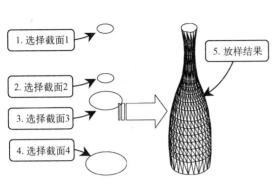

图 15-44　放样　　　　　　　图 15-45　【放样设置】对话框

在创建比较复杂的放样实体时，可以指定导向曲线来控制点如何匹配相应的横截面，以防止创建的实体或曲面中出现皱褶等缺陷。

15.5.6　按住并拖动

按住并拖动是一种特殊的拉伸操作，与【拉伸】命令不同的是，【按住并拖动】命令对轮廓的要求较低，多条相互交叉的轮廓线只要生成了封闭区域，该区域就可以被拉伸为实体。

执行【按住并拖动】命令的方法有以下几种。

➢ 面板：在【默认】选项卡中单击【编辑】面板中的【按住并拖动】按钮。

➢ 菜单栏：选择【绘图】|【建模】|【按住并拖动】命令。

➢ 命令行：PRESSPULL。

执行任一命令后，选择二维对象边界形成的封闭区域，然后拖动鼠标指针，即可生成实体预览，如图 15-46 所示，在文本框中输入拉伸高度或指定一点作为拉伸终点，即可创建该拉伸体。

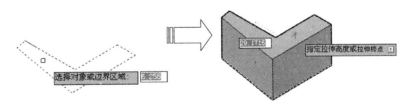

图 15-46　按住并拖动操作

15.5.7　案例——创建管道接口的 3D 模型

管道是用管子、管子联接件和阀门等联接成的用于输送气体、液体或带固体颗粒的流体的装置。通常，流体经鼓风机、压缩机、泵和锅炉等增压后，从管道的高压处流向低压处，也可利用流体自身的压力或重力输送。管道的用途很广泛，主要用在给水、排水、供热、供煤气、长距离输送石油和天然气、农业灌溉、水力工程，以及各种工业装置中。

管道在机械行业中的主要连接方式有以下 4 种，分别介绍如下。

➢ 螺纹连接： 螺纹连接主要适用于小直径管道，如图 15-47 所示。连接时，一般要在
螺纹连接部分缠上氟塑料密封带，或涂上厚漆、绕上麻丝等密封材料，以防止泄
漏。在 1.6 兆帕以上压力时，一般在管子端面加垫片密封。这种连接方法简单，可以
拆卸重装，但必须在管道的适当地方安装活接头，以便于拆装。

➢ 法兰连接：法兰连接适用的管道直径范围较大。连接时根据流体的性质、压力和温
度选用不同的法兰和密封垫片，利用螺栓夹紧垫片保持密封，在需要经常拆装的管
段处，以及管道与设备相联接的地方，大都采用法兰联接。

➢ 承插连接：承插连接主要用于铸铁管、混凝土管、陶土管及其连接件之间的连接，
只适用于在低压常温条件下工作的给水、排水和煤气管道。连接时，一般在承插口
的槽内先填入麻丝、棉线或石棉绳，然后再用石棉水泥或铅等材料填实，还可在承
插口内填入橡胶密封环，使其具有较好的柔性，容许管子有少量的移动。

➢ 焊接连接：焊接连接的强度和密封性最好，适用于各种管道，省工省料，但拆卸时
必须切断管子和管子连接件。

图 15-47 螺纹连接的管道

图 15-48 法兰连接的管道

本案例便绘制如图 15-48 所示的管道接口的 3D 模型，具体绘制步骤如下。

步骤 1 启动 AutoCAD 2016，单击快速访问工具栏中的【新建】按钮，弹出【选择样
板】对话框，选择 acadiso3D.dwt 样板，如图 15-49 所示，单击【打开】按钮，进入
AutoCAD 三维绘图界面。

步骤 2 在 ViewCube 控件中上，单击如图 15-50 所示的角点，将视图调整到东南等轴测
方向。

图 15-49 【选择样板】对话框

图 15-50 调整视图方向

步骤 3 在【默认】选项卡中单击【绘图】面板中的【直线】按钮，以绘图区任意一点为起点，分别沿 180°、90° 极轴和 Z 轴正方向绘制长度为 200、400、200 的直线，如图 15-51 所示。

步骤 4 在【默认】选项卡中单击【修改】面板中的【圆角】按钮，在两个拐角创建半径为 120 的圆角，结果如图 15-52 所示。

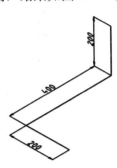

图 15-51　绘制直线

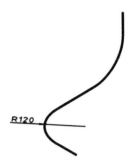

图 15-52　倒圆角

步骤 5 单击【修改】面板中的【合并】按钮，将 XY 平面内的多条线段合并为一条多段线，如图 15-53 所示。将 ZY 平面内的其余线段合并为另一条多段线。

步骤 6 单击【坐标】面板中的【Z 轴矢量】按钮，以直线的端点为原点，以直线方向为 Z 轴方向，创建 UCS，如图 15-54 所示。

步骤 7 单击【绘图】面板中的【圆】按钮，绘制半径分别为 40 和 50 的同心圆，结果如图 15-55 所示。

图 15-53　创建多段线

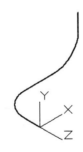

图 15-54　新建坐标系

图 15-55　绘制同心圆

步骤 8 单击【绘图】面板中的【面域】按钮，选择绘制的两个圆，创建两个面域。

步骤 9 单击【实体编辑】面板中的【差集】按钮，选择 R50 的面域作为被减的面域，选择 R40 的面域作为减去的面域，面域求差的效果如图 15-56 所示。

步骤 10 单击【创建】面板中的【扫掠】按钮，选择求差生成的环形面域作为扫掠对象。在命令行中选择【路径】选项，选择第一条多段线为扫掠路径，生成的扫掠体如图 15-57 所示。

步骤 11 单击【创建】面板中的【拉伸】按钮，然后选择扫掠体的端面作为拉伸对象。在命令行中选择【路径】选项，更改过滤类型为【无过滤器】，然后选择第二条多段线为拉伸路径，拉伸的效果如图 15-58 所示。

图 15-56　面域求差效果

图 15-57　创建的扫掠体

图 15-58　沿路径拉伸的效果

步骤 12 在绘图区空白位置右击，在弹出的快捷菜单中选择【隔离】|【隐藏对象】命令，将创建的两段管道隐藏。

步骤 13 利用 ViewCube 控件将视图调整到俯视图方向，执行【直线】和【圆】命令，在圆管端面绘制如图 15-59 所示的二维轮廓线。

步骤 14 单击【修改】面板中的【移动】按钮，以 R40 圆心为基点，将图形整体移动到坐标原点。

步骤 15 利用 ViewCube 控件将视图调整到东南等轴测方向，单击【创建】面板中的【按住并拖动】按钮，选择正方形和圆之间的区域为拖动对象，拖动方向沿 Z 轴正向，输入高度为 30，创建的拉伸体如图 15-60 所示。

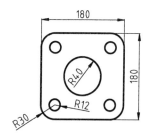

图 15-59　绘制直线

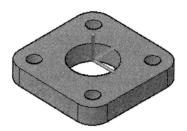

图 15-60　创建的拉伸实体

步骤 16 在绘图区空白位置右击，在弹出的快捷菜单中选择【隔离】|【结束对象隔离】命令，将隐藏的管道恢复显示，如图 15-61 所示。

步骤 17 单击【坐标】面板中的【Z 轴矢量】按钮，在管道的另一端面新建 UCS，使 XY 平面与管道端面重合，如图 15-62 所示。

步骤 18 使用同样的方法，在 XY 平面内绘制法兰轮廓，单击【按住并拖动】按钮，将其拉伸为法兰实体，结果如图 15-63 所示。

图 15-61　结束对象隔离的效果

图 15-62　新建 UCS

图 15-63　管道另一端的法兰

15.6 布尔运算

布尔运算可用来确定多个实体或面域之间的组合关系，通过它可以将多个实体组合为一个实体，从而创建一些复杂的造型。布尔运算在绘制三维模型时使用非常频繁。AutoCAD中布尔运算的对象既可以是实体，也可以是曲面或面域，但只能在相同类型的对象间进行布尔运算。

15.6.1 并集运算

并集运算是将两个或两个以上的实体（或面域）对象组合成为一个新的组合对象。执行并集操作后，原来各实体相互重合的部分变为一体，使其成为无重合的实体。正是由于这个无重合的原则，实体（或面域）并集运算后，体积将小于原来各个实体（或面域）的体积之和。

调用【并集】命令的几种方法如下。

➤ 面板：单击【默认】选项卡的【编辑】面板中的【并集】按钮◎。

➤ 菜单栏：选择【修改】|【实体编辑】|【并集】命令。

➤ 命令行：UNION。

执行该命令后，根据命令行的提示，在绘图区中选取所有的要合并的对象，按【Enter】键或者右击，即可执行合并操作，效果如图 15-64 所示。

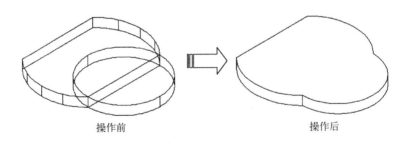

操作前　　　　　　　　　　　操作后

图 15-64　并集运算

15.6.2 差集运算

差集运算就是将一个对象减去另一个对象从而形成新的组合对象。与并集操作不同的是，差集操作首先选取的对象则为被剪切对象，之后选取的对象则为剪切对象。

调用【差集】命令的几种方法如下。

➤ 面板：单击【默认】选项卡的【编辑】面板中的【差集】按钮◎。

➤ 菜单栏：选择【修改】|【实体编辑】|【差集】命令。

➤ 命令行：SUBTRACT。

执行该命令，根据命令行的提示，在绘图区中选取被剪切的对象，按【Enter】键或右击，然后选取要剪切的对象，按【Enter】键或右击，即可执行差集操作，其差集运算效果如

图 15-65 所示。

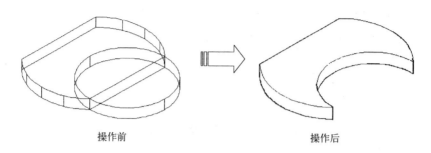

操作前　　　　　　　　　　　操作后

图 15-65　差集运算

> **提示：** 在执行差集运算时，如果第二个对象包含在第一个对象之内，则差集操作的结果是第一个对象减去第二个对象；如果第二个对象只有一部分包含在第一个对象之内，则差集操作的结果是第一个对象减去两个对象的公共部分。

15.6.3　交集运算

在三维建模过程中，执行交集运算可获取两相交实体的公共部分，从而获得新的实体，该运算是差集运算的逆运算。

调用【交集】命令的几种方法如下。

➢ 面板：单击【默认】选项卡的【编辑】面板中的【交集】按钮◎◎。

➢ 菜单栏：选择【修改】|【实体编辑】|【交集】命令。

➢ 命令行：INTERSECT。

执行该命令后，根据命令行的提示，在绘图区选取具有公共部分的两个对象，按【Enter】键或右击，即可执行相交操作，其运算效果如图 15-66 所示。

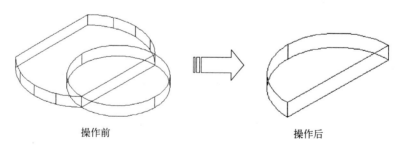

操作前　　　　　　　　　　　操作后

图 15-66　交集运算

15.6.4　案例——创建三角形转子模型

三角形转子又称三角形凸轮，是三角转子发动机的主要零件之一，如图 15-67 所示。与活塞式发动机一样，转子发动机也是利用了空气和燃油混合气燃烧产生的压力。在活塞式发动机中，该压力保存在气缸中，驱使活塞运动，连杆和曲轴将活塞的来回运动转换为汽车提供动力的旋转运动。在活塞式发动机中，同一空间内（气缸）要交替完成 4 项不同的作业——

进气、压缩、燃烧和排气。转子发动机同样也要完成这 4 项作业，但是每项作业是在各自的壳体中完成的。这就好像每项作业都有一个专用气缸，活塞连续地从一个气缸移至下一个气缸。

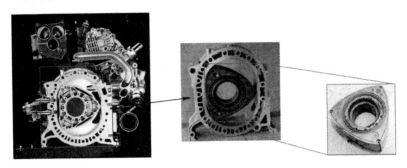

图 15-67　汽车发动机上的三角形转子

本案例将创建该三角转子的模型，具体步骤如下。

步骤 1 新建 AutoCAD 文件，将工作空间切换为【三维基础】，然后在【默认】选项卡中，单击【创建】面板上的【圆柱体】按钮，创建 3 个圆柱体。命令行操作如下。

```
命令: _cylinder
指定底面的中心点或 [三点(3P)/两点(2P)/切点、切点、半径(T)/椭圆(E)]: 30,0
指定底面半径或 [直径(D)] <0.2891>: 30
指定高度或 [两点(2P)/轴端点(A)] <-14.0000>: 15    //创建第一个圆柱体，半径为30，高度为15
命令: _cylinder                                  //再次执行【圆柱体】命令
指定底面的中心点或 [三点(3P)/两点(2P)/切点、切点、半径(T)/椭圆(E)]: 0,0,0
指定底面半径或 [直径(D)] <30.0000>:
指定高度或 [两点(2P)/轴端点(A)] <15.0000>:        //创建第二个圆柱体，半径为30，高度为15
命令: _cylinder                                  //再次执行【圆柱体】命令
指定底面的中心点或 [三点(3P)/两点(2P)/切点、切点、半径(T)/椭圆(E)]: 30<60
                                                //输入圆心的极坐标
指定底面半径或 [直径(D)] <30.0000>:
指定高度或 [两点(2P)/轴端点(A)] <15.0000>:        //创建第三个圆柱体，3 个圆柱体如图 15-68 所示
```

步骤 2 在【默认】选项卡中，单击【编辑】面板上的【交集】按钮 ⃝，选择 3 个圆柱体为对象，求交集的结果如图 15-69 所示。

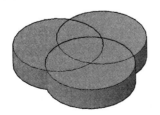

图 15-68　创建的 3 个圆柱体

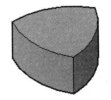

图 15-69　求交集的结果

步骤 3 在【默认】选项卡中，单击【创建】面板上的【圆柱体】按钮，再次创建圆柱体。命令行操作如下。

命令: _cylinder

指定底面的中心点或 [三点(3P)/两点(2P)/切点、切点、半径(T)/椭圆(E)]:

　　　　//捕捉到如图 15-70 所示的顶面三维中心点

指定底面半径或 [直径(D)] <30.0000>: 10

指定高度或 [两点(2P)/轴端点(A)] <15.0000>: 30

　　　　//输入圆柱体的参数，创建的圆柱体如图 15-71 所示

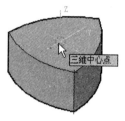

图 15-70　捕捉中心点

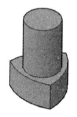

图 15-71　创建的新圆柱体

步骤 4 在【默认】选项卡中，单击【编辑】面板上的【并集】按钮，将凸轮和圆柱体合并为单一实体。

步骤 5 在【默认】选项卡中，单击【创建】面板上的【圆柱体】按钮，再次创建圆柱体。命令行操作如下。

命令: _cylinder

指定底面的中心点或 [三点(3P)/两点(2P)/切点、切点、半径(T)/椭圆(E)]:

　　　　//捕捉到如图 15-72 所示的圆柱体顶面中心

指定底面半径或 [直径(D)] <30.0000>:8

指定高度或 [两点(2P)/轴端点(A)] <15.0000>: −70

　　　　//输入圆柱体的参数，创建的圆柱体如图 15-73 所示

步骤 6 在【默认】选项卡中，单击【编辑】面板上的【差集】按钮，从组合实体中减去圆柱体。命令行操作如下。

命令: _subtract　　　　//选择要从中减去的实体、曲面和面域

选择对象: 找到 1 个　　　　//选择组合实体

选择对象: 选择要减去的实体、曲面和面域...

选择对象: 找到 1 个　　　　//选择中间圆柱体

选择对象:　　　　//按【Enter】键完成差集操作，结果如图 15-74 所示

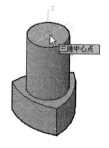

图 15-72　捕捉中心点

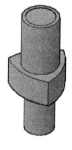

图 15-73　创建的圆柱体

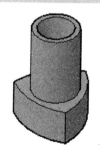

图 15-74　求差集的结果

15.7　三维对象操作

AutoCAD 2016 提供了专业的三维对象编辑工具，如三维移动、三维旋转、三维对齐、三维镜像和三维阵列等，从而为创建出更加复杂的实体模型提供了条件。

15.7.1　三维旋转

利用三维旋转工具可将选取的三维对象和子对象，沿指定旋转轴（X 轴、Y 轴、Z 轴）进行自由旋转。

调用【三维旋转】命令的几种方法如下。

➢ 面板：单击【默认】选项卡的【选择】面板中的【旋转小控件】按钮🔘。

➢ 菜单栏：选择【修改】|【三维操作】|【三维旋转】命令。

➢ 命令行：3DROTATE。

执行该命令，即可进入【三维旋转】模式，根据命令行的提示，在绘图区选取需要旋转的对象，此时绘图区出现 3 个圆环（红色代表 X 轴，绿色代表 Y 轴，蓝色代表 Z 轴），然后在绘图区指定一点为旋转基点，如图 15-75 所示。指定完旋转基点后，选择夹点工具上的圆环用以确定旋转轴，接着直接输入角度进行实体的旋转，或选择屏幕上的任意位置用以确定旋转基点，再输入角度值，即可获得实体三维旋转效果。

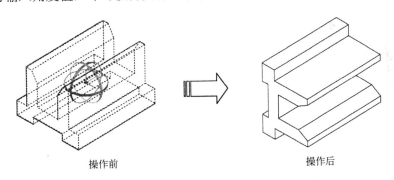

操作前　　　　　　　　　　操作后

图 15-75　执行三维旋转操作

15.7.2　三维移动

使用三维移动工具可将指定模型沿 X、Y、Z 轴或其他任意方向，以及直线、面或任意两点间移动，从而获得模型在视图中的准确位置。

调用【三维移动】命令的几种方法如下。

➢ 面板：单击【默认】选项卡的【选择】面板中的【移动小控件】按钮🔘。

➢ 菜单栏：选择【修改】|【三维操作】|【三维移动】命令。

➢ 命令行：3DMOVE。

执行该命令后，根据命令行的提示，在绘图区选取要移动的对象，绘图区显示坐标系图标，如图 15-76 所示。

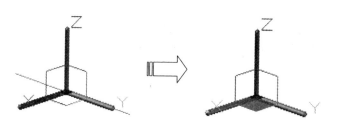

图 15-76 移动坐标系

选择坐标轴的某一轴，拖动鼠标，所选定的实体对象将沿所约束的轴移动；若是将鼠标光标停留在两条轴柄之间的直线汇合处的平面上（用以确定所在平面），直至其变为黄色，然后选择该平面，拖动鼠标将移动约束到该平面上。

15.7.3 三维镜像

使用三维镜像工具能够将三维对象通过镜像平面获取与之完全相同的对象，其中镜像平面可以是与 UCS 坐标系平面平行的平面或三点确定的平面。

调用【三维镜像】命令的几种方法如下。

➢ 面板：单击【默认】选项卡的【修改】面板中的【三维镜像】按钮 ％ 。
➢ 菜单栏：选择【修改】|【三维操作】|【三维镜像】命令。
➢ 命令行：MIRROR3D。

执行该命令后，即可进入【三维镜像】模式，根据命令行的提示，在绘图区选取要镜像的实体后，按【Enter】键或右击，按照命令行提示选取镜像平面，用户可根据设计需要指定 3 个点作为镜像平面，然后根据需要确定是否删除源对象，右击或按【Enter】键，即可获得三维镜像效果。

图 15-77 所示为创建的三维镜像实体，命令行操作如下。

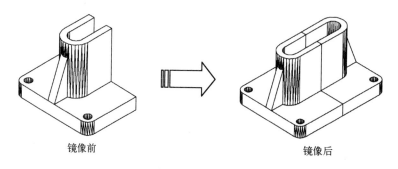

镜像前　　　　　　　　　　　　　镜像后

图 15-77 镜像三维实体

命令：MIRROR3D↙　　　　　　　　　//调用【三维镜像】命令

选择对象：找到 1 个

选择对象：↙　　　　　　　　　　　//选择要镜像的对象

指定镜像平面 (三点) 的第一个点或[对象(O)/最近的(L)/Z 轴(Z)/视图(V)/XY 平面(XY)/YZ 平面(YZ)/ZX 平面(ZX)/三点(3)] <三点>:

在镜像平面上指定第二点：

在镜像平面上指定第三点: 　　　　//指定确定镜像面上的 3 个点

是否删除源对象? [是(Y)/否(N)] <否>: 　　//按【Enter】键或空格键，系统默认为不删除源对象模

型的三维镜像操作

15.7.4 对齐和三维对齐

在三维建模环境中，使用【对齐】和【三维对齐】工具可对齐三维对象，从而获得准确的定位效果。这两种对齐工具都可实现两个模型的对齐操作，但选取顺序却不同，分别介绍如下。

1. 对齐对象

使用【对齐】工具可指定一对、两对或三对原点和定义点，从而使对象通过移动、旋转、倾斜或缩放对齐选定对象。

要执行对齐操作，可选择【修改】|【三维操作】|【对齐】命令，即可进入【对齐】模式。下面分别介绍 3 种指定点对齐对象的方法。

❑ 一对点对齐对象

该对齐方式是指定一对源点和目标点进行实体对齐。当只选择一对源点和目标点时，所选取的实体对象将在二维或三维空间中从源点 a 沿直线路径移动到目标点 b，如图 15-78 所示。

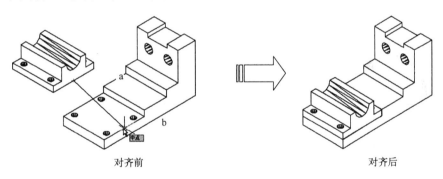

对齐前　　　　　　　　　　　　　　　　　对齐后

图 15-78　一对点对齐

❑ 两对点对齐对象

该对齐方式是指定两对源点和目标点进行实体对齐。当选择两对点时，可以在二维或三维空间移动、旋转和缩放选定对象，以便与其他对象对齐，如图 15-79 所示。

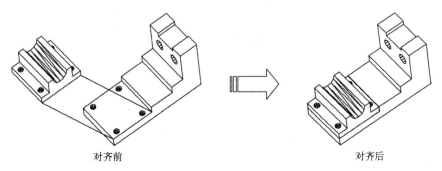

对齐前　　　　　　　　　　　　　　　　　对齐后

图 15-79　两对点对齐对象

❑ 三对点对齐对象

该对齐方式是指定三对源点和目标点进行实体对齐。当选择三对源点和目标点时，可直接在绘图区连续捕捉三对对应点，即可获得对齐对象操作，其效果如图 15-80 所示。

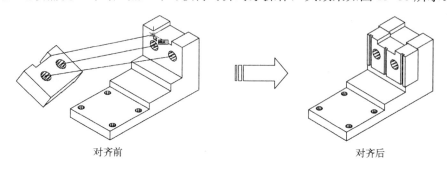

对齐前　　　　　　　　　　　　对齐后

图 15-80　三对点对齐对象

2．三维对齐

在 AutoCAD 2016 中，三维对齐操作是指最多指定 3 个点用以定义源平面，然后指定最多 3 个点用以定义目标平面，从而获得三维对齐效果。

调用三维对齐命令的几种方法如下。

➢ 面板：单击【默认】选项卡的【修改】面板上的【三维对齐】按钮🗗。

➢ 菜单栏：选择【修改】|【三维操作】|【三维对齐】命令。

➢ 命令行：3DALIGN。

执行该命令后，即可进入【三维对齐】模式，执行三维对齐操作与对齐操作的不同之处在于执行三维对齐操作时，可首先为源对象指定 1 个、2 个或 3 个点用以确定圆平面，然后为目标对象指定 1 个、2 个或 3 个点用以确定目标平面，从而实现模型与模型之间的对齐。

图 15-81 所示为三维对齐效果。

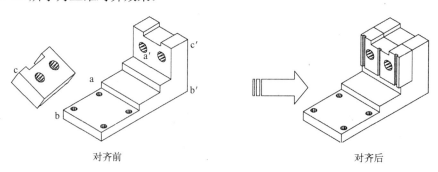

对齐前　　　　　　　　　　　　对齐后

图 15-81　三维对齐操作

15.7.5　案例——创建齿轮的 3D 模型

齿轮的知识已经在本书第 11 章的 11.6 节中详细介绍过了，因此本案例将通过本章所学的方法，创建一个直齿圆柱齿轮的 3D 模型，具体步骤如下。

步骤 1 打开素材文件"第 15 章\15.7.5 创建齿轮的 3D 模型.dwg"，如图 15-82 所示，已经创建好了一个单齿与圆柱体，工作空间为【三维基础】。

步骤 2 选择【修改】|【三维操作】|【三维阵列】命令，将轮齿沿轴进行环形阵列，如图 15-83 所示。命令行操作如下。

命令:_3darray	//调用【三维阵列】命令
选择对象: 找到 1 个	//选择齿实体
选择对象:	//按【Enter】键结束选择
输入阵列类型 [矩形(R)/环形(P)] <矩形>:P	//选择环形阵列
输入阵列中的项目数目: 50	//输入阵列数量
指定要填充的角度 (+=逆时针, -=顺时针) <360>:	//使用默认角度
旋转阵列对象? [是(Y)/否(N)] <Y>:	//选择旋转对象
指定阵列的中心点:	//捕捉到轴端面圆心
指定旋转轴上的第二点: <极轴 开>	//打开极轴，捕捉到 Z 轴上任意一点

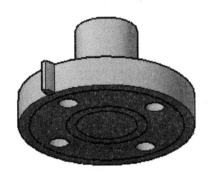

图 15-82 素材图形

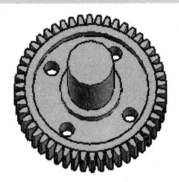

图 15-83 环形阵列轮齿

15.8 实体高级编辑

在对三维实体进行编辑时，不仅可以对实体上的单个表面和边线执行编辑操作，同时还可以对整个实体执行编辑操作。

15.8.1 创建倒角和圆角

倒角和倒圆角工具不仅能够在二维环境中实现，使用这两种工具同样能够创建三维对象的倒圆角和倒角。

1. 三维倒角

在三维建模过程中创建倒角特征主要用于孔特征零件或轴类零件，目的是为了方便安装轴上的其他零件，防止擦伤或者划伤其他零件和安装人员。

单击【默认】选项卡的【编辑】面板中的【倒角边】按钮，然后在绘图区选取要倒角的边线，按【Enter】键，分别指定倒角距离，指定需要倒角的边线，再按【Enter】键，即可创建三维倒角，效果如图 15-84 所示。

2. 三维圆角

在三维建模过程中创建圆角特征主要用在回转零件的轴肩处，以防止轴肩应力集中，在长时间的运转中断裂。

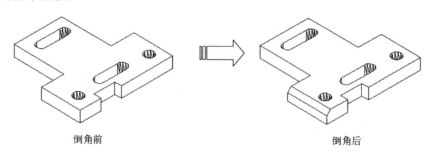

图 15-84　创建三维倒角

单击【默认】选项卡的【编辑】面板中的【圆角边】按钮🖰，然后在绘图区选取需要绘制圆角的边线，输入圆角半径，按【Enter】键，其命令行出现【选择边或 [链(C)/半径(R)]:】提示。激活【链】选项，则可以选择多个边线进行倒圆角；激活【半径】选项，则可以创建不同半径值的圆角，按【Enter】键，即可创建三维倒圆角，如图 15-85 所示。

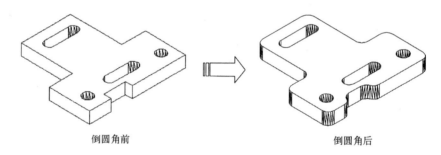

图 15-85　创建三维圆角

15.8.2 抽壳

通过执行抽壳操作可将实体以指定的厚度形成一个空的薄层，同时还允许将某些指定面排除在壳外。指定正值从圆周外开始抽壳，指定负值从圆周内开始抽壳。

调用【抽壳】命令的几种方法如下。

➤ 面板：【三维建模】工作空间中，单击【默认】选项卡的【编辑】面板中的【抽壳】按钮🗐。

➤ 菜单栏：选择【修改】|【实体编辑】|【抽壳】命令。

在执行实体抽壳时，用户可根据设计需要保留所有面执行抽壳操作（即中空实体）或删除单个面执行抽壳操作，分别介绍如下。

1．删除抽壳面

该抽壳方式通过移除面形成内孔实体。执行【抽壳】命令后，根据命令行的提示，在绘图区选取待抽壳的实体，继续选取要删除的单个或多个表面并右击，输入抽壳偏移距离，按【Enter】键，即可完成抽壳操作，其效果如图 15-86 所示。

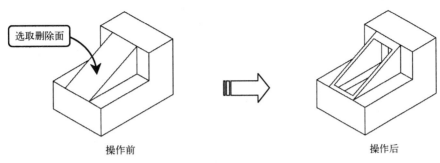

选取删除面

操作前　　　　　　　　　　　　　　　　　操作后

图 15-86　删除面执行抽壳操作

2．保留抽壳面

该抽壳方法与删除面抽壳操作的不同之处在于，该抽壳方法是在选取抽壳对象后，直接按【Enter】键或右击，并不选取删除面，而是输入抽壳距离，从而形成中空的抽壳效果，如图 15-87 所示。

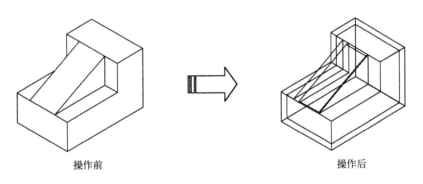

操作前　　　　　　　　　　　　　　　　　操作后

图 15-87　保留抽壳面

15.8.3　剖切实体

在绘图过程中，为了表达实体内部的结构特征，可假想一个与指定对象相交的平面或曲面，将该实体剖切，从而创建新的对象。可根据设计需要通过指定点、选择曲面或平面对象来定义剖切平面。

单击【默认】选项卡的【编辑】面板上的【剖切】按钮，就可以通过剖切现有实体来创建新实体。作为剖切平面的对象可以是曲面、圆、椭圆、圆弧或椭圆弧、二维样条曲线和二维多段线。在剖切实体时，可以保留剖切实体的一半或全部。剖切实体不保留创建它们的原始形式的记录，只保留原实体的图层和颜色特性，如图 15-88 所示。

剖切实体的默认方法是指定两个点定义垂直于当前 UCS 的剪切面，然后选择要保留的部分。也可以通过指定 3 个点，使用曲面、其他对象、当前视图、Z 轴或者 XY 平面来定义剪切面。

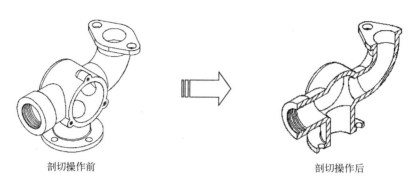

剖切操作前　　　　　　　　　　　　剖切操作后

图 15-88　实体剖切效果

15.8.4　加厚曲面

在三维建模环境中，可以将网格曲面、平面曲面或截面曲面等多种曲面类型的曲面通过加厚处理形成具有一定厚度的三维实体。

单击【默认】选项卡的【编辑】面板上的【加厚】按钮 ✎，即可进入【加厚】模式，直接在绘图区选择要加厚的曲面，右击或按【Enter】键后，在命令行中输入厚度值，按【Enter】键，即可完成加厚操作，如图 15-89 所示。

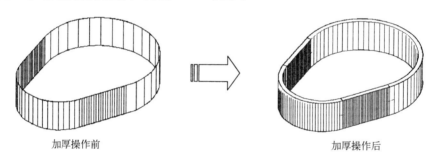

加厚操作前　　　　　　　　　　　　加厚操作后

图 15-89　曲面加厚

15.9　上机实训

使用本章所学的知识，按尺寸创建如图 15-90 所示的轴架模型。

具体的创建步骤提示如下。

步骤 1 按尺寸绘制底座的轮廓图。

步骤 2 将底座轮廓图生成面域，然后执行【拉伸】操作，得到底座。

步骤 3 以底座上表面侧边的中点为 UCS 原点，侧边为 X 轴，垂直方向为 Y 轴，重置 UCS。

步骤 4 绘制肋板截面图。

步骤 5 拉伸肋板截面图，得到肋板模型，然后与底座进行【并集】操作。

步骤 6 按照此方法绘制弯板段截面图，并执行【拉伸】操作，得到弯板模型。

步骤 7 以弯板最上方的边中点为 UCS 原点，重置 UCS。

步骤 8 在弯板上表面绘制轴承安装孔的圆截面图。

步骤 9 执行【拉伸】操作，得到安装孔形状。

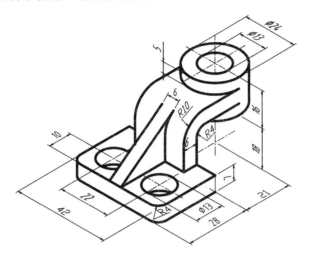

图 15-90　轴架

15.10　辅助绘图锦囊

在一些专业的三维建模软件（如 UG、Solidworks 等）中，经常可以看到三维文字的创建，并利用创建好的三维文字与其他的模型实体进行编辑，得到镂空或雕刻状的铭文。AutoCAD 中的三维功能虽然有所不足，但同样可以获得这种效果，具体方法介绍如下。

步骤 1 执行【多行文字】命令，创建任意文字。值得注意的是，字体必须为隶书、宋体和新魏等中文字体，如图 15-91 所示。

步骤 2 在命令行中输入 Txtexp（文字分解）命令，然后选中要分解的文字，即可得到文字分解后的线框图，如图 15-92 所示。

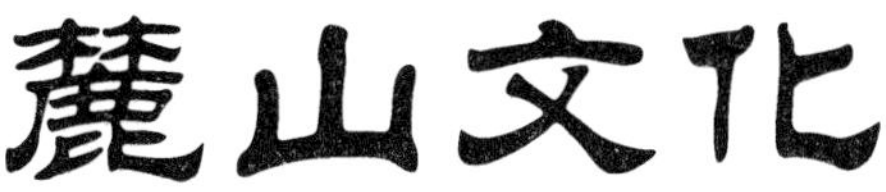

图 15-91　输入多行文字　　　　　　　　　　　图 15-92　使用 Txtexp 命令分解文字

步骤 3 单击【绘图】面板中的【面域】按钮◎，选中所有的文字线框，创建文字面域，如图 15-93 所示。

步骤 4 再执行【并集】命令，分别框选各个文字上的小片面域，即可合并为单独的文字面域，效果如图 15-94 所示。

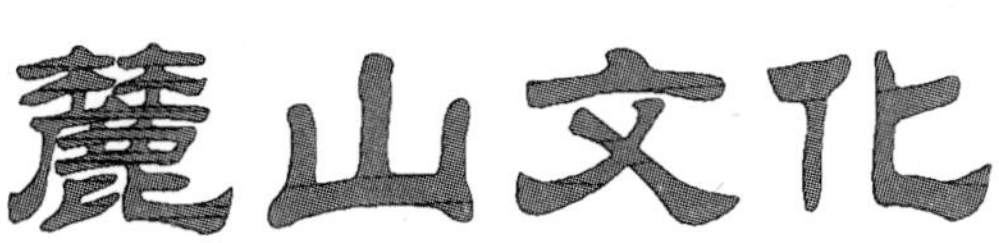

图 15-93　创建的文字面域 　　　　　　　　　　图 15-94　合并小块的文字面域

步骤 5 再执行【拉伸】、【差集】等操作，即可获得三维文字或者三维雕刻文字，效果如图 15-95 所示。

图 15-95　创建的三维文字效果

第 **16** 章

三维实体生成二维零件图

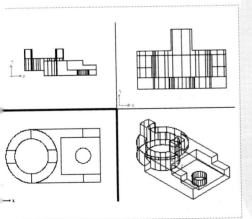

对于比较复杂的实体，可以先通过绘制三维实体，再转换为二维工程图，这种绘制工程图的方式可以减少工作量，提高绘图速度与精度。本章将介绍由三维实体生成各种基本视图和剖视图的方法。

16.1 三维实体生成二维视图

在 AutoCAD 2016 中，将三维实体模型生成三视图的方法大致有以下两种。

➤ 使用 VPORTS 或 MVIEW 命令，在布局空间中创建多个二维视口，然后使用 SOLPROF 命令在每个视口分别生成实体模型的轮廓线，以创建零件的三视图。

➤ 使用 SOLVIEW 命令后，在布局空间中生出实体模型的各个二维视图视口，然后使用 SOLDRAW 命令在每个视口中分别生成实体模型的轮廓线，以创建三视图。

16.1.1 使用【视口】命令（VPORTS）创建视口

使用 VPORTS【视口】命令，可以打开【视口】对话框，以在模型空间和布局空间创建视口。

打开【视口】对话框的方式有以下几种。

➤ 面板：在【三维基础】工作空间中，单击【可视化】选项卡的【模型视口】面板中的【命名】按钮。

➤ 菜单栏：选择【视图】|【视口】|【新建视口】命令。

➤ 命令行：VPORTS。

执行上述任一操作后，都能打开如图 16-1 所示的【视口】对话框。

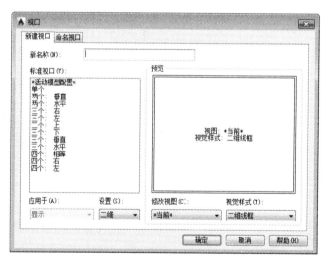

图 16-1 【视口】对话框

通过此对话框，用户可进行设置视口的数量、命名视口和选择视口的形式等操作。

16.1.2 使用【视图】命令（SOLVIEW）创建布局多视图

使用 SOLVIEW【视图】命令可以自动为三维实体创建正交视图、图层和布局视口。SOLVIEW 和 SOLDRAW 的创建用于放置每个视图的可见线和隐藏线的图层（视图名称-VIS、视图名称-HID、视图名称-HAT），以及创建可以放置各个视口中均可见的标注的图层（视图名称-DIM）。

通过选择【绘图】|【建模】|【设置】|【视图】命令，或者直接在命令行中输入SOLVIEW命令，都可以执行创建布局多视图。

若用户当前处于模型空间，则执行 SOLVIEW 命令后，系统自动转换到布局空间，并提示用户选择创建浮动视口的形式，其命令行提示如下。

> 命令: _solview
>
> 输入选项 [UCS(U)/正交(O)/辅助(A)/截面(S)]:

命令行中各选项的含义如下。

➢ UCS（U）：创建相对于用户坐标系的投影视图。

➢ 正交（O）：从现有视图中创建折叠的正交视图。

➢ 辅助（A）：从现有视图中创建辅助视图。辅助视图投影到与已有视图正交并倾斜于相邻视图的平面。

➢ 截面（S）：通过图案填充创建实体图形的剖视图。

16.1.3　使用【实体图形】命令（SOLDRAW）创建实体图形

SOLDRAW【实体图形】命令是在 SOLVIEW 命令之后用来创建实体轮廓或填充图案的。

启动 SOLDRAW 命令的方式有以下几种。

➢ 面板：在【三维建模】工作空间中，单击【常用】选项卡的【建模】面板上的【实体图形】按钮。

➢ 菜单栏：选择【绘图】|【建模】|【设置】|【图形】命令。

➢ 命令行：SOLDRAW。

执行上述任一操作后，其命令行提示如下。

> 命令: Soldraw
>
> 选择要绘图的视口...
>
> 选择对象:

使用该命令时，系统提示【选择对象】，此时用户需要选择由 SOLDRAW 命令生成的视口，如果是利用【UCS（U）】、【正交（O）】和【辅助（A）】选项所创建的投影视图，则所选择的视口中将自动生出实体轮廓线。若是所选择的视口由 SOLDRAW 命令的【截面（S）】选项创建，则系统将自动生成剖视图，并填充剖面线。

16.1.4　使用【实体轮廓】命令（SOLPROF）创建二维轮廓线

SOLPOROF【实体轮廓】命令是对三维实体创建轮廓图形，它与 SOLDRAW 命令有一定的区别：SOLDRAW 命令只能对由 SOLDVIEW 命令创建的视图生成轮廓图形，而SOLPROF 命令不仅可以对 SOLDVIEW 命令创建的视图生成轮廓图形，而且还可以对其他方法创建的浮动视口中的图形生成轮廓图形，但是使用 SOLPROF 命令时，必须是在模型空间，一般使用 MSPACE 命令激活。

启动 SOLPROF 命令的方式有以下几种。

➢ 面板：在【三维建模】工作空间中，单击【常用】选项卡的【建模】面板上的【实体轮廓】按钮。

> 菜单栏：选择【绘图】|【建模】|【设置】|【轮廓】命令。
> 命令行：SOLPROF。

16.1.5 使用【创建视图】面板创建三视图

【创建视图】面板是位于【布局】选项卡中，该面板命令可以从模型空间中直接将三维实体的基础视图调用出来，然后可以根据主视图生成三视图、剖视图及三维模型图，从而更快、更便捷地将三维实体转换为二维视图。需要注意的是，在使用【创建视图】面板时，必须是在布局空间，如图 16-2 所示。

图 16-2 【创建视图】面板

16.1.6 案例——利用【视口】和【实体轮廓】命令创建三视图

下面以一个简单的实体为例，介绍如何使用 VPORTS【视口】命令和 SOLPROF【实体轮廓】命令创建三视图，具体操作步骤如下。

步骤 1 打开素材文件"第 16 章\16.1.6 【视口】和【实体轮廓】创建三视图.dwg"，其中已创建好一个模型，如图 16-3 所示。

步骤 2 在绘图区单击【布局 1】标签，进入布局空间，然后在【布局 1】标签上右击，在弹出的快捷菜单中选择【页面设置管理器】命令，弹出如图 16-4 所示的【页面设置管理器】对话框。

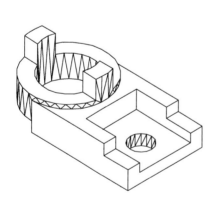

图 16-3 素材模型

图 16-4 【页面设置管理器】对话框

步骤 3 单击【修改】按钮，弹出【页面设置-布局 1】对话框，在【图纸尺寸】下拉列表框中选择【ISO A4（210.00×297.00 毫米）】选项，其余参数默认，如图 16-5 所示。

步骤 4 单击【确定】按钮，返回【页面设置管理器】对话框，单击【关闭】按钮，关闭【页面设置管理器】对话框，修改后的布局页面如图 16-6 所示。

图 16-5　设置图纸尺寸

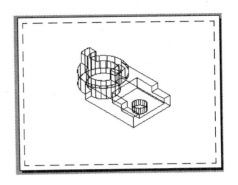

图 16-6　设置页面后的效果

步骤 5 在布局空间中选中系统自动创建的视口（即外围的黑色边线），按【Delete】键将其删除，如图 16-7 所示。

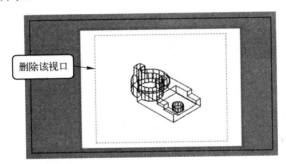

删除该视口

图 16-7　删除系统自动创建的视口

步骤 6 将视图显示模式设置为【二维线框】模式，选择【视图】|【视口】|【四个视口】命令，创建满布页面的 4 个视口，如图 16-8 所示。

步骤 7 在命令行中输入 MSPACE 命令，或直接双击视口，将布局空间转换为模型空间。

步骤 8 分别激活各个视口，选择【视图】|【三维视图】子菜单下的命令，将各视口视图分别按对应的位置关系转换为前视、俯视、左视和等轴测，设置如图 16-9 所示。

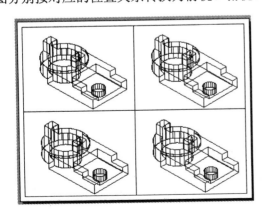

图 16-8　创建视口

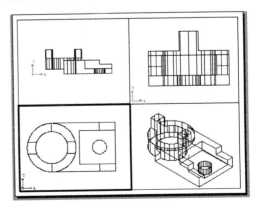

图 16-9　设置各视图

提示： 双击视口进入模型空间后，对应的视口边框线将会加粗显示。

步骤 9 在命令行中输入 SOLPROF 命令，选择各视口的二维图，将二维图转换为轮廓图，如图 16-10 所示。

步骤 10 选中 4 个视口的边线，然后将其切换至 Default 图层，再将该图层关闭，即可隐藏视口边线。

步骤 11 选择右下三维视口，单击该视口中的实体，按【Delete】键删除。

步骤 12 删除实体后，轮廓线如图 16-11 所示。

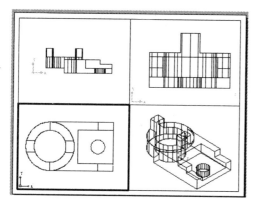

图 16-10　创建轮廓线

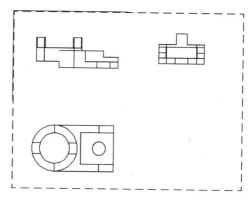

图 16-11　删除实体后轮廓线

提示： 视口的边线可设置为单独的图层，将其隐藏后便可得到很好的三视图效果。

16.1.7　案例——利用【视图】和【实体图形】命令创建三视图

下面以一个简单的实体为例，介绍如何使用 SOLVIEW【视图】命令和 SOLDRAW【实体轮廓】命令创建三视图，具体操作步骤如下。

步骤 1 打开素材文件"第 16 章\16.1.7【视图】和【实体图形】创建三视图.dwg"，其中已创建好一个模型，如图 16-12 所示。

步骤 2 在绘图区单击【布局 1】标签，进入布局空间，选中系统自动创建的视口边线，按【Delete】键将其删除，如图 16-13 所示。

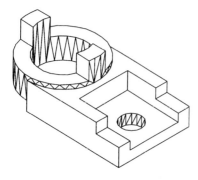

图 16-12　素材模型

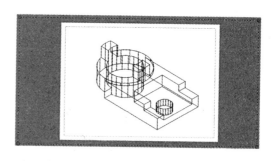

图 16-13　删除系统自动创建的视口

步骤 3　选择【绘图】|【建模】|【设置】|【视图】命令，创建主视图，如图 16-14 所示，命令行提示如下。

```
命令：_solview
输入选项 [UCS(U)/正交(O)/辅助(A)/截面(S)]:U↙              //激活【UCS】选项
输入选项 [命名(N)/世界(W)/?/当前(C)] <当前>:W↙           //激活【世界】选项，选择世界坐标系创
建视图
输入视图比例 <1>: 0.3↙                                    //设置打印输出比例
指定视图中心：                          //选择视图中心点，这里选择视图布局中左上角适当的一点
指定视图中心 <指定视口>：                                //按【Enter】键确定
指定视口的第一个角点：
指定视口的对角点：                                       //分别指定视口两对角点，确定视口范围
输入视图名：主视图↙                                      //输入视图名称为主视图
```

步骤 4　使用同样的方法，分别创建左视图和俯视图，如图 16-15 所示。

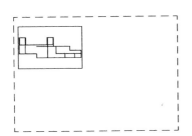

图 16-14　创建的主视图

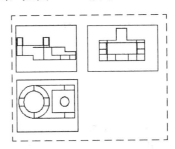

图 16-15　创建左视图和俯视图

提示：　使用 SOLVIEW 命令创建视图，其创建的视图默认为俯视图。

步骤 5　选择【绘图】|【建模】|【设置】|【图形】命令，在布局空间中选择视口边线，即可生成轮廓图，如图 16-16 所示。

步骤 6　双击进入模型空间，将实体隐藏或删除。

步骤 7　返回【布局 1】布局空间，选中 3 个视口的边线，然后将其切换至 Default 图层，再将该图层关闭，即可隐藏视口边线。

步骤 8　最终的图形效果如图 16-17 所示。

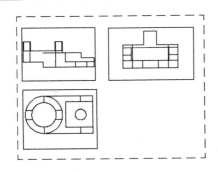

图 16-16　创建轮廓线

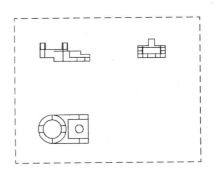

图 16-17　隐藏后图形

16.1.8 **案例——使用【创建视图】面板创建三视图**

下面以一个简单的实体为例，介绍如何使用【创建视图】面板创建三视图，具体操作步骤如下。

步骤 1 打开素材文件"第 16 章\16.1.8 使用创建视图面板命令创建三视图.dwg"，其中已创建好一个模型，如图 16-18 所示。

步骤 2 在绘图区单击【布局 1】标签，进入布局工作空间，选中系统自动创建的视口边线，按【Delete】键将其删除。

步骤 3 单击【布局】选项卡的【创建视图】面板上的【基点】下拉按钮，从下拉菜单中选择【从模型空间】命令 ，根据命令行的提示，创建基础视图，如图 16-19 所示。

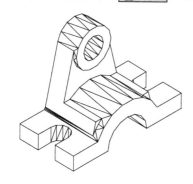

图 16-18　素材模型

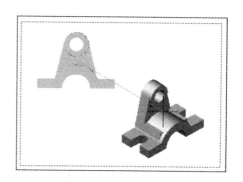

图 16-19　创建基础视图

步骤 4 单击【投影】按钮，分别创建左视图和俯视图，如图 16-20 所示。

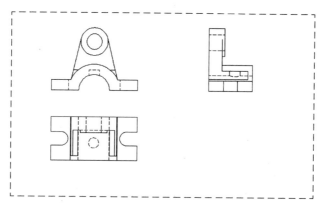

图 16-20　生成的三视图

16.2　三维实体创建剖视图

除了基本的三视图，使用 AutoCAD 2016 的【创建视图】面板和相关命令，还可以从三维模型轻松创建全剖、半剖、旋转剖和局部放大等二维视图。本节将通过 3 个具体的案例来进行讲解。

16.2.1 案例——创建全剖视图

与其他的建模软件（如 UG、Creo 和 Solidworks 等）类似，新版本的 AutoCAD 2016 在机械工程图的绘制上也新加入了很多快捷而实用的功能，比如快速创建剖面图等，因此本案例将使用该方法快速创建某零件的全剖视图，而不是像传统 AutoCAD 那样重新绘制。

步骤 1 打开素材文件"第 16 章\16.2.1 创建全剖视图.dwg"，其中已创建好一个模型，如图 16-21 所示。

步骤 2 在绘图区单击【布局 1】标签，进入布局空间，选中系统自动创建的视口，按【Delete】键将其删除，如图 16-22 所示。

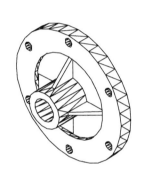

图 16-21　素材模型

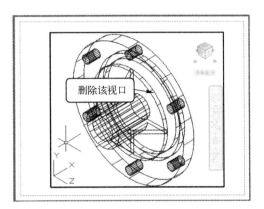

图 16-22　删除系统自动创建的视口

步骤 3 在命令行中输入 HPSCALE 命令，将剖面线的填充比例调小，使线的密度更大。命令行提示如下。

```
命令: HPSCALE
输入 HPSCALE 的新值 <1.0000>: 0.5↙
```

步骤 4 选择【绘图】|【建模】|【设置】|【视图】命令，在布局空间中绘制主视图，如图 16-23 所示，命令行提示如下。

```
命令:SOLVIEW↙
输入选项 [UCS(U)/正交(O)/辅助(A)/截面(S)]:U↙          //激活【UCS】选项
输入选项 [命名(N)/世界(W)/?/当前(C)] <当前>:W↙        //激活【世界】选项
输入视图比例 <1>: 0.4↙                                //设置打印输出比例
指定视图中心:                                          //在视图布局左上角拾取适当一点
指定视图中心 <指定视口>:                               //按【Enter】键确认
指定视口的第一个角点:
指定视口的对角点:                                      //分别指定视口两对象点，确定视口范围
输入视图名: 主视图                                     //输入视图名称
```

步骤 5 选择【绘图】|【建模】|【设置】|【视图】命令，创建全剖视图，命令行提示如下。

```
命令: _solview
```

输入选项 [UCS(U)/正交(O)/辅助(A)/截面(S)]:S↙	//选择截面选项
指定剪切平面的第一个点:	//捕捉指定剪切平面的第一点
指定剪切平面的第二个点:	//捕捉指定剪切平面的第二点
指定要从哪侧查看:	//选择要查看的剖面的方向
输入视图比例 <0.6109>:0.4↙	
指定视图中心:	
指定视图中心 <指定视口>:	
指定视口的第一个角点:	
指定视口的对角点:	
输入视图名:剖视图↙	//输入视图的名称，创建的剖视图如图 16-24 所示

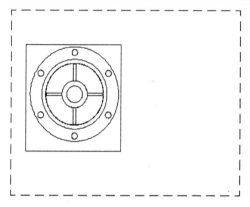

图 16-23　创建主视图

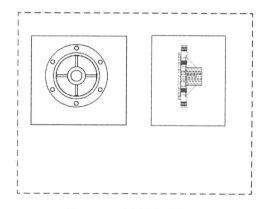

图 16-24　创建剖视图

步骤 6 在命令行中输入 SOLDRAW 命令，将所绘制的两个视图图形转换成轮廓线，如图 16-25 所示。

步骤 7 修改填充图案为 ANSI31，隐藏视口线框图层，最终效果如图 16-26 所示。

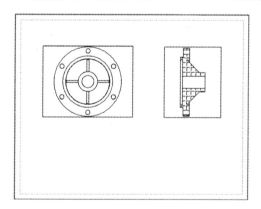

图 16-25　将实体转换为轮廓线

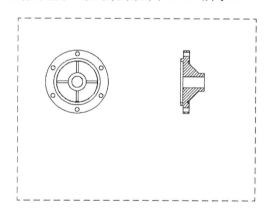

图 16-26　修改填充图案

16.2.2　案例 ——创建半剖视图

本节讲解使用【创建视图】面板创建半剖视图的方法，具体操作步骤如下。

步骤 1 打开素材文件"第 16 章\16.2.2 创建半剖视图.dwg",其中已创建好一个模型,如图 16-27 所示。

步骤 2 设置页面。在绘图区内单击【布局 1】标签,进入布局空间,然后在【布局 1】标签上右击,在弹出的快捷菜单中选择【页面设置管理器】命令,弹出【页面设置管理器】对话框。

步骤 3 在对话框中单击【修改】按钮,系统弹出【页面设置-布局 1】对话框,设置【图纸尺寸】为【ISO A4(297.00 × 210.00 毫米)】,其他设置保持默认,单击【确定】按钮,系统返回到【页面设置管理器】对话框,单击【关闭】按钮,即可完成页面设置,如图 16-28 所示。

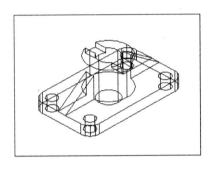

图 16-27 素材模型

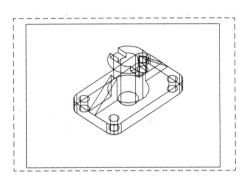

图 16-28 设置页面后效果

步骤 4 在布局空间中选择系统默认的布局视口边线,按【Delete】键将其删除。

步骤 5 将工作空间切换为三维建模空间。选择【布局】选项卡,如图 16-29 所示。

图 16-29 【布局】选项卡

步骤 6 单击【创建视图】面板中的【基点】下拉按钮 ,在下拉菜单中选择【从模型空间】命令,如图 16-30 所示。

步骤 7 在布局空间内的合适位置指定基础视图的位置,创建主视图,如图 16-31 所示。

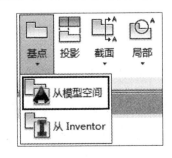

图 16-30 选择【从模型空间】命令

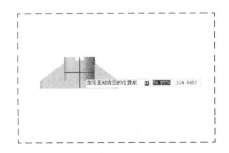

图 16-31 创建主视图

步骤 8 再单击【创建视图】面板中的【截面】按钮，根据命令行的提示，创建剖视图，如图 16-32 所示。

步骤 9 完成剖视图设置，全剖视图如图 16-33 所示。

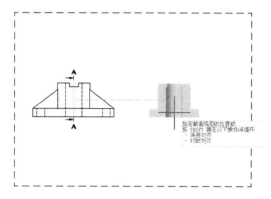

图 16-32　创建剖视图

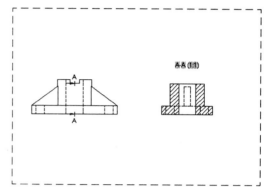

图 16-33　创建的全剖视图

步骤 10 单击状态栏上的【新建布局】按钮 +，新建【布局 2】空间，在【布局 2】中按照相同的方法，从模型空间中创建俯视图，如图 16-34 所示。

步骤 11 再单击【创建视图】面板中的【截面】下拉按钮，在其下拉菜单中选择【半剖】命令，根据命令行的提示，创建半剖视图，如图 16-35 所示。

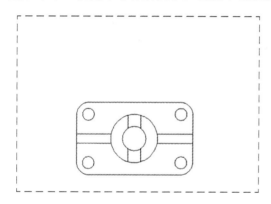

图 16-34　创建俯视图

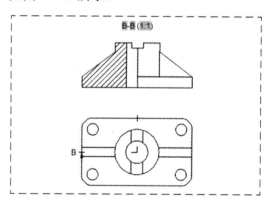

图 16-35　创建的半剖视图

16.2.3 案例——创建局部放大图

本案例根据本章所学的知识，利用【创建视图】面板上的相关命令创建局部放大图，具体操作步骤如下。

步骤 1 打开素材文件"第 16 章\16.2.3 创建局部放大图.dwg"，其中已创建好一个模型，如图 16-36 所示。

步骤 2 在绘图区单击【布局 1】标签，进入布局空间。然后在【布局 1】标签上右击，在弹出的快捷菜单中选择【页面设置管理器】命令，弹出【页面设置管理器】对话框。

步骤 3 单击对话框中的【修改】按钮，系统弹出【页面设置-布局 1】对话框，设置【图纸尺寸】为【ISO　A4（210.00 × 297.00 毫米）】，其他设置保持默认，单击【确定】按钮，系统返回到【页面设置管理器】对话框，单击【关闭】按钮，即可完成页面设置。

步骤 4 在布局空间中，选择系统自动生成的图形视口边线，按【Delete】键将其删除。

步骤 5 将工作空间切换为三维建模空间。选择【布局】选项卡，即可看到布局空间的各工作按钮。

步骤 6 单击【创建视图】面板中的【基点】下拉按钮 □，在其下拉菜单中选择【从模型空间】命令，根据命令行的提示创建主视图，如图 16-37 所示。

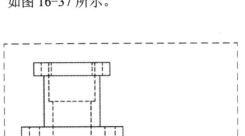
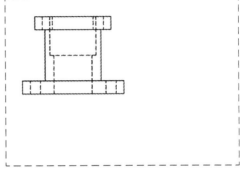

图 16-36 素材模型　　　　　　　　图 16-37 创建的主视图

步骤 7 单击【创建视图】面板中的【局部】下拉按钮 □，在其下拉菜单中选择【圆形】命令，根据命令行的提示，创建阶梯剖视图，如图 16-38 所示。

步骤 8 单击【创建视图】面板中的【局部】□，在其下拉菜单中选择【矩形】命令，创建阶梯剖视图，如图 16-39 所示。

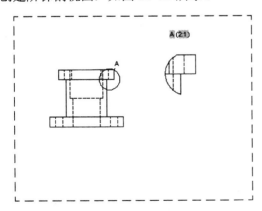
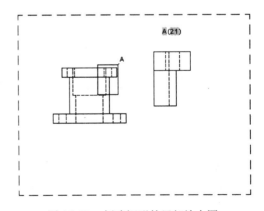

图 16-38 创建圆形的局部放大图　　　　图 16-39 创建矩形的局部放大图

16.3 上机实训

使用本章所学的知识，创建如图 16-40 所示的零件三视图。

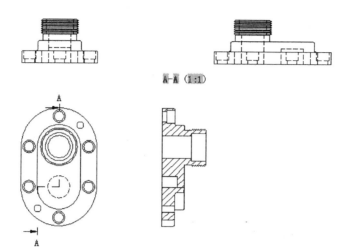

图 16-40　齿轮泵端盖三视图

AutoCAD 具有三维剖切功能，利用它可以灵活地绘制出三维实体的半剖、全剖及阶梯剖等剖视图，本例将在【草图与注释】工作空间来生成三维实体剖视图。

具体的创建步骤提示如下。

步骤 1 打开素材文件"第 16 章\16.3 齿轮泵端盖.dwg"，其中已创建好端盖的模型。

步骤 2 进入【布局 1】空间，选择【新建布局】，新建 3 个布局空间。

步骤 3 选择【布局】选项卡，在【创建视图】面板中单击【基点】下拉按钮，在其下拉菜单中选择【从模型空间】命令。

步骤 4 向布局窗口中插入三维图形的三视图。

步骤 5 选择【布局】选项卡，在【创建视图】面板中单击【截面】下拉按钮，在其下拉菜单中选择【半剖】命令，结合【对象捕捉】功能，对图形进行剖切。

步骤 6 选择【布局】选项卡，在【创建视图】面板中单击【截面】下拉按钮，在其下拉菜单中选择【阶梯剖】命令，结合【对象捕捉】功能，对图形进行阶梯剖切。

16.4　辅助绘图锦囊

除了本章介绍的三维实体生成二维视图之外，还有一种比较快速而有效的方法——Flatshot（平面摄影）。该功能可让所有三维实体、曲面和网格的边均被视线投影到与观察平面平行的平面上，这些边的二维表示作为块插入到 UCS 的 XY 平面上。此块也可以分解，然后再进行其他更改。

简单来说，就是将当前视图中的三维模型快速"临摹"一遍，然后创建为块的形式，插入到所需的图纸中，效果如图 16-41 所示。

创建方法简单介绍如下。

步骤 1 打开要创建平面视图的三维模型。

步骤 2 在命令行中输入 Flatshot，或者单击【实体】选项卡的【截面】面板中的【平面摄影】按钮 ⬡ 平面摄影 。

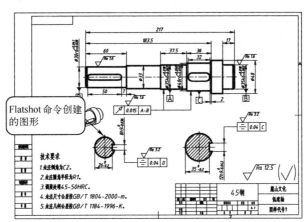

图 16-41　使用 Flatshot 命令创建三维模型的二维视图

步骤 3　弹出【平面摄影】对话框，按照要求设置其中的参数。

步骤 4　按照命令行中的操作提示创建出二维视图（可全部按【Enter】键确认，接受默认参数）。

步骤 5　得到图块格式的二维图形。

第四篇
综合实战篇

第 17 章

减速器的参数计算与
传动零件的绘制

本章要点

- 减速器设计概述
- 电动机的选择与计算
- 传动装置的总体设计
- V 带的设计与计算
- 齿轮传动的设计
- 大齿轮零件图的绘制
- 轴的设计
- 低速轴零件图的绘制
- 上机实训
- 辅助绘图锦囊

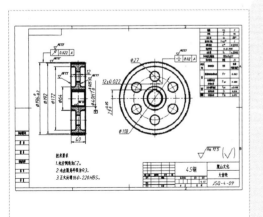

在机械制造业中，经常遇到原动机转速比工作机转速高的情况，因此需要在原动机与工作机之间装设中间传动装置，以降低转速。这种传动装置通常由封闭在箱体内的啮合齿轮组成，并且可以改变扭矩的转速和运转方向，此种传动装置即被称为减速器。

17.1　减速器设计概述

减速器的类型有很多，可以满足各种机器的不同要求。比如，按传动类型，可以分为齿轮、蜗杆、蜗杆-齿轮和行星轮减速器；按传动的级数，可以分为单级和多级减速器（一对齿轮传动称为单级，两对则为二级，以此类推）；按轴在空间的相对位置，又可以分为卧式与立式减速器；按传动的布置形式，可以分为展开式、同轴线式和分流式减速器等。

总的来说，减速器设计"麻雀虽小，五脏俱全"，包含了机械设计中绝大多数的典型零件，如齿轮、轴、端盖和箱体，还有标准件常用件类型的轴承、键、销和螺钉等。因此减速器设计能够恰到好处地反映机械设计理念的精髓，所以几十年来一直作为大中专学校机械相关专业学生的课程设计题目，其好处如下。

> 学以致用，锻炼理论与实践能力：培养学生综合运用"机械设计"课程及其他专业课程的理论知识和实际生产知识去解决工程实际问题的能力，并通过实际设计训练使所学的理论知识得到巩固和提高。

> 学习和掌握一般机械的设计基本方法和程序：培养独立设计能力，为后续课程的学习和日后的实际工作打下基础。

> 训练机械设计工作的基本技能：机械设计的基本技能包括计算、绘图，以及合理的运用设计资料（如查阅相关标准与规范）。

17.1.1　减速器设计的步骤

减速器的设计是一个比较全面、系统的机械设计训练，因此也应遵循机械设计的一般规律。减速器的设计大体上可以分为以下 12 个步骤。

步骤 1 老师出具设计任务书，其中包括一些基本的已知条件。

步骤 2 计算并选择合适的电动机。

步骤 3 传动装置的总体设计。

步骤 4 V 带的设计。

步骤 5 传动齿轮的设计与绘制。

步骤 6 传动轴的设计与绘制。

步骤 7 键的设计与绘制。

步骤 8 滚动轴承的设计与绘制。

步骤 9 联轴器的选择。

步骤 10 润滑与密封装置的选择。

步骤 11 箱体及其他附件的设计与绘制。

步骤 12 绘制总装图。

17.1.2　减速器的设计任务

某带式运输机的传动方案简图如图 17-1 所示，工作时，电动机先带动 V 带转动，V 带再带动主动轴转动，通过一对直齿圆柱齿轮的啮合，使得从动轴旋转，从动轴的一端通过联轴器与滚筒连接，从而使输送带达到减速的目的。

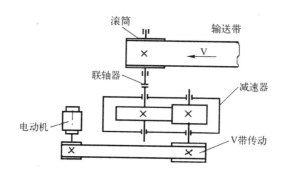

图 17-1 某带式运输机的传动方案简图

其工作条件为：连续单向转动，工作时载荷平稳，每天工作 8 小时，单班制工作，使用年限为 10 年，输送带速度允许误差为±5%，滚筒的工作效率为 $\eta=84\%$。

除此之外，一般的大中专院校都会出具如表 17-1 所示的数据表，然后让学生自由选择其中的一组数据进行设计。

表 17-1   减速器设计的原始数据

题 号	1	2	3	4	5	6	7	8
滚筒直径（m/s）	280	300	350	320	300	360	320	280
输送带工作拉力（kN）	0.5	1.5	4	0.8	1.5	1	0.8	0.5
输送带工作速度（m/s）	1	1.3	1	1.6	1.6	1.3	1	1.6
使用年限（年）	10	10	10	10	10	10	10	10

本书将采用题号 4 对应的数据进行设计，即：送滚筒直径为 ϕ320mm，拉力 F=0.8kN，带速为 V=1.6 m/s，滚筒效率 $\eta=84\%$。

17.1.3 减速器设计的图纸要求

减速器的设计图纸主要包括零件图和装配图。

1．零件图

减速器上的零件图主要是主动轮（小齿轮）、从动轮（大齿轮）、主动轴、从动轴，以及上、下箱体等 6 个零件。无论是哪一张零件图，均需要包括以下 4 部分。

➢ 一组视图：能够清楚地表达零件各部分的结构形状，尤其是上、下箱体。

➢ 尺寸标注：用于表达零件各部分的结构大小，用以加工。

➢ 技术要求：用符号或文字表达零件在使用、制造和检验时应达到的一些技术要求，如公差与配合、形位公差、表面粗糙度、材料的热处理，以及表面处理等。

➢ 标题栏：用规定的格式表达零件的名称、材料、数量、绘图的比例与编号、设计者与审定者的签名，以及绘制日期等。

总而言之，零件图应该具备加工、检验和管理等方面的内容。

2．装配图

一般来说，在设计机械时，总是先绘制装配图，再依据装配图来拆画零件图。所以装配图是用以表达机械装配体的工作原理、性能要求、零件间的装配关系、连接关系，以及各零件的主要结构形状的图样。但由于减速器的设计，是要先根据参数计算出传动部分的大致尺寸，因此减速器的绘制顺序是：传动部分（齿轮与轴）→ 装配图→ 其他零件图（上、下箱体等）。

减速器的装配图同样包括以下 4 个方面的具体内容。

> 一组视图：选用一组视图，将机械装配体的工作原理、传动路线、各零件间的装配、连接关系，以及主要零件的结构特征表示清楚。

> 必要的尺寸：装配图只需标注与其工作性能、装配、安装和运输等有关的尺寸即可。

> 编号、明细表、标题栏：为了便于生产的准备工作、编制 BOM 表和其他的技术文件，必须在装配图上对每一种零件都一一编号，并按一定的格式填入明细表中。

> 技术要求：用简练的文字与符号说明装配体的规格、性能和调整的要求、验收条件、使用，以及维护等方面的要求。

17.2 电动机的选择与计算

电动机为标准化产品，只需在市面上采购到合适型号的电动机即可。减速器设计中需要根据工作机的工作情况、运动及动力参数合理选择电动机的类型、结构形式、容量和转速，并提出具体的电动机型号。

1. 电动机类型与结构形式的选择

如无特殊要求，一般选用 Y 系列三相交流异步电机。Y 系列电动机为一般用途的全封闭自扇冷式电动机，适用于无特殊要求的各种机械设备，如机床、鼓风机、运输机，以及农业机械与食品机械等。对于频繁启动、制动和换向的机械（如起重机）来说，宜选用允许有较大振动和冲击、转动惯量小，以及过载能力大的 YZ 和 YZR 系列起重用三相异步电机。

同一系列的电动机有不同的防护及安装形式，可根据具体要求选用。

2. 电动机功率的确定

在 17.1.2 节所述的设计任务中，所给的工作机一般为稳定载荷连续运转的机械，而且传递功率较小，故只需要使电动机的输入功率 $P_{输入}$ 等于或大于电动机的实际输出功率 $P_{输出}$，即 $P_{输入} \geq P_{输出}$ 即可，一般不需要对电动机进行热平衡计算和校核启动力矩。

电动机功率的确定计算步骤如下。

步骤 1 电动机的输出功率 $P_{输出}$ 为：

$$P_{输出} = \frac{F \cdot v}{\eta} = \frac{800 \times 1.6}{84\%} = 1.52 \ (kW)$$

其中 $P_{输出}$ 为减速器输出轴功率，η 为滚筒效率 84%，F 为输送带工作拉力 800N（0.8kN），v 为输送带工作速度 1.6 m/s。

步骤 2 传动装置的总效率 η 可以按下式计算。

$$\eta = \eta_1 \cdot \eta_2 \cdots \eta_n$$

式中的 $\eta_1 \eta_2 \cdots \eta_n$ 分别为传动装置中的每一传动副，如齿轮或带、每一对轴承及每一个联轴器的效率。本次所设计的单击减速器中，包含有 5 个传动副：电动机-V 带（η_1）、V 带装置（η_2）、齿轮传动（η_3）、滚动轴承传动（η_4）和输送带传动（η_5）。

查阅《常用机械传动与摩擦副的效率概略值》（见本章辅助绘图锦囊表 17-6），可得：

电动机-V 带 $\eta_1 = 0.95$，V 带装置 $\eta_2 = 0.96$，齿轮传动 $\eta_3 = 0.97$，滚动轴承传动 $\eta_4 = 0.95$，输送带传动 $\eta_5 = 0.94$。

因此，本例中总效率计算为：

$$\eta = \eta_1 \cdot \eta_2 \cdot \eta_3 \cdot \eta_4^3 \cdot \eta_5 = 0.95 \times 0.96 \times 0.97 \times 0.95^3 \times 0.94 = 0.712 \Rightarrow 71.2\%$$

步骤 3 电动机的输入功率为：

$$P_{输入} = \frac{P_{输出}}{\eta} = \frac{1.52}{71.2\%} = 2.13 \ (kW)$$

步骤 4 电动机的额定功率为：

再查阅 JB3074，选择数值最接近、且大于 $P_{输入}$ 的额定功率，即 $P_{额定} = 2.2 \ (kW)$。

3. 电动机的转速

额定功率相同的同类型电动机有几种转速可供选择，例如三相异步电动机就有 4 种常用的同步转速，即 3000r/min、1500 r/min、1000 r/min 和 750 r/min。电动机的转速越高，极对数少，尺寸和质量小，价格也低，但齿轮传动所需的传动比就越大，相对的齿数也就越多，从而使得齿轮结构的尺寸增大，上箱体增大，成本全面提高；选用低转速的电动机则相反。因此，应对电动机及传动装置做整体考虑，综合分析比较，以确定合理的电动机转速。

一般来说，如无特殊要求，通常多选用同步转速为 1500 r/min 或 1000 r/min 的电动机。

对于多级传动的减速器来说，为了使各级齿轮传动结构设计合理，还可以根据工作机的转速及各级传动副的合理传动比，推算电动机的转速取值范围。查机械设计手册《常用传动机构的性能和适用范围》（见本章辅助绘图锦囊表 17-7）可得，V 带传动常用的传动比范围为 $i_1 = 2\sim4$，单级圆柱齿轮传动比范围为 $i_2 = 3\sim5$，则电动机的转速可选范围为：

$$n_{电机} = n_{滚筒} \cdot i_1 \cdot i_2 = 573\sim1910 \ (r/min)$$

表 17-2 给出了两组可选的传动方案，由其中的数据可知两个方案均可行。

表 17-2　两种电动机的比较

方案	电动机型号	额定功率（kW）	电动机转速（r/min）		电动机售价（元）	传动装置的传动比		
			同步	满载		总传动比	V 带传动	单级减速器
1	Y100L7-4	2.2	1500	1420	380	14.87	3	4.96
2	Y112M-6	2.2	1000	940	520	9.84	2.5	3.94

方案 1 相对来说价格便宜，但方案 2 的传动比较小，齿轮传动装置的结构尺寸较小，因此整体结构更加紧凑，整体价格也更有弹性。因此综合考虑，选用方案 2，所以选定的电动机型号为 Y112M-6。

 本节结论： 电机型号为 Y112M-6，额定功率为 2.2 kW，转速为 940 r/min（满载）。

17.3 传动装置的总体设计

在进行传动装置的总体设计时，首先应该确定总传动比的大小，并对各级传动比进行分配，然后根据所分配的各级传动比大小计算传动装置的运动和动力参数。

17.3.1 传动装置总传动比的确定及各级传动比的分配

本节主要计算并分配各级的传动比。

1. 传动装置总传动比的确定

传动装置总传动比 i 的计算公式为：

$$i = \frac{n_{电机}}{n_{滚筒}}$$

其中 $n_{电机}$ 为电动机满载转速，由表 17-2 可知为 940 r/min。

$n_{滚筒}$ 为滚筒的转速，而由表 17-1 给出的输送带速度（线速度），可根据线速度-转速公式求解出来：

$$转速 = \frac{线速度}{\pi D}$$

题号 4 的输送带速度为 $v = 1.6$ m/s，将单位换算，即 $1.6 \times 1000 \times 60$ mm/min，则有：

$$n_{滚筒} = \frac{v}{\pi D} = \frac{1.6 \times 1000 \times 60}{320\pi} \approx 95.5 \ (r/min)$$

由此可以计算出总传动比 i 为：

$$i = \frac{n_{电机}}{n_{滚筒}} = \frac{940}{95.5} = 9.84$$

2. 各级传动比的分配

由传动方案可知，传动装置的总传动比等于各级串联传动机构传动比的连乘积，即：

$$i = i_1 \cdot i_2 \cdots i_n$$

其中 i_1、i_2、i_n 等为各级串联传动机构的传动比。

合理地分配各级传动比是传动装置总体设计中的一个重要问题，它将直接影响到传动装置的外形尺寸、质量大小及润滑条件等。

总传动比的分配原则如下。

➤ 各级传动比都应该在常用的合理范围内，以符合各种传动形式的工作特点，并使结构比较紧凑。

➤ 各级传动比宜获得较小的外形尺寸与较小的质量。

➤ 在两级或多级的齿轮减速器中，使各级传动大齿轮的浸油深度大致相等，以便于实现浸油润滑。

➤ 所有传动零部件应该装配方便。

➤ 各种传动机构的传动比应该按推荐的取值范围选取。如果涉及标准减速器，则应该按标准减速器的传动比选取，在设计非标准减速器时，传动比可按上述原则自行分配。

传动比的分配是一项比较烦琐的工作，往往需要经过多次测算，拟订多种方案进行比较，最后才可以得出一个比较合理的方案。

取 V 带传动的传动比 $i_1 = 2.5$，则单级圆柱齿轮减速器的传动比为：

$$i_2 = \frac{i}{i_1} = \frac{9.84}{2.5} \approx 3.94 \Rightarrow 4$$

 提示： 计算与分配传动比时，应尽量取整。

本例的传动装置由减速器和外部传动机构组成，因此要考虑减速器与外部传动机构的尺寸协调，结构匀称。如果外部传动机构为带传动，减速器为齿轮减速器，则其总传动比为：

$$i = i_1 \cdot i_2$$

其中，i_1 为带传动的传动比，i_2 为齿轮减速器的传动比。

如果 i_1 过大，可能使得大带轮的外圆半径大于减速器的中心高，造成安装困难，因此 i_1 不宜过大。在此，可以取 $i_1 = 2.5$，所得 $i_2 = 4$ 符合一般圆柱齿轮传动和单级圆柱齿轮减速器传动比的常用取值范围。

 提示： 此时应注意的是，以上传动比的分配只是初步的，待各级传动零件的参数确定后，还应该回头核算传动装置的实际传动比。对于一般机械，总传动比的实际值允许与设计任务要求的有 ±3% ～ ±5% 的误差。

合理分配传动比是设计传动装置时应考虑的重要问题，但为了获得更为合理的结构，有时单从传动比分配这一点出发还不能得到完善的结果，此时还应该采取调整其他参数（如齿轮的齿宽系数等）或适当改变齿轮材料等方法，以满足预期的设计要求。

17.3.2 传动装置运动和动力参数的计算

为了进行传动零部件的设计计算（如齿轮、轴的各项尺寸等），应先计算出传动装置的运动和动力参数，即各轴的转速、功率和转矩。本案例设计的单级减速器各传动轴关系如图 17-2 所示。

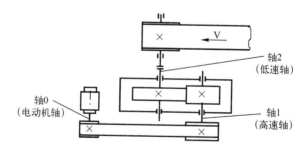

图 17-2　减速器上的各传动轴

1. 各轴转速

由图 17-2 可知，该传动装置主要有 3 根轴体，其中电动机轴为"轴 0"；高速轴为"轴

1"，也是主动轴；低速轴为"轴2"，为从动轴。各轴的转速为：

$$n_0 = n_{电机} = 940 （r/min）$$

$$n_1 = \frac{n_0}{i_1} = \frac{940}{2.5} \approx 376 （r/min）$$

$$n_2 = \frac{n_1}{i_2} = \frac{376}{3.94} \approx 95.5 （r/min）$$

2. 各轴输入功率

按电动机额定功率 2.2 kW 计算各轴的输入功率，即：

$$P_0 = P_{额定} = 2.2 （kW）$$

$$P_1 = P_0 \cdot \eta_1 = 2.2 \times 0.95 = 2.09 （kW）$$

$$P_2 = P_1 \cdot \eta_3 \cdot \eta_4 = 2.09 \times 0.97 \times 0.95 = 1.92 （kW）$$

3. 各轴转矩

转矩 T 的计算公式为：

$$T = \frac{9550P}{n}$$

其中 P 为各轴的输入功率，n 为各轴的转速，因此各轴的转矩计算如下。

$$T_0 = \frac{9550 \times 10^3 \times P_0}{n_0} = \frac{9550 \times 10^3 \times 2.2}{940} = 22.35 \times 10^3 （N \cdot m）$$

$$T_1 = \frac{9550 \times 10^3 \times P_1}{n_1} = \frac{9550 \times 10^3 \times 2.09}{376} = 53.08 \times 10^3 （N \cdot m）$$

$$T_2 = \frac{9550 \times 10^3 \times P_2}{n_2} = \frac{9550 \times 10^3 \times 1.92}{95.5} = 198.7 \times 10^3 （N \cdot m）$$

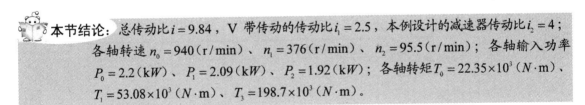

本节结论： 总传动比 $i = 9.84$，V 带传动的传动比 $i_1 = 2.5$，本例设计的减速器传动比 $i_2 = 4$；各轴转速 $n_0 = 940（r/min）$、$n_1 = 376（r/min）$、$n_2 = 95.5（r/min）$；各轴输入功率 $P_0 = 2.2（kW）$、$P_1 = 2.09（kW）$、$P_2 = 1.92（kW）$；各轴转矩 $T_0 = 22.35 \times 10^3（N \cdot m）$、$T_1 = 53.08 \times 10^3（N \cdot m）$、$T_3 = 198.7 \times 10^3（N \cdot m）$。

17.4 V 带的设计与计算

本节主要讲述 V 带传动设计的有关事项。

1. 选择 V 带型号

要确定 V 带的型号，需要先确定 V 带的设计功率 P_d，而 V 带传动的设计功率计算公式如下。

$$P_d = K_A P$$

其中 P 为传递的功率，即所连接电机的额定功率；K_A 为 V 带的工况系数，可根据表 17-3 确定。

表17-3 V带的工况系数表

工作机类型		K_A					
		软启动			负载启动		
载荷情况	工作机械	每天工作时长（h）					
		<10	10~16	>16	<10	10~16	>16
平稳	办公机械，家用电器；轻型实验室设备	1.0	1.0	1.1	1.0	1.1	1.2
变动微小	通风机和鼓风机（≤7.5 kW）；轻型输送机	1.1	1.1	1.2	1.1	1.2	1.3
变动小	带式输送机（不均匀载荷）；通风机（>7.5 kW）；旋转式水泵和压缩机；发电机；金属切削机床；印刷机；旋转筛；锯木机和木工机械	1.1	1.2	1.3	1.1	1.2	1.3
变动较大	制砖机；斗式提升机；往复式水泵和压缩机；起重机；磨粉机；冲剪机床；橡胶机械；振动筛；纺织机械；重载输送机	1.2	1.3	1.4	1.4	1.5	1.6
变动很大	破碎机（旋转式、颚式等）；磨碎机（球磨、棒磨、管磨）	1.3	1.4	1.5	1.5	1.6	1.8

而根据 17.1.2 节所述的设计任务，该减速器工作时载荷平稳，每天工作 8 小时，因此查表 17-3 即可得 $K_A = 1.0$，将其代入 V 带传动的设计功率计算公式，就有：

$$P_d = K_A P = 1.0 \times 2.2 = 2.2 \ (\text{kW})$$

再根据计算出来的 V 带设计功率 P_d，与连接电动机的小带轮转速 n_0（即轴 0 的转速），查阅普通 V 带的选型图，如图 17-3 所示。

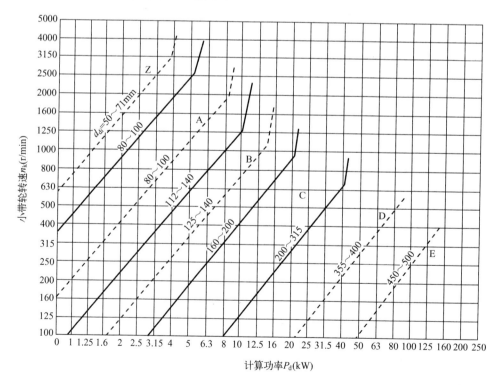

图 17-3 普通 V 带的选型图

以设计功率 $P_d = 2.2\,(\text{kW})$ 为横坐标，小带轮转速 $n_0 = 940\,(\text{r/min})$ 为竖坐标，即可在图中确定一点，该点所在的区域即为 V 带的型号。本例中的点落在区域 A 中，因此应该选取 A 型的普通 V 带。

2. 确定带轮的基准直径

普通 V 带传动的国家标准中规定了带轮的最小基准直径和带轮的基准直径系列，由图 17-3 可得 A 型 V 带推荐小带轮直径 $D_1 = 112 \sim 140\,\text{mm}$。考虑到带速不宜过低，否则带的根数将要增多，对传动不利，因此从标准系列中取值确定小带轮的直径 $D_1 = 125\,\text{mm}$，大带轮的直径由公式 $D_2 = i \cdot D_1(1 - \varepsilon)$ 计算出（其中 $\varepsilon = 0.01 \sim 0.02$，在此取 0.02），按标准系列值圆整，取得 $D_2 = 315\,\text{mm}$。

3. 校核带速

若带速过高，则带的离心力会很大，使带与带轮间的正压力减小，传动能力下降，从而容易产生打滑；若带速过低，则要求有效拉力过大，使带的根数增多。

一般 V 带传动的带速 V 在 $0.5 \sim 25$ m/s，本例中的带速 $v = 1.6$ m/s，处于合理范围之间，所以合适。

4. 确定带的中心距和基准长度

带轮的中心距 a_0 的大小直接关系到传动尺寸和带在单位时间内的绕转次数。若 a_0 过大，则传动尺寸大，但在单位时间内绕转次数减小，可增加带的疲劳寿命，同时使得包角增大，提高传动能力。一般按下式初选中心距 a_0。

$$0.7(D_1 + D_2) < a_0 < 2(D_1 + D_2)$$

初定中心距 $a_0 = 500$ mm，再根据带长的计算公式计算出 V 带的近似长度 L_o，如下所示。

$$L_o = 2a_0 + \frac{\pi}{2}(D_1 + D_2) + \frac{(D_1 - D_2)^2}{4a_0} = 1708.9\ \text{mm}$$

此时可根据带的近似长度，查国家标准（GB/T 11544—1997）取带的基准长度 L_d 为 1800mm，带长的修正系数 $K_L = 1.01$，根据初定的 L_o 及带的基准长度 L_d，按以下公式近似计算出所需的中心距。

$$a \approx a_0 + \frac{L_d + L_0}{2} = 500 + \frac{1800 - 1708.9}{2} = 545.6\,(\text{mm})$$

5. 校核小带轮包角

包角的计算公式如下。

$$a_1 \approx 180° - \frac{(D_2 - D_1) \times 57.3°}{a} = 180° - \frac{(315 - 125)}{545.6} \times 57.3° \approx 160°$$

一般应该使 $a_1 \geqslant 120°$，否则可以加大中心距或增设张紧轮。本例中的包角符合设计要求。

6. 计算 V 带的根数 Z

V 带的根数计算公式如下。

$$Z = \frac{P_d}{(P_0 + \Delta P_0)K_a K_L}$$

其中设计功率 $P_{\mathrm{d}} = 2.2(\mathrm{kW})$，由小带轮基准直径和小带轮转速查表得单根普通 V 带的基本额定功率 $P_0 = 1.37$，额定功率增量 $\Delta P_0 = 0.11$，包角修正系数 $K_a = 0.95$，带长修正系数 $K_L = 1.01$，计算得 $Z = 1.55$ 根，取整则为 2 根，因此，需要 2 根 V 带。

本节结论：V 带型号为 A；小带轮直径 $D_1 = 125\mathrm{mm}$，大带轮直径 $D_2 = 315\mathrm{mm}$；带轮的中心距 $a = 545.6\mathrm{mm}$；V 带根数为 2。

17.5　齿轮传动的设计

齿轮传动是减速器设计的重中之重，因此本节将详细介绍齿轮传动与齿轮设计的相关理论依据。在齿轮设计过程中，无论是材料选择、结构设计还是尺寸确定，都必须遵循这些理论依据和相应的设计准则。

17.5.1　选择齿轮的材料与热处理方式

若转矩不大，可选用碳素结构钢，如 45 钢；若计算出的齿轮直径过大，则可选用合金结构钢，如 40Cr、20CrMnMo；尺寸较大的齿轮可用铸钢，如 ZG35CrMo，但生产批量小时，以铸件为毛坯比较经济，转矩小时，也可以选用铸铁，如 HT200。

轮齿进行表面热处理可提高接触疲劳强度，因而使装置比较紧凑，但表面热处理后轮齿会变形，因此要进行磨齿。表面渗氮处理齿形的变化小，且不用磨齿，但氮化层较薄。

综上所述，可以确定本例中的齿轮材料与相应的热处理方式如下。

➢ 小齿轮（主动轮）：45 钢，调质处理 220～250HBS。
➢ 大齿轮（从动轮）：45 钢，正火处理 160～220HBS。

提示：当大、小齿轮都是软齿面时，考虑到小齿轮的齿根较薄，弯曲强度较低，且受载次数较多，故在选择材料时，一般使小齿轮轮齿齿面硬度比大齿轮高 30～50HBS。

17.5.2　计算许用应力

由于小齿轮为整个齿轮传动中最薄弱的一环，因此只需计算出小齿轮的许用应力，即可分析齿轮传动的受力。小齿轮的材料为 45 钢，因此查阅《机械设计手册——机械工程材料》或者 GB/T 699—1999，可得小齿轮材料的接触疲劳极限 $\sigma_{H\lim} = 620\mathrm{MPa}$，弯曲疲劳极限 $\sigma_{FE} = 450\mathrm{MPa}$，最小安全系数 $S_H = 1.0$，$S_F = 1.25$，计算得小齿轮的接触许用应力 $[\sigma_H]$ 和弯曲许用应力 $[\sigma_F]$ 分别为：

$$[\sigma_H] = \frac{\sigma_{H\lim}}{S_H} = \frac{620}{1.0} = 620(\mathrm{MPa})，[\sigma_F] = \frac{\sigma_{FE}}{S_F} = \frac{450}{1.25} = 360(\mathrm{MPa})$$

17.5.3　确定齿轮的主要参数

查阅《机械设计手册——圆柱齿轮传动》可得，载荷系数 $K = 1.1$，区域系数 $Z_H = 2.5$，弹性系数 $Z_E = 188$，齿宽系数 $\varphi_d = 0.8$，再结合 17.3.2 中第 3 小节计算出来的高速轴转矩

T_1，综合这些数据即可计算出分度圆直接，具体公式如下。

$$d_1 \geqslant \sqrt[3]{\frac{2KT_1}{\varphi_d} \times \frac{u+1}{u}\left(\frac{Z_E Z_H}{[\sigma_H]}\right)^2} = \sqrt[3]{\frac{2 \times 1.1 \times 53.08 \times 10^3}{0.8} \times \frac{4+1}{4} \times \left(\frac{188 \times 2.5}{620}\right)^2} = 47.23\,(\text{mm})$$

1. 齿数 Z

先自行取小齿轮的齿数：$Z_1 = 24$；再计算得大齿轮的齿数：$Z_2 = i_2 \times Z_1 = 4 \times 24 = 96$。

2. 模数 m 和压力角 α

$m = \dfrac{d_1}{Z_1} = \dfrac{47.23}{24} = 1.97\,\text{mm}$，取标准模数 $m = 2$，压力角为 $\alpha = 20°$。

3. 齿顶高 h_a、齿根高 h_f、全齿高 h

$$h_a = h^* m = 1 \times 2 = 2\,(\text{mm})$$
$$h_f = (h^* + c^*)m = (1 + 0.25) \times 2 = 2.5\,(\text{mm})$$
$$h = h_a + h_f = 4.5\,(\text{mm})$$

4. 齿轮宽度 b

齿轮宽度的计算公式为：

$$b = \varphi_d \times d_1 = 0.8 \times 47.23 = 37.78\,(\text{mm})$$

算出的齿轮宽度值应该圆整，作为大齿轮的齿宽 b_2。而小齿轮的齿宽为 $b_1 = b_2 + (5 \sim 10)\,\text{mm}$，以保证轮齿有足够的啮合宽度，所以各齿轮的齿宽为：$b_2 = 40\text{mm}$，$b_1 = 45\text{mm}$。

5. 齿轮的分度圆直径 d、齿顶圆直径 d_a、齿根圆直径 d_f

小齿轮：

➤ 分度圆：$d_1 = mz_1 = 2 \times 24 = 48\text{mm}$。

➤ 齿顶圆：$d_{a1} = d_1 + 2h_a = 48 + 2 \times 2 = 52\text{mm}$。

➤ 齿根圆：$d_{f1} = d_1 - 2h_f = 48 - 2 \times 2.5 = 43\text{mm}$。

大齿轮：

➤ 分度圆：$d_2 = mz_2 = 2 \times 96 = 192\text{mm}$。

➤ 齿顶圆：$d_{a2} = d_2 + 2h_a = 192 + 2 \times 2 = 196\text{mm}$。

➤ 齿根圆：$d_{f2} = d_2 - 2h_f = 192 - 2 \times 2.5 = 187\text{mm}$。

6. 两齿轮的中心距

中心距计算公式如下。

$$a = \frac{m(Z_1 + Z_2)}{2} = \frac{2 \times (24 + 96)}{2} = 120\,(\text{mm})$$

再查阅《齿轮传动精度等级的选择与应用》相关表格，选取齿轮的精度等级为 8 级，通过验算齿根弯曲强度和齿轮的圆周速度，可知以上选择是合适的。

17.5.4 选定齿轮的形式与尺寸

直径小于 $\phi500mm$ 的齿轮多采用腹板式结构，因此本例中的大齿轮便采用腹板式齿轮。腹板式齿轮的具体尺寸参数如表 17-4 所示。

表 17-4 腹板式齿轮结构的各部分尺寸

齿轮结构图	各部分尺寸
	d 按 GB/T 2822—2005 取标准值
	$d_a \leqslant 500$
	$d_0 = (d_a - 2h + d_2)/2$
	$d_2 = 1.6d$ （钢）， $d_2 = 1.8d$ （铸铁）
	$h = (5 \sim 7)m$ （ m 为模数）
	$b = (1.2 \sim 1.5)d$
	$c = (0.2 \sim 0.3)b$
	$d_1 = (d_a - 2h - d_2)/4$
	$r \approx 5mm$
	腹板孔数量按经验标准

将 17.5.3 节中算得的各参数按表 17-4 进行计算，最终得到大齿轮的尺寸如表 17-5 所示。

表 17-5 大齿轮的尺寸表（单位：**mm**）

d	d_a	d_0	d_2	h	c	r	b	d_1
40	196	192	64	4.5	12	5	40	27

本节结论： 截止到本节，已可以绘制出大、小齿轮的零件图。

17.6 大齿轮零件图的绘制

下面将根据 17.5 节中所得的数据，绘制出大齿轮的零件图。

17.6.1 绘制图形

先按常规方法绘制出齿轮的轮廓图形。

1. 绘制左视图

步骤 1 打开素材文件"第 17 章\17.6 绘制大齿轮零件图.dwg"，素材中已经绘制好了一个 1:1.5 大小的 A3 图纸框，如图 17-4 所示。

步骤 2 将【中心线】图层设置为当前图层，执行 XL（【构造线】）命令，在合适的地方绘制水平中心线，如图 17-5 所示。

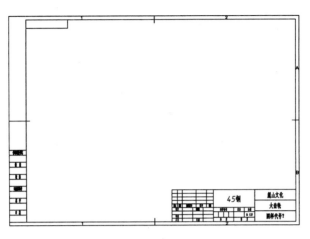

图 17-4　素材图形

步骤 3 重复 XL【构造线】命令，在合适的地方绘制两条垂直中心线，如图 17-6 所示。

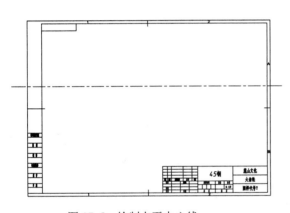

图 17-5　绘制水平中心线　　　　　　　　　　图 17-6　绘制垂直中心线

步骤 4 绘制齿轮轮廓。将【轮廓线】图层设置为当前图层，执行 C（【圆】）命令，以右边的垂直-水平中心线的交点为圆心，按 17.5.4 节中的数据，绘制直径分别为 40、44、64、118、172、192、196 的圆，绘制完成后将 ϕ118 和 ϕ192 的圆图层转换为【中心线】图层，如图 17-7 所示。

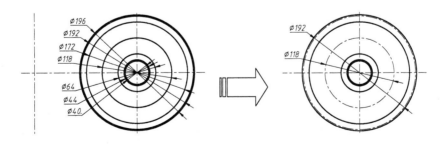

图 17-7　绘制圆

步骤 5 绘制键槽。执行 O（【偏移】）命令，将水平中心线向上偏移 23mm，将该图中的垂直中心线分别向左、向右偏移 6mm，结果如图 17-8 所示。

步骤 6 切换到【轮廓线】图层，执行 L（【直线】）命令，绘制键槽的轮廓，再执行 TR（【修剪】）命令，修剪多余的辅助线，结果如图 17-9 所示。

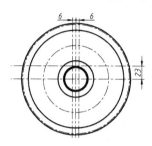

图 17-8　偏移中心线

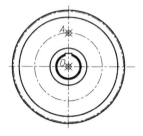

图 17-9　绘制键槽

步骤 7 绘制腹板孔。将【轮廓线】图层设置为当前图层，执行 C（【圆】）命令，以 $\phi 118$ 中心线与垂直中心线的交点（即图 17-9 中的 A 点）为圆心，绘制一个 $\phi 27$ 的圆，如图 17-10 所示。

步骤 8 选中绘制好的 $\phi 27$ 的圆，然后单击【修改】面板中的【环形阵列】按钮，设置阵列总数为 6，填充角度为 360°，选择同心圆的圆心（即图 17-10 中中心线的交点 O 点）为中心点，进行阵列，阵列效果如图 17-11 所示。

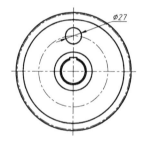

图 17-10　绘制腹板孔

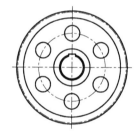

图 17-11　阵列腹板孔

2. 绘制主视图

步骤 9 执行 O（【偏移】）命令，将主视图位置的水平中心线对称偏移 6、20，结果如图 17-12 所示。

步骤 10 切换到【虚线】图层，执行 L（【直线】）命令，按照"长对正，高平齐，宽相等"的原则，由左视图向主视图绘制水平的投影线，如图 17-13 所示。

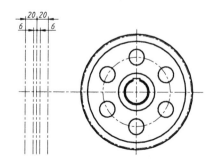

图 17-12　偏移中心线

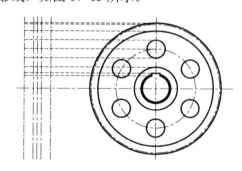

图 17-13　绘制主视图投影线

步骤11 切换到【轮廓线】图层，执行 L（【直线】）命令，绘制主视图的轮廓，再执行 TR（【修剪】）命令，修剪多余的辅助线，结果如图 17-14 所示。

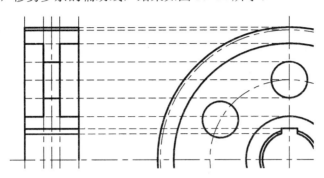

图 17-14　绘制主视图轮廓

步骤12 执行 E（【删除】）、TR（【修剪】）和 S（【延伸】）等命令整理图形，将中心线对应的投影线同样改为中心线，并修剪至合适的长度。分度圆线同样如此操作，结果如图 17-15 所示。

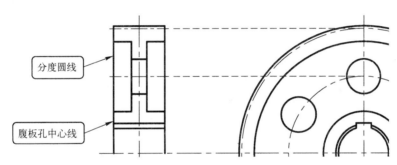

图 17-15　整理图形

步骤13 执行 CHA（【倒角】）命令，对齿轮的齿顶倒角 C1.5，对齿轮的轮毂部位进行倒角 C2；再执行 F（【倒圆角】）命令，对腹板圆处倒圆角 R5，如图 17-16 所示。

步骤14 然后执行 L（【直线】）命令，在倒角处绘制连接线，并删除多余的线条，图形效果如图 17-17 所示。

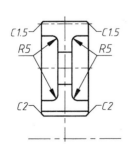

图 17-16　倒角图形

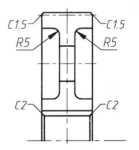

图 17-17　绘制倒角连接线

步骤15 选中绘制好的半边主视图，然后单击【修改】面板中的【镜像】按钮 ⚠ 镜像，以水平中心线为镜像线，镜像图形，结果如图 17-18 所示。

步骤16 将镜像部分的键槽线段全部删除，如图 17-19 所示。由于轮毂的下半部分不含键槽，因此该部分不符合投影规则，需要删除。

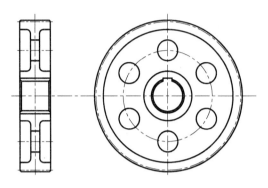

图 17-18　镜像图形

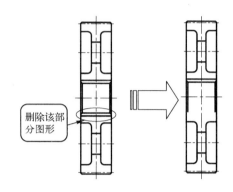

图 17-19　删除多余图形

步骤17 然后切换到【虚线】图层，按照"长对正，高平齐，宽相等"的原则，执行 L（直线）命令，由左视图向主视图绘制水平的投影线，如图 17-20 所示。

步骤18 切换到【轮廓线】图层，执行 L（【直线】）、S（【延伸】）等命令整理下半部分的轮毂部分，如图 17-21 所示。

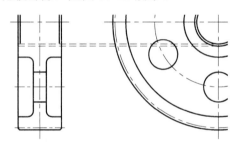

图 17-20　绘制投影线

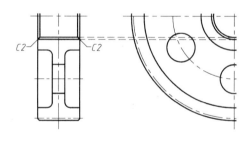

图 17-21　整理下半部分的轮毂

步骤19 在主视图中补画齿根圆的轮廓线，如图 17-22 所示。

步骤20 切换到【剖切线】图层，执行 H（【图案填充】）命令，设置图案为 ANSI31，比例为 1，角度为 0°，填充图案，结果如图 17-23 所示。

步骤21 在左视图中补画腹板孔的中心线，然后调整各中心线的长度，最终的图形效果如图 17-24 所示。

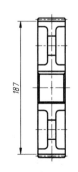

图 17-22　补画齿根圆轮廓线

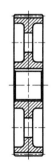

图 17-23　填充剖面线

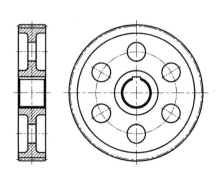

图 17-24　图形效果

17.6.2 标注图形

图形绘制完毕后，就要对其进行标注，包括尺寸、形位公差和粗糙度等，还要填写有关的技术要求。

1. 标注尺寸

步骤 1 将标注样式设置为【ISO-25】，可自行调整标注的【全局比例】，如图 17-25 所示。用以控制标注文字的显示大小。

步骤 2 标注线性尺寸。切换到【标注线】图层，执行 DLI（【线性标注】）命令，在主视图上捕捉最下方的两个倒角端点，标注齿宽的尺寸，如图 17-26 所示。

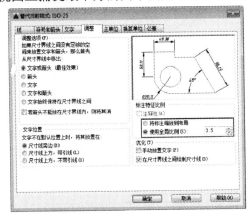

图 17-25　调整全局比例

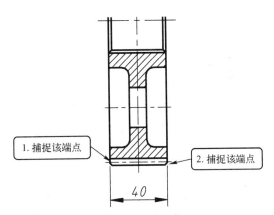

图 17-26　标注线性尺寸

步骤 3 使用相同的方法，对其他的线性尺寸进行标注。主要包括主视图中的齿顶圆、分度圆、齿根圆（可以不标）和腹板圆等尺寸，线性标注后的图形如图 17-27 所示。注意按之前学过的方法添加直径符号（标注文字前方添加"%%C"）。

步骤 4 标注直径尺寸。在【注释】面板中单击【直径】按钮，执行【直径标注】命令，选择左视图上的腹板圆孔进行标注，如图 17-28 所示。

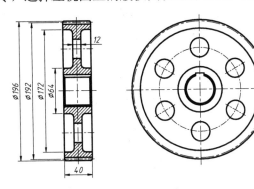

图 17-27　标注其余的线性尺寸

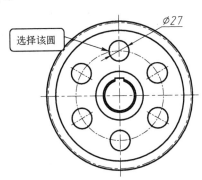

图 17-28　标注直径尺寸

提示： 可以先标注出一个直径尺寸，然后复制该尺寸并粘贴，控制夹点将其移动至需要另外标注的图元夹点上。该方法可以快速创建同类型的线性尺寸。

步骤 5 使用相同的方法，对其他的直径尺寸进行标注。主要包括左视图中的腹板圆及腹板圆的中心圆线，如图 17-29 所示。

步骤 6 标注键槽部分。在左视图中执行 DLI（【线性标注】）命令，标注键槽的宽度与高度，如图 17-30 所示。

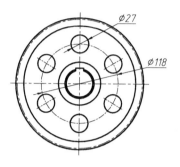

图 17-29　标注其余的直径尺寸

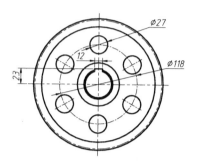

图 17-30　标注左视图键槽尺寸

步骤 7 同样使用 DLI（【线性标注】）命令来标注主视图中的键槽部分。不过由于键槽的存在，主视图的图形并不对称，因此无法捕捉到合适的标注点，这时可以先捕捉主视图上的端点，然后手动在命令行中输入尺寸 40，进行标注，如图 17-31 所示，命令行操作如下。

```
命令: _dimlinear
指定第一个尺寸界线原点或 <选择对象>:        //指定第一个点
指定第二条尺寸界线原点: 40                  //鼠标光标向上移动，引出垂直追踪线，输入数值 40
指定尺寸线位置或                           //放置标注尺寸
[多行文字(M)/文字(T)/角度(A)/水平(H)/垂直(V)/旋转(R)]:
标注文字 = 40
```

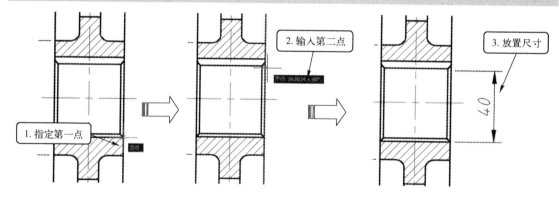

图 17-31　标注主视图键槽尺寸

步骤 8 选中新创建的 φ40 尺寸并右击，在弹出的快捷菜单中选择【特性】命令，在打开的【特性】选项板中，将【尺寸线 2】和【尺寸界线 2】设置为【关】，如图 17-32 所示。

步骤 9 为主视图中的线性尺寸添加直径符号，此时的图形应如图 17-33 所示，确认没有遗漏任何尺寸。

图 17-32　关闭尺寸线与尺寸界线

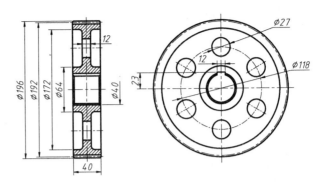

图 17-33　标注主视图键槽尺寸

2. 添加尺寸精度

齿轮上的精度尺寸主要集中在齿顶圆尺寸和键槽孔尺寸上，因此需要对该部分尺寸添加合适的精度。

步骤 10 添加齿顶圆精度。齿顶圆的加工很难保证精度，而对于减速器来说，也不是非常重要的尺寸，因此精度可以适当放宽，但尺寸宜小勿大，以免啮合时受到影响。双击主视图中的齿顶圆尺寸 $\phi196$，打开【文字编辑器】选项卡，然后将鼠标移动至 $\phi196$ 之后，依次输入 " $0\char`\^-0.2$ "，如图 17-34 所示。

图 17-34　输入公差文字

步骤 11 创建尺寸公差。接着按住鼠标左键向后拖动，选中 "$0\char`\^-0.2$" 文字，然后单击【文字编辑器】选项卡的【格式】面板中的【堆叠】按钮 ，即可创建尺寸公差，如图 17-35 所示。

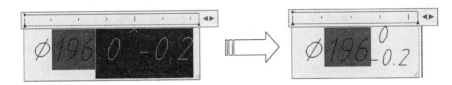

图 17-35　堆叠公差文字

步骤 12 按照相同的方法，对键槽部分添加尺寸精度，添加后的图形如图 17-36 所示。

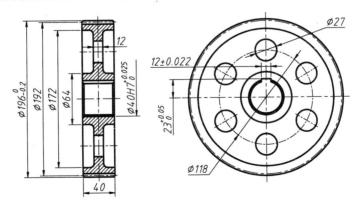

图 17-36　添加其他尺寸精度

3. 标注形位公差

步骤 13 创建基准符号。切换至【细实线】图层，在图形的空白区域绘制一个基准符号，如图 17-37 所示。

步骤 14 放置基准符号。齿轮零件一般以键槽的安装孔为基准，因此选中绘制好的基准符号，然后执行 M（【移动】）命令，将其放置在键槽孔ϕ40 尺寸上，如图 17-38 所示。

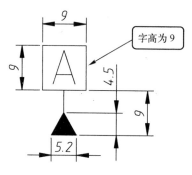

图 17-37　绘制基准符号

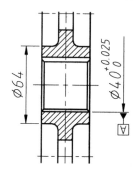

图 17-38　放置基准符号

提示：　基准符号也可以事先制作成块，然后进行调用，只需输入比例即可调整大小。

步骤 15 选择【标注】|【公差】命令，弹出【形位公差】对话框，选择公差类型为【圆跳动】，然后输入公差值 0.022 和公差基准 A，如图 17-39 所示。

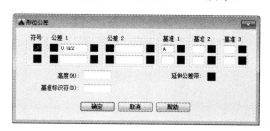

图 17-39　设置公差参数

步骤 16 单击【确定】按钮，在要标注的位置附近单击，放置该形位公差，如图 17-40 所示。

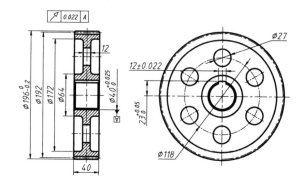

图 17-40　生成的形位公差

步骤17 单击【注释】面板中的【多重引线】按钮，绘制多重引线指向公差位置，如图 17-41 所示。

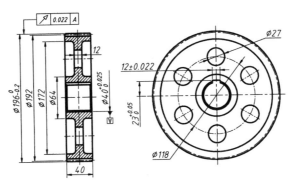

图 17-41 标注齿顶圆的圆跳动

步骤18 按照相同的方法，对键槽部分添加对称度，添加后的图形如图 17-42 所示。

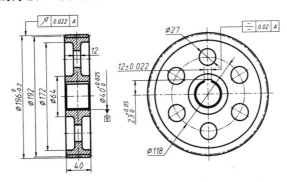

图 17-42 标注键槽的对称度

4. 标注粗糙度

步骤19 切换至【细实线】图层，在图形的空白区域绘制一个粗糙度符号，如图 17-43 所示。

步骤20 单击【默认】选项卡的【块】面板中的【定义属性】按钮，弹出【属性定义】对话框，按照图 17-44 所示进行设置。

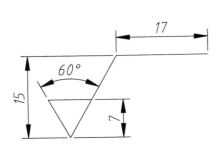

图 17-43 绘制粗糙度符号

图 17-44 【属性定义】对话框

步骤 21 单击【确定】按钮，鼠标光标便变为标记文字的放置形式，在粗糙度符号的合适位置放置即可，如图 17-45 所示。

步骤 22 单击【默认】选项卡的【块】面板中的【创建】 ⬚创建 按钮，弹出【块定义】对话框，选择粗糙度符号的最下方的端点为基点，然后选择整个粗糙度符号（包含步骤 21 中放置的标记文字）作为对象，在【名称】文本框中输入"粗糙度"，如图 17-46 所示。

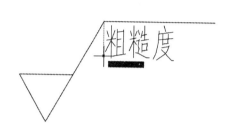

图 17-45 放置标记文字

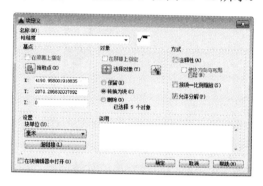

图 17-46 【块定义】对话框

步骤 23 单击【确定】按钮，便会弹出【编辑属性】对话框，在其中便可以灵活输入所需的粗糙度数值，如图 17-47 所示。

步骤 24 单击【确定】按钮，然后单击【默认】选项卡的【块】面板中的【插入】按钮，弹出【插入】对话框，在【名称】下拉列表框中选择【粗糙度】选项，如图 17-48 所示。

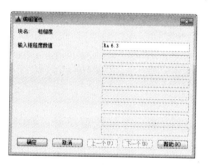

图 17-47 【编辑属性】对话框

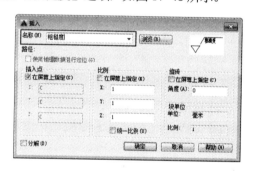

图 17-48 【插入】对话框

步骤 25 单击"确定"按钮，鼠标光标便变为粗糙度符号的放置形式，在图形的合适位置放置即可，如图 17-49 所示。放置之后系统自动弹出"编辑属性"对话框。

步骤 26 在对应的文本框中输入所需的数值"Ra 3.2"，然后单击【确定】按钮，即可标注粗糙度，如图 17-50 所示。

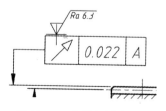

图 17-49 放置粗糙度

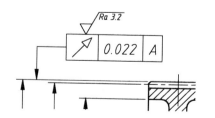

图 17-50 创建成功的粗糙度标注

步骤 C/ 按照相同的方法，对图形的其他部分标注粗糙度，然后将图形调整至 A3 图框的合适位置，如图 17-51 所示。

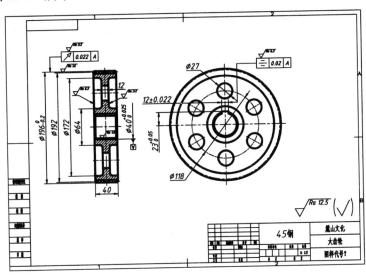

图 17-51 添加其他粗糙度

17.6.3 创建齿轮参数表与技术要求

步骤 1 单击【默认】选项卡中【注释】面板上的【表格】按钮 表格，弹出【插入表格】对话框，按照图 17-52 所示进行设置。

步骤 2 将创建的表格放置在图框的右上角，如图 17-53 所示。

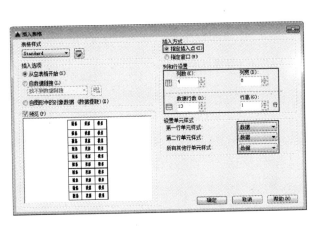

图 17-52 设置表格参数

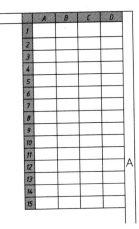

图 17-53 放置表格

步骤 3 编辑表格并输入文字。将表格调整至合适大小，然后双击表格中的单元格，输入文字。最终输入效果如图 17-54 所示。

步骤 4 填写技术要求。单击【默认】选项卡的【注释】面板上的【多行文字】按钮，在图形的左下方空白部分插入多行文字，输入技术要求如图 17-55 所示。

模数	m	2
齿数	Z	96
压力角	α	20°
齿顶高系数	ha*	1
顶隙系数	c*	0.2500
精度等级		8-8-7HK
全齿高	h	4.5000
中心距及其偏差		120±0.027
配对齿轮	齿数	24

公差组	检验项目	代号	公差（极限偏差）
I	齿圈径向跳动公差	Fr	0.063
	公法线长度变动公差	Fw	0.050
II	齿形极限偏差	fpt	±0.016
	齿距公差	ff	0.014
III	齿向公差	FB	0.011

图 17-54　齿轮参数表

技术要求

1. 未注倒角为C2。

2. 未注圆角半径为R3。

3. 正火处理160-220HBS。

图 17-55　填写技术要求

> **步骤 5** 大齿轮零件图绘制完成，最终的图形效果如图 17-56 所示（详见素材文件"第17 章\17.6 大齿轮零件图–OK"）。

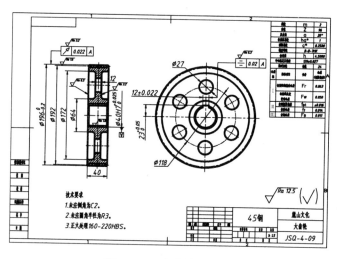

图 17-56　大齿轮零件图

17.7　轴的设计

本节将计算该减速器中的低速轴。

17.7.1　选择轴的材料与热处理方式

轴的材料通常选用碳素钢和合金钢，35、45 和 50 等优质碳素结构钢因具有较高的综合力学性能，应用较广泛，其中以 45 钢应用最为广泛。因此结合成本与采购方便等因素，该减速器的低速轴材料选用 45 钢。

17.7.2　确定轴的各段轴径与长度

在确定各个轴段的尺寸之前，应先拟订轴上零件的装配方案，如各轴段上装配何种零件等。本例中的减速器为单级圆柱直齿齿轮减速器，要求工作平稳，因此可选用普通滚动轴承的装配方案，如图17-57所示。

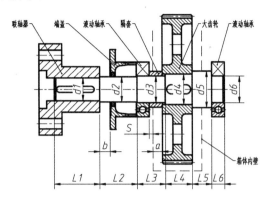

图17-57 低速轴装配方案

由图17-57可知，低速轴可大致分为6段，分别介绍如下。

1. 轴段1

首先利用轴径最小公式估算出轴上的最小直径。

$$d = \sqrt[3]{\frac{9.55 \times 10^6}{0.2[\tau]}} \cdot \sqrt[3]{\frac{p}{n}} \geqslant C\sqrt[3]{\frac{p}{n}}$$

其中，C是由轴的材料和承载情况确定的常数，可由机械设计课程手册查出 C=110，p 和 n 分别为低速轴的输出功率和转速，应用上式求出低速轴的最小轴径 d_1 为：

$$d_1 \geqslant C\sqrt[3]{\frac{p}{n}} = 110 \times \sqrt[3]{\frac{1.987}{95.5}} \approx 29.7 \, (\text{mm})$$

因为轴段1需要安装联轴器，联轴器可选择 HL 型弹性柱销联轴器，型号为 HL3，该型号联轴器的轴孔直径为 ϕ30mm，轴孔长度为 60mm，因此可确定轴段 1 $d_1 = 30$mm，$L_1 = 60$mm。

2. 轴段2

轴段 2 为非定位轴肩，所以有 $d_2 = d_1 + 3$mm；而根据端盖的装卸及便于轴承添加润滑剂的要求，有 $b = (3.5 \sim 4)d$（d 为端盖上安装螺钉的直径），此处取 $b = 30$mm，而端盖的长度取20mm，故有 $L_2 = b + 20 = 50(\text{mm})$。

3. 轴段3

初选滚动轴承，因为 $d_3 > d_2$，所以按此标准选择最接近的滚动轴承型号——GB/T 297—1993，型号为 6207 的深沟球轴承，其尺寸如图 17-58 所示，因此可以确定轴段 3 的 $d_3 = 35$mm。

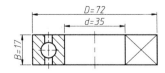

图17-58 型号为6207的深沟球轴承

滚动轴承应距离箱体内边一段距离 S，取 $S=4\text{mm}$，而齿轮距离箱体内边的距离取 $a=12.5\text{mm}$，为了保证隔套能完全顶到齿轮上，因此轴的长度还需要增加 $3\sim4\text{mm}$，所以有 $L_3 = B+S+a+4 = 17+4+12.5+4 = 37.5(\text{mm})$。

4. 轴段 4

安装齿轮处的轴段直径与大齿轮零件图的轮毂处相同，因此 $d_4 = 40\text{mm}$。齿轮左端用隔套顶住进行定位，而右端则依靠轴肩进行定位，大齿轮的宽度为 40mm，因此为了使隔套端面和齿轮的端面紧贴以保障定位可靠，故轴段 4 的长度应略小于齿轮宽度约 $3\sim4\text{mm}$，让齿轮凸出一部分距离，所以有 $L_4 = 40-4 = 36(\text{mm})$。

5. 轴段 5

轴段 5 的轴径要大于左端的轴段 4 及右端的轴段 6。而轴段 6 上的滚动轴承与轴段 3 上的一致，为 6207 的深沟球轴承，因此可知 $d_6 = 35\text{mm}$，轴段 5 即用来定位该轴承，因此可取 $d_5 = 48\text{mm}$。取齿轮距箱体内壁之间的距离 $a=12.5\text{mm}$，滚动轴承距箱体内壁的距离 $S=4\text{mm}$，因此 $L_5 = S+a = 5+12.5 = 17.5(\text{mm})$。

6. 轴段 6

轴段 6 即用来安装 6207 的深沟球轴承，因此 $d_6 = 35\text{mm}$，$L_6 = 17\text{mm}$。

17.8 低速轴零件图的绘制

上一节已经得出了轴上的所有相关数据，可按弯扭组合变形来进行校核强度（过程略）。校核无误后便可以开始低速轴零件图的绘制。

17.8.1 绘制图形

先按常规方法绘制出低速轴的轮廓图形。

步骤 1 打开素材文件"第 17 章\17.8 绘制低速轴零件图.dwg"，素材中已经绘制好了一个 1:1 大小的 A4 图纸框，如图 17-59 所示。

步骤 2 将【中心线】图层设置为当前图层，执行 XL（【构造线】）命令，在合适的地方绘制水平的中心线，以及一条垂直的定位中心线，如图 17-60 所示。

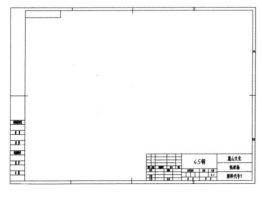

图 17-59 素材图形

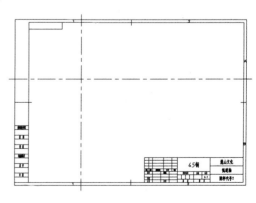

图 17-60 绘制中心线

步骤 3 执行 O（【偏移】）命令，根据 17.7.2 节中计算出来的轴段长度尺寸，对垂直的中心线进行多重偏移，如图 17-61 所示。

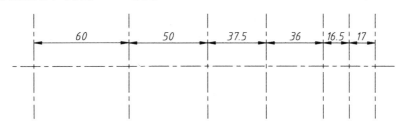

图 17-61　偏移垂直中心线

步骤 4 同样使用 O（【偏移】）命令，按 17.7.2 节中计算出来的轴段径向尺寸，对水平的中心线进行多重偏移，如图 17-62 所示。

图 17-62　偏移水平中心线

步骤 5 切换到【轮廓线】图层，执行 L（【直线】）命令，绘制轴体的半边轮廓，再执行 TR（【修剪】）和 E（【删除】）命令，修剪多余的辅助线，结果如图 17-63 所示。

图 17-63　绘制轴体

步骤 6 单击【修改】面板中的【倒角】按钮，激活 CHA 命令，对轮廓线进行倒角，设置倒角尺寸为 C2，然后使用 L（【直线】）命令，配合捕捉与追踪功能，绘制倒角的连接线，结果如图 17-64 所示。

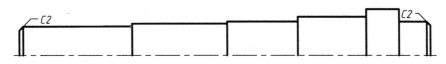

图 17-64　倒角并绘制连接线

步骤 7 执行 MI（【镜像】）命令，对轮廓线进行镜像复制，结果如图 17-65 所示。

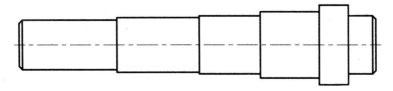

图 17-65　镜像图形

步骤 8 绘制键槽。执行 O（【偏移】）命令，创建如图 17-66 所示的垂直辅助线。

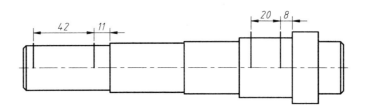

图 17-66 偏移图形

步骤 9 将【轮廓线】图层设置为当前图层，使用 C（【圆】）命令，以刚偏移的垂直辅助线的交点为圆心，绘制直径分别为 12 和 8 的圆，如图 17-67 所示。

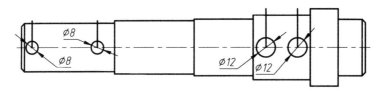

图 17-67 绘制圆

步骤 10 使用 L（【直线】）命令，配合【捕捉切点】功能，绘制键槽轮廓，如图 17-68 所示。

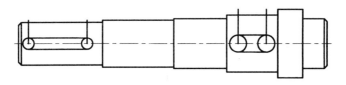

图 17-68 绘制连接直线

步骤 11 使用 TR（【修剪】）命令，对键槽轮廓进行修剪，并删除多余的辅助线，结果如图 17-69 所示。

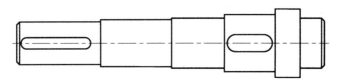

图 17-69 删除多余图形

步骤 12 绘制断面图。将【中心线】图层设置为当前层，执行 XL（【构造线】）命令，绘制如图 17-70 所示的水平和垂直构造线，作为移出断面图的定位辅助线。

步骤 13 将【轮廓线】图层设置为当前图层，使用 C（【圆】）命令，以构造线的交点为圆心，分别绘制直径为 30 和 40 的圆，结果如图 17-71 所示。

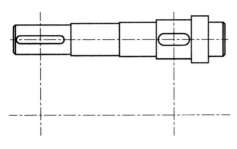
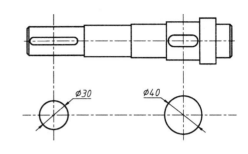

图 17-70 绘制构造线　　　　　　　　图 17-71 绘制移出断面图

步骤 14 单击【修改】面板中的【偏移】按钮 ，对 ϕ30 圆的水平和垂直中心线进行偏移，结果如图 17-72 所示。

图 17-72 偏移中心线得到键槽辅助线

步骤 15 将【轮廓线】图层设置为当前图层，使用 L（【直线】）命令，绘制键深，结果如图 17-73 所示。

步骤 16 综合使用 E（【删除】）和 TR（【修剪】）命令，去掉不需要的构造线和轮廓线，整理 ϕ30 断面图如图 17-74 所示。

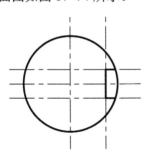
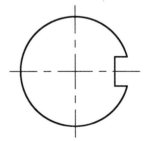

图 17-73 绘制 ϕ30 圆的键槽轮廓　　　　　图 17-74 修剪 ϕ30 圆的键槽

步骤 17 按照相同的方法绘制 ϕ40 圆的键槽图，如图 17-75 所示。

步骤 18 将【剖面线】图层设置为当前图层，单击【绘图】面板中的【图案填充】按钮 ，为此剖面图填充 ANSI31 图案，设置填充比例为 1，角度为 0，填充结果如图 17-76 所示。

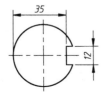

图 17-75 绘制 ϕ40 圆的键槽轮廓　　　　图 17-76 填充剖面图

步骤 19 绘制好的图形如图 17-77 所示。

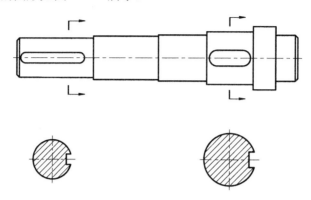

图 17-77　低速轴的轮廓图形

17.8.2 标注图形

图形绘制完毕后，就要对其进行标注，包括尺寸、形位公差和粗糙度等，还要填写有关的技术要求。

1. 标注尺寸

步骤 1 标注轴向尺寸。切换到【标注线】图层，执行 DLI（【线性标注】）命令，标注轴的各段长度，如图 17-78 所示。

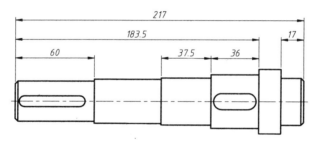

图 17-78　标注轴的轴向尺寸

提示： 标注轴的轴向尺寸时，应根据设计及工艺要求确定尺寸基准，通常为轴孔配合端面基准面及轴端基准面。应使尺寸标注反映加工工艺要求，同时满足装配尺寸链的精度要求，不允许出现封闭的尺寸链。如图 17-78 所示，基准面 1 是齿轮与轴的定位面，为主要基准，轴段长度 36 和 183.5 都以基准面 1 作为基准尺寸；基准面 2 为辅助基准面，最右端的轴段长度 17 为轴承安装要求所确定；基准面 3 同基准面 2，轴段长度 60 为联轴器安装要求所确定；而未特别标明长度的轴段，其加工误差不影响装配精度，因而取为闭环，加工误差可积累至该轴段上，以保证主要尺寸的加工误差。

步骤 2 标注径向尺寸。同样执行 DLI（【线性标注】）命令，标注轴的各段直径长度，尺寸文字前注意添加符号"ϕ"，如图 17-79 所示。

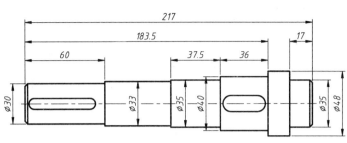

图 17-79 标注轴的径向尺寸

步骤 3 标注键槽尺寸。同样使用 DLI（【线性标注】）命令来标注键槽的移出断面图，如图 17-80 所示。

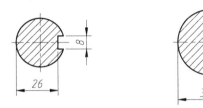

图 17-80 标注键槽的移出断面图

2. 添加尺寸精度

经过前面章节的分析，可知低速轴的精度尺寸主要集中在各径向尺寸上，与其他零部件的配合有关。

步骤 4 添加轴段 1 的精度。轴段 1 上需要安装 HL3 型弹性柱销联轴器，因此尺寸精度可按对应的配合公差选取，此处由于轴径较小，因此可选用 r6 精度，然后查得 ϕ30mm 对应的 r6 偏差为 +0.028/+0.041，即双击 ϕ30mm 标注，然后在文字后输入该公差文字，如图 17-81 所示。

步骤 5 创建尺寸公差。接着按住鼠标左键并向后拖后，选中 "+0.041^+0.028" 文字，然后单击【文字编辑器】选项卡的【格式】面板中的【堆叠】按钮，即可创建尺寸公差，如图 17-82 所示。

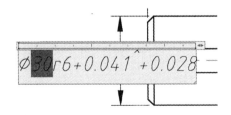

图 17-81 输入轴段 1 的尺寸公差

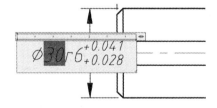

图 17-82 创建轴段 1 的尺寸公差

步骤 6 添加轴段 2 的精度。轴段 2 上需要安装端盖及一些防尘的密封件（如毡圈），总的来说精度要求不高，因此可以不添加精度。

步骤 7 添加轴段 3 的精度。轴段 3 上需要安装 6207 的深沟球轴承，因此该段的径向尺寸公差可按该轴承的推荐安装参数进行取值，即 k6，然后查得 ϕ35mm 对应的 k6 偏差为 +0.018/+0.002，再按照相同的标注方法进行标注即可，如图 17-83 所示。

步骤 8 添加轴段 4 的精度。轴段 4 上需要安装大齿轮，而轴和齿轮的推荐配合为 H7/r6，因此该段的径向尺寸公差即 r6，然后查得 ϕ40mm 对应的 r6 偏差为+0.050/+0.034，再按照相同的标注方法进行标注即可，如图 17-84 所示。

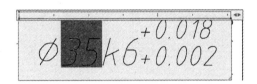

图 17-83 标注轴段 3 的尺寸公差

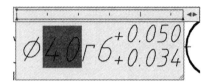

图 17-84 标注轴段 4 的尺寸公差

步骤 9 添加轴段 5 的精度。轴段 5 为闭环，无尺寸，无须添加精度。

步骤 10 添加轴段 6 的精度。轴段 6 的精度同轴段 3，按照轴段 3 的方法进行添加即可，如图 17-85 所示。

步骤 11 添加键槽公差。取轴上的键槽的宽度公差为 h9，长度均向下取值-0.2，如图 17-86 所示。

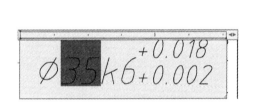

图 17-85 标注轴段 6 的尺寸公差

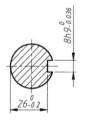 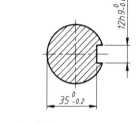

图 17-86 标注键槽的尺寸公差

提示： 由于在装配减速器时，一般是先将键敲入轴上的键槽，然后再将齿轮安装在轴上，因此轴上的键槽需要稍紧密些，所以取负偏差；而齿轮轮毂上的键槽与键之间需要轴向移动的距离，要超过键本身的长度，因此间隙应大一点，易于装配。

步骤 12 标注完尺寸精度的图形如图 17-87 所示。

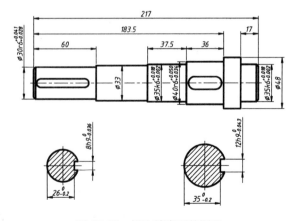

图 17-87 标注精度后的图形

3. 标注形位公差

步骤 13 放置基准符号。基准符号的创建方法在此省略，分别以各重要的轴段为基准，即在轴段 1、轴段 3、轴段 4 和轴段 6 上放置基准符号，如图 17-88 所示。

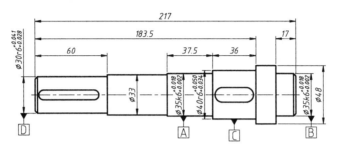

图 17-88　放置基准符号

步骤 14 添加轴上的形位公差。轴上的形位公差主要为轴承段和齿轮段的圆跳动，具体标注如图 17-89 所示。

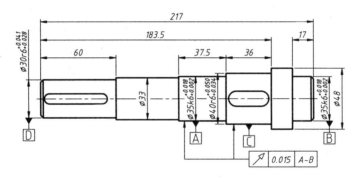

图 17-89　标注轴上的圆跳动公差

步骤 15 添加键槽上的形位公差。键槽上的形位公差主要为相对于轴线的对称度，具体标注如图 17-90 所示。

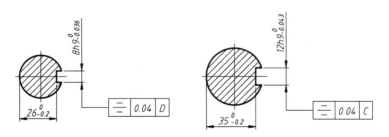

图 17-90　标注键槽上的对称度公差

4. 标注粗糙度

步骤 16 按 17.6.2 第 4 小节中的方法，创建表面粗糙度。

步骤 17 标注轴上的表面粗糙度。轴上需要特定标注的表面粗糙度主要是轴段 1、轴段 3、轴段 4 和轴段 6 等需要配合的部分，具体标注如图 17-91 所示。

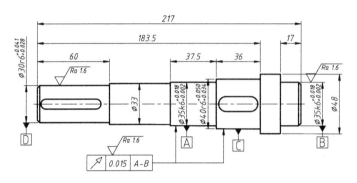

图 17-91 标注轴上的表面粗糙度

步骤 18 标注断面图上的表面粗糙度。键槽部分的表面粗糙度可按相应键的安装要求进行标注，本例中的标注如图 17-92 所示。

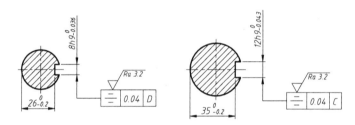

图 17-92 标注断面图上的表面粗糙度

步骤 19 标注其余粗糙度，然后对图形的一些细节进行修缮，再将图形移动至 A4 图框中的合适位置，如图 17-93 所示。

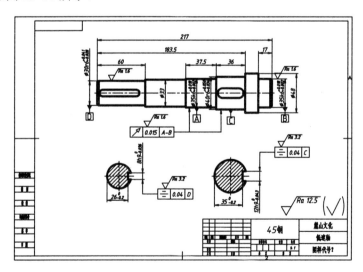

图 17-93 添加标注后的图形

17.8.3 填写技术要求

步骤 1 单击【默认】选项卡的【注释】面板上的【多行文字】按钮，在图形的左下方空白部分插入多行文字，输入技术要求如图 17-94 所示。

技术要求
1.未注倒角为C2。
2.未注圆角半径为R1。
3.调质处理45-50HRC。
4.未注尺寸公差按GB/T 1804-m。
5.未注几何公差按GB/T 1184-1996-K。

图 17-94 填写技术要求

步骤 2 至此，低速轴零件图绘制完成，最终的图形效果如图 17-95 所示（详见素材文件"第 17 章\17.8 低速轴零件图-OK"）。

17.9 上机实训

使用本章所计算出来的结果，绘制如图 17-96 所示的高速齿轮轴图形。

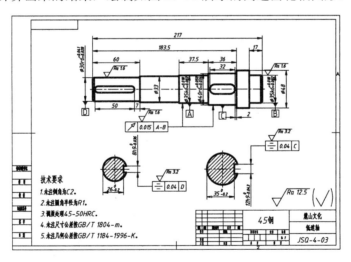

图 17-95 低速轴零件图

该高速轴可看做是轴和小齿轮的结合体，因此可以结合 17.6 和 17.8 两节的绘制方法，综合绘制该齿轮轴。轴上的尺寸可参看 17.5 与 17.7 两节。

具体的绘制步骤提示如下。

步骤 1 绘制水平的中心线。

步骤 2 绘制轴体。

步骤 3 绘制轴上的齿轮部分。

步骤 4 标注图形。

步骤 5 填写技术要求，完成绘制。

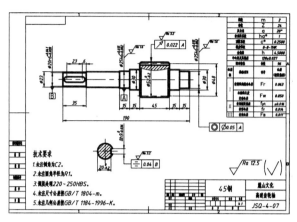

图 17-96　高速齿轮轴图形

17.10　辅助绘图锦囊

1. 常用机械传动与摩擦副的效率概略值

进行机械设计时，通常要考虑传动装置的功率损耗，传动系统总效率为各传动副效率之积，机械传动系统中各传动副的效率如表 17-6 所示。

表 17-6　常用机械传动与摩擦副的效率概略值

种　类		效率 η	种　类		效率 η
圆柱齿轮传动	很好跑合的 6 级和 7 级精度的齿轮传动（油润滑）	0.98～0.99	摩擦传动	平摩擦传动	0.85～0.92
	8 级精度的齿轮传动（油润滑）	0.97		槽摩擦传动	0.88～0.90
	9 级精度的齿轮传动（油润滑）	0.96		卷绳轮	0.95
	加工齿的开式齿轮传动（脂润滑）	0.94～0.96	联轴器	浮动联轴器（十字联轴器等）	0.97～0.99
	铸造齿的开式齿轮传动	0.90～0.93		齿式联轴器	0.99
圆锥齿轮传动	很好跑合的 6 级和 7 级精度的齿轮传动（油润滑）	0.97～0.98		弹性联轴器	0.99～0.995
	8 级精度的齿轮传动（油润滑）	0.94～0.97		万向联轴器(a≤3°)	0.97～0.98
	加工齿的开式齿轮传动（脂润滑）	0.92～0.95		万向联轴器(a≤3°)	0.95～0.97
	铸造齿的开式齿轮传动	0.88～0.92	滑动轴承	润滑不良	0.94（一对）
蜗杆传动	自锁蜗杆	0.40～0.45		润滑正常	0.97（一对）
	单头蜗杆	0.70～0.75		润滑特好（压力润滑）	0.98（一对）
	双头蜗杆	0.75～0.82		液体摩擦	0.99（一对）
	三头和四头蜗杆	0.80～0.92	滚动轴承	球轴承（稀油润滑）	0.96（一对）
	圆弧面蜗杆传动	0.85～0.95		滚子轴承（稀油润滑）	0.95（一对）
带传动	平带无压紧轮的开式传动	0.95	减(变)速器	滑池内油的飞溅和密封摩擦	0.95～0.99
	平带有压紧轮的开式传动	0.94		单级圆柱齿轮减速器	0.97～0.98
	平带交叉传动	0.90		双级圆柱齿轮减速器	0.95～0.96
	V 带传动	0.95～0.96		行星圆柱齿轮减速器	0.95～0.98
链传动	焊接链	0.93		单级圆锥齿轮减速器	0.95～0.96
	片式关节链	0.95		圆锥-圆柱齿轮减速器	0.94～0.95
	滚子链	0.96		无级变速器	0.92～0.95
	齿形链	0.97		摆线针轮减速器	0.90～0.97
复滑轮组	滑动轴承（i=2～6）	0.92～0.98	丝杠传动	滑动丝杠	0.30～0.60
	滚动轴承（i=2～6）	0.95～0.99		滚动丝杠	0.85～0.9

2. 常用传动机构的性能和适用范围

各种传动机构的性能和适用范围如表 17-7 所示。

表 17-7　常用传动机构的性能和适用范围

选用指标 ＼ 传动机构		平带传动	V 带传动	链传动	圆柱齿轮传动
功率（常用值）/kw		小（≤20）	中（≤100）	中（≤100）	大（最大可达 50000）
单级传动比	常用值	2～4	2～4	2～5	3～5
	最大值	5	7	6	8
传动效率		查表 17-6			
许用线速度		≤25	≤25～30	≤40	6 级精度≤18
外形尺寸		大	大	大	小
传动精度		低	低	中等	高
工作平稳性		好	好	较差	一般
自锁性能		无	无	无	无
过载保护作用		有	有	无	无

第 **18** 章

绘制减速器的装配图并拆画零件图

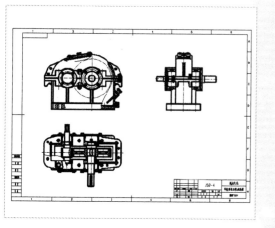

在机械制造业中，经常遇到原动机转速比工作机转速高的情况，因此需要在原动机与工作机之间装设中间传动装置，以降低转速。这种传动装置通常由封闭在箱体内的啮合齿轮组成，并且可以改变扭矩的转速和运转方向，此种传动装置即被称为减速器。

18.1 减速器装配图概述

首先设计轴系部件。通过绘图设计轴的结构尺寸，确定轴承的位置，传动零件、轴和轴承是减速器的主要零件，其他零件的结构和尺寸随这些零件而定。绘制装配图时，要先画主要零件，后画次要零件。由箱内零件画起，逐步向外画。先由中心线绘制大致轮廓线，结构细节可先不画；以一个视图为主，绘制过程中兼顾其他视图。

18.1.1 估算减速器的视图尺寸

可按表 18-1 中的数值估算减速器的视图范围，视图布置可参考图 18-1。

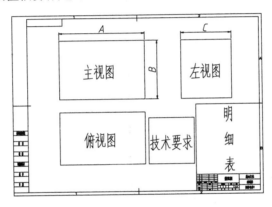

图 18-1　视图布置参考图

表 18-1　视图范围估算表

	A	B	C
一级圆柱齿轮减速器	3a	2a	2a
二级圆柱齿轮减速器	4a	2a	2a
圆锥-圆柱齿轮减速器	4a	2a	2a
一级蜗杆减速器	2a	3a	2a

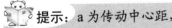提示：a 为传动中心距，对于二级传动来说，a 为低速级的中心距。

18.1.2 确定减速器装配图中心线的位置

在大致估算了所设计的减速器的长、宽、高外形尺寸后，考虑标题栏、明细表、技术要求、技术特性、零件编号和尺寸标注等所占幅面，确定 3 个视图的位置，画出各视图中心传动件的中心线。中心线的位置直接影响到视图布置的合理性，经审定适宜后再往下进行。

中心线的作用是确定减速器三视图的布置位置和主要结构的相对位置，长度不需要很精确，且可以根据需要随时调整其长度，相互之间的间距可以不太精确，可以调节此间距来调节视图之间的距离。总之，中心线就是布图的骨架，视图之间的中心线之间的间距可以大略估计设置，但同一视图内的中心线之间的间距必须准确。

在本书的实例中，基本都在原始的素材中绘制好了中心线，当然读者也可以自己新建空白文件，自己绘制中心线后再进行余下的操作。

18.2 绘制减速器装配图的俯视图

接下来便开始减速器装配图的绘制，顺序按照"由内而外、先主后次"的原则。

18.2.1 绘制装配图的俯视图

1. 绘制传动机构

传动机构作为减速器的关键部分，需要首先绘制。传动机构的组成零件，如大齿轮、低速轴等，在开始绘制时，可以先按尺寸绘制大致简图，待总体图形绘制完毕后，再直接复制粘贴已经画好的零件图进行装配即可。

步骤 1 打开素材文件"第 18 章\18.2 绘制减速器装配图.dwg"，素材中已经绘制好了一个 1:1 大小的 A0 图纸框，如图 18-2 所示。

步骤 2 将【中心线】图层设置为当前图层，执行 L（【直线】）命令，在图纸的主视图位置绘制传动机构的中心线，中心线长度任意，间距如图 18-3 所示。

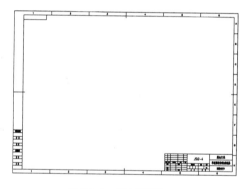

图 18-2 素材图形

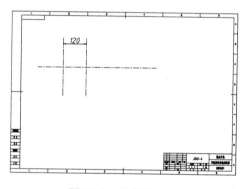

图 18-3 绘制中心线

步骤 3 绘制齿轮轮廓。执行 C（【圆】）命令，分别在中心线的交点处绘制圆，尺寸按照大、小齿轮的分度圆直径 $\phi48$、$\phi192$，如图 18-4 所示。

步骤 4 绘制俯视图中心线。在俯视图位置绘制中心线，长度任意，如图 18-5 所示。

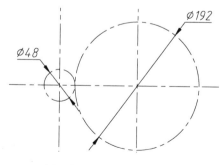

图 18-4 绘制齿轮分度圆

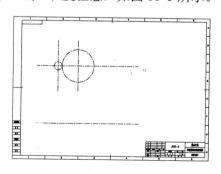

图 18-5 绘制俯视图中心线

步骤 5 绘制传动机构简图。切换到【虚线】图层，执行 L（【直线】）命令，在俯视图中绘制大、小齿轮的示意图，边界按照各自的齿顶圆尺寸，同时根据投影绘制出分度圆线，如图 18-6 所示。

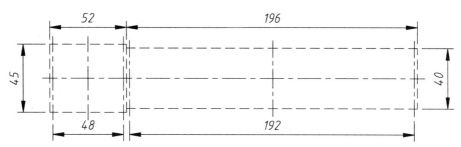

图 18-6　在俯视图中绘制大、小齿轮轮廓

2. 绘制箱体并补全齿轮

箱体是减速器的基本零件，由箱座、箱盖等上、下两部分组成，其主要作用就是为其他所有的功能零件提供支撑和固定作用，同时盛装润滑散热的油液。因此，为了避免齿轮与箱体内壁相配，并方便装配，齿轮与箱体内壁之间应留有一定的距离（一般为 8～10mm）。一般情况下，箱体内壁与小齿轮端面的距离要大于箱座壁厚，而大齿轮齿顶圆与箱体内壁的距离也是同理。

步骤 6 切换到【轮廓线】图层，执行 L（【直线】）命令，在俯视图中绘制箱体的内壁线，效果如图 18-7 所示。

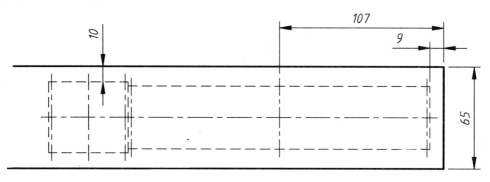

图 18-7　在俯视图中绘制箱体内壁轮廓

提示： 此时应根据大、小齿轮的尺寸，设计箱体内壁宽度为 65（小齿轮宽度 45+2×间距 10=65），内壁右端至大齿轮中心线的距离为 107（大齿轮齿顶圆半径 98+间距 9=107）；而内壁左端至小齿轮中心线的距离，因不仅要考虑小齿轮到箱体内壁的距离，还需考虑后续设计的箱座与箱盖联接的螺栓孔是否会与箱体的轴承安装孔干涉，所以箱体内壁左边可以先不确定长度，事后再进行调整。

步骤 7 绘制箱体外侧轮廓。执行 L（【直线】）命令，在俯视图中绘制箱体的外侧轮廓，如图 18-8 所示。

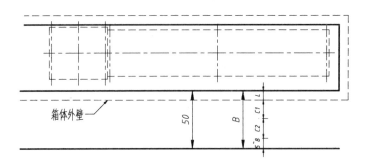

图 18-8 绘制箱体的外侧轮廓

提示： 对于剖分式减速器，箱体轴承座内端面常为箱体内壁，从内壁至最外侧的一段厚度即为轴承安装孔的深度。轴承安装孔的深度 B 取决于箱体壁厚（L）、轴承旁连接螺栓及其所需的扳手空间 C1 和 C2 的尺寸，以及区分加工面与铸造毛坯面所留出的尺寸（5~8mm）。因此，轴承安装孔的深度 $B=L+C1+C2+5~8mm$，其中壁厚 L 按 $L=0.025a+1 \geqslant 8$ 算得，此处为 8mm；C1、C2 由轴承旁连接螺栓确定，本减速器所用连接螺栓为 M12，因此查得扳手空间 C1 和 C2 分别为 18mm 和 16mm，这样就可以算得 $B=8+18+16+8=50mm$，如图 18-8 所示。

步骤 8 导入大齿轮图形。将用虚线绘制的大、小齿轮轮廓删除，然后通过按【Ctrl+C】（复制）和【Ctrl+V】（粘贴）组合键，将第 17 章绘制好的大齿轮图形主视图粘贴进来，并使用 M（【移动】）、RO（【旋转】）等编辑命令，将大齿轮按主视图的分度圆对齐至俯视图中心线上，如图 18-9 所示。

步骤 9 导入低速轴图形。同样使用【Ctrl+C】（复制）和【Ctrl+V】（粘贴）命令，将与大齿轮装配的低速轴粘贴进来，按中心线并靠紧轴肩进行对齐，并使用 TR（【修剪】）和 E（【删除】）命令删除多余图形，如图 18-10 所示。

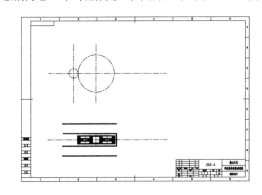

图 18-9 导入大齿轮图形

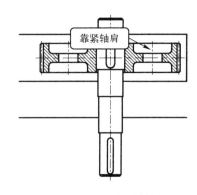

图 18-10 导入低速轴图形

步骤 10 导入小齿轮轴图形。按同样的方法，将小齿轮轴粘贴进来，分度圆与大齿轮分度圆线重合，且按水平中心线对齐，使用 TR（【修剪】）和 E（【删除】）命令删除多余图形，如图 18-11 所示。

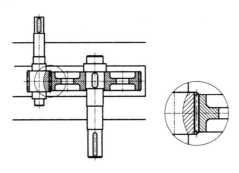

图 18-11　导入小齿轮轴图形

3. 添加轴承与端盖

❑ 添加轴承

在第 17 章中已知轴承的选用为深沟球轴承，其型号为 6205 与 6207，在素材文件"第 18 章\配件\轴承.dwg"中可以找到该轴承图形。

步骤 11 打开素材文件"第 18 章\配件\轴承.dwg"，将 6205 和 6207 的轴承复制粘贴到装配图当中，如图 18-12 所示。

❑ 添加轴承盖

轴承盖用于固定轴承，调整轴承间隙及承受轴向载荷，多用铸铁制造，也有的用碳素钢车削加工制成。凸缘式轴承端盖的尺寸如图 18-13 所示。

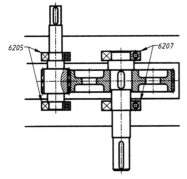
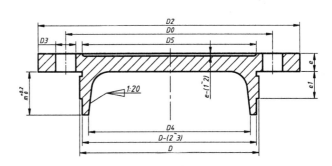

图 18-12　添加轴承　　　　　　图 18-13　凸缘式轴承端盖尺寸结构图

其中，$e = 1.2d_3$，d_3 为螺钉公称直径；$D_0 = D + (2\sim2.5)d_3$，D 为轴承外径；$D_2 = D_0 + (2.5\sim3)D_3$；$D_4 = (0.85\sim0.9)D$；$D_5 = D_0 - (2.5\sim3)D_3$，$m$ 值由具体的结构确定。

本案例中的减速器轴承端盖，可按表 18-2 中数据自行绘制，也可以打开素材文件"第 18 章\配件\端盖.dwg"，直接打开端盖图形并复制粘贴进装配图。

表 18-2　轴承端盖尺寸表（单位：mm）

对应轴承	D	D_0	D_2	D_3	D_4	D_5	m	e	e_1
6205	52	68	90	8	47	56	24	7	10
6207	72	88	105	8	65	70	17	7	10

步骤 12 打开素材文件"第 18 章\配件\端盖.dwg"，将 6205 和 6207 对应的轴承端盖复制粘贴到装配图中，端盖凸缘底边贴紧绘制出来的箱体外侧轮廓，修剪掉多余线段，如图 18-14 所示。

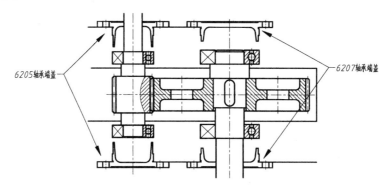

图 18-14　插入轴承端盖

步骤 13 绘制低速轴上的油封毡圈。毡圈为标准件，其形式和尺寸应符合行业标准 JB/ZQ 4606—1997，查得该标准得到对应的毡圈尺寸，然后在装配图中进行绘制，如图 18-15 所示。

步骤 14 按相同的方法，绘制高速轴上的油封毡圈，如图 18-16 所示。

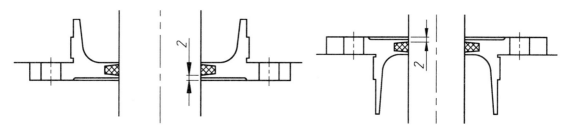

图 18-15　插入低速轴的油封毡圈　　　　图 18-16　插入高速轴的油封毡圈

提示：油封毡圈只需用于轴上开键槽的一端，同样可以打开素材文件"第 18 章\配件\油封毡圈.dwg"获得。

4. 绘制俯视图上的其他部分

步骤 15 补全内壁。将【轮廓线】图层设置为当前图层，将内壁左侧未封闭的部分封闭，尺寸如图 18-17 所示。

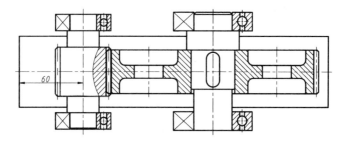

图 18-17　补全内壁

绘制油槽。将【轮廓线】图层设置为当前图层，执行 L（【直线】）命令，在俯视图中绘制油槽，如图 18-18 所示。

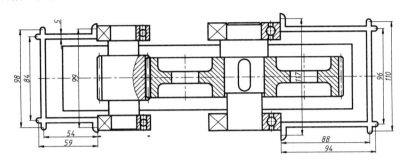

图 18-18 绘制油槽

 绘制隔套。隔套即用来安放在轴承与齿轮之间，用于压紧齿轮的的零件。本例中小齿轮与轴直接设计为一个整体齿轮轴，因此隔套只需用于大齿轮上。执行 L（【直线】）命令，在俯视图中绘制大齿轮的隔套，如图 18-19 所示。

提示：隔套的剖面线一定要与周边零件的剖面线方向相反。

18.2.2 绘制装配图的主视图

本节将利用现有的俯视图，通过投影的方法来绘制主视图的大致图形。

1. 绘制端盖部分

 绘制轴与轴承端盖。切换到【虚线】图层，执行 L（【直线】）命令，从俯视图中向主视图绘制投影线，如图 18-20 所示。

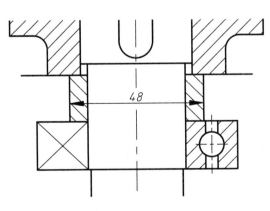

图 18-19 绘制隔套

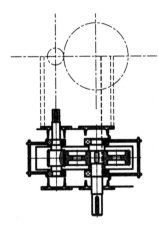

图 18-20 绘制主视图投影线

 切换到【轮廓线】图层，执行 C（【圆】）命令，按照投影关系，在主视图中绘制端盖与轴的轮廓，如图 18-21 所示。

 绘制端盖螺钉。选用的螺钉为 GB/T 5783—2000 的外六角螺钉，查阅相关手册即可得螺钉的外形形状，然后切换到【中心线】图层，绘制出螺钉的布置圆，再切换回【轮

廓线】图层，执行相关命令绘制螺钉即可，如图 18-22 所示。

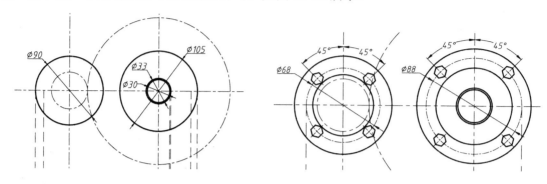

图 18-21　在主视图中绘制端盖与轴　　　　图 18-22　绘制端盖螺钉

2. 绘制凸台部分

步骤 4 确定轴承安装孔两侧的螺栓位置。单击【修改】面板中的【偏移】按钮，执行 O（【偏移】）命令，将主视图中左侧的垂直中心线向左偏移 43mm，向右偏移 60mm；将右侧的中心线向右偏移 53mm，作为凸台连接螺栓的位置，如图 18-23 所示。

步骤 5 绘制箱盖凸台。同样执行 O（【偏移】）命令，将主视图的水平中心线向上偏移 38mm，此即凸台的高度；然后偏移左侧的螺钉中心线，向左偏移 16mm，再将右侧的螺钉中心线向右偏移 16mm，此即凸台的边线；最后切换到【轮廓线】图层，执行 L（【直线】）命令，将其连接即可，如图 18-24 所示。

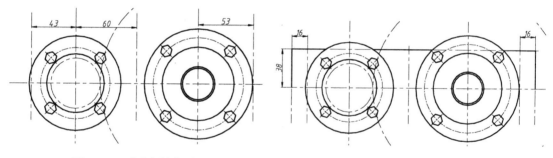

图 18-23　确定螺栓位置　　　　图 18-24　绘制箱盖凸台

> **提示：** 轴承安装孔两侧的螺栓间距不宜过大，也不宜过小，一般取凸缘式轴承盖的外圆直径。距离过大，不设凸台轴承刚度差；距离过小，螺栓孔可能会与轴承端盖的螺栓孔干涉，还可能与油槽干涉，为了保证扳手空间，将会不必要地加大凸台高度。

步骤 6 绘制箱座凸台。按照相同的方法，绘制下方的箱座凸台，如图 18-25 所示。

步骤 7 绘制凸台的连接凸缘。为了保证箱盖与箱座的连接刚度，要在凸台上增加一个凸缘，且凸缘的厚度应较箱体的壁厚略厚，约为 1.5 倍壁厚。因此执行 O（【偏移】）命令，将水平中心线向上、下偏移 12mm，然后绘制该凸缘，如图 18-26 所示。

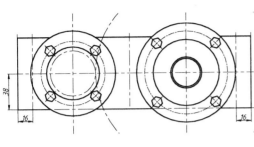

图 18-25　绘制箱座凸台

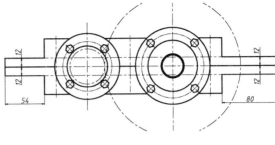

图 18-26　绘制凸台凸缘

步骤 8 绘制连接螺栓。连接螺栓的画法在第 11 章中有所介绍，而为了节省空间，在此只需绘制出其中一个连接螺栓（M10×90）的剖视图，其余用中心线表示即可，如图 18-27所示。

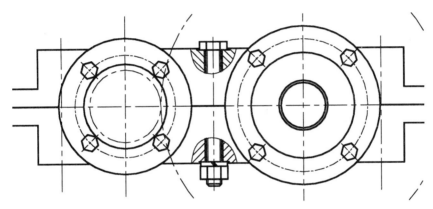

图 18-27　绘制连接螺栓

3. 绘制观察孔与吊环

步骤 9 绘制主视图中的箱盖轮廓。切换到【轮廓线】图层，执行 L（【直线】）、C（【圆】）等绘图命令，绘制主视图中的箱盖轮廓，如图 18-28 所示。

步骤 10 绘制观察孔。执行 L（【直线】）、F（【倒圆角】）等绘图命令，绘制主视图上的观察孔，如图 18-29 所示。

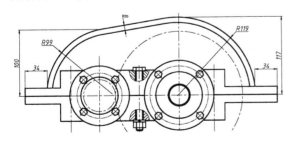

图 18-28　绘制主视图中的箱盖轮廓

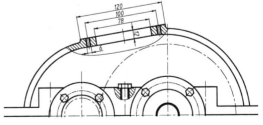

图 18-29　绘制主视图中的观察孔

步骤 11 绘制箱盖吊环。执行 L（【直线】）、C（【圆】）等绘图命令，绘制箱盖上的吊钩，效果如图 18-30 所示。

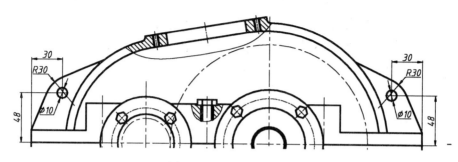

图 18-30　绘制箱盖吊环

4. 绘制箱座部分

步骤 12 绘制箱座轮廓。按计算出来的传动装置高度，确定箱座的总高为 152mm，因此将水平中心线向下偏移 152，得到箱座的底线，然后执行 L（【直线】）命令，补画箱座的其余部分，如图 18-31 所示。

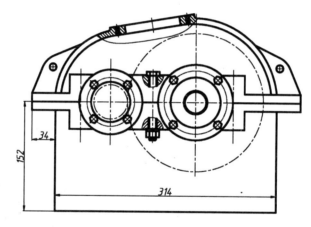

图 18-31　绘制箱座轮廓

步骤 13 绘制油标孔。切换到【轮廓线】图层，执行 L（【直线】）命令，在箱座部分的右侧绘制油标孔，如图 18-32 所示。

步骤 14 绘制放油孔。执行 L（【直线】）和 F（【倒圆角】）命令，绘制放油孔，如图 18-33 所示。

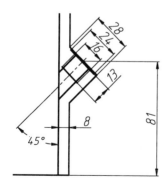

图 18-32　绘制油标孔

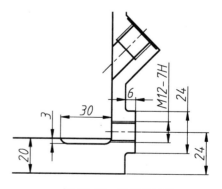

图 18-33　绘制放油孔

提示：在绘制油标孔时，如果箱体吊钩在箱体的中间部位、油标孔的正上方，则要注意保证油标在插入和取下的过程中不与箱体的吊钩出现干涉；而在绘制放油孔时，要使放油孔最下方的图线位置比箱体底部图线低，这样才能保证箱体中所有的油能放尽。

步骤 15 插入油标和油口塞。打开素材文件"第 18 章\配件\油标与油口塞、观察器.dwg"，将油标和油口塞的图形复制粘贴到装配图中，如图 18-34 所示。

步骤 16 绘制箱座右侧的连接螺栓。箱座右侧的连接螺栓为 M8×35，型号为 GB/T 5782—2000 的外六角螺栓，按照之前所介绍的方法进行绘制即可，如图 18-35 所示。

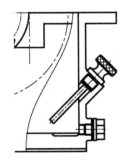

图 18-34 插入油标和油口塞

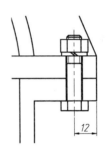

图 18-35 绘制连接螺栓

步骤 17 绘制主视图上的吊钩。执行 L（【直线】）和 C（【圆】）命令，并结合 TR（【修剪】）工具，绘制主视图上的吊钩，如图 18-36 所示。

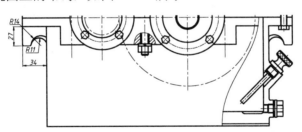

图 18-36 绘制吊钩图形

步骤 18 补全主视图。调用相应命令绘制主视图中的其他图形，如起盖螺钉、圆柱销等，再补上剖面线，最终的主视图图形如图 18-37 所示。

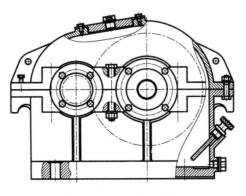

图 18-37 补全主视图

18.2.3 绘制装配图的左视图

主视图绘制完成后，就可以利用投影关系来绘制左视图。

1. 绘制左视图外形轮廓

步骤 1 将【中心线】图层设置为当前图层，执行 L（【直线】）命令，在图纸的左视图位置绘制中心线，中心线长度任意。

步骤 2 切换到【虚线】图层，执行 L（【直线】）命令，从主视图中向左视图绘制投影线，如图 18-38 所示。

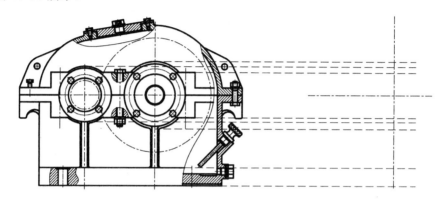

图 18-38 绘制左视图的投影线

步骤 3 执行 O（【偏移】）命令，将左视图的垂直中心线向左、右对称偏移 40.5、60.5、80、82、84.5，如图 18-39 所示。

步骤 4 修剪左视图。切换到【轮廓线】图层，执行 L（【直线】）命令，绘制左视图的轮廓，再执行 TR（【修剪】）命令，修剪多余的辅助线，结果如图 18-40 所示。

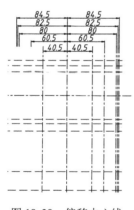

图 18-39 偏移中心线

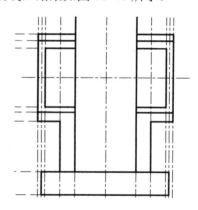

图 18-40 修剪图形

步骤 5 绘制凸台与吊钩。切换到【轮廓线】图层，执行 L（【直线】）、C（【圆】）等绘图命令，绘制左视图中的凸台与吊钩轮廓，然后执行 TR（【修剪】）命令，删除多余的线段，如图 18-41 所示。

步骤 6 绘制定位销和起盖螺钉中心线。执行 O（【偏移】）命令，将左视图的垂直中心线向左、右对称偏移 60mm，作为箱盖与箱座连接螺栓的中心线位置，同样也是箱座地脚螺栓的中心线位置，如图 18-42 所示。

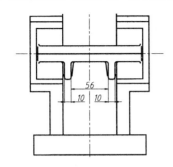

图 18-41 绘制凸台与吊钩

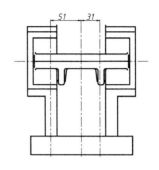

图 18-42 绘制中心线

步骤 7 绘制定位销与起盖螺钉。执行 L（【直线】）、C（【圆】）等绘图命令，在左视图中绘制定位销（6×35，GB/T 117—2000）与起盖螺钉（M6×15，GB/T 5783—2000），如图 18-43 所示。

步骤 8 绘制端盖。执行 L（【直线】）命令，绘制轴承端盖在左视图中的可见部分，如图 18-44 所示。

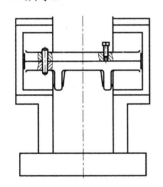

图 18-43 绘制定位销与起盖螺钉

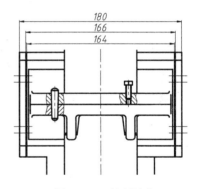

图 18-44 绘制端盖

步骤 9 绘制左视图中的轴。执行 L（【直线】）命令，绘制高速轴与低速轴在左视图中的可见部分，伸出长度参考俯视图，如图 18-45 所示。

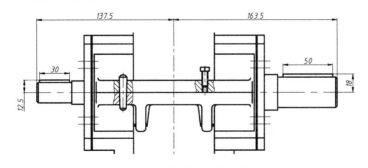

图 18-45 绘制左视图中的轴

步骤 10 补全左视图。按照投影关系，绘制左视图上方的观察孔，以及封顶、螺钉等，最终效果如图 18-46 所示。

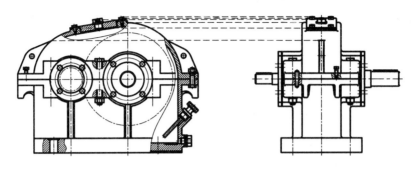

图 18-46　补全左视图

2. 补全俯视图

步骤 11 补全俯视图。主视图和左视图的图形都已经绘制完毕，这时就可以根据投影关系，完整地补全俯视图，最终效果如图 18-47 所示。

步骤 12 至此装配图的三视图全部绘制完成，效果如图 18-48 所示。

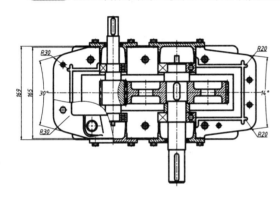

图 18-47　补全俯视图

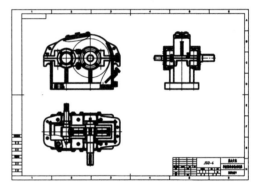

图 18-48　装配图的最终三视图效果

18.3　标注装配图

图形创建完毕后，就要对其进行标注。装配图中的标注包括标明序列号、填写明细表，以及标注一些必要的尺寸，如重要的配合尺寸、总长、总高和总宽等外形尺寸，以及安装尺寸等。

18.3.1　标注尺寸

主要包括外形尺寸、安装尺寸及配合尺寸，分别标注如下。

1. 标注外形尺寸

由于减速器的上、下箱体均为铸造件，因此总的尺寸精度不高，而且减速器对于外形也无过多要求，因此减速器的外形尺寸只需注明大致的总体尺寸即可。

步骤 1 将标注样式设置为【ISO-25】，可自行调整标注的【全局比例】，用以控制标注文字的显示大小。

步骤 2 标注总体尺寸。切换到【标注线】图层，执行 DLI（【线性标注】）等标注命令，按照之前介绍的方法标注减速器的外形尺寸，主要集中在主视图与左视图上，如图 18-49 所示。

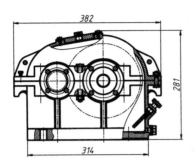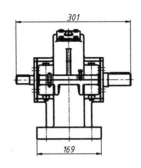

图 18-49 视图布置参考图

2. 标注安装尺寸

安装尺寸即减速器在安装时所能涉及的尺寸，包括减速器上地脚螺栓的尺寸、轴的中心高度，以及吊环的尺寸等。这部分尺寸有一定的精度要求，需要参考装配精度进行标注。

步骤 3 标注主视图上的安装尺寸。主视图上可以标注地脚螺栓的尺寸，执行 DLI（【线性标注】）命令，选择地脚螺栓剖视图处的端点，标注该孔的尺寸，如图 18-50 所示。

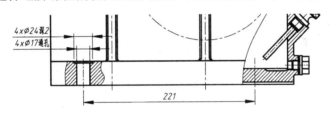

图 18-50 标注主视图上的安装尺寸

步骤 4 标注左视图的安装尺寸。左视图上可以标注轴的中心高度，此即所连接联轴器与带轮的工作高度，标注如图 18-51 所示。

步骤 5 标注俯视图的安装尺寸。俯视图中可以标注高、低速轴的末端尺寸，即与联轴器、带轮等的连接尺寸，标注如图 18-52 所示。

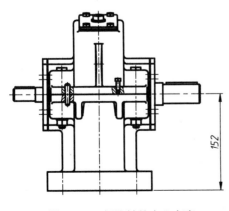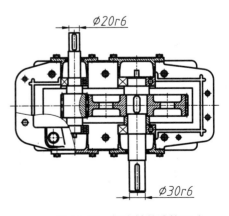

图 18-51 标注轴的中心高度　　　　　　图 18-52 标注轴的连接尺寸

3. 标注配合尺寸

配合尺寸即零件在装配时需要保证的配合精度，对于减速器来说，即是轴与齿轮、轴承，轴承与箱体之间的配合尺寸。

步骤 6 标注轴与齿轮的配合尺寸。执行 DLI（【线性标注】）命令，在俯视图中选择低速轴与大齿轮的配合段，标注尺寸，并输入配合精度，如图 18-53 所示。

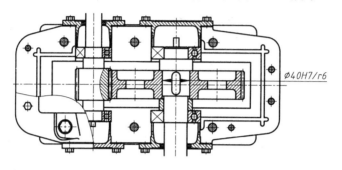

图 18-53　标注轴与齿轮的配合尺寸

步骤 7 标注轴与轴承的配合尺寸。高、低速轴与轴承的配合尺寸均为 H7/k6，标注效果如图 18-54 所示。

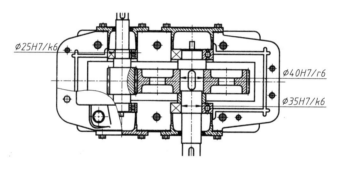

图 18-54　标注轴与轴承的配合尺寸

步骤 8 标注轴承与轴承安装孔的配合尺寸。为了安装方便，轴承一般与轴承安装孔取间隙配合，因此可取配合公差为 H7/f6，标注效果如图 18-55 所示。

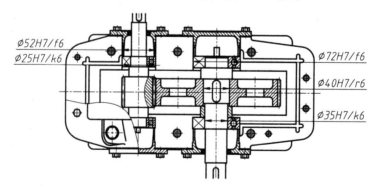

图 18-55　标注轴承与轴承安装孔的配合尺寸

步骤 9 至此，尺寸标注完毕。

18.3.2 添加序列号

装配图中的所有零件都必须编写序号。装配图中一个相同的零件或组件只编写一个序号，同一装配图中相同的零件编写相同的序号，而且一般只注明一次。另外，零件序号还应与事后的明细表中序号一致。

步骤 1 设置引线样式。单击【注释】面板中的【多重引线样式】按钮 🖉，弹出【多重引线样式管理器】对话框，如图18-56所示。

步骤 2 单击【修改】按钮，弹出【修改多重引线样式：Standard】对话框，设置其中的【引线格式】选项卡，如图18-57所示。

图18-56 【多重引线样式管理器】对话框

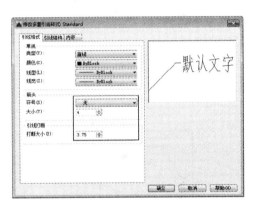

图18-57 设置【引线格式】选项卡

步骤 3 选择【引线结构】选项卡，设置其中的参数，如图18-58所示。

步骤 4 选择【内容】选项卡，设置其中的参数，如图18-59所示。

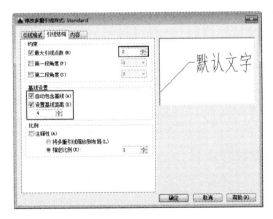

图18-58 设置【引线结构】选项卡

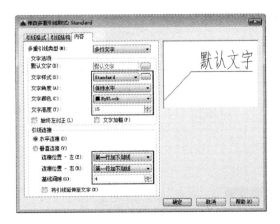

图18-59 设置【内容】选项卡

步骤 5 标注第一个序号。将【细实线】图层设置为当前图层，单击【注释】面板中的

【引线】按钮 ，然后在俯视图的箱座处单击，引出引线，然后输入数字 1，即表明该零件是序号为 1 的零件，如图 18-60 所示。

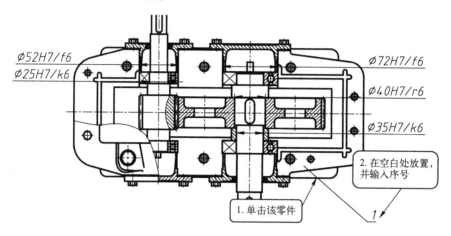

图 18-60　标注第一个序号

步骤 6　按照此方法，对装配图中的所有零部件进行引线标注，最终效果如图 18-61 所示。

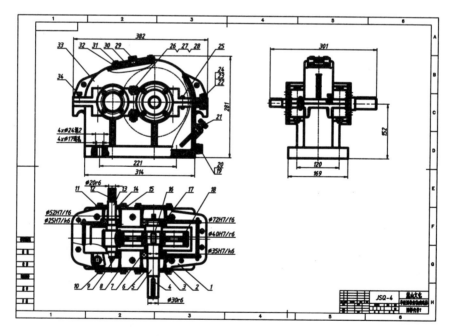

图 18-61　标注其余的序号

18.3.3　绘制并填写明细表

步骤 1　单击【绘图】面板中的【矩形】按钮，按本书第 1 章所介绍的装配图标题栏进行绘制，也可以打开素材文件"第 1 章\装配图标题栏.dwg"直接进行复制，如图 18-62 所示。

序号	代 号	名 称	数量	材 料	单件 总计	备 注
4	-04	缸筒	1	45		
3	-03	连接法兰	2	45		
2	-02	缸头	1	QT400		
1	-01	活塞杆	1	45		
序号	代 号	名 称	数量	材 料	重 量	备 注

图 18-62　复制素材中的标题栏

步骤 2 将该标题栏缩放至适合 A0 图纸的大小，然后按上一节中添加的序列号顺序填写对应明细表中的信息。如序列号 1 对应的零件为【箱座】，因此便在序号 1 的明细表中填写信息，如图 18-63 所示。

1	JSQ-4-01	箱座	1	HT200		

图 18-63　按添加的序列号填写对应的明细表

提示： JSQ-4 即表示为题号 4 所对应的减速器，而后面的-01 则表示该减速器中代号为 01 的零件。代号只是为了方便生产，由设计人员自行拟订的，与装配图上的序列号并无直接关系。

步骤 3 按照相同的方法，填写明细表中的所有信息，如图 18-64 所示。

20		时油圈	1	耐油橡皮	装配自制
19	JSQ-4-10	M12油塞	1	45	
18	JSQ-4-09	大齿轮	1	45	m=2, z=96
17	GB/T 276	深沟球轴承 6207	2	成品	外购
16	GB/T 1096	键 C12x32	1	45	外购
15	JSQ-4-08	轴承端盖(6207外)	1	HT150	
14		时油圈(A)	1	半粗羊毛毡	外购
13	JSQ-4-07	齿轮轴	1	45	m=2, z=24
12	GB/T 1096	键 C8x30	1	45	外购
11	JSQ-4-06	轴承端盖(6205外)	1	HT150	
10	GB/T 5783	螺栓 M6x25	16	8.8级	外购
9	GB/T 276	深沟球轴承 6205	2	成品	外购
8	JSQ-4-05	轴承端盖(6205内)	1	HT150	
7	JSQ-4-04	挡油盘	1	45	
6		时油圈φ45xφ33	1	半粗羊毛毡	外购
5	JSQ-4-03	低速轴	1	45	
4	GB/T 1096	平键 C8x50	1	45	外购
3	JSQ-4-02	轴承端盖(6207内)	1	HT150	
2		调整垫片	2组	08F	装配自制
1	JSQ-4-01	箱座	1	HT200	
序号	代 号	名 称	数量	材 料	重 量 备 注

34	GB/T 5782	起盖螺钉	1	10.9级	外购
33	JSQ-4-14	箱盖	1	HT200	
32		窥视孔盖	1	软钢板	装配自制
31	GB/T 5783	外六角螺栓 M6x10	4	8.8级	外购
30	JSQ-4-13	通气塞	1	45	
29	JSQ-4-12	窥视孔垫片	1	45	
28	GB 93	弹簧垫圈 10	6	65Mn	外购
27	GB/T 6170	六角螺母 M10	6	10级	外购
26	GB/T 5782	外六角螺栓 M10x90	6	8.8级	外购
25	GB/T 117	圆锥销 8x35	2	45	外购
24	GB 93	弹簧垫圈 8	2	65Mn	外购
23	GB/T 6170	六角螺母 M8	2	10级	外购
22	GB/T 5782	外六角螺栓 M8x35	2	8.8级	外购
21	JSQ-4-11	油标	1	组合件	
序号	代 号	名 称	数量	材 料			

JSQ-4	麓山文化
	单级圆柱齿轮减速器
	课程设计-4

图 18-64　填写明细表

提示：在对照序列号填写明细表时，可以选择【视图】选项卡，然后在【视口配置】下
拉列表框中选择【两个：水平】选项，模型视图便从屏幕中间一分为二，且两个
视图都可以独立运作。这时将一个视图移动至模型的序列号上，将另一个视图移
动至明细表处进行填写，如图 18-65 所示，这种填写方式就显得十分便捷了。

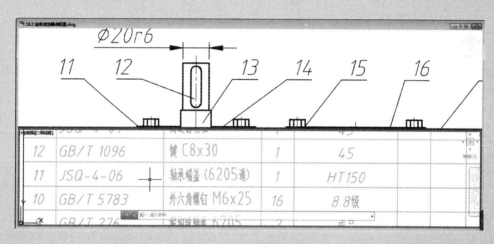

图 18-65　多视图对照填写明细表

18.3.4　添加技术要求

减速器的装配图中，除了常规的技术要求外，还要有技术特性，即写明减速器的主要参
数，如输入功率、传动比等，类似于齿轮零件图中的技术参数表。

步骤 1 填写技术特性。绘制一个简易表格，然后在其中输入文字，如图 18-66 所示，
尺寸大小任意。

步骤 2 单击【默认】选项卡的【注释】面板上的【多行文字】按钮，在图标题栏上方
的空白部分插入多行文字，输入技术要求，如图 18-67 所示。

技术要求

1.装配前，滚动轴承用汽油清洗，其他零件用煤油清洗，箱体内不允许有任何杂物存在，
箱体内壁涂耐磨油漆；

2.齿轮副的测隙用铅丝检验，测隙值应不小于0.14mm；

3.滚动轴承的轴向调整间隙均为0.05~0.1mm；

4.齿轮装配后，用涂色法检验齿面接触斑点，沿齿高不小于45%，沿齿长不小于60%；

5.减速器剖面分面涂密封胶或水玻璃，不允许使用任何填料；

6.减速器内装L-AN15(GB443-89)，油量应达到规定高度；

7.减速器外表面涂绿色油漆。

技术特性

输入功率 kw	输入轴转速 r/min	传动比
2.09	376	4

图 18-66　输入技术特性

图 18-67　输入技术要求

步骤 3 至此，减速器的装配图绘制完成，最终的效果如图 18-68 所示（详见素材文件
"第 18 章\18.2 减速器装配图-OK"）。

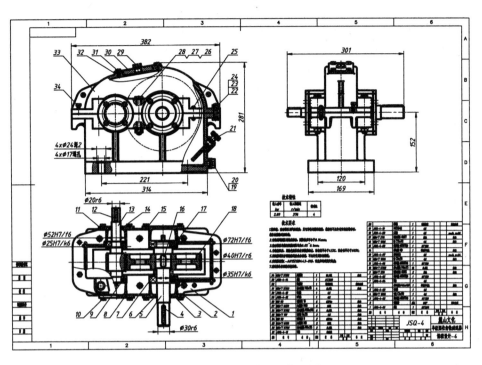

图 18-68　减速器装配图

18.4　上机实训

　　根据本章所学的知识，读者可以自行绘制出装配图所用的 A0 图纸框，如图 18-69 所示，尺寸按 A0 标准。

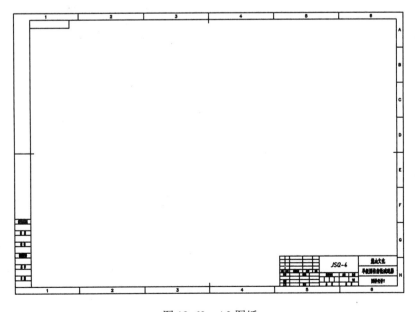

图 18-69　A0 图纸

绘制步骤简单介绍如下。

步骤 1 绘制 1189×841mm 的矩形。

步骤 2 绘制内框。

步骤 3 绘制标题栏，并填写对应信息。

18.5 辅助绘图锦囊

在生产、维修、使用和管理机械设备和技术交流等过程中，经常需要阅读装配图；在设计过程中，也经常要参阅一些装配图，并根据装配图拆画零件图。因此，作为机械行业从业人员，掌握阅读装配图和拆画零件图的方法是十分必要的。

拿到一份装配图之后，一般按照以下步骤阅读装配图。

步骤 1 概括了解：从标题栏中了解部件名称，按照图上的序号对照明细表，了解组成该装配体各零件的名称、材料和数量。

步骤 2 分析视图：通过阅读零件装配图的表达方案，分析所选用的视图、剖视图、剖面图及其他表达方法所侧重表达的内容，了解装配关系。

步骤 3 看懂零件：在看清各视图表达的内容后，对照明细栏和图中的序号，按照先简单后复杂的顺序，逐一了解各零件的结构形状。

第 **19** 章

由装配图拆画箱体零件图

本章要点

- 拆画零件图概述
- 由减速器装配图拆画箱座零件图
- 由减速器装配图拆画箱盖零件图
- 上机实训
- 辅助绘图锦囊

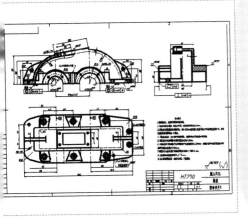

在工程设计实践中，往往是先根据功能需要设计出方案简图，然后根据功率、负载和扭矩等工况条件细化成装配图，最后由装配图拆画零件图。

19.1 拆画零件图概述

在设计部件时，需要根据装配图拆画零件图，简称拆图。拆图时应该对所拆零件的作用进行分析，然后从装配图中分离出该零件的轮廓（即把零件从装配图中与其组装的其他零件中分离出来）。具体方法是在各视图的投影轮廓中划出该零件的范围，结合分析，补齐所缺的轮廓线。有时还需要根据零件图的视图表达方法重新安排视图。选定和画出视图以后，应按零件图的要求，标注公差尺寸与技术要求。

此处介绍几点在拆画零件图时需要注意的问题。

1. 对拆画零件图的要求

➤ 画图前，必须认真审读装配图，全面深入地了解设计意图，弄清楚工作原理、装配关系、技术要求和每个零件的结构形状。

➤ 画图时，不但要从设计方面考虑零件的作用和要求，而且还要从工艺方面考虑零件的制造和装配，应使所画的零件图符合设计与工艺要求。如果发现需要改进的地方，应及时改正，并修改装配图。

2. 拆画零件图时需要处理的问题

❑ 零件分类

按照对零件的要求，可将零件分成以下 4 类。

➤ 标准件：如螺钉、螺母等，标准件大多属于外购件，因此不需单独画出零件图，只需在装配图上有所表示，并在明细表中按规定的标记代号列出即可。

➤ 借用件：比如多个不同型号的减速器，可能使用同一规格的油口塞，即该油口塞设计加工好后，可用于多种减速器上。因此借用件便是借用定型产品上的零件，对于这类零件，可利用现有的图样，而不必另行画图。

➤ 特殊零件：特殊零件是设计时所确定下来的重要零件，在设计说明书中都附有这类零件的图样或重要数据，如汽轮机的叶片、喷嘴，以及本减速器中的齿轮与轴。这些零件的图纸由计算出的数据绘制，不由装配图拆画。

➤ 一般零件：这类零件基本上是按照装配图所体现的形状、大小和有关的技术要求来画图，是拆画零件图的主要对象。

❑ 对表达方案的处理

拆画零件图时，零件的表达方案是根据零件的结构形状特点考虑的，不强求与装配图一致。在多数情况下，壳体和箱座类零件主视图所选的位置可以与装配图一致。这样做的好处是装配机器时便于对照，如减速器箱座。而对于轴套类零件，一般按加工位置选取主视图。

❑ 对零件结构形状的处理

在装配图中，对于零件上的某些局部结构，往往未完全给出，对零件上某些标准结构（如倒角、倒圆和退刀槽等）也未完全表达。拆画零件图时，应结合考虑设计和工艺的要求补画这些结构，如果是零件上的某部分需要与某零件装配时一起加工，则应在零件图上注明配做。

❑ 对零件图上尺寸的处理

装配图上的尺寸不是很多，各零件结构形状的大小已经过设计人员的考虑，虽未标明尺寸数值，但基本上是合适的。因此，根据装配图拆画零件图，可以从图样上按比例直接量取尺寸。尺寸大小必须根据不同的情况分别处理。

➤ 装配图上已注明的尺寸，在有关的零件图上直接注明。对于配合尺寸，某些相对位置尺寸要标出偏差数值。

➤ 与标准件相连接或配合的有关尺寸，如螺纹的有关尺寸、销孔直径等，要从相应标准中查取。

➤ 某些零件在明细表中给出了尺寸，如弹簧尺寸、垫片厚度等，要按给定的尺寸注写。

➤ 根据装配图所给出的数据应进行计算的尺寸，如齿轮分度圆、齿顶圆直径尺寸等，要经过计算后注写。

➤ 相邻零件的接触面有关尺寸及连接件的有关定位尺寸要协调一致。

➤ 有关标准规定的尺寸，如倒角、沉孔和螺纹退刀槽等，要从机械设计手册中查取。

➤ 其他尺寸均从装配图中直接量取，但要注意尺寸数字的圆整和取标准化数值。

❑ 零件表面粗糙度的确定

零件上各表面的粗糙度是根据其作用和要求确定的。接触面与配合面的粗糙度数值一般应较小，自由表面的粗糙度数值一般较大，但是有密封、耐蚀或美观要求的表面粗糙度数值应较小。

19.2 由减速器装配图拆画箱座零件图

箱座是减速器的基本零件，其主要作用就是为其他所有的功能零件提供支撑和固定作用，同时盛装润滑散热的油液。在所有的零件中，其结构最复杂，绘制也最困难。下面将介绍由装配图拆画箱座零件图的方法。

19.2.1 由装配图的主视图拆画箱座零件的主视图

1. 从装配图中分离出箱座的主视图轮廓

步骤 1 打开素材文件"第 19 章\19.2 拆画箱座零件图.dwg"，素材中已经绘制好了一个 1:1 大小的 A1 图框，如图 19-1 所示。

步骤 2 使用【Ctrl+C】（复制）和【Ctrl+V】（粘贴）命令从装配图的主视图中分离出箱座的主视图轮廓，然后放置在图框的主视图位置上，如图 19-2 所示。

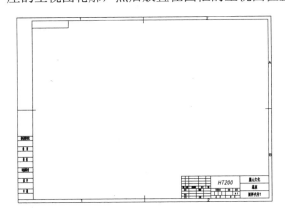

图 19-1　素材图形

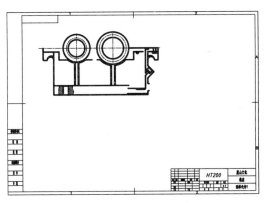

图 19-2　从装配图中分离出来的箱座主视图

2. 补画轴承旁的螺栓通孔

步骤 3 将【轮廓线】图层设置为当前图层，执行 L（【直线】）命令，连接所缺的线段，并且绘制完整的螺栓孔，如图 19-3 所示。

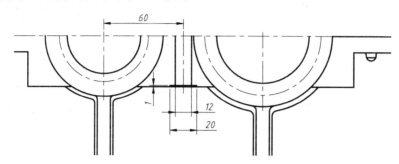

图 19-3　绘制轴承旁螺栓通孔

步骤 4 然后单击【绘图】面板中的【样条曲线】按钮 ，在螺栓通孔旁边绘制剖切边线，并按该边线进行修剪，最后执行 H（【图案填充】）命令，设置填充图案为 ANSI31，比例为 1，角度为 90°，填充图案，结果如图 19-4 所示。

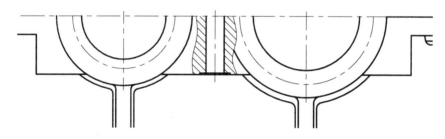

图 19-4　填充剖面线

3. 补画油标尺安装孔及放油孔

步骤 5 执行 L（【直线】）和 TR（【修剪】）命令，修缮油标尺安装孔，注意螺纹的画法，如图 19-5 所示。

步骤 6 执行 L（【直线】）和 TR（【修剪】）命令，修缮放油孔，注意螺纹的画法，如图 19-6 所示。

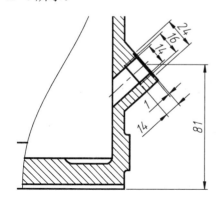

图 19-5　绘制油标尺安装孔

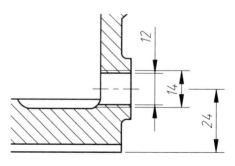

图 19-6　绘制放油孔

4. 补画其他图形

步骤 1 执行 L（【直线】）和 TR（【修剪】）命令，补画主视图轮廓线，形成完整的箱体顶面，补画销孔，以及与轴承端盖上的连接螺钉配合的螺纹孔，最终主视图效果如图 19-7 所示。

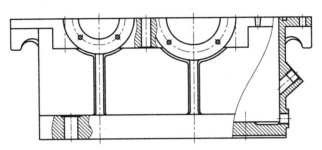

图 19-7　补全主视图

19.2.2 由装配图的俯视图拆画箱座零件的俯视图

1. 从装配图中分离出箱座的俯视图轮廓

步骤 1 使用【Ctrl+C】（复制）和【Ctrl+V】（粘贴）命令从装配图的俯视图中分离出箱座的俯视图轮廓，然后放置在图框的俯视图位置上，如图 19-8 所示。

2. 补画俯视图轮廓线线

步骤 2 由于装配图中的俯视图为剖视图形，因此遗漏的内容较多，需要多次使用 L（【直线】）命令进行修补。补全箱体顶面轮廓线、箱体底面轮廓线及中间膛轮廓线，如图 19-9 所示。

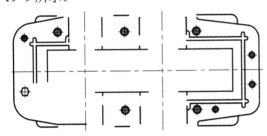

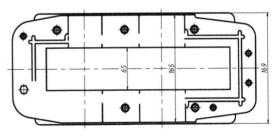

图 19-8　从装配图中分离出来的箱座俯视图　　　图 19-9　补画轮廓线

3. 补画轴承安装孔

步骤 3 轴承安装孔是箱座零件的重要部分，因此需要重点绘制。由前面的章节可知，选用的轴承为深沟球轴承 6205 和 6207，因此对应的安装孔为 $\phi52mm$ 与 $\phi72mm$，按此数据，使用 E（【删除】）和 S（【延伸】）命令对俯视图上的安装孔进行修改，并删除多余的线条，最终效果如图 19-10 所示。

4. 补画油槽、螺栓孔与销孔

步骤 4 执行 E（【删除】）命令，删除图 19-10 左下角多余的螺钉图形，以及其他的多余线段，然后单击【绘图】面板中的【圆】按钮，绘制俯视图下方的螺栓孔，删除多余的剖面线，最后补全俯视图左侧的油槽，最终图形如图 19-11 所示。

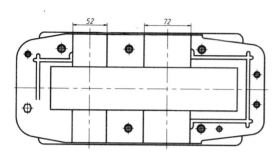

图 19-10　补画轴承安装孔　　　　　　图 19-11　箱座俯视图

19.2.3　由装配图的左视图拆画箱座零件的左视图

1. 从装配图中分离出箱座的左视图轮廓

步骤 1　使用【Ctrl+C】（复制）和【Ctrl+V】（粘贴）命令从装配图的左视图中分离出箱座的左视图轮廓，然后放置在图框的左视图位置上，如图 19-12 所示。

步骤 2　修剪箱座左视图轮廓。

步骤 3　切换到【轮廓线】图层，执行 L（直线）命令，修补左视图的轮廓，再执行 TR（修剪）命令，修剪多余图形，结果如图 19-13 所示。

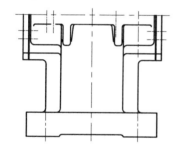

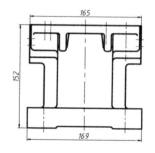

图 19-12　从装配图中分离出来的箱座左视图　　　　图 19-13　补画并修剪图形

2. 绘制剖面图

步骤 4　将图 19-14 中的竖直中心线的右面部分进行剖切，并删除多余的部分，然后执行 L（直线）命令，绘制右半部分剖切后的轮廓线，如图 19-14 所示。

步骤 5　执行 H（图案填充）命令，设置填充图案为 ANSI31，比例为 1，角度为 90°，填充图案，结果如图 19-15 所示。

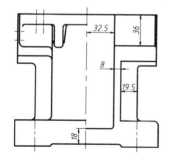

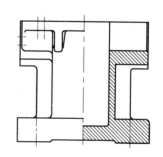

图 19-14　绘制剖切轮廓　　　　　　图 19-15　填充图案

步骤 6 将创建好的箱座三视图放置在图框合适的位置处，注意按照"长对正，高平齐，宽相等"的原则对齐，如图 19-16 所示。

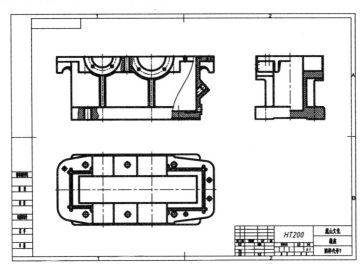

图 19-16 箱座零件的三视图

19.2.4 标注箱座零件图

图形创建完毕后，就要对其进行标注，包括尺寸、形位公差和粗糙度等，还要填写有关的技术要求。

1. 标注尺寸

步骤 1 将标注样式设置为【ISO-25】，可自行调整标注的【全局比例】，用以控制标注文字的显示大小。

步骤 2 标注主视图尺寸。切换到【标注线】图层，执行 DLI【线性标注】、DDI【直径标注】等标注命令，按照之前介绍的方法标注主视图图形，最如图 19-17 所示。

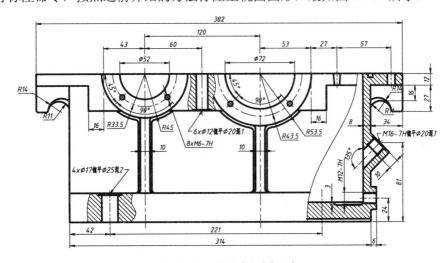

图 19-17 标注主视图尺寸

步骤 3 标注主视图的精度尺寸。主视图中仅轴承安装孔孔径（52、72）、中心距（120）等 3 处重要尺寸需要添加精度，而轴承的安装孔公差为 H7，中心距可以取双向公差，对这些尺寸添加精度，如图 19-18 所示。

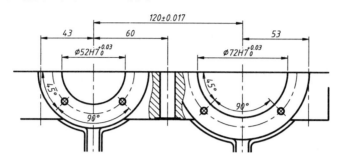

图 19-18　标注主视图的精度尺寸

步骤 4 标注俯视图尺寸。俯视图的标注相对于主视图来说比较简单，没有很多重要尺寸，主要需标注一些在主视图上不好表示的轴和孔的中心距尺寸，最后的标注效果如图 19-19 所示。

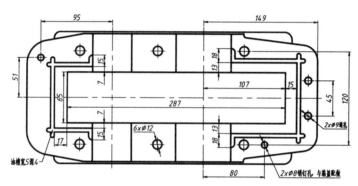

图 19-19　标注俯视图尺寸

步骤 5 标注左视图尺寸。左视图主要需标注箱座零件的高度尺寸，比如零件总高、底座高度等，具体标注如图 19-20 所示。

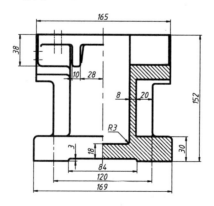

图 19-20　标注左视图尺寸

2. 标注形位公差与粗糙度

步骤 6 标注俯视图形位公差与粗糙度。由于主视图上的尺寸较多，因此此处选择俯视图作为放置基准符号的视图，具体标注效果如图 19-21 所示。

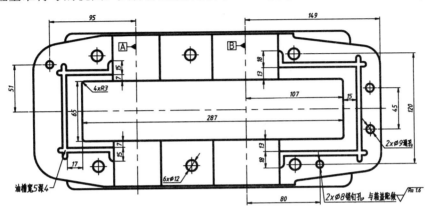

图 19-21 为俯视图添加形位公差与粗糙度

步骤 7 标注主视图形位公差与粗糙度。按照相同的方法，标注箱座零件主视图上的形位公差与粗糙度，最终效果如图 19-22 所示。

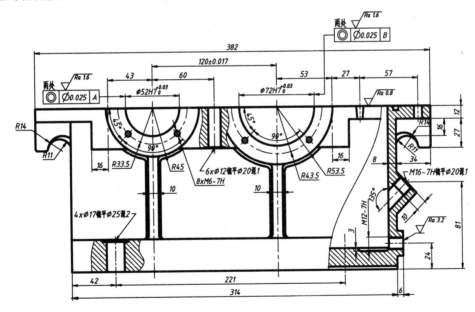

图 19-22 标注主视图的形位公差与粗糙度

步骤 8 标注左视图形位公差与粗糙度。按照相同的方法，标注箱座零件左视图上的形位公差与粗糙度，最终效果如图 19-23 所示。

3. 添加技术要求

步骤 9 单击【默认】选项卡的【注释】面板上的【多行文字】按钮，在图标题栏上方的空白部分插入多行文字，输入技术要求如图 19-24 所示。

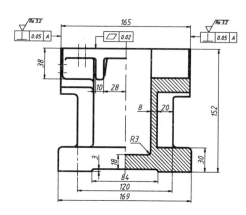

图 19-23　标注左视图的形位公差与粗糙度

技术要求

1. 箱座铸成后，应清理并进行实效处理。
2. 箱盖和箱座合箱后，边缘应平齐，相互错位不大于2mm。
3. 应检查与箱盖接合面的密封性，用0.05mm塞尺塞入深度不得大于接合面宽度的1/3。用涂色法检查接触面积达一个班点。
4. 与箱盖联接后，打上定位销进行镗孔，镗孔时结合面处禁放任何村垫。
5. 箱盖与箱座对剖分面的位置度公差为0.3mm。
6. 两轴承孔中心线在水平面内的轴线平行度公差为0.020mm,两轴承孔中心线在垂直面内的轴线平行度公差为0.010mm。
7. 机械加工未注公差尺寸的公差等级为GB/T1804-m。
8. 未注明的铸造圆角半径R=3~5mm。
9. 加工后应清除污垢，内表面涂漆，不得漏油。

图 19-24　输入技术要求

步骤 10 至此，箱座零件图绘制完成，最终的图形效果如图 19-25 所示（详见素材文件"第 19 章\19.2 箱座零件图-OK"）。

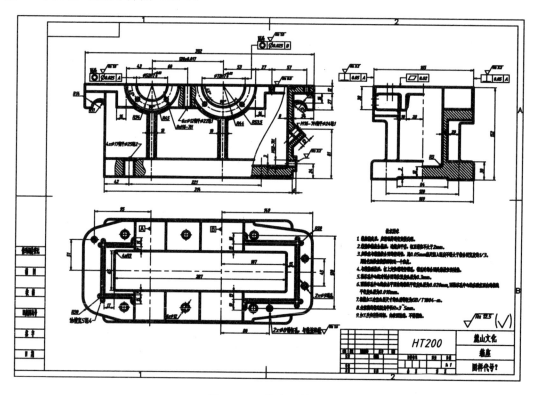

图 19-25　箱座零件图

19.3　由减速器装配图拆画箱盖零件图

　　箱盖与箱座一起构成了减速器的箱体，是减速器的基本结构，其主要作用是封闭整个减速器，使里面的齿轮在一个密闭的工作空间中运动，以免外界的灰尘等污染物干扰齿轮运转，从而影响传动性能。下面将按照拆画箱座零件图的方法，从装配图中拆画箱盖零件图。

19.3.1　由装配图的主视图拆画箱盖零件的主视图

1. 从装配图中分离出箱座的主视图轮廓

步骤 1 打开素材文件"第 19 章\19.3 拆画箱盖零件图.dwg",素材中已经绘制好了一个 1:1 大小的 A1 图框,如图 19-26 所示。

步骤 2 使用【Ctrl+C】(复制)和【Ctrl+V】(粘贴)命令从装配图的主视图中分离出箱盖的主视图轮廓,然后放置在图框的主视图位置上,如图 19-26 所示。

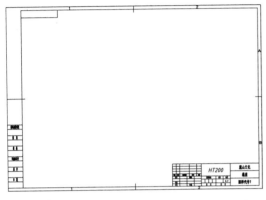 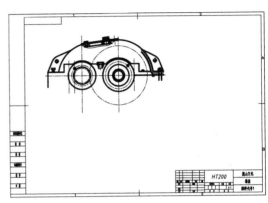

图 19-26　素材图形　　　　　图 19-27　从装配图中分离出来的箱盖主视图

2. 补画轴承旁的螺栓通孔

步骤 3 将【轮廓线】图层设置为当前图层,执行 L(【直线】)命令,连接所缺的线段,并且绘制完整的螺栓孔,如图 19-28 所示。

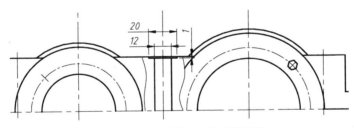

图 19-28　绘制轴承旁的螺栓通孔

步骤 4 将【细实线】图层设置为当前图层,然后单击【绘图】面板中的【样条曲线】按钮，在螺栓通孔旁边绘制剖切边线,并按该边线进行修剪,最后执行 H(【图案填充】)命令,设置填充图案为 ANSI31,比例为 1,角度为 0°,填充图案,结果如图 19-29 所示。

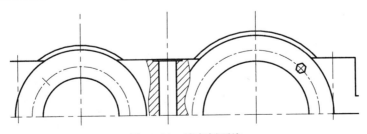

图 19-29　填充剖面线

3. 补画观察孔部分

步骤 5 先删除多余部分，然后将【轮廓线】图层设置为当前图层，执行 O（【偏移】）命令，将箱盖外轮廓向内偏移 8mm，绘制出箱盖的内壁轮廓，观察口部分偏移 12mm，如图 19-30 所示。

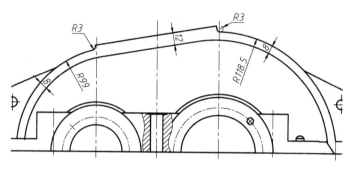

图 19-30 绘制箱盖内壁轮廓

步骤 6 执行 SPL（【样条曲线】）命令，重新绘制观察孔部分的剖切边线，然后使用 L（【直线】）命令绘制出观察孔部分的截面图，并使用 E（【删除】）命令删除多余图形，如图 19-31 所示。

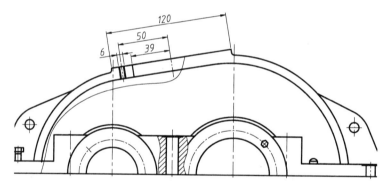

图 19-31 绘制观察孔细节

步骤 7 将【轮廓线】图层设置为当前图层，执行 H（【图案填充】）命令，设置填充图案为 ANSI31，比例为 1，角度为 0°，填充图案，并将非剖切位置的内壁轮廓转换为【虚线】图层，如图 19-32 所示。

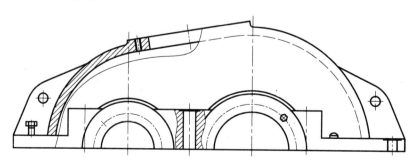

图 19-32 填充观察孔的剖面线

4. 补画其他部分

步骤 8 将【轮廓线】图层设置为当前图层，执行 C（【圆】）命令，绘制轴承安装孔上的 4 个 M6 螺钉孔，如图 19-33 所示。

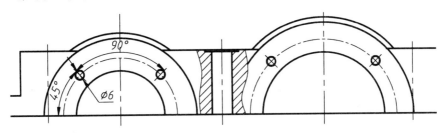

图 19-33 绘制螺钉孔

步骤 9 执行 S（【延伸】）命令，延伸主视图左侧的螺钉，然后使用 TR（【修剪】）命令，删除多余的线段，最后绘制剖切边线，再进行填充即可得到螺钉孔的剖面图形，再按此方法操作得到右侧的销钉孔图形，最终效果如图 19-34 所示。

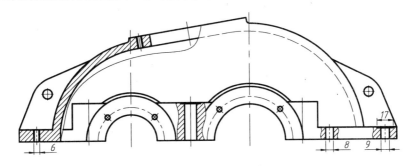

图 19-34 绘制螺钉孔及销钉孔

19.3.2 由装配图的俯视图拆画箱盖零件的俯视图

1. 从装配图中分离出箱盖的俯视图轮廓

步骤 1 使用【Ctrl+C】（复制）和【Ctrl+V】（粘贴）命令从装配图的俯视图中分离出箱座的俯视图轮廓，然后放置在图框的俯视图位置上，如图 19-35 所示。

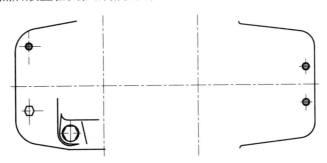

图 19-35 从装配图中分离出来的箱座俯视图

步骤 2 由于装配图的俯视图部分为剖切视图，箱盖部分遗漏的内容较多，因此需要通过从绘制好的箱盖主视图上绘制投影线的方式来进行修补。将【虚线】图层设置为当前图层，执行 L（【直线】）命令，按照"长对正，高平齐，宽相等"的原则绘制投影线，如图19-36 所示。

步骤 3 执行 O（【偏移】）命令，将俯视图位置的水平中心线对称偏移，结果如图 19-37 所示。

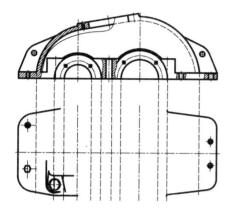

图 19-36 绘制观察孔投影线

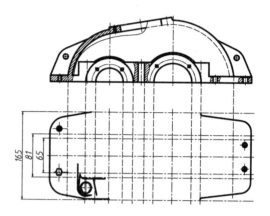

图 19-37 偏移水平中心线

步骤 4 切换到【轮廓线】图层，执行 L（【直线】）命令，绘制俯视图的轮廓，再执行 TR（【修剪】）命令，修剪多余的辅助线，得到俯视图的大致轮廓，如图 19-38 所示。

2. 补画俯视图其他部分

步骤 5 补画俯视图的观察孔。按照同样的方法，将图层切换至【虚线】图层，然后执行 L（【直线】）命令，绘制观察孔部分的投影线，并偏移水平中心线，如图 19-39 所示。

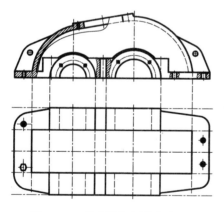

图 19-38 绘制俯视图轮廓线

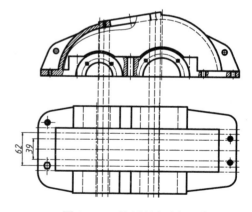

图 19-39 绘制观察孔投影线

步骤 6 切换到【轮廓线】图层，执行 L（【直线】）命令，绘制观察孔的轮廓，再执行 TR（【修剪】）命令，修剪多余的辅助线，得到观察孔的投影图形，如图 19-40 所示。

步骤 7 按照相同的方法，通过绘制投影辅助线的方式，补全俯视图上面的掉环、外壁和内壁等细节，如图 19-41 所示。

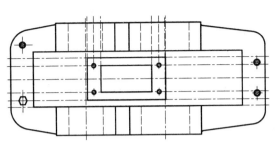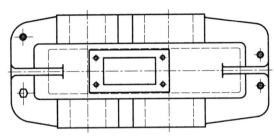

图 19-40　绘制俯视图中的观察孔　　　　　图 19-41　绘制其他细节

步骤 8　按照相同的方法，通过绘制投影辅助线的方式，补全俯视图上面的螺栓孔、轴承安装孔拔模角度等细节，如图 19-42 所示。

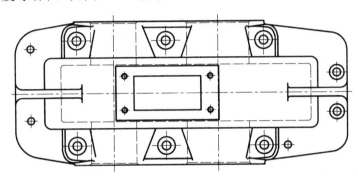

图 19-42　箱盖俯视图

19.3.3　由装配图的左视图拆画箱盖零件的左视图

1. 从装配图中分离出箱座的左视图轮廓

步骤 1　使用【Ctrl+C】（复制）和【Ctrl+V】（粘贴）命令从装配图的左视图中分离出箱座的左视图轮廓，然后放置在图框的左视图位置上，如图 19-43 所示。

2. 修剪箱座左视图轮廓

步骤 2　切换到【轮廓线】图层，执行 L（【直线】）命令，修补左视图的轮廓，再执行 TR（【修剪】）命令，修剪多余图形，结果如图 19-44 所示。

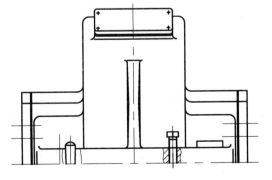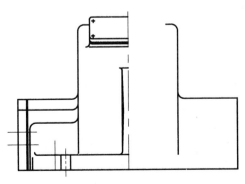

图 19-43　从装配图中分离出来的箱盖左视图　　　图 19-44　补画并修剪图形

3. 绘制剖面图

步骤 3 执行 L（【直线】）命令，绘制右半部分的剖切边线，如图 19-45 所示。

步骤 4 执行 H（【图案填充】）命令，设置填充图案为 ANSI31，比例为 1，角度为 0°，填充图案，并删除多余的图形，结果如图 19-46 所示。

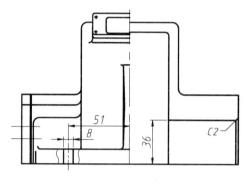

图 19-45 绘制剖切轮廓

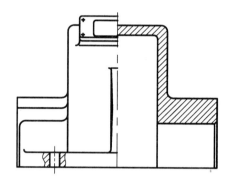

图 19-46 箱盖左视图

步骤 5 将创建好的箱盖三视图放置在图框合适的位置处，注意按照"长对正，高平齐，宽相等"的原则对齐，如图 19-47 所示。

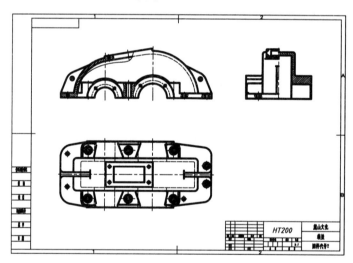

图 19-47 箱盖零件的三视图

19.3.4 标注箱盖零件图

图形创建完毕后，就要对其进行标注，包括尺寸、形位公差和粗糙度等，还要填写有关的技术要求。

1. 标注尺寸

步骤 1 将标注样式设置为【ISO-25】，可自行调整标注的【全局比例】，用以控制标注文字的显示大小。

步骤 2 标注主视图尺寸。切换到【标注线】图层，执行 DLI【线性标注】、DDI【直径标注】等标注命令，按照之前介绍的方法标注主视图图形，最如图 19-48 所示。

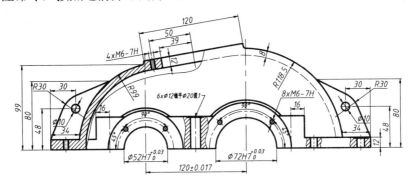

图 19-48 标注主视图尺寸

步骤 3 标注主视图的精度尺寸。同箱座主视图，箱盖主视图中仅轴承安装孔孔径（52、72）、中心距（120）等 3 处重要尺寸需要添加精度，精度尺寸同箱座，如图 19-49 所示。

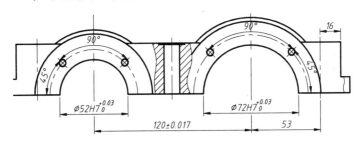

图 19-49 标注主视图的精度尺寸

步骤 4 标注俯视图尺寸。俯视图的标注相对于主视图来说比较简单，没有很多重要尺寸，主要需标注一些在主视图上不好表示的轴和孔的中心距尺寸，最后的标注效果如图 19-50 所示。

步骤 5 标注左视图尺寸。由于箱盖零件的外围轮廓是一段圆弧，因此很难精确检测它的高度尺寸，所以在左视图可以不注明；因此在箱盖的左视图上，主要需标注箱盖零件的总宽尺寸，以及其他的标高等，具体标注如图 19-51 所示。

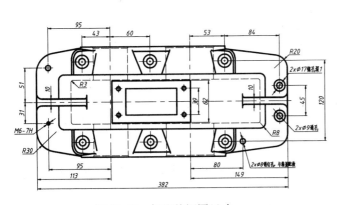

图 19-50 标注俯视图尺寸

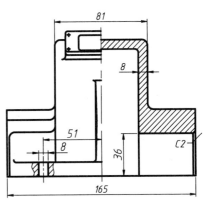

图 19-51 标注左视图尺寸

2. 标注形位公差与粗糙度

步骤 6 标注俯视图形位公差与粗糙度。由于主视图上的尺寸较多，因此此处选择俯视图作为放置基准符号的视图，具体标注效果如图 19-52 所示。

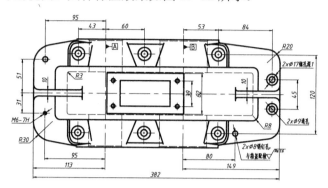

图 19-52　为俯视图添加形位公差与粗糙度

步骤 7 标注主视图形位公差与粗糙度。按照相同的方法，标注箱盖零件主视图上的形位公差与粗糙度，最终效果如图 19-53 所示。

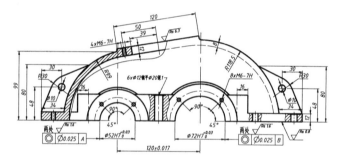

图 19-53　标注主视图的形位公差与粗糙度

步骤 8 标注左视图形位公差与粗糙度。按照相同的方法，标注箱座零件左视图上的形位公差与粗糙度，最终效果如图 19-54 所示。

3. 添加技术要求

步骤 9 单击【默认】选项卡的【注释】面板上的【多行文字】按钮，在图标题栏上方的空白部分插入多行文字，输入技术要求如图 19-55 所示。

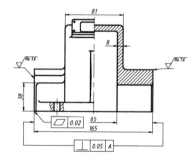

图 19-54　标注左视图的形位公差与粗糙度

技术要求
1.箱盖铸成后，应清理并进行实效处理。
2.箱盖和箱座合箱后，边缘应平齐，相互错位不得大于2mm。
3.应检查与箱座接合面的密封性，用0.05mm塞尺塞入深度不得大于接合面宽度的1/3。用涂色法检查接触面积达一个班点。
4.与箱座联接后，打上定位销进行铰孔，铰孔时结合面处禁放任何衬垫。
5.轴承孔中心线对剖分面的位置度公差为0.3mm。
6.两轴承孔中心线在水平面内的轴线平行度公差为0.020mm，两轴承孔中心线在垂直面内的轴线平行度公差为0.010mm。
7.机械加工未注公差尺寸的公差等级为GB/T1804-m。
8.未注明的铸造圆角半径R=3~5mm。
9.加工后应清除污垢，内表面涂漆，不得漏油。

图 19-55　输入技术要求

步骤 18 至此，箱盖零件图绘制完成，最终的图形效果如图 19-56 所示（详见素材文件"第 19 章\19.3 箱盖零件图-OK"）。

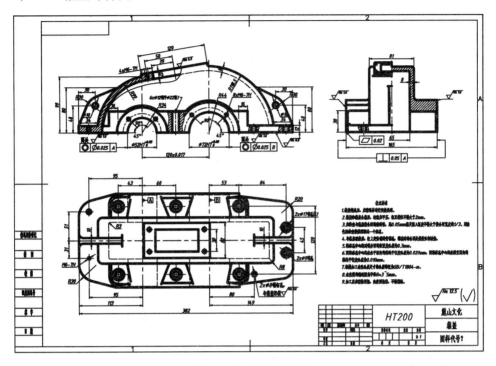

图 19-56　箱盖零件图

19.4　上机实训

对照减速器的装配图，拆画观察孔盖的零件图，结果如图 19-57 所示。

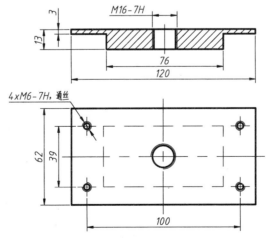

图 19-57　观察孔盖的零件图

具体的绘制步骤提示如下。

（步骤1）使用【Ctrl+C】（复制）和【Ctrl+V】（粘贴）命令从装配图的主视图中分离出观察孔盖的主视图轮廓。

（步骤2）根据箱盖零件图的视孔尺寸，绘制观察孔盖的俯视图；

（步骤3）补全观察孔盖上的螺钉孔与观察器安装的螺纹孔。

（步骤4）标注图形。

（步骤5）完成绘制。

19.5　辅助绘图锦囊

由装配图拆画零件图是将装配图中的非标准零件从装配图中分离出来画成零件图的过程，这是设计工作中的一个重要环节。拆画零件图一般有两种情况，一种情况是装配图及零件图的全部工作均由一人完成，在这种情况下拆画零件图一般比较容易，因为在设计装配图时，工作人员已对零件的结构形状已有所考虑；另一种情况是装配图已绘制完毕，由他人来拆画零件图，这种情况下拆画零件图难度要大一些，这时必须理解设计者的设计意图。这里主要讨论第二种情况下拆画零件图的工作。

1. 拆画零件图的推荐步骤

除了本章之前所介绍的顺序之外，还可以参照以下步骤拆画零件图。

（步骤1）确定零件的投影轮廓，想象其形状。

（步骤2）从装配图中拆出零件的视图轮廓。

（步骤3）补全漏线和被省略的结构。

（步骤4）补画必要的视图。

2. 拆画零件图需要注意的问题

在拆画零件图时需要注意以下几个问题。

- 为了避免题目原图形的丢失，不要在原图上直接进行编辑操作。
- 零件图的视图表达方案应根据零件图的结构形状确定，而不能盲目照抄装配图。
- 在装配图中允许不画的零件工艺结构，如倒角、圆角和退刀槽等，在零件图中应全部画出。
- 完成视图和想象零件结构要同时进行，在操作过程中注意保存。

第 20 章

创建减速器的三维模型

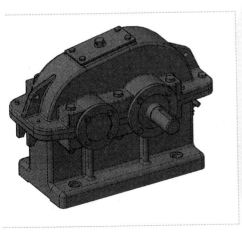

　　由于三维立体图比二维平面图更加形象和直观，因此，三维绘制和装配在机械设计领域中的运用越来越广泛。在学习了 AutoCAD 的三维绘制和编辑功能之后，本章将按照此方法创建减速器主要零件的三维模型（如大齿轮、低速轴、箱盖和箱座等），并介绍在 AutoCAD 中进行三维装配的方法。

20.1 创建各零件的三维模型

减速器由多个零件组装而成，因此要想创建完整的减速器三维模型，就必须先创建好各个零件的三维模型。而在之前的章节中，已经绘制好了各组件的零件图，所以可以直接利用现有的零件图来创建对应的三维零件。

20.1.1 由零件图创建低速轴的三维模型

低速轴为一阶梯轴，形状比较简单，是一个纵向不等直径的圆柱体。因此可以使用【旋转】命令直接创建出轴体，然后使用【拉伸】和【差集】命令创建键槽即可，详细步骤讲解如下。

1. 从零件图中分离出低速轴的轮廓

步骤 1 启动 AutoCAD 2016，选择【文件】|【新建】命令，系统弹出【选择样板】对话框，选择【acad.dwt】模板，单击【打开】按钮，创建一个新的空白图形文件，并将工作空间设置为【三维建模】。

步骤 2 使用【Ctrl+C】（复制）和【Ctrl+V】（粘贴）命令从低速轴的零件图中分离出轴的主要轮廓，然后放置在新建图纸的空白位置上，如图 20-1 所示。

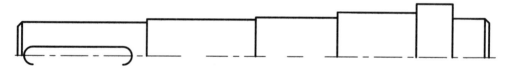

图 20-1 从零件图中分离出来的低速轴半边轮廓

步骤 3 修剪图形。使用 TR（【修剪】）和 E（【删除】）命令将图形中的多余线段删除，并封闭图形，如图 20-2 所示。

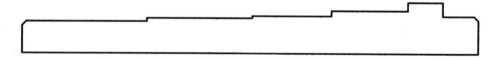

图 20-2 修剪图形

2. 创建轴体

步骤 4 单击【绘图】面板中的【面域】按钮，执行【面域】命令，将绘制的图形创建为面域。

步骤 5 选择【视图】|【三维视图】|【东南等轴测】命令，将视图转换为【东南等轴测】模式，如图 20-3 所示，以方便三维建模。

步骤 6 将视觉样式切换为【概念】模式，然后单击【建模】面板中的【旋转】按钮，根据命令行的提示，选择轴的中心直线为旋转轴，将创建的面域旋转生成如图 20-4 所示的轴。

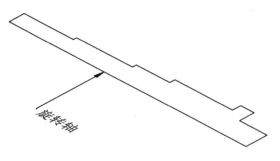

图 20-3 选择旋转轴

图 20-4 旋转图形

3．创建键槽

步骤 7 切换视觉样式为【三维线框】模式，然后选择【视图】|【三维视图】|【前视图】命令，将视图转换为前视图。

步骤 8 在前视图中按低速轴零件图上的键槽尺寸，绘制两个键槽截面图形，如图 20-5 所示。

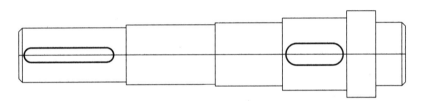

图 20-5 绘制键槽图形

提示： 如果视图对应的是【前视图】、【俯视图】和【左视图】等基本视图，那么图形的绘制命令便会自动对齐至相应的基准平面上。

步骤 9 单击【绘图】面板中的【面域】按钮 ◎，将两个键槽转换为面域。

步骤 10 单击【建模】面板中的【拉伸】按钮 ⬛，将小键槽面域向外拉伸 4mm，将大键槽面域向外拉伸 5mm，并旋转视图以方便观察，如图 20-6 所示。

步骤 11 将视图切换到【俯视图】，调用 M（【移动】）命令，移动拉伸的两个实体，如图 20-7 所示。

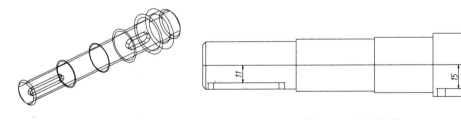

图 20-6 拉伸键槽   图 20-7 移动键槽

步骤 12 将视觉样式切换为【概念】模式，执行 SUB（【差集】）命令，进行布尔运算，即可生成如图 20-8 所示的键槽。

图 20-8 差集运算创建键槽

20.1.2 由零件图创建大齿轮的三维模型

在零件图中，大齿轮的图形为简化画法，因此其中的齿轮齿形没有得到具体的体现，而在三维建模中，就必须创建出合适的齿形，才能算是完整的"齿轮模型"。齿轮模型的创建方法同样简单，通过 EXT（【拉伸】）和 SUB（【差集】）切除的方式便可以创建。具体步骤介绍如下。

1. 从零件图中分离出低速轴的轮廓

步骤 1 启动 AutoCAD 2016，选择【文件】|【新建】命令，系统弹出【选择样板】对话框，选择【acad.dwt】模板，单击【打开】按钮，创建一个新的空白图形文件，并将工作空间设置为【三维建模】。

步骤 2 使用【Ctrl+C】（复制）和【Ctrl+V】（粘贴）命令从大齿轮的零件图中分离出大齿轮的主要轮廓，然后放置在新建图纸的空白位置上，如图 20-9 所示。

步骤 3 修剪图形。使用 TR（【修剪】）和 E（【删除】）命令将图形中的多余线段删除，并补画轮毂处的孔，如图 20-10 所示。

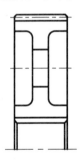

图 20-9 从零件图中分离出来的大齿轮半边轮廓

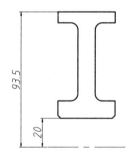

图 20-10 修剪齿轮截面

2. 创建齿轮体

步骤 4 单击【绘图】面板中的【面域】按钮，执行【面域】命令，将绘制的齿轮截面创建为面域。

步骤 5 将视图转换为【西南等轴测】模式，切换视觉样式为【概念】模式，如图 20-11 所示，以方便三维建模。

步骤 6 单击【建模】面板中的【旋转】按钮，根据命令行的提示，选择现有的中心线为旋转轴，将创建的面域旋转生成如图 20-12 所示的大齿轮体。

图 20-11　调整视图显示　　　　图 20-12　旋转图形

3. 创建轮齿模型

根据大齿轮的零件图可知，大齿轮的齿数为 96，齿高为 4.5，单个齿跨度为 4mm，因此可以先绘制出单个轮齿，再进行阵列，即可得到完整的大齿轮模型。

步骤 7 将视图切换为【左视图】，执行 L（【直线】）、A（【圆弧】）等绘图命令，绘制如图 20-13 所示的轮廓线。

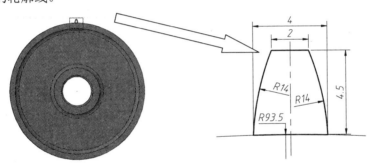

图 20-13　绘制轮齿图形

步骤 8 单击【绘图】面板中的【面域】按钮，将绘制的齿形图形转换为面域。

步骤 9 单击【建模】面板中的【拉伸】按钮，将齿形面域拉伸 40mm，如图 20-14 所示。

步骤 10 阵列轮齿。单击【修改】面板中的【三维阵列】按钮，选取轮齿为阵列对象，设置环形阵列，阵列项目为 96，进行阵列操作，结果如图 20-15 所示。

图 20-14　拉伸单个齿形　　　　图 20-15　阵列轮齿

步骤 11 执行【并集】操作，将轮齿与齿轮体合并。

4. 创建键槽

步骤 12 将视图切换到【左视图】，设置视觉样式为【二维线框】模式，绘制键槽图形，如图 20-16 所示。

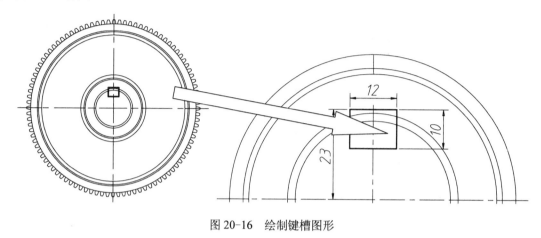

图 20-16　绘制键槽图形

步骤 13 将视觉样式切换为【概念】模式，单击【绘图】面板中的【面域】按钮，将绘制的键槽图形转换为面域。

步骤 14 单击【建模】面板中的【拉伸】按钮，将齿形面域拉伸 40mm，并旋转视图以方便观察，如图 20-17 所示。

步骤 15 执行 SUB（【差集】）命令，进行布尔运算，即可生成如图 20-18 所示的键槽。

图 20-17　拉伸键槽

图 20-18　差集创建键槽

5. 创建腹板孔

步骤 16 将视图切换到【左视图】，设置视觉样式为【二维线框】模式，绘制腹板孔，如图 20-19 所示。

步骤 17 将视觉样式切换为【概念】模式，单击【绘图】面板中的【面域】按钮，将绘制的腹板孔图形转换为面域。

步骤 18 单击【建模】面板中的【拉伸】按钮，将腹板孔反向拉伸，并旋转视图以方便观察，如图 20-20 所示。

图 20-19　绘制腹板孔图形　　　　　　　图 20-20　拉伸腹板孔

提示：如果【拉伸】是为了在模型中进行切除操作，那么具体的拉伸数值可以给定任意值，只需大于切除对象即可。

步骤 19 阵列腹板孔。单击【修改】面板中的【阵列】按钮，选取腹板孔的拉伸效果为阵列对象，设置环形阵列，阵列项目为 6，进行阵列操作，结果如图 20-21 所示。

步骤 20 执行 SUB（【差集】）命令，进行布尔运算，即可生成腹板孔，如图 20-22 所示。

图 20-21　阵列腹板孔　　　　　　　　图 20-22　差集运算生成腹板孔

20.1.3　由零件图创建箱座的三维模型

本节将绘制减速器箱座的三维模型。相对于大齿轮与轴来说，箱座的模型要复杂很多，但用到的命令却很简单。主要使用的命令有基本体素、拉伸、布尔运算和圆角等。

1. 创建箱座的基本形体

步骤 1 启动 AutoCAD 2016，选择【文件】|【新建】命令，系统弹出【选择样板】对话框，选择【acad.dwt】模板，单击【打开】按钮，创建一个新的空白图形文件，并将工作空间设置为【三维建模】。

步骤 2 单击【建模】面板中的【长方体】按钮，创建一个 314×169×30 的长方体，如图 20-23 所示，其左下角点为坐标原点。命令行操作如下。

```
命令:_box                                    //执行【长方体】命令
指定第一个角点或 [中心(C)]: 0,0,0              //指定坐标原点为第一个角点
指定其他角点或 [立方体(C)/长度(L)]: @314,169,30  //输入第二个角点
```

步骤 3 在命令行中输入 UCS 并按【Enter】键，指定长方体上端面左下角点为坐标原点。再执行 BOX（【长方体】）命令，创建一个 314×81×122 的长方体，如图 20-24 所示，命令行操作如下。

命令：_box	//执行【长方体】命令
指定第一个角点或 [中心(C)]: 0,44,0	//指定第一个角点
指定其他角点或 [立方体(C)/长度(L)]: @314,81,122	//输入第二个角点

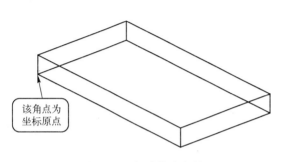

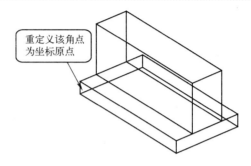

图 20-23　创建箱座底板　　　　　　　　　图 20-24　创建箱座主体

步骤 4 使用同样的方法，在 314×81×122 长方体的上端面创建一个 382×165×12 的长方体，如图 20-25 所示。

步骤 5 执行 UNI（【并集】）命令，将绘制的长方体 1、长方体 2 和长方体 3 进行合并，得到一个实体。

2. 绘制轴承安装孔

步骤 6 在命令行中输入 UCS 并按【Enter】键，选择如图 20-26 所示的面 1 为 XY 平面，坐标原点为 382×165×12 长方体的下端面左下角点，新建 UCS，再执行 C（【圆】）命令，分别绘制直径为 ϕ90 和 ϕ107 的两个圆，如图 20-26 所示。

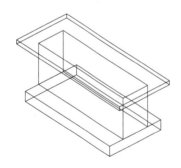

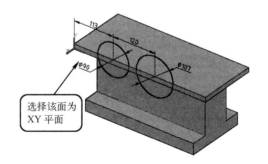

图 20-25　创建箱座面板　　　　　　　　　图 20-26　绘制轴承安装孔的外孔

步骤 7 单击【建模】面板中的【拉伸】按钮，将绘制好的两个圆反向拉伸 165mm，如图 20-27 所示。

步骤 8 单击【实体编辑】面板中的【剖切】按钮，将拉伸出来的两个圆柱按箱座面板的上表面进行剖切，保留平面下的部分，如图 20-28 所示。

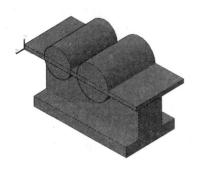

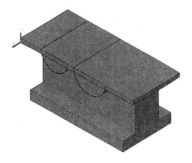

图 20-27　创建轴承安装孔的外孔模型　　　　　图 20-28　剖切轴承安装孔的外孔

> **提示：** 由于"圆"本身就是一个封闭图形，因此可以直接进行【拉伸】操作，而不需要生成面域。

步骤 9 执行 UNI（【并集】）命令，将剩下的两个半圆柱与箱座体合并，得到一个实体。

步骤 10 按照相同的方法，分别在两个半圆的圆心处绘制 $\phi52$ 和 $\phi72$ 的圆，如图 20-29 所示。

步骤 11 按照相同的方法，将这两个圆拉伸，然后与箱体模型进行差集运算，得到的图形如图 20-30 所示。

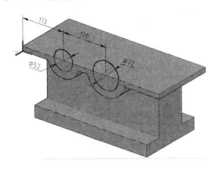

图 20-29　创建轴承安装孔的内孔模型　　　　　图 20-30　创建轴承安装孔的内孔

3. 创建肋板

步骤 12 保持 UCS 不变，分别以（108，-30）、（228，-30）为起始角点，创建一个 10×90×20 的长方体，如图 20-31 所示。

步骤 13 镜像肋板。单击【修改】面板中的【镜像】按钮，选取两个肋板为镜像对象，以箱座的中心线为镜像线，进行镜像操作，然后使用 UNI（【并集】）命令将其合并，结果如图 20-32 所示。

4. 创建箱座内壁

步骤 14 在命令行中输入 UCS 并按【Enter】键，指定长方体上端面左上角点为坐标原点。再执行【长方体】命令，以点（50，53）为起始角点（该点由零件图中测量得到），向箱座内部创建一个 287×65×132 的长方体，如图 20-33 所示，命令行操作如下。

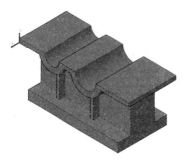

图 20-31　创建肋板长方体

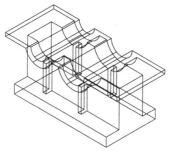

图 20-32　并集运算创建肋板

命令: _box	//执行【长方体】命令
指定第一个角点或 [中心(C)]: 50,53	//指定坐标原点为第一个角点
指定其他角点或 [立方体(C)/长度(L)]: @287,65,-132	//输入第二个角点

步骤 15 执行 SUB（【差集】）命令，进行布尔运算，即可生成箱座内壁，如图 20-34 所示。

图 20-33　创建长方体

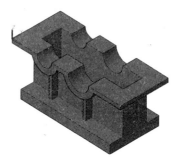

图 20-34　创建箱体内壁

5. 创建箱座上的孔

步骤 16 创建箱座左侧的销钉孔。保持 UCS 不变，单击【建模】面板中的【圆柱体】按钮 圆柱体，以（18，113.5）为圆心，向下创建一个 $\phi8\times15$ 的圆柱，如图 20-35 所示，命令行操作如下。

命令: _cylinder	//执行【圆柱体】命令
指定底面的中心点或 [三点(3P)/两点(2P)/切点、切点、半径(T)/椭圆(E)]: 18,133.5	
	//输入中心点
指定底面半径或 [直径(D)]: 4	//输入圆柱半径值
指定高度或 [两点(2P)/轴端点(A)] <-132.0000>: -15	//指定圆柱高度值

步骤 17 执行 SUB（【差集】）命令，进行布尔运算，即可创建该销钉孔，如图 20-36 所示。

步骤 18 测量箱座零件图上的尺寸，按照相同的方法创建箱座上的其他孔，最终效果如图 20-37 所示。

6. 创建吊钩

步骤 19 创建吊钩。将 UCS 放置在箱座上表面底边的中点上，然后调整方向，如图 20-38 所示。

图 20-35 创建销钉孔圆柱体

图 20-36 差集运算生成销钉孔

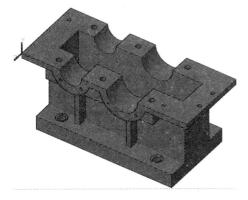

图 20-37 创建箱座上的孔

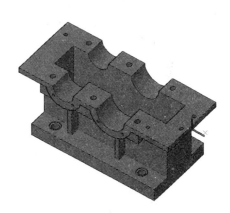

图 20-38 调整 UCS

步骤20 按零件图的尺寸绘制吊钩的截面图，如图 20-39 所示。

步骤21 单击【绘图】面板中的【面域】按钮，执行【面域】命令，将绘制的吊钩截面创建为面域。

步骤22 单击【建模】面板中的【拉伸】按钮，将吊钩面域拉伸 10mm，如图 20-40 所示。

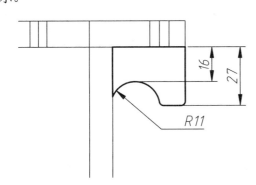

图 20-39 绘制吊钩截面

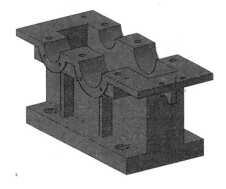

图 20-40 拉伸吊钩截面

步骤23 移动吊钩。执行 M（【移动】）命令，将吊钩向+Z 轴方向移动 28mm，如图 20-41 所示。

步骤24 镜像吊钩。将绘制好的单个吊钩按箱座的中心线进行镜像，再按照此方法创建对侧的吊钩，结果如图 20-42 所示。

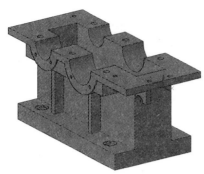

图 20-41　移动吊钩　　　　　　图 20-42　创建剩余的吊钩

7. 创建油标孔与放油孔

步骤 25 将 UCS 放置在箱座下表面底边的中点上，然后调整方向，如图 20-43 所示。

步骤 26 绘制油标孔的辅助线，如图 20-44 所示。

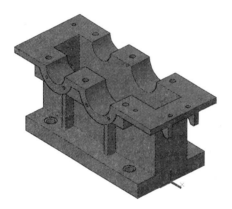

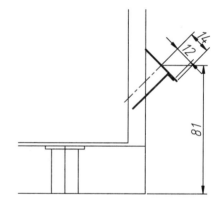

图 20-43　调整 UCS　　　　　　图 20-44　绘制油标孔辅助线

步骤 27 调整 UCS，将 UCS 放置在绘制的辅助线端点上，然后调整方向，如图 20-45 所示。

步骤 28 绘制油标孔截面，如图 20-46 所示。

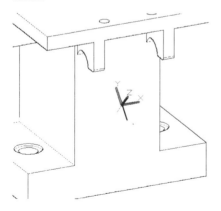

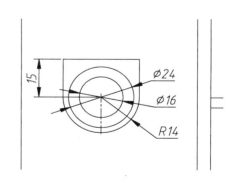

图 20-45　调整 UCS　　　　　　图 20-46　绘制油标孔截面

步骤 29 分别将绘制好的截面创建面域，然后利用 EXT（【拉伸】）、SUB（【差集】）等命令，即可创建出油标孔，如图 20-47 所示。

（步骤 30）按照相同的方法创建放油孔，如图 20-48 所示。

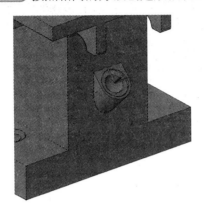

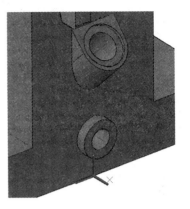

图 20-47 创建油标孔   图 20-48 绘制放油孔

8. 修饰箱座细节

（步骤 31）按照零件图上的技术要求对箱座进行倒角，创建油槽，并修剪上表面，最终的箱座模型如图 20-49 所示。

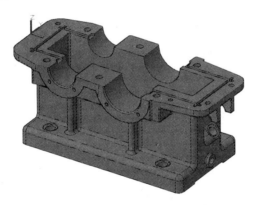

图 20-49 箱座模型完成图

20.1.4 由零件图创建箱盖的三维模型

本节将绘制减速器箱盖的三维模型。同箱座一样，箱盖的建模相对来说也比较复杂，但用到的命令同样很简单。主要使用的命令有基本体素、拉伸、布尔运算和圆角等。

1. 创建箱盖的基本形体

（步骤 1）启动 AutoCAD 2016，选择【文件】|【新建】命令，系统弹出【选择样板】对话框，选择【acad.dwt】模板，单击【打开】按钮，创建一个新的空白图形文件，并将工作空间设置为【三维建模】。

（步骤 2）从零件图中分离出箱盖的外形轮廓。使用【Ctrl+C】（复制）和【Ctrl+V】（粘贴）命令从箱盖的零件图中分离出箱盖的主要轮廓，然后放置在新建图纸的空白位置上，如图 20-50 所示。

图 20-50　从零件图中分离出来的箱盖外形轮廓

步骤 3 修补图形。使用 O（【偏移】）S（【延伸】）和 L（【直线】）命令修补轮廓图形，如图 20-51 所示。

步骤 4 将修补后的图形转换为面域，然后拉伸 40.5mm，如图 20-52 所示。

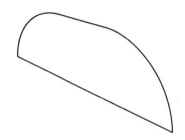

图 20-51　修补箱盖轮廓

图 20-52　拉伸截面图

2. 创建底板与轴承安装孔

步骤 5 创建底板。在命令行中输入 UCS 并按【Enter】键，设置新坐标如图 20-53 所示。

步骤 6 执行 BOX（【长方体】）命令，以点（-34，0）为起始角点（该点由零件图中测量得到），向箱盖外部创建一个 382×82.5×12 的长方体，如图 20-54 所示，命令行操作如下。

命令：_box	//执行【长方体】命令
指定第一个角点或 [中心(C)]: -34,0	//指定坐标原点为第一个角点
指定其他角点或 [立方体(C)/长度(L)]: @382,82.5,12	//输入第二个角点

图 20-53　指定新的 UCS

图 20-54　创建底板

步骤 7 执行 UNI（【并集】）命令，进行布尔运算，将底板与主体合并，并将 UCS 移动至底板的左下角点处，如图 20-55 所示。

步骤 8 创建螺钉安装板。执行 BOX（【长方体】）命令，以点（54，80）为起始角点（该点由零件图中测量得到），向箱盖内部创建一个 248×80×38 的长方体，如图 20-56 所示。

图 20-55　执行并集操作

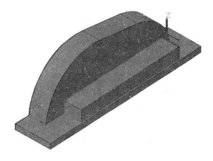

图 20-56　创建螺钉安装板

步骤 9　执行 UNI（【并集】）命令，将创建好的螺钉安装板与箱盖主体合并，得到一个实体。

步骤 10　调整 UCS，然后绘制轴承安装孔的外孔草图，如图 20-57 所示。

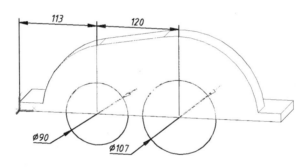

图 20-57　绘制轴承安装孔外孔草图

步骤 11　单击【建模】面板中的【拉伸】按钮 ⬛，将绘制好的两个圆反向拉伸 82.5mm，如图 20-58 所示。

步骤 12　单击【实体编辑】面板中的【剖切】按钮 ⬛，将拉伸出来的两个圆柱按箱座面板的上表面进行剖切，保留平面下的部分，如图 20-59 所示。

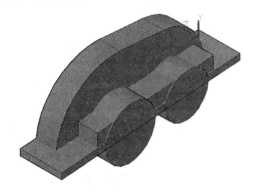

图 20-58　创建轴承安装孔的外孔模型

图 20-59　剖切轴承安装孔的外孔

步骤 13 执行 UNI（【并集】）命令，将拉伸的外孔轮廓与箱盖主体合并，得到一个实体。

步骤 14 按照相同的方法，分别在两个半圆的圆心处绘制 ϕ52 和 ϕ72 的圆，如图 20-60 所示。

步骤 15 按照相同的方法，将这两个圆拉伸，然后与箱体模型进行差集运算，得到图形如图 20-61 所示。

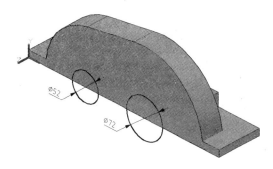

图 20-60 创建轴承安装孔的内孔模型

图 20-61 创建轴承安装孔的内孔

3. 创建箱盖内壁

步骤 16 保持 UCS 不变，绘制箱盖内壁轮廓如图 20-62 所示。

步骤 17 将该轮廓转换为面域，并向内拉伸 32.5mm，然后执行 SUB（【差集】）命令，结果如图 20-63 所示。

图 20-62 绘制内壁轮廓

图 20-63 差集操作创建内壁

4. 创建吊环

步骤 18 保持 UCS 不变，绘制吊环草图，如图 20-64 所示。

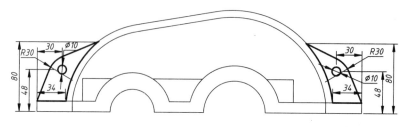

图 20-64 绘制吊环草图

步骤 19 单击【绘图】面板中的【面域】按钮 ，执行【面域】命令，将绘制的吊环草图创建为面域。

步骤 20 单击【建模】面板中的【拉伸】按钮 ，将吊环面域向外拉伸 5mm，并进行并集操作，结果如图 20-65 所示。

5. 创建箱盖上的孔

步骤 21 创建完整的箱盖。单击【修改】面板中的【镜像】按钮 ，然后选择整个半边箱盖进行镜像操作，得到完整的箱盖模型，如图 20-66 所示。

图 20-65　创建吊环模型　　　　　　　　　图 20-66　创建完整的箱盖

步骤 22 按照之前介绍的方法，创建箱盖上的孔，如图 20-67 所示。

6. 创建观察孔

步骤 23 重置 UCS。将 UCS 重新放置在箱盖底板边的中点处，然后调整方向，如图 20-68 所示。

图 20-67　创建箱盖上的孔　　　　　　　　　图 20-68　调整 UCS

步骤 24 在新的 XY 平面上绘制观察孔的外围草图，如图 20-69 所示。

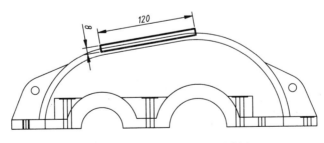

图 20-69　创建观察孔的外围草图

步骤 25 单击【绘图】面板中的【面域】按钮 ，执行【面域】命令，将绘制的观察孔外围草图创建为面域。

步骤26 单击【建模】面板中的【拉伸】按钮，将观察孔外围面域向两边对称拉伸 31mm，如图 20-70 所示。

步骤27 执行 UNI（【并集】）命令，将观察孔的外围模型与箱盖合并为一个整体。

步骤28 重置 UCS。将 UCS 移动至观察孔的上表面上，然后调整方向，如图 20-71 所示。

图 20-70 创建观察孔的外围轮廓

图 20-71 调整 UCS

步骤29 绘制观察孔内孔草图。按照零件图中的尺寸，绘制观察孔的内孔图形及外围的螺钉孔，如图 20-72 所示。

步骤30 将绘制好的草图转换为面域，然后执行 EXT（【拉伸】）和 SUB（【差集】）命令，便可以得到观察孔的内孔，如图 20-73 所示。

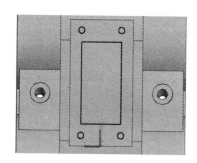

图 20-72 绘制观察孔的内孔草图

图 20-73 创建观察孔

7. 修饰箱盖细节

步骤31 按照零件图上的技术要求对箱盖进行倒角，并修剪下表面，最终的箱盖模型如图 20-74 所示。

图 20-74 箱盖模型完成图

20.2　组装减速器的三维装配体

三维造型装配图可以形象直观地反映机械部件或机器的整体组合装配关系和空间相对位置。因此本节将详细介绍减速器部件及整体的三维装配设计。通过本节的学习，可以使读者掌握机械零件的三维装配设计的基本方法与技巧。

减速器的装配可参考以下步骤。

步骤 1 装配大齿轮与低速轴。

步骤 2 啮合大齿轮与高速齿轮轴。

步骤 3 装配轴上的轴承。

步骤 4 将齿轮传动组件装配至箱座。

步骤 5 装配箱盖。

步骤 6 装配螺钉等其他零部件。

分别介绍如下。

20.2.1　装配大齿轮与低速轴

使用 AutoCAD 进行装配时，由于三维模型比较复杂，可能会导致软件运行不流畅，因此可以将要装配的三维模型依次转换为图块模型，这样可以有效减少所占用的内存，而且以后再调用该三维零件时，便能以图块的方式快速插入到文件中。

1. 创建高速齿轮轴的图块

步骤 1 打开素材文件"第 20 章\配件\高速齿轮轴三维模型.dwg"，素材中已经创建好了齿轮轴的三维模型，如图 20-75 所示。

步骤 2 创建零件图块。单击【绘图】面板

图 20-75　高速齿轮轴三维模型

中的【创建块】按钮，弹出【块定义】对话框，然后选择整个三维模型实体为对象，指定齿轮轴端面的圆心为基点，在【名称】文本框中输入【高速齿轮轴】，其他选项默认，如图 20-76 所示。

步骤 3 保存零件图块。在命令行中输入 WB，执行【写块】命令，弹出【写块】对话框，在【源】选项组中选择【块】单选按钮，从下拉列表框中按路径选择【高速齿轮轴】图块，再在【目标】选项组中选择文件名和路径，完成零件图块的保存，如图 20-77 所示。

步骤 4 按此方法创建大齿轮、低速轴等三维模型的图块。

2. 插入低速轴

步骤 5 启动 AutoCAD 2016，选择【文件】|【新建】命令，系统弹出【选择样板】对话框，选择【acad.dwt】模板，单击【打开】按钮，创建一个新的空白图形文件，并将工作空间设置为【三维建模】。

步骤 6 在命令行中输入 INSERT，执行【插入】命令，弹出【插入】对话框，如图 20-78 所示。

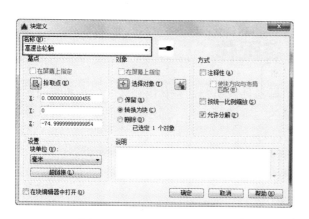

图 20-76 【块定义】对话框

图 20-77 【写块】对话框

步骤 7 单击【浏览】按钮，弹出【选择图形文件】对话框，按照之前的保存路径，定位至低速轴的图块文件，如图 20-79 所示。

图 20-78 【插入】对话框

图 20-79 【选择图形文件】对话框

步骤 8 其他设置保持默认，单击【确定】按钮，即可插入低速轴的三维模型图块，如图 20-80 所示。

图 20-80 插入低速轴模型

3. 组装大齿轮与低速轴

步骤 9 按照相同的方法插入低速轴上的键 C12×32，素材文件为"第 20 章\配件\键 C12×32.dwg"，放置在任意位置。

步骤 10 单击【修改】面板中的【三维对齐】按钮，执行对齐命令，先选中新插入的键，然后分别指定键上的 3 个基点，再按命令行提示，在轴上选中要对齐的 3 个位置点，即可将键按三点——定位的方式进行对齐，如图 20-81 所示。

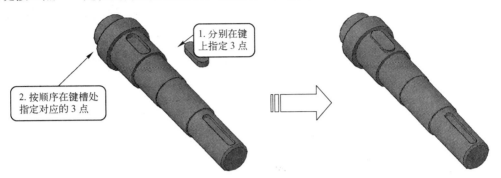

图 20-81 插入键 C12×32

步骤11 按照相同的方法插入大齿轮，放置在任意点处。

步骤12 单击【修改】面板中的【三维对齐】按钮 ，执行对齐命令，选中大齿轮，然后分别指定大齿轮轮毂上的 3 个基点，再按命令行提示，在键上选中要对齐的 3 个位置点，即可将键按三点——定位的方式进行对齐，如图 20-82 所示。

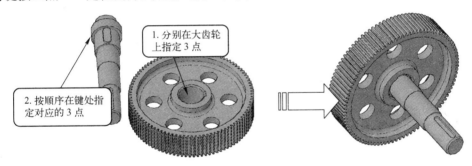

图 20-82 插入大齿轮

20.2.2 啮合大齿轮与高速齿轮轴

步骤1 按照相同的方法将高速齿轮轴转换为块，然后插入，放置在任意点处。

步骤2 选中高速齿轮轴，在模型上会显示出小控件，默认为【移动】，如图 20-83 所示。

步骤3 将鼠标置于小控件的原点并右击，即可弹出小控件的快捷菜单，在其中选择【旋转】命令，如图 20-84 所示。

图 20-83 插入齿轮轴

图 20-84 选择【旋转】命令

步骤 4 切换至旋转控件后，即可按照新的控件进行旋转，如图 20-85 所示。

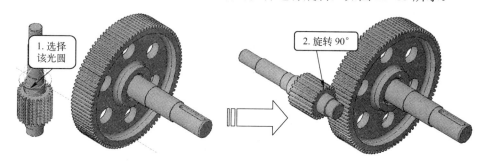

图 20-85　调整齿轮轴

步骤 5 再使用 M（【移动】）命令，按与低速轴中心距为 120mm 的关系，将其移动至位置，然后使用 RO（【旋转】）命令调整至啮合状态，如图 20-86 所示。

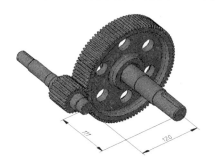

图 20-86　啮合大、小齿轮

20.2.3　装配轴上的轴承

步骤 1 按照相同的方法插入高速齿轮轴上的轴承 6205，素材文件为"第 20 章\配件\轴承 6205.dwg"，放置在任意位置。

步骤 2 直接执行 M（【移动】）命令，选择轴承的圆心为基点，然后移动至齿轮轴上的圆心处，即可对齐，如图 20-87 所示。

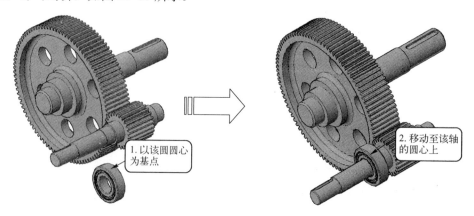

图 20-87　插入轴承 6205

步骤 3 按照相同的方法，创建对侧的 6205 轴承，以及低速轴上的 6207 轴承，结果如图 20-88 所示。

图 20-88　插入剩余轴承

20.2.4　将齿轮传动组件装配至箱座

至此，传动机构（各齿轮与轴）已经全部装配完毕，这时就可以将传动组件一起安放至箱座当中，具体步骤如下。

步骤 1 按照相同的方法插入箱座的模型图块，放置在任意位置，如图 20-89 所示。

步骤 2 使用小控件，将箱座旋转至正确的角度，如图 20-90 所示。

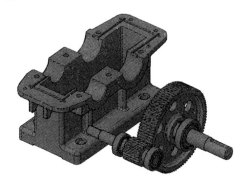

图 20-89　插入箱座　　　　　　　　　　　　　图 20-90　旋转箱座

步骤 3 利用箱座上表面与轴中心线平齐的特性，再测量装配图上的箱座边线中点与低速轴的距离，即可获得定位尺寸，然后执行 M（【移动】）命令，即可将箱座移动至合适的位置，如图 20-91 所示。

20.2.5　装配箱盖

截止到上一步，已经完成了减速器的主要装配，在实际生产中，如果确认无误，就可以进行封盖，这是减速器成为完成品的标志。具体步骤如下。

步骤 1 按照相同的方法插入箱盖的模型图块，放置在任意位置。

步骤 2 移动箱盖，对齐至箱座的基点上接口，效果如图 20-92 所示。

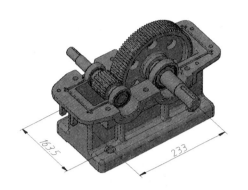

图 20-91　将箱座装配至合适位置

图 20-92　装配箱盖

20.2.6　装配螺钉等其他零部件

对照装配图，依次插入素材中的螺钉、螺母和销钉模型，然后进行装配即可。

1. 插入定位销与螺钉、螺母

步骤 1 在命令行中输入 INSERT，执行【插入】命令，弹出【插入】对话框，浏览至素材文件"第 20 章\配件\圆锥销 8x35.dwg"，将该圆锥销的三维模型插入装配组件中，这时鼠标光标便带有该圆锥销的模型，如图 20-93 所示。

步骤 2 将该圆锥销模型定位至装配体的锥销孔处，如图 20-94 所示。

图 20-93　圆锥销附于光标上

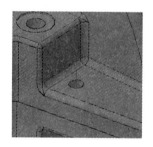

图 20-94　插入圆锥销

步骤 3 按照相同的方法插入对侧的圆锥销，可以适当将圆锥销向上平移一定尺寸，使之符合装配关系，插入圆锥销之后的效果如图 20-95 所示。

步骤 4 按照相同的方法插入箱盖和箱座上的连接螺钉（M10×90），并装配好对应的弹性垫圈（10）与螺母（M10），图形效果如图 20-96 所示。

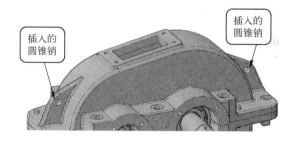

图 20-95　插入的圆锥销效果

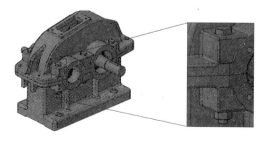

图 20-96　装配连接螺钉与对应的螺母

步骤 5 再调整视图，插入油标孔上方的连接螺钉 M8×35、螺母 M8 和弹性垫圈 8，效果如图 20-97 所示。

2. 装配轴承端盖

步骤 6 按照相同的方法插入轴承端盖模型，按图 20-98 所示进行装配。

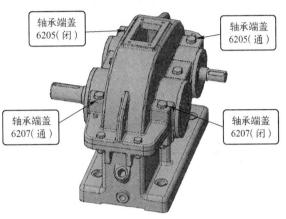

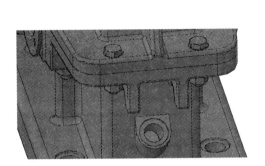

图 20-97 插入 M8 螺钉及其螺母、垫片   图 20-98 插入各轴承端盖

步骤 7 按照前面插入螺钉的方法，插入轴承端盖上的 16 个安装螺钉（M6×25），效果如图 20-99 所示。

3. 安装油标尺与放油螺塞

步骤 8 在命令行中输入 INSERT，执行【插入】命令，找到油标尺模型的素材文件"第 20 章\配件\油标尺.dwg"，将其插入至装配体中，然后使用 ALIGN（【对齐】）命令对齐至油标孔中，效果如图 20-100 所示。

步骤 9 再次在命令行中输入 INSERT，执行【插入】命令，找到油口塞模型的素材文件"第 20 章\配件\油口塞.dwg"，将其插入至装配体中，然后使用 ALIGN（【对齐】）命令对齐至放油孔中，效果如图 20-101 所示。

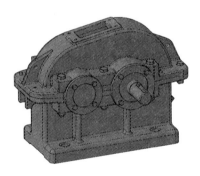

图 20-99 插入轴承端盖上的安装螺钉

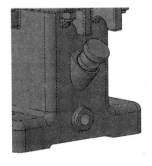

图 20-100 插入油标尺   图 20-101 插入油口塞

4. 插入视孔盖与通气器

步骤 10 按照相同的方法插入视孔盖模型，将模型对齐至箱盖的视口盖上，效果如

图 20-102 所示。

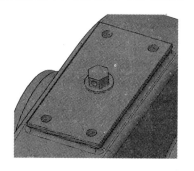

图 20-102　插入视孔盖　　　　　　　　　　图 20-103　插入通气器

再在命令行中输入 INSERT，执行【插入】命令，找到通气器模型，然后将其插入至装配体中，使用【3D 对齐】命令将其装配至视孔盖上的孔中，如图 20-103 所示。

调用素材文件"第 20 章\配件\螺钉 M6×10.dwg"，将其装配至视孔盖的 4 个螺钉孔处，效果如图 20-104 所示。

至此，减速器全部装配完成，最终效果如图 20-105 所示（详见素材文件"第 20 章\20.2 减速器装配体-OK"）。

图 20-104　安装视孔盖上的螺钉　　　　　　图 20-105　减速器最终装配图

20.3　上机实训

使用本章所学的装配知识，装配素材文件"第 20 章\上机实训"文件夹内的齿轮泵模型，装配效果如图 20-106 所示。

具体的装配步骤提示如下。

步骤 1　插入【主动轴】零件。

步骤 2　插入【键】图块，并将其装配至轴的键槽上。

步骤 3　插入【齿轮】图块，按轮毂对齐至键上。

步骤 4　插入【深沟球轴承】模型，将其装配至轴上。

步骤 5　插入【套筒】图框，将【套筒】装配到齿轮与深沟球轴承之间。

步骤 6　插入【被动轴】图块，将【被动轴】装配至主动轴下方。

图 20-106 齿轮泵装配效果

 插入【齿轮】图块，将齿轮、键及深沟球轴测复制到被动轴上，并保证键与键槽相互对齐。

步骤 8 插入【箱主体】图块，并装配至合适位置。

步骤 9 插入【前盖】图块，对箱体前盖进行装配。

步骤 10 插入【后盖】图块，对箱体后盖进行装配。

步骤 11 插入【螺栓】图块，对螺栓进行装配（共计 11 个）。

步骤 12 完成装配。

20.4 辅助绘图锦囊

装配图是用于表达部件与机器工作原理、零件之间的位置和装配关系，以及装配、检验和安装所需要的尺寸数据技术文件。

绘制三维装配图跟绘制二维装配图的基本思路差不多，装配顺序一般按照从里往外、从左到右、从上至下或从下至上的装配顺序。

在装配过程中，要考虑零件之间的约束条件是否足够及装配关系是否合理。每个零件都有一定的自由度，若零件之间约束不足，就会造成整个机器或者装置不能正常运转。

绘制三维装配图的方法一般有以下两种。

步骤 1 按照装配关系，在同一个绘图区中，逐一地绘制零件的三维图，最后完成三维装配图。

步骤 2 先绘制单个的小零件，然后创建成块或复制到同一视图，通过三维旋转、三维移动等编辑命令对所引入的块的位置进行精确定位，最后进行总装配。

本书系统全面地讲解了 AutoCAD 2016 的基本功能及其在机械设计中的应用。全书分为 20 章，内容包括：设计基础篇（包括机械设计的基础知识、AutoCAD 2016 入门、精确绘制图形与图形约束、绘制基本的机械图形、绘制复杂的机械图形、编辑二维图形、图块与设计中心的应用、图层的使用和管理、创建文字和表格，以及尺寸标注等章节）、二维案例篇（包括标准件和常用件的绘制、轴类零件图的绘制、盘盖类零件图的绘制，以及箱体类零件图的绘制等）、AutoCAD 三维篇和综合实战篇（从零开始设计一台减速器）等四大篇。

本书的讲解过程由浅入深，从易到难，对于每一个命令，都详细讲解此命令行中各选项的含义，并通过具体的案例进行演练，以方便读者理解和掌握所学内容从而提高读者学以致用的能力。

本书免费赠送 DVD 多媒体教学光盘，其中提供了本书案例所涉及的所有素材、效果文件及语音教学视频。

本书具有很强的针对性和实用性，结构严谨，案例丰富，既可作为大中专院校机械相关专业及 CAD 培训机构的教材，也可作为从事 CAD 机械设计工作的工程技术人员的自学指南。

图书在版编目（CIP）数据

中文版 AutoCAD 2016 机械设计从入门到精通：实战案例版 / 智能制造技术联盟编著. —2 版. —北京：机械工业出版社，2016.2

（CAD/CAM/CAE 工程应用丛书·AutoCAD 系列）

ISBN 978-7-111-53272-9

Ⅰ. ①中… Ⅱ. ①智… Ⅲ. ①机械设计-计算机辅助设计-AtuoCAD 软件 Ⅳ. ①TH122

中国版本图书馆 CIP 数据核字（2016）第 058426 号

机械工业出版社（北京市百万庄大街 22 号　邮政编码 100037）
策划编辑：丁　伦　　责任编辑：丁　伦
责任校对：张艳霞　　责任印制：乔　宇

北京铭成印刷有限公司印刷

2016 年 6 月第 2 版·第 1 次印刷
185mm×260mm·29.75 印张·739 千字
0001—3000 册
标准书号：ISBN 978-7-111-53272-9
　　　　　ISBN 978-7-89386-008-9（光盘）
定价：79.90 元（附赠 1DVD，含教学视频）

凡购本书，如有缺页、倒页、脱页，由本社发行部调换

电话服务　　　　　　　　　　　　网络服务

服务咨询热线：（010）88361066　　机工官网：www.cmpbook.com
读者购书热线：（010）68326294　　机工官博：weibo.com/cmp1952
　　　　　　　（010）88379203　　教育服务网：www.cmpedu.com
封面无防伪标均为盗版　　　　　金书网：www.golden-book.com